第1章

数制和数码

主要内容：本章主要叙述数字信号的概念、数制、数制之间的转换、二进制数的运算，以及数码、数码的格式等。

1.1 数字信号及数字电路

数字系统广泛地应用于计算机、数据处理、数字控制系统、数字通信系统和数字测量系统。与模拟系统相比，数字系统具有更高的精确性和可靠性，因此，许多可以用模拟系统实现的系统目前正逐步地被数字系统所替代。例如，通信系统目前已基本上使用数字系统构成；目前的模拟电视广播系统，也正在逐步地被数字电视系统所代替。

在模拟系统中，物理量（电量）的变化在数值和时间上都是连续的，通常将这种物理量称为模拟量，随时间变化在数值上和时间上都是连续的电压、电流信号称为模拟信号。例如，温度传感器测量温度工作时输出的电流或电压信号、通过"麦克风"转换的多音频电压信号等都属于模拟信号。用来处理或产生模拟信号的电子电路称为模拟电路。若一个电子系统仅仅工作于模拟信号状态下，则称为模拟系统。

在数字系统中，电压或电流等物理量的变化在数值和时间上都是离散的，也就是说，这种物理量的变化总是发生在一系列的离散时间上，而数值的变化也是不连续的。把变化在数值和时间上都是离散的这一类物理量（电压、电流）称为数字信号。理想的数字电压或电流信号是一系列的矩形波形脉冲信号。以数字信号工作的电子电路称为数字电路。若一个电子系统仅仅工作于数字信号状态下，则称为数字系统。

数字电路的种类主要有组合逻辑电路和时序逻辑电路。数字电路的基本单元是逻辑门电路。

组合逻辑门电路：输出状态仅取决于输入状态的组合。

时序逻辑门电路：输出状态除取决于输入状态的组合外，还决定于电路原来的状态。

逻辑门电路是指输出数字信号与输入数字信号之间满足某一个基本逻辑运算功能的电路。

数字电路的分析方法有：逻辑代数、功能表、真值表、逻辑表达式和波形图（时序图）。

数字电路的测试技术有：数字电压表，用于测试电路中各点的电压；电子示波器，用于观察电路中各点电压的波形。

1.1.1
数字信号及电平

数字电路中，电路输入的电压量或输出的电压量通常只有两个电压数值，并定义为逻辑电平(logic level),例如,规定 2.4V 以上的电压值和 0.4V 以下的电压值,分别用高电平(high level)和低电平(low level)进行定义。而高低电平的数值等级没有明确的规定,要根据电路的具体结构确定。典型的数字电压信号以矩形脉冲信号为代表。

矩形脉冲信号通常采用二值数字逻辑值来表示,并用数字 0 和 1 表示。当信号电压的瞬时值大于某一特定的数值时,定义为数值 1;反之当信号电压的瞬时值小于某一特定的数值时,则定义为 0。0 和 1 是逻辑值,不是常用数。

电平不是物理量的具体数值,而是物理量的相对大小比较。

当采用正逻辑赋值时,高电平用逻辑 1 表示,低电平用逻辑 0 表示。

当采用负逻辑赋值时,高电平用逻辑 0 表示,低电平用逻辑 1 表示。

例如:正逻辑赋值时,+2.4V 以上的电平为 H(高电平),正逻辑赋值数字逻辑 1;+0.6V 以下的电平为 L(低电平),正逻辑赋值数字逻辑 0。负逻辑赋值时,+2.4V 以上的电平为 H(高电平),负逻辑赋值数字逻辑 0;+0.6V 以下的电平为 L(低电平),负逻辑赋值数字逻辑 1。

1.1.2 数字量的波形图

数字电路系统中,信号随着时间的变化也用波形图描述,但使用电平高低变化的矩形脉冲波形描述,这种波形图习惯上称为时序图(如图 1.1.1 所示)。图中的 CP 信号是指时序逻辑数字电路中常用的时钟脉冲信号,用来表示时间定点,也就是信号的时序。矩形脉冲信号 CP 的频率,通常称为脉冲重复频率(pulse repetition rate,PRR)。X 表示数字电路的输入信号,A、B、C 表示数字电路系统的输出信号。例如,在第一个时钟脉冲信号的下降沿时刻开始,到第二个时钟脉冲信号的下降沿时刻这段时间内,定义为第一时间时序,在这段时间内,电路的输出 A、B、C 分别为 1、0、0。对于其他时间段,所描述的数字量可以依此类推。

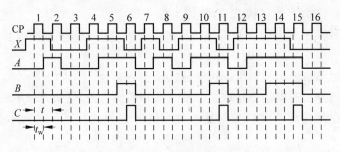

图 1.1.1 脉冲波形图

实际的脉冲波形如图 1.1.2 所示。图中,脉冲波形的宽度用 t_w 表示,表示脉冲的作用时间,使用正逻辑赋值时,该时间也称为脉冲维持时间。T 称为脉冲周期。q 定义为"占空比",表示脉冲宽度占整个脉冲周期的百分比,即 $q(\%)=100t_w/T(\%)$。t_r 称为脉冲上升时间,其定义是指脉冲幅度从幅值的 0.1 上升到 0.9 所用的时间。t_f 称为脉冲下降时间,其定义是指脉冲幅度从幅值的 0.9 下降到 0.1 所用的时间。

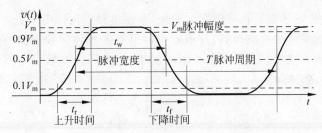

图 1.1.2　实际的脉冲信号波形

1.1.3　模拟量的数字表示

　　要求用数字量描述一个模拟量，必须使用模/数转换器转换才可以将模拟量转换为数字量。例如，以 0.5V 作为基本转换单位（一个量化单位），则对于图 1.1.3(a) 所示的正弦波形 $u(t) = 4\sin\omega t$，可将其某一时刻的瞬时值转换成为相对应的数字量。8 位二进制模/数转换器的方框图如图 1.1.3(b) 所示。图中，当 $u(t_3 = \pi/2) = 4V$ 时，转换结果的数字量为 $4 \div 0.5 = 8$，将十进制数转换成带有符号的二进制数为 0000、1000。同理，对应其他时刻 (t_1，t_2，t_4，t_5，t_6) 的模拟量瞬时值 (2，3，−1，−3，−4V)，以 0.5V 作为基本转换单位转换成 8 位数字量的对应值为 (00000100，00000110，10000010，10000110，10001000)。最高位 0 代表该数为正数，1 代表该数为负数 (参阅 1.3 节)。由于模拟量是连续的，每一个时间点对应一个数值，所以使用数字量描述一个模拟量时，只能对应于某一个时刻的数值，所取的时间点数目也只能是有限的，这些细节上的内容将在第 12 章描述。

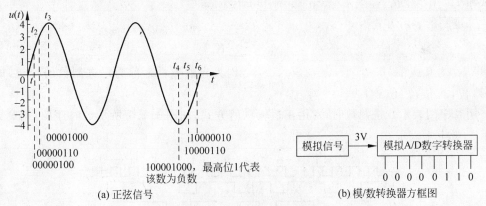

(a) 正弦信号　　　　　　　　　　　　　(b) 模/数转换器方框图

图 1.1.3　模拟信号的数字表示

1.2　数　　制

1.2.1　数制简介

　　数制就是一种计数进制的方法规则。例如，人们在最早的计数中，利用十个指头规定计数的进制方法为十进制计数。而在数字电路中,利用电路的高低电平表达一位计数数字,遇到的计数问题,多数采用二进制计数,并由此引申出其他各种计数进制的计数方法,例如八进制、十六进制计数方式等。日常生活中常用的十进制计数,在数字电路中,可以采用二进制形式的所谓 BCD 码等来表示一个十进制数字。

1.2.2 十进制

十进制数的定义:计数规律按相邻两位数从低位向高位"逢十进一"进行计数的方式称为十进制计数。十进制计数是人们日常生活中所常用的计数形式,基本计数数码为 0~9 一共 10 个基本的有效数码。用 N_D 或 N_{10} 表示(即 number decimal 的缩写)。

十进制的表示方式为

$$N_D = \sum K_i 10^j$$

其中:K_i 为 0~9 这 10 个有效数码中的任意一个;$j=0, \pm1, \pm2, \cdots, \pm\infty$,均为自然数;$10^j$ 称为十进制数的位权,代表 $10^{-\infty}$ 位,10^{-1} 位,10^0 位,10^1 位,10^2(百)位,10^3(千)位等。

例如:$358.26_D = 3 \times 10^2 + 5 \times 10^1 + 8 \times 10^0 + 2 \times 10^{-1} + 6 \times 10^{-2}$。

1.2.3 二进制

二进制数的定义:计数规律按"逢二进一"进行计数称为二进制计数制。基本计数数码为 0 和 1。用 N_B 或 N_2 表示(即 number binary 的缩写)。

二进制的表示方式为

$$N_B = \sum K_i 2^j$$

其中:K_i 为 0 或 1;$j=0, \pm1, \pm2, \cdots, \pm\infty$,均为自然数;$2^j$ 称为二进制数的位权,即 2^0 位,2^1 位,2^2 位,2^3 位等。

用时序图表示二进制数时,常用正逻辑赋值方式,如图 1.2.1 所示的时序图,用高电平表示 1,低电平表示 0。

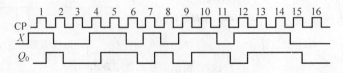

图 1.2.1 用时序图表示二进制数

二进制数的传送方式有串行传送和并行传送两种。串行传送是每个时钟脉冲信号周期内只能传送一位二进制数字,数据的传送过程是"逐位依次"进行的,例如,传送一个 8 位二进制数,需要 8 个时钟脉冲周期时间,所以传送的速度比较慢,但传送数据的连接线只要两芯连接线。并行传送方式是在一个时间脉冲信号周期内同时将一组数据传送出去,例如,同样是传送一个 8 位二进制数,只要一个时间脉冲周期的时间,所以传送的速度比较快,但传送数据的连接线需要 8 芯连接线。并行传送适合短距离的数字量传送,串行传送更适合长距离的数据传送。例如,常用的长距离光缆连接传送线路,就是属于串行数据传送方式,每对光缆芯线传送一个二进制序列信号。数字电路中的每一个数字量通常都是多位二进制数字,所以串行传送的数字量,需要转换成为并行传送的方式才能与个人计算机的并行连接口连接。两种传送方式的时序图和系统组成图如图1.2.2所示。

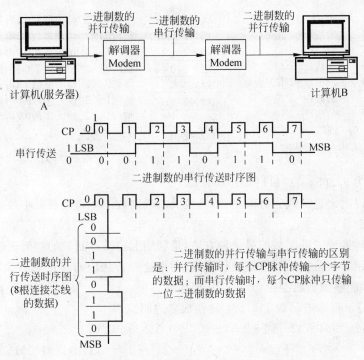

图 1.2.2　二进制数的串行传送和并行传送

图 1.2.2 中的 LSB(least significant bit)表示传送数据中的最小有效位,MSB(most significant bit)表示传送数据中的最高有效位。

1.2.4
十-二进制的转换

1. 二进制数转换成十进制数

根据二进制的表示方式,采用表达式 $N_B = \sum K_i 2^i$ 进行计算,即可将一个二进制数转换成十进制数。

【例 1.2.1】 将二进制数 1011011.011_B 转换成十进制数。

解:$1011011.011_B = 1 \times 2^6 + 0 \times 2^5 + 1 \times 2^4 + 1 \times 2^3 + 0 \times 2^2 + 1 \times 2^1 + 1 \times 2^0 + 0 \times 2^{-1}$
$$+ 1 \times 2^{-2} + 1 \times 2^{-3} = 64 + 16 + 8 + 2 + 1 + 0.25 + 0.125 = 91.375_D$$

2. 十进制数转换成二进制数

计算方法是用 2 去除需要转换的十进制数整数部分,第一次除得的商则继续除 2,直到商为 0 或 1,其余数(0 或 1)依次为转换的二进制数的 2^0 位,2^1 位,2^2 位,2^3 位,等等。用 2

去乘以需要转换的十进制数小数部分。其积的整数（0 或 1）依次为转换的二进制数的 2^{-1} 位，2^{-2} 位，2^{-3} 位，等等。

【例 1.2.2】 将十进制数 95.65_D 转换成二进制数。

解：

2	95		余数 1 … 2^0 位	
2	47		余数 1 … 2^1 位	
2	23		余数 1 … 2^2 位	
2	11		余数 1 … 2^3 位	
2	5		余数 1 … 2^4 位	
2	2		余数 1 … 2^5 位	
	1		商数 1 … 2^6 位	

小数点前的转换

$0.65 \times 2 = 1.3$	整数 1 … 2^{-1} 位，尾数 0.3 再乘以 2
$0.3 \times 2 = 0.6$	整数 0 … 2^{-2} 位，尾数 0.6 再乘以 2
$0.6 \times 2 = 1.2$	整数 1 … 2^{-3} 位，尾数 0.2 再乘以 2
$0.2 \times 2 = 0.4$	整数 0 … 2^{-4} 位，尾数 0.4 再乘以 2
$0.4 \times 2 = 0.8$	整数 0 … 2^{-5} 位，尾数 0.8 再乘以 2
$0.8 \times 2 = 1.6$	整数 1 … 2^{-6} 位，尾数 0.6 再乘以 2
$0.6 \times 2 = 1.2$	整数 1 … 2^{-7} 位，尾数 0.2 再乘以 2
$0.2 \times 2 = 0.4$	……

小数点后的转换

转换结果为 $95.65_D = 1111111.1010011\ldots_B$。

这一结果说明十进制数为有限小数，转换成二进制数不一定是有限小数，有可能成为无限不循环小数。

十进制数转换成二进制数的另一种方法，是利用上述二进制数的一般表达式，将十进制表示成为二进制数权位相加的形式进行转换，利用这种方法应对 2 的乘方次对应的十进制数比较熟悉，才能够做到熟能生巧，提高转换速度。

【例 1.2.3】 将十进制数 115.56_D 转换成二进制数。

解： $115.56_D = 64 + 32 + 16 + 2 + 1 + 0.5 + 0.03125 + 0.015625 + \cdots$

$$= 2^6 + 2^5 + 2^4 + 2^1 + 2^0 + 2^{-1} + 2^{-5} + 2^{-6} = 1110011.100011\ldots_B$$

可见对于整数部分用这一方法比较方便，而小数点后部分用这一方法则比较麻烦。

1.2.5 十六进制和八进制

八进制数定义为：计数规律按"逢八进一"进行计数，称为八进制。基本计数数码为 $0 \sim 7$ 这 8 个数码，用符号 N_O 表示（即 octal number 的缩写）。

八进制的表示方式为 $N_O = \sum K_i 8^j$，其中 K_i 为 $0 \sim 7$ 共 8 个数码；j 为 $-\infty \sim +\infty$ 的自然数；8^j 称为八进制数的位权，即 $8^{-\infty}$ 位，8^{-1} 位，8^0 位，8^1 位，8^2 位，8^3 位等。

十六进制数定义为：计数规律按"逢十六进一"进行计数，称为十六进制。基本计数数码为 $0 \sim 9$，$A(10)$，$B(11)$，$C(12)$，$D(13)$，$E(14)$，$F(15)$ 共 16 个数码。用符号 N_H（即 hexadecimal number 的缩写）或 N_{16} 表示。

十六进制的表示方式为 $N_H = \sum K_i 16^j$，其中 K_i 为 $0 \sim 15$ 这 16 个数码；j 为 $-\infty \sim +\infty$ 的自然数；16^j 称为十六进制数的位权，即 $16^{-\infty}$ 位，16^{-1} 位，16^0 位，16^1 位，16^2 位，16^3 位等。

将十进制数转换为八进制数或者十六进制数，其方法和十进制数转换为二进制数相似。整数部分用连除 8 或者 16，得到的余数含义和将十进制数转换为二进制数时的余数含义相似；而且由于每一位八进制数（$0 \sim 7$）可以用 3 位二进制数表示（$000 \sim 111$），每一位十六进制数($0\sim F$)可以用 4 位二进制数表示($0000\sim1111$),因此,它们之间的互相转换可以采用"分段逐位"的方式进行转换。

【例 1.2.4】 将十进制 368.51_D 转换成八进制数。

解:(1)小数点前数据的转换为

$$
\begin{array}{r|l}
8 & 368 \\
\hline
8 & 46 \\
\hline
& 5
\end{array}
\quad
\begin{array}{l}
\text{余数}0\cdots8^0\text{位}\\
\text{余数}6\cdots8^1\text{位}\\
\text{商数}5\cdots8^3\text{位}
\end{array}
$$

转换结果为 $368_D=560_O$

(2)小数点后数据的转换为

$$
\begin{array}{|l|l|}
\hline
0.51\times8=4.8 & \text{整数}4\cdots8^{-1}\text{位,尾数}0.8\text{再乘}8\\
\hline
0.8\times8=6.8 & \text{整数}6\cdots8^{-2}\text{位,尾数}0.4\text{再乘}8\\
\hline
0.4\times8=3.2 & \text{整数}3\cdots8^{-3}\text{位,尾数}0.2\text{再乘}8\\
\hline
\end{array}
$$

转换结果为 $0.51_D=0.463\ldots_O$

故十进制转换为八进制数的结果为 $368.51_D=560.463\ldots_O$。

【例 1.2.5】 将十六进制数 $A6C.9B3_H$ 转换为二进制数。

解:采用"分段逐位"法,转换过程为

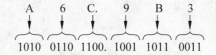

故转换结果为 $A6C.9B3_H=1010\ 0110\ 1100.1001\ 1011\ 0011_B$。

由此可见,若要将一个十进制数转换为二进制数,快捷的方法是先将其转换为十六进制数或八进制数,然后再将其转换为二进制数。因为每次除以 16 或乘以 16,其运算相当于进行 4 次除以 2 或乘以 2。

将八进制数或十六进制数转换为十进制数,可以将各位按权展开以后求和取得,方法也与二进制数转换为十进制数相似。

1.3 二进制数运算

1.3.1 二进制数的算术运算

数字电路中采用二进制数执行算术运算比起采用十进制数执行算术运算将更为容易。二进制数的算术运算规则与十进制数的算术运算规则相同,而且当执行加法和乘法运算时,将更加简单、快捷。

一位二进制数相加的规则为:$0+0=0$;$0+1=1$;$1+0=0$;$1+1=0$,同时向高位产生进位 1。

向高位的进位数 1,将在高位进行相加运算时,进行加 1 运算。这种考虑低位进位的运算成为全加运算。若仅仅考虑本位加数和被加数相加结果的加法运算,称为"半加运算"。

【例 1.3.1】　用二进制数完成十进制数 $11_D + 12_D$ 的运算。

解：运算的算式如下：

$$
\begin{array}{r}
1000 \longleftarrow \text{进位} \\
11_D = 1011 \\
12_D = 1100 \\
\hline
10111 = 23_D
\end{array}
$$

一位二进制数相减的规则为 $0-0=0$；$0-1=1$，同时向高位产生借位 1；$1-0=1$；$1-1=0$。向高位的借位 1 将在高位进行运算时，做减 1 运算。

【例 1.3.2】　用二进制数完成十进制数 $29_D - 19_D$ 的运算。

解：运算的算式如下：

$$
\begin{array}{rl}
1 \longleftarrow & \text{注意：第2位向高一位借1} \\
29_D = 11101 & \text{第2位的减运算2-1=1} \\
19_D = 10011 & \text{第3位的减运算1-1-0=0} \\
\hline
1010 = 10_D &
\end{array}
$$

用二进制进行减法运算，若被减数出现低位向高位借 1 时，由于二进制数是逢二进一，这样被减数的低一位应用 2 减去减数，这一点是进行二进制数运算与进行十进制数的不同，应该加以注意。

【例 1.3.3】　用二进制数完成十进制数 $3_D - 6_D$ 的运算。

解：运算的算式如下：

$$
\begin{array}{rl}
1 \longleftarrow & \text{第3位向第4位借1} \\
3_D = 0011 & \text{第3位的减运算2-1=1} \\
6_D = 0110 & \text{第4位的减运算0-1-0=1} \\
\hline
(1)101 = 5_D &
\end{array}
$$

这一结果显然与直接用十进制数执行 $3_D - 6_D = -3_D$ 不相符合，而 5_D 的 3 位二进制数 101 正好是 3_D 的 3 位二进制数 011 的补码（数）（补码（数）的知识将在 1.3.2 小节说明）。反之 101 的补码（数）也正好是 011，故此当进行二进制数减法运算时，若被减数小于减数，将出现被减数的最高位向更高位借位 1 的情况，运算的结果为负数，（差）将为实际差数的补码（数），必须求出运算结果的差数（二进制码）补码（数），这一个补码（数）才是要得到的真正的差数。这一结论与采用补码（数）进行减法运算时情况是一样的。

二进制数的乘法运算为：$0 \times 0 = 0$；$0 \times 1 = 1$；$1 \times 0 = 0$；$1 \times 1 = 1$。

【例 1.3.4】　用二进制数完成十进制数 $13_D \times 13_D$ 的运算。

解：运算的算式如下：

方法 1："逐位相乘"求和

$$
\begin{array}{r}
13_D = 1101 \\
13_D = 1101 \\
\hline
1101 \\
0000 \\
1101 \\
1101 \\
\hline
10101001 = 169_D
\end{array}
$$

方法 2：移位累加法

$$
\begin{array}{rl}
13_D = 1101 & \text{被乘数} \\
13_D = 1101 & \text{乘数} \\
\hline
1101 & \text{最低位乘积} \\
0000 & \text{次低位乘积} \\
\hline
01101 & \text{低两位乘积之和} \\
1101 & \text{第三位乘积} \\
\hline
1000001 & \text{低三位乘积之和} \\
1101 & \text{第四位乘积} \\
\hline
10101001 = 169_D & \text{总的乘积}
\end{array}
$$

在数字系统中的二进制数乘法运算,通常采用例1.3.4中的方法2,因为这种方法可以用将每次累加的结果进行右移一位再与被乘数相加实现。这种形式的乘法过程也是计算机作乘法运算所常用的。

二进制数的除法运算与十进制数的除法运算相似。

【例1.3.5】 用二进制数完成十进制数 $313_D \div 11_D$ 的运算。

解:运算的算式如下:

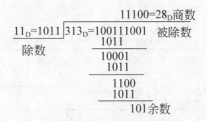

从例1.3.5的解答过程中可以清楚地看出,二进制数的除法运算只要首先比较被除数与除数相同高位大小,若大于则商数为1,将被除数减去除数得到的差值左移一位加上被除数的下一位,继续与除数比较得出商数的次高位,如果比较的结果是被除数小于除数,则商为0,将被除数后一位移入,再试试比较结果,直到最终结束。

与十进制数的除法比较,因为二进制数作除法运算每次得到的商只有1或0两种可能,故此比十进制运算更为简单。

1.3.2 二进制数的负数表示方式

前面我们所描述的二进制数都是无符号的二进制数,在数字系统中为了能够更好地表示正数和负数,二进制数的最高位通常用于表示一个二进制数的符号(正或者负),当最高位为0时,表示该数为正数,当最高位为1时,表示该数为负数。这样,对于一个 n 位二进制数,只有除最高位外的剩余 $n-1$ 位才真正表示该数的实际数值。

4位有符号的二进制数如表1.3.1所示,表中,0101表示+5,1101表示-5。数码1000在负数系统中表示负0,在4位补码(数)系统中,则表示-8的补码(数)。而在4位带符号的反码系统中,则代表+7的反码。这样,对于4位有符号位的二进制数,只能表示0~7这8个有效数值。

二进制数的数字运算电路,通常只用加法运算器。为了完成减法运算,通常采用补码(数)和反码的表示方法实现。对于正数的补码(数)定义为该数自身 N。对于负数的补码(数),其定义如下:

设负数 $-N$ 的位数为 n 位,则该负数的补码(数)用 $N_{补}$ 表示,而且该负数用绝对数 N 表示(符号位为0),则其补码(数)表示为 $N_{补} = 2^n - N$。

如当 $n=4$ 时, $-N$ 用 $10000-N$ 表示。例如 -3_D 的补码(数)为 $10000-0011=1101$。

其中最高位1表示该数为负值,所以具有符号位的补码(数),其最高位一定是1。

-8 的补码(数)为 $10000-1000=1000$。

补码的特点,一个负数的补码,经过再次求补码后恢复为该数码自身(称之为源码),即就是补码的补码为源码，$(N_{补} = 2^n - N)_{补} = 2^n - (2^n - N) = N$。

这种定义的方式主要是针对二进制数减法运算的。一方面，可以将减法运算转化为加法运算；其次是二进制数进行减法运算时，若被减数小于减数，差数为负值，出现在数字电路系统的输出量将是该负值差数的补码（数），这一补码（数）必须经过再一次的求补码，才是差数的本来数值。这样，进行减法运算时，只要判断最高位运算时是否向更高一位数借位，如果产生，则计算出来的差数为负值，且为真实差值的补码，必须经过再一次的求补码，才得到差数的本来数值。从而解决减法运算中产生的问题。

表 1.3.1　4 位有符号的二进制数表

正数＋N	符号二进制数	负数－N	符号二进制数	补码（数）$N_{补}$	反数（码）$N_{反}$
0	0000	0	1000	—	1111
1	0001	−1	1001	1111	1110
2	0010	−2	1010	1110	1101
3	0011	−3	1011	1101	1100
4	0100	−4	1100	1100	1011
5	0101	−5	1101	1011	1010
6	0110	−6	1110	1010	1001
7	0111	−7	1111	1001	1000
—		−8		(1)1000	—

二进制数中的负数，除了用补码（数）表示之外，也用反码（数）表示，负数的反码（数）定义如下：

设负数 $-N$ 的位数为 n 位，则该负数的反码（数）用 $N_{反}$ 表示，而且该负数用绝对数 N 表示（符号位为 0），其反码（数）表示为 $N_{反} = 2^n - 1 - N$。

例如，$n = 4$ 时，-6 的反码（数）为 $N_{反} = 2^n - 1 - N = 1111 - 0110 = 1001$。

由于 $2^n - 1 = 1111\cdots$，故此，$2^n - 1 - N$ 的实际结果是 N 的各位取反而得到 $-N$ 的反码（数）。

例如，对于 $-5, 5_D = 0101_B$，则 $N_{反}$ 等于 0101 每一位取相反值，即 1010。

从上述补码（数）和反码（数）的定义，还可以得到补码（数）和反码（数）有如下关系：

$$N_{补} = 2^n - N = [(2^n - 1) - N] + 1 = N_{反} + 1$$

这一结果说明一个负数的补码（数），可以通过求出该负数的反码后，再加 1 而得到，也说明补码（数）比反码表达的十进制数在数值上大 1。

例如，对于十进制数 -6 的补码（数），可将表示数 -6 的 4 位二进制码 0110 各位求反得1001，再加 1 得到数 -6 的补码为 1010（$n = 4$）。

【例 1.3.6】　用二进制数的补码完成十进制数 $5_D - 3_D$ 的运算。

解：运算的算式如下：

$$
\begin{array}{rl}
1101 \longleftarrow & \text{进位} \\
5_D = 0101 & \text{4位+5的二进制数} \\
3_D = 1101_{补} & \text{4位−3的补数} \\
\hline
(1)0010 = +2_D & \text{符号位为0}
\end{array}
$$

【例 1.3.7】 用二进制数的补码完成十进制数运算 $3_D - 6_D$ 和 $1_D - 6_D$。

解：运算的算式如下：

0101 ← 进位		0000 ← 进位	
3_D=0011	4位+3的二进制数	1_D=0001	4位+3的二进制数
6_D=1010_补	4位-6的补数	6_D=1010_补	4位-6的补数
1101结果为4位-3的补数		1011结果为4位-5的补数	

上述例子说明采用 n 位二进制数的被减数与减数的补码之和完成减法运算，因为最高位表示数的符号，而正数（被减数）的符号位为 0，减数的补码的最高位一定是 1，如果运算的结果最高位为 0，必定存在 $n-1$ 位向第 n 位产生进位数 1，则"和数"为正值差数，如果运算的结果最高位为 1，必定是 $n-1$ 位不向第 n 位产生进位数 1，则"和数"为负值差数的补码，必须进行再次求补码才能得到实际的差数真实数值。这一结论在减法运算器的电路设计时应加以注意。

1.4 二进制数码

数字系统的二值电平信号所表示的数码信息（二进制数字）可以分成两类：一类是数值，即用二进制数表示数量的不同大小，其形式如同 1.2 节所描述的二进制数；另一类是文字、符号或者不同的事件，在这种情况下一个数码不再表示数量大小，而是表示某一个文字、符号或者一个事件。建立一个二进制数字与一个事件一一对应关系过程称为编码。

例如，为了区别专业中的不同班级、年级的不同，对不同班级编写用不同的班级编号，为了区别每个班级中不同学生在学生名册的不同位置，对每个学生进行编写学号等。每个学号仅仅代表一个学生，没有大小的含义。

数字系统编码，通常采用一定位数的一个二进制数表示一个特定的事件，这个特定的二进制数称为代码。采用的二进制数的位数取决于需要进行编码事件的个数，两者的关系用下述原则确定。

若需要编码的事件个数为 M，须用二进制数码的位数 n，则 $2^n \geqslant M > 2^{n-1}$。

编码时所要遵循的规则称为编码制。对于 0~9 这 10 个十进制数码，按上述原则，需要 4 位二进制数码来进行编码，根据二进制数码的位权的数值不同，其编码制可分为 8421 码、2421 码、5211 码、余 3 码（无权码）、余 3 码循环码（无权码）等，另一种无权码是"格雷码"。4 位二进制数码的不同编码制的对应关系如表 1.4.1 所示。

表 1.4.1 列举了各种不同编码制的对应关系。例如 8421BCD 码，4 位二进制码 $n_3 n_2 n_1 n_0$ 位权的数值为 $n_3=8$、$n_2=4$、$n_1=2$、$n_0=1$，如 4 位数码为 1001，代表十进制数 9。

2421BCD 码，4 位二进制码 $n_3 n_2 n_1 n_0$，位权的数值为 $n_3=2$、$n_2=4$、$n_1=2$、$n_0=1$，如 4 位数码为 1010，代表十进制数 4。

5211BCD 码，4 位二进制码 $n_3 n_2 n_1 n_0$，位权的数值为 $n_3=5$、$n_2=2$、$n_1=1$、$n_0=1$，如 4 位数码为 0111，代表十进制数 7。

以上有权码的每位二进制码的位权是固定不变的，通常称为"恒权码"。其中最常用的是 8421 码。

表 1.4.1　二-十进制码的对应表

格雷码 $G_3G_2G_1G_0$	4 位二进制数码 $n_3n_2n_1n_0$ ($2^3 2^2 2^1 2^0$)	代码对应的十进制数						
		4 位自然二进制数码及格雷码对应的十进制数	二-十进制数码（统称为 BCD 码）不同编码制数码的十进制数					
			8421 码	2421 码	5211 码	余 3 码	余 3 循环码	
0000	0000	0	0	0	0		二进制数码	十进制
0001	0001	1	1	1	1			
0011	0010	2	2	2				
0010	0011	3	3	3		0	0010	0
0110	0100	4	4		2	1	0110	1
0111	0101	5	5		3	2	0111	2
0101	0110	6	6			3	0101	3
0100	0111	7	7		4	4	0100	4
1100	1000	8	8		5	5	1100	5
1101	1001	9	9		6	6	1101	6
1111	1010	10		4		7	1111	7
1110	1011	11		5		8	1110	8
1010	1100	12		6	7	9	1010	9
1011	1101	13		7	8			
1001	1110	14		8				
1000	1111	15		9	9			

　　余 3 码是在 8421 码的基础上加上 0011 得到。如十进制数 0 的 8421 码为 0000，加上 0011 正好是余 3 码十进制数 0 的代码；十进制数 6 的 8421 码为 0110，加上 0011 为 1001 也正好是余 3 码十进制数 6 的代码。可以看出，若将余 3 码按自然二进制数表示，其数值正好比它所代表的十进制数大 3，故此称为余 3 码。这样，使用余 3 码进行两个十进制数加法运算时，其和将比对应的自然二进制数大 6。若两个十进制数之和正好为 10 时，余 3 码之和正好等于二进制数 16，即 10000，便从 4 位二进制数的高位向更高一位产生进位信号。

　　格雷码的特点是相邻两个数码中，只有一位数码产生变化，每一位的 1 在不同的代码中不代表固定的数值，因此无法试用一个计算表达式计算其表示的十进制数字。表 1.4.1 列出格雷码与 8421 码之间的对应关系。余 3 循环码是用格雷码表示余 3 码而得到，具有格雷码的特点。故此，使用余 3 循环码或格雷码编码制组成计数器时，4 位计数器只有一位发生变化，这样进行译码显示时，不会产生竞争冒险现象。

　　数字电子系统中的大部分计算机的应用除了需要输入通常的十进制数字之外，还需要输入文字符号，为了将常用输入的文字符号转换成为二进制数码便于计算机识别，通常采用 ASCII(American Standard Code for Information Interchange)编码制。ASCII 码，也称为美国标准信息转换码，是一种具有 7 位二进制数字的数码，可以对 $2^7 = 128$ 个不同的文字、符号进行编码。ASCII 码编码表如表 1.4.2 和表 1.4.3 所示。

表 1.4.2 ASCII 编码表

符号	ASCII 码 $A_6 A_5 A_4 A_3 A_2 A_1 A_0$	符号	ASCII 码 $A_6 A_5 A_4 A_3 A_2 A_1 A_0$	符号	ASCII 码 $A_6 A_5 A_4 A_3 A_2 A_1 A_0$
空格	0100000	'	0101100	8	0111000
!	0100001	—	0101101	9	0111001
"	0100010	.	0101110	:	0111010
#	0100011	/	0101111	;	0111011
$	0100100	0	0110000	<	0111100
%	0100101	1	0110001	=	0111101
&	0100110	2	0110010	>	0111110
'	0100111	3	0110011	?	0111111
(	0101000	4	0110100	@	1000000
)	0101001	5	0110101	A	1000001
*	0101010	6	0110110	B	1000010
+	0101011	7	0110111	C	1000011

表 1.4.3 ASCII 编码表（续）

符号	ASCII 码 $A_6 A_5 A_4 A_3 A_2 A_1 A_0$	符号	ASCII 码 $A_6 A_5 A_4 A_3 A_2 A_1 A_0$	符号	ASCII 码 $A_6 A_5 A_4 A_3 A_2 A_1 A_0$
D	1000100	X	1011000	l	1101100
E	1000101	Y	1011001	m	1101101
F	1000110	Z	1011010	n	1101110
G	1000111	[	1011011	o	1101111
H	1001000	\	1011100	p	1110000
I	1001001	]	1011101	q	1110001
J	1001010	^	1011110	r	1110010
K	1001011	—	1011111	s	1110011
L	1001100	'	1100000	t	1110100
M	1001101	a	1100001	u	1110101
N	1001110	b	1100010	v	1110110
O	1001111	c	1100011	w	1110111
P	1010000	d	1100100	x	1111000
Q	1010001	e	1100101	y	1111001
R	1010010	f	1100110	z	1111010
S	1010011	g	1100111	{	1111011
R	1010100	h	1101000	|	1111100
U	1010101	i	1101001	}	1111101
V	1010110	j	1101010	~	1111110
W	1010111	k	1101011	撤除	1111111

本章小结

数字电路中，将用高电平和低电平表示其信号状态，并且用二值信号表示，即 1 和 0 两种情况。应用这种表示信号的逻辑方法，可以克服模拟连续信号在实际上难于存储、分析和传送的困难。因此理解数字信号的表示方法是十分重要的。

由于数字信号采用了二值数字的概念,0 和 1 是二进制数的两个有效的数码,所以数字电路中的数字实际上是以二进制数为最基本的表示形式。并且通常采用正逻辑赋值的赋值方式。

用 3 位二进制数可以表示 1 位八进制数,4 位二进制数可以表示 1 位十六进制数,用 5 位二进制数可以表示 1 位三十二进制数。用 32 个符号表示三十二进制数,符号太多,16 个符号表示十六进制数比较合适,故此,使用十六进制数对二进制数进行速写也是可取的。而且任意一种进制的数都可以在二进制、十进制、十六进制之间互相转换。

采用编码的方式,使用特殊的二进制数码(一般是 4 位)表示一个十进制数,这种数码统称为 BCD 码,这些数码,可分为无权码和有权码。其中 8421、2421、5211 码为有权码,有权码的特点是可以用一个表达式计算出数码表示的十进制数字;余 3 码和格雷码、循环余 3 码都是无权码,无权码不能用一个表达式计算出数码表示的十进制数字。ASCII 码是使用 7 位二进制数码表示数字和不同的符号的一种编码。

二进制数的运算可以用十进制相似的方法进行,也可以用补码(数)或反码进行减法运算,采用这一方法时,应注意运算的结果是正的差值还是负的差值,以便确定最终是否要再进行求差数的补码。二进制数的乘法和除法运算可以用左移位相加和右移位相减的方式进行,这样使用二进制数进行乘法和除法,实际上比用十进制数运算简单。

数字逻辑电路是计算机的基础,既可以实现复杂的算术运算,也可以实现逻辑运算,逻辑运算的最基本形式是与(乘法)、或(加法)、非(相反)3 种。

本章习题

题 1.1 数字信号的波形如图 P1.1 所示,若波形的高、低电平用正逻辑赋值,试用二进制数序列表示该脉冲波形(每一时间段用一位二进制数表示)。

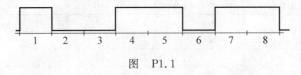

图 P1.1

题 1.2 若用正逻辑赋值,高电平等于 3V,低电平等于 0.3V,将下述二进制数序列用脉冲波形表示(一位二进制数用一相等的时间段表示)。

(a) 110110101   (b) 1011001   (c) 10101011   (d) 10001110

题 1.3 有一脉冲信号,脉冲信号的高电平维持时间为 $0.1\mu s$,低电平维持时间为 $0.4\mu s$,求信号的脉冲周期 T 和占空比 q。

题 1.4 有一正弦模拟信号,$u(t)=9\sin\omega t$V,若以 0.5V 作为基本转换单位,试问在 $t=T/4$、$T/2$、$T3/4$、$T/6$ 时,将该模拟量的瞬时值转换为数字量,则数字量为多大?

题 1.5 将下述十进制数转换为八进制数(保留小数点后 2 位),再转换为二进制数。

(a) 658.95_D (b) 135.16_D (c) 63.24_D (d) 1027.67_D

题 1.6 将下述十进制数转换为十六进制数(保留小数点后 2 位),再转换为二进制数。

(a) 146.25_D (b) 685.37_D (c) 492.87_D (d) 1235.78_D

题 1.7 先将下述二进制数转换为十六进制数,再转换为十进制数;并比较直接将其转换为十进制数,看两者的结果是否相同。

(a) 101100111101.101_B (b) 101110101.01_B (c) 101101.11_B

题 1.8 先将下述十进制数转换为十六进制数(保留小数点后 2 位),再转换为八进制数;并比较直接将其转换为八进制数,两者的结果是否相同。

(a) 235.26_D (b) 315.61_D (c) 36.42_D (d) 1206.75_D

题 1.9 先将下述十进制数转换为八进制数(保留小数点后 2 位),再转换为二进制数。

(a) 85.59_D (b) 513.36_D (c) 163.24_D (d) 721.76_D

题 1.10 先将下述十六进制数转换为十进制数(保留小数点后 2 位),再转换为二进制数。

(a) $8A5.59_H$ (b) $5B3.E6_H$ (c) $1D3.C4_H$ (d) $AF1.B6_H$

题 1.11 将下述四进制数转换为十进制数(保留小数点后 2 位)。

(a) 23.12_4 (b) 312.31_4 (c) 123.21_4 (d) 321.32_4

题 1.12 将下述八进制数转换为十进制数(保留小数点后 2 位)。

(a) 54.52_O (b) 513.36_O (c) 163.24_O (d) 721.76_O

题 1.13 将下述二进制数转换为十进制数(保留小数点后 2 位)。

(a) 100101001.101_B (b) 111010101.01_B (c) 110100.11_B

题 1.14 将下述八进制数转换为十六进制数(保留小数点后 2 位)。

(a) 265.36_O (b) 263.76_O (c) 345.44_O (d) 312.04_O

题 1.15 将下述十六进制数转换为八进制数(保留小数点后 2 位)。

(a) $8AB.A9_H$ (b) $AB3.E6_H$ (c) $1DB.C4_H$ (d) $ACB.BE_H$

题 1.16 将下述二进制数转换为十六进制数及八进制数,结果保留小数点后 2 位。

(a) 1010101001.11101_B (b) 10011010101.01_B (c) 101110100.01_B

题 1.17 用二进制数完成下述十进制数的运算。

(a) 5_D+9_D (b) 11_D-5_D (c) 33_D-17_D (d) $6_D\times5_D$ (e) $19_D\div5_D$

题 1.18 用二进制数负数补码完成下述十进制数的减法运算。

(a) 5_D-9_D (b) 5_D-11_D (c) 13_D-19_D (d) 6_D-5_D (e) 5_D-17_D

题 1.19 16 位二进制数码,若用补码(数)表示负数,能够表达多大范围的十进制数;若用反码表示负数,能够表达多大的十进制数。

题 1.20 将下述十进制数用 BCD8421 码表示。

(a) 85.59_D (b) 513.36_D (c) 163.24_D (d) 721.76_D

题 1.21 将下述十进制数用 BCD5211 码表示。

(a) 25_D (b) 19.35_D (c) 33.46_D (d) 6.34_D (e) 19_D

题 1.22 将下述十进制数用 BCD2421 码表示。

(a) 91.45_D (b) 110.36_D (c) 132.48_D (d) 68.65_D (e) 5.49_D

题 1.23 将下述十进制数用 BCD 余 3 码表示。

(a) 85.59_D (b) 513.36_D (c) 163.24_D (d) 721.76_D

题 1.24 将下述十进制数用循环余 3 码表示。

(a) 59_D (b) 115_D (c) 33.67_D (d) 69.85_D (e) 159_D

第 2 章

逻辑函数及其化简

主要内容：本章将介绍一种分析和设计数字逻辑电路的基本数学方法，即布尔代数，也称逻辑代数，逻辑函数。本书采用逻辑代数及逻辑函数称谓。逻辑代数与一般的代数不同，其变量(包括自变量和因变量)的数值只有 0 和 1 两种情况。逻辑代数在数学中有其一定的应用，例如集合论数学、逻辑数学等；但在本章中仅应用其对数字电路状态、开关电路进行具体化的数学描述，以便在以后的各个章节对电路的输入和输出状态的逻辑关系进行正确的数学表达。数字电路或者开关电路，电路的状态只有两个不同的工作情况，例如高电平、低电平，或者接通、断开。我们应用逻辑代数的取值方式与数字电路和开关电路的对应状态关系，例如，用变量 A、B 表示电路的输入，用变量 L 表示电路的输出；或者用变量 A、B 表示电路两个开关的动作状态，用变量 L 表示在 A、B 开关控制下电路某两点之间的接通状态。这样 $A=1$、$B=1$、$L=1$ 将不表示实际的数值，而是表示电路的状态为高电平或者开关接通，电路连接；$A=0$、$B=0$、$L=0$ 将表示电路的状态为低电平或者开关断开，电路不连接。0 和 1 仅仅表示电路两个不同的状态，若 A 是逻辑变量，则 A 的值也只有 0 或者 1。L 与 A、B 之间的逻辑关系，称为逻辑函数。

在数字电路中，虽然 0 和 1 有时仅仅作为两个不同的符号用于表示电路的两个状态，但将电路的输入或输出两个状态当成一位二进制数，将其综合地联系在一起则可以当成一个多位二进制数或者一个数码去代表一个符号、十进制数等。但对于电路的每个输入和输出来讲，则仍然只有 0 和 1 两种状态。

逻辑函数的化简有两种基本方法：代数方法和卡诺图法。学习时应注意其运用特点和特殊的规律。

2.1　基本逻辑运算和逻辑符号及等价开关电路

逻辑代数的变量取值只有 0 和 1 两种，运算结果也只有 0 和 1 两种可能。其基本运算有**与运算**、**或运算**和**反运算**。习惯称反运算为**非运算**。非运算的结果是相反，0 的相反是 1，1 的相反是 0，并且可以写为 $\bar{0}=1$ 和 $\bar{1}=0$。

1. 非运算

对于逻辑变量 A，A 的非写为 $\bar{A}$，若 $A=0$，则 $\bar{A}=1$，反之，若 $A=1$ 则 $\bar{A}=0$。
非运算的逻辑符号表示如下：

$$A \longrightarrow \boxed{1} \longrightarrow \bar{A} \qquad 或用符号： A \longrightarrow \triangleright\!\circ \longrightarrow \bar{A}$$

非运算符号如果运用于数字电路表示**非门电路**,简称非门,则 A 作为电路的输入信号,$\overline{A}$ 作为电路的输出信号。若 A 输入为高电平,则输出为低电平;A 输入为低电平,则输出为高电平。两者之间总是相反的关系。

2. 与运算

两个变量之间的与运算,类似一位二进制数的乘法运算,所以有时被称为逻辑乘法运算。运算结果为:$0 \cdot 0 = 0, 1 \cdot 0 = 0, 0 \cdot 1 = 0, 1 \cdot 1 = 1$。为了有别于二进制数的算术运算,通常将"×"改为"·","·"表示逻辑与运算,书写时更为方便,也可以把"·"省掉。这样 0、1 表示布尔常数,即可以用其表示电路的不同工作状态,而不是简单的二进制数。

对于二个变量 A、B 的与运算,其结果为 $L = A \cdot B$,可以用下述符号表示:

$$\begin{array}{c} A \\ B \end{array} - \boxed{\&} - L = A \cdot B \quad \text{或用符号:} \quad \begin{array}{c} A \\ B \end{array} \boxed{\supset} - L = A \cdot B$$

真值表是用表格的形式罗列布尔自变量(电路的输入)所有可能的取值组合与因变量、逻辑结果(电路的输出)之间一一对应的数值或状态关系的数值表。若变量个数为 n,所有可能的取值组合的组数为 2^n 种。每种组合称为一组取值。用真值表可以证明逻辑代数恒等式是否成立,方法是逻辑恒等式两边变量所有可能取值组合下,若一一对应相等,则恒等式成立,否则恒等式不成立。

与运算的结果可以用表 2.1.1 所示真值表表示。

从与运算的真值表可以看出,只有 $A = 1$、$B = 1$ 时,才使 $L = 1$,其他情况 $L = 0$。与运算表示符号用在数字电路中将表示一个**与门电路**,简称**与门**。在这种情况下,A、B 作为电路的输入,L 作为电路的输出,只有 A、B 两个输入端同时输入为高电平时,输出端 L 才为高电平,其他的输入情况,输出端 L 均为低电平。以后为了书写简便起见,与运算**可以省略**"**·**",**写为 AB**。

【例 2.1.1】 用真值表证明 $AB = BA$。

解:AB 和 BA 运算的真值表如表 2.1.2 所示。

从真值表可以看出,不管变量 A、B 的取值如何,其结果都能使 $AB = BA$,故此恒等式成立。

表 2.1.1 与运算的真值表

A B	$L = A \cdot B$
0　0	0
0　1	0
1　0	0
1　1	1

表 2.1.2 例 2.1.1 的真值表

A B	$A \cdot B$	$B \cdot A$
0　0	0	0
0　1	0	0
1　0	0	0
1　1	1	1

3. 或运算

两个变量之间的或运算,类似一位二进制数的加法运算,所以被称为逻辑加法运算。运算结果为:$0 + 0 = 0, 1 + 0 = 1, 0 + 1 = 1, 1 + 1 = 1$。**或运算**与二进制数的算术加法运算是有区别的,尤其是 $1 + 1 = 1$,而不是 10,运算结果表示逻辑或运算。这样 0、1 表示逻辑或常数,即可以用其表示电路的不同工作状态,而不是简单的二进制数。

对于两个变量 A、B 的或运算，其结果为 $L=A+B$，可以用下述符号表示：

或运算的结果可以用表 2.1.3 所示真值表表示。

表 2.1.3 或运算的真值表

A B	$L=A+B$
0　0	0
0　1	1
1　0	1
1　1	1

从或运算的真值表可以看出，只要 $A=1$ 或 $B=1$，就有 $L=1$，只有在 $A=0$ 同时 $B=0$ 时，才使 $L=0$。或运算表示符号用在数字电路中表示一个**或门电路**，简称**或门**。在这种情况下，A、B 作为电路的输入，L 作为电路的输出，只要 A、B 两个输入端有一个为高电平，输出端 L 就为高电平，只有电路的两个输入端 A 和 B 同时为低电平时，输出端 L 才为低电平。

4. 等价开关电路

若用一段开关电路 ab 表示与运算、或运算及非运算，首先我们定义开关工作状态的布尔常数，也就是给其进行逻辑赋值，将开关的闭合赋值为 1，开关的断开赋值为 0。开关将该段电路接通作为一个逻辑结果并赋值为 1，开关未将该段电路接通作为另一个逻辑结果并赋值为 0。

与运算开关电路可以表示如下，a、b 两点之间的连接为逻辑结果。

上述电路只有开关 A 和 B 同时闭合时，a、b 两点之间才接通，其他均为未接通，所以符合与运算的结果，即 $L=A \cdot B$。

或运算开关电路可以表示如下，a、b 两点之间的连接为逻辑结果。

上述电路只要开关 A 或 B 有一个闭合，a、b 两点间就接通，只有 A、B 开关同时断开，a、b 两点之间的电路才为断开，所以符合或运算的结果，即 $L=A+B$。

非运算电路可以表示如下，a、b 两点之间的连接为逻辑结果。

上述电路当开关 A 闭合时，$\overline{A}$ 断开，a、b 两点间断开，A 开关断开时，$\overline{A}$ 接通，a、b 两点之间的电路为接通状态，所以符合非运算的结果，即 $L=\overline{A}$。

5. 其他常用逻辑运算

逻辑运算中，除了上述的基本运算之外，实际中还有其他比较常用的逻辑运算。例如**与非**（和与运算的结果相反）；**或非**（和或运算的结果相反）；**同或**运算（两个变量进行同或逻辑运算，其规则为变量的取值同为 1 或 0，结果为 1，两个变量的取值相反则结果为 0）；**异或**

运算(两个变量进行异或逻辑运算,其规则为变量的取值同为 1 或 0,结果为 0,两个变量的取值相反则结果为 1),故此,同或逻辑运算和异或逻辑运算互为反运算关系;**或与非运算**(先进行或运算后,再进行与运算,结果再取反);**与或非运算**(先进行与运算,再进行或运算,结果再取反)等。

与非的逻辑表达式为

$$L = \overline{A \cdot B}$$

与非逻辑运算符号为

$$A \underset{B}{\boxed{\&}} \circ L \qquad \text{或用符号:} \quad A \underset{B}{\rightarrow} \hspace{-4pt}\circ L$$

或非的逻辑表达式为

$$L = \overline{A + B}$$

或非逻辑运算符号为

$$A \underset{B}{\boxed{\geqslant 1}} \circ L \qquad \text{或用符号:} \quad A \underset{B}{\rightarrow}\hspace{-4pt}\circ L$$

同或的逻辑表达式为

$$L = A \cdot B + \overline{A} \cdot \overline{B} = A \odot B$$

同或逻辑运算符号为

$$A \underset{B}{\boxed{=}} L \qquad \text{或用符号:} \quad A \underset{B}{\rightarrow}\hspace{-4pt}\circ L$$

异或的逻辑表达式为

$$L = A \cdot \overline{B} + \overline{A} \cdot B = A \oplus B$$

异或逻辑运算符号为

$$A \underset{B}{\boxed{=1}} L \qquad \text{或用符号:} \quad A \underset{B}{\rightarrow}\hspace{-4pt}\circ L$$

或与非的逻辑表达式为

$$L = \overline{(A + B) \cdot (C + D)}$$

或与非逻辑运算符号为

$$\begin{array}{c} A \\ B \\ C \\ D \end{array} \boxed{\begin{array}{c}\geqslant 1 \\ \geqslant 1\end{array}} \boxed{\&} \circ L$$

与或非逻辑表达式为

$$L = \overline{A \cdot B + C \cdot D}$$

与或非逻辑运算符号为

$$\begin{array}{c} A \\ B \\ C \\ D \end{array} \boxed{\begin{array}{c}\& \\ \&\end{array}} \boxed{\geqslant 1} \circ L$$

以上各种常用逻辑运算的真值表如表 2.1.4～表 2.1.9 所示。

表 2.1.4　与非运算的真值表

$A\ B$	$L=\overline{A\cdot B}$
0 0	1
0 1	1
1 0	1
1 1	0

表 2.1.5　或非运算的真值表

$A\ B$	$L=\overline{A+B}$
0 0	1
0 1	0
1 0	0
1 1	0

表 2.1.6　同或运算的真值表

$A\ B$	$L=A\odot B$
0 0	1
0 1	0
1 0	0
1 1	1

表 2.1.7　异或运算的真值表

$A\ B$	$L=A\oplus B$
0 0	0
0 1	1
1 0	1
1 1	0

表 2.1.8　或与非运算的真值表

$A\,B\,C\,D$	$L=\overline{(A+B)\cdot(C+D)}$	$A\,B\,C\,D$	$L=\overline{(A+B)\cdot(C+D)}$
0 0 0 0	1	1 0 0 0	1
0 0 0 1	1	1 0 0 1	0
0 0 1 0	1	1 0 1 0	0
0 0 1 1	1	1 0 1 1	0
0 1 0 0	1	1 1 0 0	1
0 1 0 1	0	1 1 0 1	0
0 1 1 0	0	1 1 1 0	0
0 1 1 1	0	1 1 1 1	0

表 2.1.9　与或非运算的真值表

$A\,B\,C\,D$	$L=\overline{A\cdot B+C\cdot D}$	$A\,B\,C\,D$	$L=\overline{A\cdot B+C\cdot D}$
0 0 0 0	1	1 0 0 0	1
0 0 0 1	1	1 0 0 1	1
0 0 1 0	1	1 0 1 0	1
0 0 1 1	0	1 0 1 1	0
0 1 0 0	1	1 1 0 0	0
0 1 0 1	1	1 1 0 1	0
0 1 1 0	0	1 1 1 0	0
0 1 1 1	0	1 1 1 1	0

　　比较表 2.1.1 和表 2.1.4 可以看出，与非运算是先进行与运算之后再进行非运算，故此可以认为与非运算是与运算和非运算的组合逻辑运算。同理或非运算是或运算和非运算的组合，而其他各个运算也是基本逻辑运算的不同组合。比较表 2.1.6 和表 2.1.7 可以得到同或运算和异或运算存在相反的运算关系。以上各种常用逻辑运算的表示符号，在逻辑电路中同样也代表一个相应的门电路。自变量表示门电路输入，因变量表示门电路的输出信号。

2.2 逻辑代数的基本公式、定律、规则和恒等式

2.2.1 逻辑代数的基本公式、定律和恒等式

1. 基本公式

逻辑代数的基本公式有：

(1) 加法公式(或运算公式)

① $A+0=A$

② $A+1=1$

③ $A+\bar{A}=1$

④ $A+A+A+\cdots=A$

(2) 乘法公式(与运算公式)

① $A \cdot 0=0$

② $A \cdot 1=A$

③ $A \cdot \bar{A}=0$

④ $A \cdot A \cdot A \cdots=A$

加法公式④和乘法公式④具有重叠特点,也称重叠规律。

2. 基本运算定律

(1) 结合律

① 或运算结合率：$A+(B+C)=(A+B)+C$

② 与运算结合率：$A \cdot (B \cdot C)=(A \cdot B) \cdot C$

(2) 分配律

① $A \cdot (B+C)=A \cdot B+AC$

② $A+B \cdot C=(A+B) \cdot (A+C)$(证明见吸收定理)

(3) 交换律

① $A \cdot B \cdot C=A \cdot C \cdot B=B \cdot A \cdot C$

② $A+B+C=A+C+B=B+A+C$

(4) 反演律(也称摩根定理)

① $\overline{A+B}=\bar{A} \cdot \bar{B}$

② $\overline{A \cdot B}=\bar{A}+\bar{B}$

对于反演律,若 A 或 B 是一个函数式 L_1 或 L_2,由于 L_1 或 L_2 的可能值也为 1 或 0,故反演规律仍然成立,即反演律可以表示为 $\overline{L_1+L_2}=\bar{L_1} \cdot \bar{L_2}$ 和 $\overline{L_1 \cdot L_2}=\bar{L_1}+\bar{L_2}$。

反演律可以用表 2.2.1 所示的真值表证明。

表 2.2.1　用真值表证明反演律

$A \quad B$	$\bar{A} \quad \bar{B}$	$\overline{A+B}$	$\bar{A} \cdot \bar{B}$	$\overline{AB}$	$\bar{A}+\bar{B}$
0　0	1　1	$\overline{0+0}=1$	1	$\overline{0 \cdot 0}=1$	1
0　1	1　0	$\overline{0+1}=0$	0	$\overline{0 \cdot 1}=1$	1
1　0	0　1	$\overline{1+0}=0$	0	$\overline{1 \cdot 0}=1$	1
1　1	0　0	$\overline{1+1}=0$	0	$\overline{1 \cdot 1}=0$	0

3. 吸收定理

吸收定理有如下公式：

(1) $A+AB=A$

(2) $A(A+B)=A$

(3) $A+\bar{A}B=A+B$

(4) $(A+B)(A+C)=A+BC$

(5) $AB+A\bar{B}=A$

(6) $(A+\bar{B})B=AB$

(7) $(A+B)(A+\bar{B})=A$

公式(1)的证明：$A+AB=A(1+B)=A$

公式(2)的证明：$A(A+B)=AA+AB=A+AB=A$

公式(3)的证明：$(A+B) \cdot 1=(A+B) \cdot (A+\bar{A})=A+AB+0+\bar{A}B=A+\bar{A}B$

公式(4)的证明：$(A+B)(A+C)=AA+A(B+C)+BC=A+BC$

4. 其他常用公式

(1) $AB+\bar{A}C+BC=AB+\bar{A}C$

(2) $AB+\bar{A}C+BCD=AB+\bar{A}C$

公式(1)的证明：$AB+\bar{A}C+BC=AB+\bar{A}C+(A+\bar{A})BC$

$$=AB(1+C)+\bar{A}C(1+B)=AB+\bar{A}C$$

公式(2)的证明：$AB+\bar{A}C+BCD=AB+\bar{A}C+(A+\bar{A})BCD$

$$=AB(1+CD)+\bar{A}C(1+BD)=AB+\bar{A}C$$

其他常用公式，也称为冗余项定理。冗余项是指这样的余因子乘积项：若逻辑函数中具有 A 和其他变量的与项及 $\bar{A}$ 和其他变量的乘积项任意两项相加，则该两项除了 **A 和 $\bar{A}$ 以外的所有其他因子的乘积项称为冗余项。若函数中存在冗余项，则可以被吸收掉，或者任意地增加冗余项，也不影响函数值。** 例如 $A\bar{B}CE+\bar{A}CD$ 两项的冗余项为 $\bar{B}CDE$。

以上罗列的公式共有 27 个，其中分配公式(2)和吸收定理公式(4)是相同的，实际上只有 26 个。这些公式是采用公式法化简逻辑函数的基本依据和方法手段。熟记这些公式是学好公式法化简逻辑函数的基础。

2.2.2 逻辑代数的基本规则

1. 代入规则

逻辑代数中的自变量,除了可以代表布尔量 1 和 0 以外,同时也可以代表一个逻辑函数,例如一个逻辑等式的两边的某一相同项用同一个逻辑函数代入,则等式仍然成立。

例如,$\overline{AB}=\overline{A}+\overline{B}$ 中的 B 代换为 $C+D$,则 $\overline{A(C+D)}=\overline{A}+\overline{C+D}$ 仍然成立,因为 B 变量的可能取值为 1 和 0,用这两种取值带入 $\overline{AB}=\overline{A}+\overline{B}$ 等式成立,而 $C+D$,不管 C,D 的可能取值是 0 或是 1,$C+D$ 的值也只有 1 或 0 两种可能。故此,等式 $\overline{A(C+D)}=\overline{A}+\overline{C+D}$,也应成立。

【例 2.2.1】 计算 $L=(A+BC)\cdot(A+D+E)$

解：令 $X=A,Y=BC,Z=D+E$

则

$$L=(X+Y)\cdot(X+Z)=X+YZ$$

将原变量重新代入,则有

$$L=A+BC(D+E)=A+BCD+BCE$$

【例 2.2.2】 简化 $L=(B+AC+D+EF)\cdot(B+AC+\overline{D+EF})$

解：令 $X=B+AC,Y=D+EF$

则

$$L=(X+Y)\cdot(X+\overline{Y})=X$$

代入原变量得

$$L=B+AC$$

2. 反演规则

对于任何一个逻辑等式,将等式两边中的原变量换成反变量,反变量换成原变量,"·"换成"+","+"换成"·","0"换成"1","1"换成"0",则等式仍然成立。

例如,逻辑函数 $L=AB+DC$,则 $\overline{L}=(\overline{A}+\overline{B})(\overline{C}+\overline{D})$ 成立。这一例子只要用代入规则将摩根定理中的 A 代为 AB,B 代为 DC 就可以得到证明,如下：

因为 $L=AB+DC$,所以

$$\overline{L}=\overline{A\cdot B+C\cdot D}=\overline{(AB)}\cdot\overline{(CD)}=(\overline{A}+\overline{B})(\overline{C}+\overline{D})$$

可见,反演规则是求一个逻辑函数反函数的有效方法。

【例 2.2.3】 求函数 $L=A\overline{B}C+\overline{A}C\overline{D}+\overline{B}CD$ 的反函数。

解：可以将 $A\overline{B}C+\overline{A}C\overline{D}$ 和 $\overline{B}CD$ 当成一个原变量,则有

$$\overline{L}=\overline{A\overline{B}C+\overline{A}C\overline{D}}\cdot\overline{\overline{B}CD}$$

$$=(\overline{A\overline{B}C}+\overline{A}C\overline{D})\cdot(B+\overline{C}+\overline{D})$$

$$=\overline{A}BC\overline{D}+ABC\overline{D}+\overline{A}C\overline{D}$$

$$=\overline{A}C\overline{D}$$

或者有

$$\overline{L}=\overline{(\overline{A}+B+\overline{C})\cdot(A+\overline{C}+D)\cdot(B+\overline{C}+\overline{D})}$$

$$=[\overline{(\overline{A}+B+\overline{C})}+\overline{(A+\overline{C}+D)}]\cdot(B+\overline{C}+\overline{D})$$

$$= (A\overline{B}C + \overline{A}C\overline{D}) \cdot (B + \overline{C} + \overline{D})$$
$$= \overline{A}BC\overline{D} + A\overline{B}C\overline{D} + \overline{A}C\overline{D}$$
$$= \overline{A}C\overline{D}$$

两者的结论是一致的。

在应用反演规则时,运算的顺序为先进行与运算,之后进行或运算;同时也应注意代入规则的应用。若不采用代入规则,则应注意不属于单个变量的上面的反运算号应保留不变。

3. 对偶规则

若一个恒等式成立,则该恒等式的"对偶式"也成立,这就是对偶规则。

对于一个等式,若将该等式两边的运算符号"·"换成运算符号"+";运算符号"+"换成运算符号"·";将 1 变成 0,0 变成 1;这样得到的一个新的等式称为原等式的对偶式(dual pairs)。

【例 2.2.4】 证明数值的与运算,其对偶运算为或运算。

解:将与运算的真值表(见表 2.2.2)按对偶关系进行变换,即可得到或运算的真值表(见表 2.2.3),比较两个真值表,可以得出与运算和或运算互为对偶关系。

表 2.2.2 与运算的真值表

A B	$L = A \cdot B$
0 0	0
0 1	0
1 0	0
1 1	1

表 2.2.3 或运算的真值表

A B	$L = A + B$
1 1	1
1 0	1
0 1	1
0 0	0

利用对偶规则在逻辑函数的变换上也是十分有用的,如例 2.2.5。

【例 2.2.5】 证明 $(A+B+\overline{C})(A+B+\overline{D})(B+C+\overline{D}) = (A+B+\overline{C})(B+C+\overline{D})$。

证明:原等式的对偶式为 $AB\overline{C} + AB\overline{D} + BC\overline{D} = AB\overline{C} + BC\overline{D}$。等式的左边第一项 $AB\overline{C}$ 和第三项 $BC\overline{D}$ 等于右边两项,而左边的第二项是该两项的冗余项,可以省略。所以对偶式两边相等。原等式的两边也相等。

类似的关系有:

$(A+B)(A+C) = A + BC$ 成立,则对偶式 $AB + AC = A(B+C)$ 也成立。

$AB + \overline{A}C + BC = AB + \overline{A}C$ 成立,则对偶式 $(A+B) \cdot (\overline{A}+C) \cdot (B+C) = (A+B) \cdot (\overline{A}+C)$ 也成立。

上述关系在逻辑函数的化简过程中若能灵活应用,将可以起到事半功倍的效果。

2.3 逻辑函数的代数变换和化简

2.3.1
逻辑函数的表示方法

1. 逻辑函数

任何一件具有因果关系的,仅仅具有肯定、否定关系的实际事件或实际问题,在数学上都可以用一个逻辑函数表示。也就是说,原因、结果都可以用二值数字表示的实际问题,均可以用逻辑函数表示。例如在 7 个人中选举一位代表,通过初选之后确定其中两人 X 和 Y 作为候选人进行最终的表决,包括候选人在内都可以投票决定,表决结果以多数者得选。投 X 用 1 表示,投 Y 用 0 表示,不准既不投 X 也不投 Y,也不能同时投 X 和 Y,则 X 得选的结果和 Y 得选的结果作为逻辑结果,均可以用以这投票的 7 个人作为逻辑自变量的逻辑函数表示,即

$$X = \overline{Y} = L(A,B,C,D,E,F,G)$$

逻辑函数可以由单个或多个布尔常数 0 和 1,或者单个和多个变量构成,最简单的逻辑函数由单个常数或单个变量构成,如 $L=0$ 或者 $L=A$。但大部分情况下都以两个或两个以上的变量和常数构成,而且其表达式常以与、或、非、与非、或非等形式出现。如 $L=AD+\overline{BC}$(与或式),$L=\overline{\overline{A}+B+\overline{C}}+\overline{A+\overline{C}+D}$(或非或式)。

与或式 $L=AB+BC$ 可转换为或与式 $L=(A+\overline{B})(B+C)$。在此基础上可以利用摩根定理将同一逻辑函数转换成为其他形式,例如"与非与非式"等。

除了以上逻辑表达式之外,一个逻辑函数还可以用逻辑图、真值表及卡诺图表示,故此描述同一个逻辑函数有 4 种不同的形式。卡诺图表示法将在 2.4 和 2.5 节说明。因为逻辑表达式在前文已多处述及,所以本节主要说明逻辑图、真值表表示方法。

2. 逻辑图

采用 2.1 节所描述的各种逻辑符号图,将逻辑函数各个变量之间运算关系表示出来的一种图形称为逻辑函数图,简称逻辑图。

【例 2.3.1】 用逻辑图表示逻辑函数 $L=A\overline{C}+B$。

解: 将逻辑函数的每一个运算用一个逻辑符号(数字电路的逻辑门)表示,如本例,先用一个非门表示 $\overline{C}$ 运算,用一个与门表示 $A\overline{C}$ 运算,再用一个或门表示 $A\overline{C}+B$ 运算。注意,表示门的输入为自变量,门的输出表示某一运算的结果。最终得逻辑图如图 2.3.1 所示。

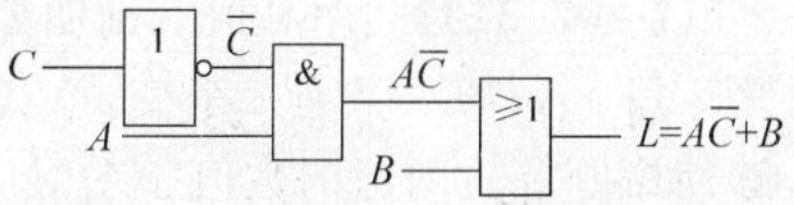

图 2.3.1 例 2.3.1 逻辑图

【例 2.3.2】 用逻辑图表示逻辑函数 $L=\overline{A(B+C)}+DE$。

解: 按上述方法,先用或门表示 $L_1=B+C$ 运算,再用与门表示 $L_2=AL_1$ 和 DE 运算;然后用非门表示 $\overline{L_2}$ 运算,也可以直接用与非门表示 $\overline{AL_1}$,最后用或门表示最终的运算 $\overline{A(B+C)}+DE$。最终得逻辑图如图 2.3.2 所示。

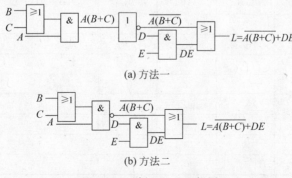

(a) 方法一

(b) 方法二

图 2.3.2 例 2.3.2 逻辑图

采用逻辑图表示逻辑函数时,应注意逻辑运算的运算顺序,其原则是首先进行单个变量的非运算表示,然后按先括号内后括号外、先"与"后"或"的顺序。

反之,若已知一个函数的逻辑图,可以从每个门的输入输出关系,从左到右写出逻辑函数的代数表达式,实现逻辑图到逻辑表达式的转换。图2.3.1和图2.3.2中已经清楚地展现这一过程。

3. 逻辑函数的真值表表示方法

在前面的逻辑运算中,我们已经用到真值表这一概念。若用一个真值表表示一个逻辑函数,就是将逻辑函数表达式中所有自变量取值的可能组合(输入变量),并将每一种取值组合代入逻辑表达式,计算出因变量(输出变量)的值,并列成对应的表格形式。用这种数表形式罗列逻辑函数输入变量和输出变量之间的一一对应关系就称为逻辑函数的真值表表示法。

【**例 2.3.3**】 用真值表表示逻辑函数 $L = \overline{A} + B$。

解:两个变量的可能取值有 4 种,真值表如表 2.3.1 所示。表中第一栏罗列 A、B 变量的 4 种可能取值,第二栏计算出与 A 对应的 $\overline{A}$ 值,第三栏罗列 $\overline{A}$、B 变量每种可能取值所对应的函数值。

注意,用真值表表示逻辑函数,若逻辑函数的自变量个数为 n,由于每个自变量具有两种可能的取

表 2.3.1　例 2.3.3 的真值表

$A\ \ B$	$\overline{A}$	$L = \overline{A} + B$
0　0	1	1
0　1	1	1
1　0	0	0
1　1	0	1

值,则所有变量的取值组合有 $2 \times 2 \times 2 \times \cdots \times 2 = 2^n$ 种。所以逻辑函数的真值表应有 2^n 行。

【**例 2.3.4**】 用真值表证明公式 $AB + \overline{A}C + BC = AB + \overline{A}C$。

解:A、B、C 共有 3 个变量,其可能共有 2^3 种取值组合,若在变量的所有可能取值下,能够使命题等式两边的数值一一对应相等,说明公式成立。

表 2.3.2 罗列自变量 A、B、C 的 8 种可能取值,并计算出每一种可能取值下对应的 $\overline{A}$、AB、$\overline{A}C$、BC、$AB + \overline{A}C + BC$、$AB + \overline{A}C$ 的一一对应数值。

从该真值表中可以看出,在自变量 A、B、C 的每一种取值下,都能够保持:

$$AB + \overline{A}C + BC = AB + \overline{A}C$$

所以公式能够成立。

表 2.3.2　例 2.3.4 的真值表

$A\,B\,C$	$\overline{A}$	AB	$\overline{A}C$	BC	$AB + \overline{A}C + BC$	$AB + \overline{A}C$
0 0 0	1	0	0	0	0	0
0 0 1	1	0	1	0	1	1
0 1 0	1	0	0	0	0	0
0 1 1	1	0	1	1	1	1
1 0 0	0	0	0	0	0	0
1 0 1	0	0	0	0	0	0
1 1 0	0	1	0	0	1	1
1 1 1	0	1	0	1	1	1

若已知一个逻辑函数的真值表,也可以写出该逻辑函数的代数表达式。方法是将真值表中使输出变量等于1的每一组自变量取值用一个乘积项描述,与项中取值为1的变量用原变量代入,为0的用反变量代入,然后将所有这些乘积项相加,即得到真值表所表示逻辑函数的代数表示式。

【例2.3.5】 已知某两个逻辑函数 L_1、L_2 的真值表如表2.3.3所示,写出真值表所表示的逻辑函数 L_1、L_2 的代数式。

表2.3.3 例2.3.5的真值表

$A\,B\,C$	L_1	L_2	$A\,B\,C$	L_1	L_2
0 0 0	0	0	1 0 0	0	1
0 0 1	1	0	1 0 1	0	0
0 1 0	0	1	1 1 0	0	1
0 1 1	1	0	1 1 1	0	0

解:自变量 A、B、C 取值组合为 001、011 时 $L_1=1$,001 用乘积项 $\overline{A} \cdot \overline{B}C$ 表示,011 用乘积项 $\overline{A}BC$ 表示,其他的取值都使 $L_1=0$,所以 L_1 的代数表达式为

$$L_1 = \overline{A} \cdot \overline{B}C + \overline{A}BC$$

自变量 A、B、C 取值组合为 010、100、110 时 $L_2=1$,其他的取值都使 $L_2=0$,所以 L_2 的代数表达式为

$$L_2 = \overline{A} \cdot B\overline{C} + A\overline{B} \cdot \overline{C} + AB\overline{C}$$

2.3.2 逻辑函数的代数化简法

1. 逻辑函数最简单形式的定义

一个逻辑函数,其表达式的繁简程度是不同的,若能够将一个逻辑函数的表达式用一个最简单的形式表示,不仅其逻辑关系更为明显、清晰,而且,若用相应的逻辑电路(如前述的逻辑门)实现该逻辑函数,则可以用最少的电子器件构成这个逻辑电路。而对于一个逻辑命题,最开始写出的逻辑函数不一定是一个最简单形式,故此采用各种手段将逻辑函数化简是十分必要的事情。

如逻辑函数 $L_1=\overline{A} \cdot \overline{B}C+\overline{A}BC$ 和 $L_2=\overline{A} \cdot B\overline{C}+A\overline{B} \cdot \overline{C}+AB\overline{C}$ 就可以用2.2节罗列的公式、定律、恒等式等化简为 $L_1=\overline{A}C$,$L_2=(A+B)\overline{C}$ 或 $L_2=A\overline{C}+B\overline{C}$。

比较上述结果,最简单形式应该是一种**与-或式**的逻辑表达式,该逻辑式中的**乘积项的项数最少,每个乘积项的因子也应该是最少**,这样的逻辑表达式可以定义为最简逻辑表达式。

在逻辑电路的设计中,通常会指定采用与非门、或非门或其他形式的门电路器件实现逻辑函数所表示的逻辑关系或逻辑运算。在这种情况下可以将最简单与-或式逻辑表达式用摩根定理进行相应的转换即可。

【例2.3.6】 将 $L_2=A\overline{C}+B\overline{C}$ 表示成与非与非形式。

解:$L_2=A\overline{C}+B\overline{C}=\overline{\overline{A\overline{C}+B\overline{C}}}=\overline{\overline{A\overline{C}} \cdot \overline{B\overline{C}}}$

2. 逻辑函数的代数化简法

采用代数法化简逻辑函数,总体原则就是要遵循 2.2 节罗列的各种逻辑代数运算的公式,结合代数学的基本知识,采用**吸收**、**合并**、**消除**的手段,将可以合并的乘积项合并,将可以消除的因子吸收,从而达到简化的目的。

此外,以下几种常用的方法也是代数法化简逻辑函数的有用手段。

1) 并项法

采用"并项法"时,如果多个乘积项中具有相同的因子以外,其中某两项仅含有某一变量的原变量、反变量,即将这些乘积项的公共因子提取到括号外,括号内具有 $(A+\bar{A}+\cdots)$ 的运算形式,则所有这些乘积项可以合并为公共因子相乘的一项。其中 A 可以是单个变量,也可以是一个函数式。

【**例 2.3.7**】 用"并项法"化简逻辑函数:

$L_1=(A+B)C\bar{D}+\overline{(A+B)}\cdot C\bar{D}$;

$L_2=AB\bar{C}+ABC\bar{D}+ABC+A\bar{B}C\,\overline{DE}$;

$L_3=ABC+\bar{A}\cdot\bar{C}D+AC\bar{B}+A\bar{C}D$;

$L_4=\bar{A}BC\bar{D}+\bar{A}\cdot\bar{B}\cdot\bar{D}+\bar{A}\cdot\bar{C}\cdot\bar{D}+\bar{A}CE\bar{D}$。

解:$L_1=(A+B)C\bar{D}+\overline{(A+B)}C\bar{D}=C\bar{D}[(A+B)+\overline{(A+B)}]=C\bar{D}$

$L_2=AB\bar{C}+ABC\bar{D}+ABC+A\bar{B}C\,\overline{DE}=AC(\bar{B}+B\bar{D}+B+\bar{B}\,\overline{DE})=AC$

$L_3=ABC+\bar{A}\cdot\bar{C}D+AC\bar{B}+A\bar{C}D=AC(B+\bar{B})+(\bar{A}+A)\bar{C}D=AC+\bar{C}D$

$L_4=\bar{A}BC\bar{D}+\bar{A}\cdot\bar{B}\cdot\bar{D}+\bar{A}\cdot\bar{C}\cdot\bar{D}+\bar{A}CE\bar{D}=\bar{A}\cdot\bar{D}(BC+\bar{B}+\bar{C}+CE)$

$\qquad=\bar{A}\cdot\bar{D}(BC+\overline{BC}+CE)=\bar{A}\cdot\bar{D}$

2) 吸收法

吸收法就是用 2.2.1 小节所述的吸收定理,即利用下述公式吸收可以被吸收的所有乘积项或项中的反变量因子。

① $A+AB=A$;② $A(A+B)=A$;③ $A+\bar{A}B=A+B$;④ $(A+B)(A+C)=A+BC$;⑤ $AB+A\bar{B}=A$;⑥ $(A+\bar{B})B=AB$;⑦ $(A+B)(A+\bar{B})=A$。

【**例 2.3.8**】 用吸收法化简逻辑函数:

$L_1=(\bar{A}D+B\bar{C}+\bar{B}D)(AC+B\bar{D})+(AC+B\bar{D})$;

$L_2=(A\bar{B}C+\bar{A}B)C\bar{D}+C\bar{D}+A\bar{B}C\bar{D}$;

$L_3=(\bar{A}D+AB\bar{C}+\bar{A}B)\bar{A}D+\bar{A}BCD(A\bar{B}C+\bar{A}B)$;

$L_4=(\bar{A}B+\bar{A}\cdot\bar{C}D+AC\bar{B})(\bar{A}B+\overline{AC\bar{D}})$;

$L_5=\bar{A}\cdot BC+A\bar{B}C+\bar{A}\cdot\bar{B}\cdot\bar{C}+\bar{A}BC\bar{D}$;

$L_6=\bar{A}B+A\bar{B}+\bar{A}\cdot\bar{B}\cdot C\bar{D}+ABC\bar{D}$。

解:$L_1=(\bar{A}D+B\bar{C}+\bar{B}D)(AC+B\bar{D})+(AC+B\bar{D})$

$\qquad=(AC+B\bar{D})[(\bar{A}D+B\bar{C}+\bar{B}D)+1]=AC+B\bar{D}$

$L_2=(A\bar{B}C+\bar{A}B)C\bar{D}+C\bar{D}+A\bar{B}C\bar{D}=C\bar{D}[(A\bar{B}C+\bar{A}B)+1+A\bar{B}]=C\bar{D}$

$L_3=(\bar{A}D+AB\bar{C}+\bar{A}B)\bar{A}D+\bar{A}BCD(A\bar{B}C+\bar{A}B)$

$\qquad=\bar{A}D+\bar{A}D(AB\bar{C}+\bar{A}B)+\bar{A}BCD(A\bar{B}C+\bar{A}B)$

$$=\overline{A}D[1+(A\overline{B}C+\overline{A}B)+B\overline{C}(A\overline{B}C+\overline{A}B)]=\overline{A}D$$

$L_4=(\overline{A}B+\overline{A}\cdot\overline{C}D+AC\overline{B})(\overline{A}B+\overline{A}\,\overline{C}D)=\overline{A}B+\overline{A}\overline{C}D(\overline{A}\cdot\overline{C}D+AC\overline{B})=\overline{A}B+0=\overline{A}B$

$L_5=\overline{A}\cdot\overline{B}C+A\overline{B}C+\overline{A}\cdot\overline{B}\cdot\overline{C}+\overline{A}BCD=\overline{B}(\overline{A}\cdot C+AC+\overline{A}\cdot\overline{C})+\overline{A}BCD$

$\quad=\overline{B}[(\overline{A}+A)C+(\overline{A}\cdot\overline{C})]+\overline{A}BCD=\overline{B}(C+\overline{A}\cdot\overline{C})+\overline{A}BCD$

$\quad=\overline{A}\cdot\overline{B}+\overline{B}C+\overline{A}BCD=\overline{A}\cdot\overline{B}+(\overline{B}+\overline{A}BD)C=\overline{A}\cdot\overline{B}+\overline{B}C+\overline{A}CD$

$L_6=\overline{A}B+A\overline{B}+\overline{A}\cdot\overline{B}\cdot C\overline{D}+ABC\overline{D}=A\oplus B+\overline{A\oplus B}\cdot C\overline{D}=A\oplus B+C\overline{D}$

3) 加入或省去冗余项法

这一方法是查找两个乘积项的冗余项,必要时加入该项以便消去逻辑式中的可被吸收的因子,或者在等式中将冗余项省去。

【例 2.3.9】 用"加入或省去冗余项法"化简函数:

$L_1=AB+\overline{C}\cdot\overline{D}+\overline{B}\cdot\overline{D}+B\overline{C}+A\overline{D}$;

$L_2=AB+\overline{B}\cdot\overline{D}+B\overline{C}+A\overline{D}(\overline{B}C+B\overline{C})$;

$L_3=AB+A\overline{C}+\overline{B}C+\overline{C}B+\overline{B}D+\overline{D}B+ADE(F+G)$。

解: 对于 L_1,$AB+\overline{B}\cdot\overline{D}$ 两项的冗余项为 $A\overline{D}$,$\overline{B}\cdot\overline{D}+B\overline{C}$ 两项的冗余项为 $\overline{C}\cdot\overline{D}$,所以该两项可以直接省去,则 $L_1=AB+\overline{B}\cdot\overline{D}+B\overline{C}$。

对于 L_2,$AB+\overline{B}\cdot\overline{D}$ 两项的冗余项为 $A\overline{D}$,所以有

$$L_2=AB+\overline{B}\cdot\overline{D}+B\overline{C}+A\overline{D}(\overline{B}C+B\overline{C})$$
$$=AB+\overline{B}\cdot\overline{D}+B\overline{C}+A\overline{D}+A\overline{D}(\overline{B}C+B\overline{C})$$
$$=AB+\overline{B}\cdot\overline{D}+B\overline{C}$$

对于 L_3,$AB+\overline{B}D$ 两项的冗余项为 AD,加入 AD 以后,$ADE(F+G)$ 项被吸收掉,所以有

$$L_3=AB+A\overline{C}+\overline{B}C+\overline{C}B+\overline{B}D+\overline{D}B$$

因为 $AB+\overline{B}C$ 的冗余项为 AC,$AB+\overline{B}D$ 的冗余项为 AD,$\overline{C}B+\overline{B}D$ 的冗余项为 $\overline{C}D$,$\overline{B}C+\overline{D}B$ 的冗余项为 $C\overline{D}$,$A\overline{C}+\overline{B}C$ 的冗余项为 $A\overline{B}$。所以加入 AC 和 $\overline{C}D$ 可得

$$L_3=AB+A\overline{C}+AC+\overline{B}C+\overline{C}B+\overline{B}D+\overline{D}B+\overline{C}D$$
$$=A+\overline{B}C+\overline{C}B+\overline{B}D+\overline{D}B+\overline{C}D$$

又因 $\overline{D}B+\overline{C}D$ 的冗余项为 $\overline{C}B$,$\overline{B}C+\overline{C}D$ 的冗余项为 $\overline{B}D$,故这两项可以直接省去,有

$$L_3=A+\overline{B}C+\overline{D}B+\overline{C}D$$

若前面加入的冗余项为 $C\overline{D}$ 及 AC,则有

$$L_3=AB+A\overline{C}+AC+\overline{B}C+\overline{C}B+\overline{B}D+\overline{D}B+C\overline{D}$$

前 3 项合并得

$$L_3=A+\overline{B}C+\overline{C}B+\overline{B}D+\overline{D}B+C\overline{D}$$

又因 $\overline{B}D+C\overline{D}$ 的冗余项为 $\overline{B}C$,$\overline{C}B+C\overline{D}$ 的冗余项为 $B\overline{D}$,省去该两项得

$$L_3=A+B\overline{C}+\overline{B}D+C\overline{D}$$

比较这两个结果,可以看出省去冗余项,原逻辑函数的最简式在形式上不一定是唯一的。读者还可以试着给原函数加入其他的冗余项,尚可得到其他的最简式。

省去冗余项的方法,也可以用在"或与式"的化简上,如下例 2.3.11。

【例 2.3.10】 将函数 $L_1=(B+C+\overline{D})(A+B+\overline{D})(A+B+\overline{C})$ 化简为最简单"与或式"。

解: $L_1=(B+C+\overline{D})(A+B+\overline{D})(A+B+\overline{C})=(B+C+\overline{D})(A+B+\overline{C})$

$$=(B+\overline{D})\overline{C}+C(A+B)\left[\text{省去冗余项}(B+\overline{D})(A+B)\right]$$
$$=AC+B+\overline{C}\cdot\overline{D}\left[\text{其中}\ B\overline{C}+BC\ \text{合并为}\ B\right]$$

4）配项法

"配项法"主要是根据公式 $A+\overline{A}=1$ 和 $A+A=A$，将函数中的某些项乘以 $A+\overline{A}$，得到新的两项可以与函数中的另外两个乘积项合并，或者任意增加某一乘积项，新增加的乘积项可以与函数中其他乘积项合并。

【例 2.3.11】 化简逻辑函数 $L=\overline{A}BD+BC\overline{D}+ABD+\overline{A}B\overline{D}$。

解：$L=(\overline{A}BD+ABD)+(\overline{A}B\overline{D}+\overline{A}BD)+BC\overline{D}$
$$=BD+\overline{A}B+BC\overline{D}=\overline{A}B+BC+BD$$

【例 2.3.12】 化简逻辑函数 $L=\overline{A}B+C\overline{D}+B\overline{C}+\overline{A}C+BD+A\overline{D}$。

解：$L=\overline{A}B(C+\overline{C})+C\overline{D}+B\overline{C}+\overline{A}C+BD(A+\overline{A})+A\overline{D}(B+\overline{B})$
$$=\overline{A}BC+\overline{A}B\overline{C}+AC\overline{D}+\overline{A}C\overline{D}+B\overline{C}+\overline{A}C+BD+A\overline{D}$$
$$=(\overline{A}BC+\overline{A}\cdot C)+(\overline{A}B\overline{C}+B\overline{C})+(AC\overline{D}+A\overline{D})+(\overline{A}C\overline{D}+\overline{A}C)+BD$$
$$=\overline{A}C+B\overline{C}+A\overline{D}+BD$$

2.4 逻辑函数的标准形式和卡诺图表示法

2.4.1 逻辑函数的标准形式

逻辑函数的标准形式有两种基本类型，即最大项和最小项表达式，一般的情况下大部分应用都采用最小项表达式。

1. 逻辑函数的最大项表达式

一个逻辑函数的最大项是指该逻辑函数的所有自变量的或项，其中每个自变量可以以原变量或反变量的形式出现，但只能出现一种形式。例如，对于 $L(A,B,C,D)$ 四变量函数，$A+B+C+D$ 和 $(A+B+\overline{C}+\overline{D})$ 都是最大项；$(A+B+\overline{C})$ 不是最大项。

最大项是一个"或项"。对于变量个数为 n 的函数，可以构成的最大项项数为 2^n。

最大项具有如下性质：

(1) 使每个最大项等于零的自变量的取值是唯一的，并将这组唯一的取值看为自然二进制数，其所代表的十进制数数值作为最大项的编号。如对于两个变量的逻辑函数，$A=0$，$B=0$，$A+B=0$，则两变量的最大项 $A+B$ 的编号为 00，定义为 0 号最大项，记为 N_0 号。依此类推，对于四变量的逻辑函数，最大项 $\overline{A}+B+\overline{C}+\overline{D}$ 的编号为二进制数 1011，定义为 11 号最大项，记为 N_{11} 号。在此，变量取值为 1 时，用反变量表示；取值为 0 时，用原变量表示。

(2) 不管变量的取值如何，两个不同最大项之和为 1，即 $N_i+N_j=1$，$i\neq j$。例如四变量逻辑函数的最大项 $\overline{A}+B+C+\overline{D}$ 和最大项 $\overline{A}+\overline{B}+C+D$ 其和为 1。

(3) 不管变量为何种取值组合，所有最大项之中，必定有一个最大项的值为 0，所以，所有最大项逻辑积恒等于零，记为

$$\prod_{j=0}^{2^n-1} N_j = 0$$

任何一个逻辑函数,都可以用其最大项之积描述,而且这种描述是唯一的。若逻辑函数已经用真值表描述,其方法是将真值表中使 $L=0$ 的输入变量每一组取值组合状态用一个"最大项"表示,然后将这些最大项相乘即为逻辑函数 L 的表达式。在输入变量每一组取值组合用一个"最大项"表示时,使 $L=0$ 的输入变量取值为 1 时,用反变量表示,取值为 0 时,用原变量表示。

若逻辑函数已经使用"与或式"描述,则将每一个乘积项乘以其默认因子的原变量与反变量之"和",然后展开整理,去掉其中的重复乘积项,再将这一"与或式"按摩根定理转换为"或与式"就是该函数的最大项表达式。或者列出逻辑函数的真值表,再根据真值表按上述方法写出逻辑函数的最大项表达式。

【例 2.4.1】　$L(A,B,C,D)$ 当 $ABCD$ 取值组合为 $(0010,0011,1011,1110)$ 时 $L=0$,其他取值时 $L=1$,写出逻辑函数的最大项表达式。

解：L 包含的最大项为 $A+B+\bar{C}+D$，$A+B+\bar{C}+\bar{D}$，$\bar{A}+B+\bar{C}+\bar{D}$，$\bar{A}+\bar{B}+\bar{C}+D$，则其最大项表达式为

$$L(A,B,C,D) = (A+B+\bar{C}+D) \cdot (A+B+\bar{C}+\bar{D}) \cdot (\bar{A}+B+\bar{C}+\bar{D}) \cdot (\bar{A}+\bar{B}+\bar{C}+D)$$

$$= \prod N(2,3,11,14) （用最大项的编号表示）。$$

2. 逻辑函数的最小项表达式

逻辑函数的最小项是该逻辑函数所有自变量的乘积项,其中每个变量可以以它的原变量或反变量的形式在该乘积项中出现,而且仅出现一次。

例如,对于 $L(A,B,C,D)$ 四变量的逻辑函数,$\bar{A} \cdot \bar{B} \cdot \bar{C} \cdot D$，$\bar{A} \cdot \bar{B} \cdot \bar{C} \cdot D$，$\bar{A} \cdot \bar{B} \cdot C\bar{D}$，$ABCD$…是最小项,$\bar{A} \cdot \bar{D}$，$\bar{A}D$，$\bar{A}C\bar{D}$，$ABC$…不是最小项。

最小项具有如下性质：

(1) 使每个最小项等于 1 的自变量的一组取值是唯一的,并将这组唯一的取值看作自然二进制数,其所代表的十进制数作为该最小项的编号。如对于两个变量的逻辑函数,$A=1$，$B=1$，$AB=1$,则两变量的最小项 AB 的编号为 11,定义为 3 号最小项,记为 m_3。依此类推,对于四变量的最小项 $\bar{A}B\bar{C} \cdot \bar{D}$ 的编号为二进制数 0100,同样定义该最小项为 4 号最小项,记为 m_4。**可见,对于不同的最小项,使其为 1 的自变量取值是不同的,所以不同的最小项,其编号也不同。**在此,变量取值为 1 时,用原变量表示；取值为 0 时,用反变量表示。这一点与最大项的情况正好完全相反。

(2) 不管变量的取值如何,两个不同最小项之积为 0,即 $m_i m_j = 0$，$i \neq j$。例如四变量逻辑函数的最小项 $\bar{A}BC\bar{D}$ 和最小项 $\bar{A} \cdot BCD$ 的积为 0。因为对于任何一组取值,两个最小项中必定有一个为 0,所以其积为 0。

(3) 不管变量为何种取值,所有最小项之中,必有一个最小项的值为 1,这样,所有最小项逻辑和恒等于 1。

由于一个最小项只有一组变量的取值使它的值为 1,故以这组变量取值所代表的十进制数作为该最小项的编号,如三变量逻辑函数,其最小项的编号如表 2.4.1 所示。

表 2.4.1 三变量逻辑函数最小项编号表

最小项	变量取值 $A\ B\ C$	编号的表示符号	最小项	变量取值 $A\ B\ C$	编号的表示符号
$\overline{A}\overline{B}\overline{C}$	0 0 0	m_0	$A\overline{B}\cdot\overline{C}$	1 0 0	m_4
$\overline{A}\overline{B}C$	0 0 1	m_1	$A\overline{B}C$	1 0 1	m_5
$\overline{A}B\overline{C}$	0 1 0	m_2	$AB\overline{C}$	1 1 0	m_6
$\overline{A}BC$	0 1 1	m_3	ABC	1 1 1	m_7

任何一个逻辑函数,都可以用其最小项之和表示,而且这种表示是唯一的。若逻辑函数使用真值表表示,其方法是将真值表中使 $L=1$ 的输入变量每一组组合状态用"最小项"表示,然后将这些最小项相或,即为该逻辑函数 L 的最小项表达式。如果要求出该函数的反函数最小项表达式,其方法是将真值表中使 $L=0$ 的输入变量每一组组合状态用"最小项"表示,然后将这些最小项相或,即为该逻辑函数 L 的反函数最小项表达式。在表示函数输入变量每组取值"最小项"时,输入变量取值为 1 时,用原变量表示,取值为 0 时,用反变量表示。

若逻辑函数使用"与或式"表示,则将每一个乘积项乘以其默认变量的原变量与反变量之"和",然后展开整理,去掉其中的重复乘积项,即可以得到该函数的最小项表达式。或者列出逻辑函数的真值表,再根据真值表按上述方法写出逻辑函数的最小项表达式。可见,函数最小项编号与函数变量的每一组取值组合所代表的十进制数具有一一对应的关系。

【例 2.4.2】 将四变量函数 $L(A,B,C,D)=AB+\overline{C}D$ 用最小项表达式表示。

解: $L=AB(C+\overline{C})(D+\overline{D})+\overline{C}D(A+\overline{A})(B+\overline{B})$

$=ABCD+ABC\overline{D}+AB\overline{C}D+AB\overline{C}\overline{D}+\overline{A}BCD+A\overline{B}CD+\overline{A}\overline{B}CD$

$=\sum m(1,5,9,12,13,14,15)$(用最小项编号的形式表示)

对于逻辑函数表达式中存在多层反运算的,则可以反复利用摩根定理进行变换,再利用上述方法取得最小项的表达式。

3. 函数最大项表达式与最小项表达的关系

根据摩根定理,四变量函数的最小项 $m_0=\overline{A}\cdot\overline{B}\cdot\overline{C}\cdot\overline{D}=\overline{A+B+C+D}$,所以有

$$\overline{m_0}=A+B+C+D=N_0$$

当 $F=\sum m(0,3,5,9)=m_0+m_3+m_5+m_9$,则 $\overline{F}=\overline{m_0+m_3+m_5+m_9}=\overline{m_0}\cdot\overline{m_3}\cdot\overline{m_5}\cdot$
$\overline{m_9}=N_0N_3N_5N_9=\prod N(0,3,5,9)$。

通过上述分析,可以得出如下结论:两个变量个数相同、项编号一致的最大项表达式和最小项表达式,两者互为反函数关系。例如, $L(A,B,C,D)=\sum m(2,4,6,12,15)$ 与函数 $F(A,B,C,D)=\prod N(2,4,6,12,15)$ 互为反函数关系。反之,要求用"最大项"形式表示一个逻辑函数,则只要先求出该函数的反函数最小项表达式,即可得到该函数最大项表达式的项编号。例如一个四变量逻辑函数,若已知其最小项表达式为 $L=\sum m(1,3,5,7,9,12,15)$,则 $\overline{L}=\sum m(0,2,4,6,8,10,11,13,14)$,所以该函数的最大项表达式为 $F=\prod N(0,2,4,6,8,10,11,13,14)$。

2.4.2 用卡诺图表示逻辑函数

1. 卡诺图

卡诺图也称为卡诺方格图,每个方格的编号代表逻辑函数自变量的一组取值组合,这些方格按特定规则集合在一起构成方格图形,方格图中**相邻两个方格的两组变量取值相比,只有一个变量的取值发生变化**,按照这一原则得到的方格图(全部方格构成正方形或长方形)就称为卡诺方格图,简称卡诺图。具有变量个数为 n 的逻辑函数,其卡诺图小方格个数为 2^n。每个方格代表逻辑函数所有变量的一组取值,若该卡诺图用于表示逻辑函数的最小项,取值为 1 表示原变量,取值为 0 表示反变量;若该卡诺图用于表示逻辑函数的最大项,则取值为 0 表示原变量,取值为 1 表示反变量。图 2.4.1～图 2.4.6 列举的图形是 1～6 变量卡诺图的组成。

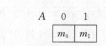

A	0	1
m_0	m_1

图 2.4.1　一变量的卡诺图

AB	00	01	11	10
m_0	m_1	m_3	m_2

图 2.4.2　二变量的卡诺图

A \ BC	00	01	11	10
00	m_0	m_1	m_3	m_2
01	m_4	m_5	m_7	m_6

图 2.4.3　三变量的卡诺图

AB \ CD	00	01	11	10
00	m_0	m_1	m_3	m_2
01	m_4	m_5	m_7	m_6
11	m_{12}	m_{13}	m_{15}	m_{14}
10	m_8	m_9	m_{11}	m_{10}

图 2.4.4　四变量的卡诺图

AB \ CDE	000	001	011	010	110	111	101	100
00	m_0	m_1	m_3	m_2	m_6	m_7	m_5	m_4
01	m_8	m_9	m_{11}	m_{10}	m_{14}	m_{15}	m_{13}	m_{12}
11	m_{24}	m_{25}	m_{27}	m_{26}	m_{30}	m_{31}	m_{29}	m_{28}
10	m_{16}	m_{17}	m_{19}	m_{18}	m_{22}	m_{23}	m_{21}	m_{20}

图 2.4.5　五变量的卡诺图

ABC \ DEF	000	001	011	010	110	111	101	100
000	000000	000001	000011	000010	000110	000111	000101	000100
001	001000	001001	001011	001010	001110	001111	001101	001100
011	011000	011001	011011	011010	011110	011111	011101	011100
010	010000	010001	010011	010010	010110	010111	010101	010100
110	110000	110001	110011	110010	110110	110111	110101	110100
111	111000	111001	111011	111010	111110	111111	111101	111100
101	101000	101001	101011	101010	101110	101111	101101	101100
100	100000	100001	100011	100010	100110	100111	100101	100100

图 2.4.6　六变量的卡诺图

2. 卡诺图的特点

分析上述各种变量个数的卡诺图,可以看出卡诺图具有如下特点:

(1) 变量的取值变化规律按"循环码"变化。如以 $ABCDE$ 五变量卡诺图,"行方向"列出 CDE 的取值变化为三位"循环码"变化;同样,"列方向"列出变量 AB 的取值变化也为两位"循环码"变化。这种循环对方格图来讲,其规律是"单数行"方格从左到右,"双数行"从右到左,如上述六变量卡诺图图 2.4.6,按这样的规律,读者可以自行编绘出七、八变量卡诺图。

（2）如果我们将每个方格表示的变量取值用一个最小项表示，则两个相邻方格代表的两个最小项称为相邻项（若用最大项表示也称其为相邻项），两个相邻最小项中，只有一个因子为原变量和反变量，而其他因子必定为两个最小项的公共因子，故此该两项相或可以合并为该两项公共因子的乘积项。如五变量 m_{26} 和 m_{30}，变量 $ABCDE$ 的取值组合为 11010 和 11110，用"最小项"表示该两组取值为 $AB\bar{C}D\bar{E}$ 和 $ABCD\bar{E}$。可见 C 的取值发生变化，若将这两个"最小项"相加，C 变量被合并掉，两项合并为乘积项 $ABD\bar{E}$。

（3）上述的这种"相邻项"特点可以扩大到相邻的方格个数为 2^n 表示的"最小项"，即 2、4、8、16、32 等，满足不了这一方格数目的，则不在此列。这样相邻方格个数为 2^n 表示的"最小项"相加（或），也同样可以合并为一个乘积项，该乘积项仅仅保留这 2^n 方格的各组取值中，变量取值未发生变化的变量。如五变量 m_9、m_{11}、m_{25} 和 m_{27}，变量 $ABCDE$ 的取值组合为 01001、01011、11001、11011，其中变量 $B(1)$、$C(0)$、$E(1)$ 的取值不变，所以用"最小项"表示该 4 个方格取值组合的 4 个最小项相加（或），可以合并为乘积项 $B\bar{C}E$。

（4）相邻项的关系，可以扩展到整个方格图中的最上面一行与最下面一行之间，最左边一列与最右边一列之间；4 个顶角之间都具有这种特点。例如五变量卡诺图的 4 个顶角 m_0、m_{16}、m_4 和 m_{20}，变量 $ABCDE$ 的取值组合为 00000、10000、00100 和 10100，其中变量 $B(0)$、$D(0)$、$E(0)$ 的取值不变，所以用"最小项"表示该 4 个方格取值的 4 个"最小项"相加（或），可以合并为乘积项 $\bar{B} \cdot \bar{D} \cdot \bar{E}$。

3. 逻辑函数的卡诺图表示法

用卡诺图表示一个逻辑函数，是将此函数的最小项表达式中按最小项编号对应的卡诺图小方格编号填入 1，不包含最小项编号的对应小方格编号填入 0，这样得到的卡诺图就称为此函数的卡诺图。如函数使用"最大项"表示，则"最大项"编号所对应的方格填入 0，不包含最大项编号的方格填入 1，这样得到的卡诺图也称为此函数的卡诺图。

【例 2.4.3】 用卡诺图表示逻辑函数

$$L(A,B,C,D) = \sum m(0,2,4,6,7,9,12,15)$$

解：四变量函数

$$L(A,B,C,D) = \sum m(0,2,4,6,7,9,12,15)$$

其卡诺图如图 2.4.7 所示。

当一个逻辑函数用真值表表示时，将真值表中使 $L=1$ 的输入变量每一组取值组合看作二进制数，其表示卡诺图小方格的对应编号，然后将这相应的编号方格填入 1，否则填入 0，即为该逻辑函数 L 的卡诺图表示形式。所以同一个逻辑函数只有一种卡诺图的表示形式。

但是，在每组取值用"最小项"表示时，变量取值为 1 时，用原变量表示，取值为 0 时，用反变量表示。反之，在每组取值用"最大项"表示时，变量取值为 1 时，用反变量表示，取值为 0 时，用原变量表示。故此使用卡诺图化简逻辑函数时，也应严格遵循这一法则。包括因变量也是如此。因为一个逻辑函数用"最大项"表示时，结果为 0 时用原变量 L，结果为 1 时则用 $\bar{L}$ 表示。

【例 2.4.4】 用卡诺图表示逻辑函数

$$L(A,B,C,D) = \prod N(0,1,4,5,7,9,13,14)$$

解：四变量函数

$$L(A,B,C,D) = \prod N(0,1,4,5,7,9,13,14)$$

其卡诺图如图 2.4.8 所示。

CD\AB	00	01	11	10
00	1	0	0	1
01	1	0	1	1
11	1	0	1	0
10	0	1	0	0

图 2.4.7 例 2.4.3 的函数卡诺图

CD\AB	00	01	11	10
00	0	0	1	1
01	0	0	0	1
11	1	0	1	1
10	1	0	1	1

图 2.4.8 例 2.4.4 的函数卡诺图

对于最大项逻辑函数卡诺图,具有与最小项卡诺图基本相同的特点,只是将两个相邻方格代表的两个最大项必定只有一个变量为原变量和反变量,而其他变量必定为两个最大项的共同变量,故此该两项相乘,可以合并为该两项共同变量的"或项"。如五变量 m_{26} 和 m_{30},变量 $ABCDE$ 的取值组合为 11010 和 11110,用"最大项"表示该两组取值为 $\overline{A}+\overline{B}+C+\overline{D}+E$ 和 $\overline{A}+\overline{B}+\overline{C}+\overline{D}+E$。该两项相乘后,可以合并为一个"或项" $\overline{A}+\overline{B}+\overline{D}+E$。对于这一结论,可以用 $(A+C)\cdot(A+\overline{C})=A$ 得到证明。其他的特点可以照此类比。

2.5 用逻辑函数的卡诺图化简逻辑函数

2.5.1 已经用最小项表示逻辑函数的卡诺图化简

已经用"最小项"表示的逻辑函数,若用逻辑函数的卡诺图化简该逻辑函数,方法是根据前述逻辑函数的卡诺图表示方法,直接将该逻辑函数用卡诺图表示。然后用 2.4.2 小节介绍的卡诺图相邻项的特点(2)、(3)、(4),将卡诺图中填入 1 的相邻方格用圆框圈起来,并将相邻最小项合并为一个乘积项。最后,再将所有得到的乘积项相加(或),即为该函数的最简单形式。

合并相邻"最小项"时应注意以下原则:

(1) 相邻的概念是指卡诺图中填入 1 彼此相邻的方格,相邻方格个数应该是 2、4、8、16、32 等数目,即个数为 2^n,否则不具备相邻的特点。

(2) 合并"相邻项"时,某一个小方格可以重复使用,但每次合并必须具有一个前面未用的小方格。

(3) 每次选用合并的"相邻项"范围应尽可能的大。合并的次数应尽可能少。这样合并后的乘积项数目才是最少。

(4) 合并后乘积项的特点:2 个相邻项合并,将去掉 1 个因子;4 个相邻项合并,去掉 2 个因子;8 个相邻项合并,去掉 3 个因子。如四变量逻辑函数,4 个相邻项合并,得到的乘积项一定只有 2 个因子相乘。如五变量逻辑函数,16 个相邻项合并,得到的乘积项一定只有 1 个因子。

【例 2.5.1】 用卡诺图化简逻辑函数

$$L(A,B,C,D) = \sum m(1,3,5,9,11,12,14)$$

解: 该逻辑函数的卡诺图如图 2.5.1 所示。

从图中可以看出,1、3、9、11 这 4 项相邻,合并为 $\overline{B}D$;1、5 两项相邻,合并为 $\overline{A} \cdot \overline{C}D$; 12、14 两项相邻,合并为 $A \cdot B\overline{D}$。

将合并后的各项相加就可以得到函数 L 的最简式,即

$$L = \overline{A} \cdot \overline{C}D + A \cdot B\overline{D} + \overline{B}D$$

【例 2.5.2】 用卡诺图化简逻辑函数 $L(A,B,C,D) = \sum m(0,1,2,8,9,10,12,13)$。

解: 该逻辑函数的卡诺图如图 2.5.2 所示。

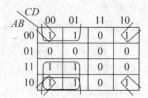

图 2.5.1　例 2.5.1 的函数卡诺图　　　　图 2.5.2　例 2.5.2 的函数卡诺图

从图中可以看出:0、1、8、9 这 4 项相邻,合并为 $\overline{B} \cdot \overline{C}$;8、9、12、13 这 4 项相邻,合并为 $A \cdot \overline{C}$;0、1、8、10 这 4 项相邻,合并为 $\overline{B} \cdot \overline{D}$。

将合并后的各项相加就可以得到函数 L 的最简式,即

$$L = A\overline{C} + \overline{B} \cdot \overline{C} + \overline{B} \cdot \overline{D}$$

2.5.2 未用最小项表示逻辑函数的卡诺图化简

若一个逻辑函数未用"最小项"表示,如逻辑函数使用"与或式"表示,则将每一个乘积项乘以其缺省因子的原变量与反变量之"和",然后展开整理,去掉其中重复的乘积项,即可以得到该函数的"最小项"表达式,如前述的例 2.4.2。或者列出逻辑函数的真值表,再根据真值表按上述方法写出逻辑函数的最小项表达式。然后采用 2.5.1 小节介绍的方法进行化简。

此外,可以用卡诺图相邻项合并后的乘积项格式反推,将未用"最小项"表示逻辑函数的每一个乘积项所表示的相邻项的卡诺图小方格序号填入 1,其他填入 0,这样也可以得到该逻辑函数的卡诺图。

【例 2.5.3】 用卡诺图化简逻辑函数 $L(A,B,C,D) = \overline{A} \cdot \overline{C} + B\overline{D} + \overline{B}C + A\overline{D} + BC$。

解: 根据四变量卡诺图相邻项合并的特点:$\overline{A} \cdot \overline{C}$ 由 0、1、4、5 四项合并得到;$B\overline{D}$ 由 4、6、12、14 四项合并得到;$\overline{B}C$ 由 0、2、8、10 四项合并得到;$A\overline{D}$ 由 8、10、12、14 四项合并得到;BC 由 6、7、14、15 四项合并得到。

所以上述各个对应方格序号填入数据 1,其他填入 0 即为命题函数的卡诺图(如图 2.5.3 所示),合并卡诺图中相邻各项,如图 2.5.4 所示,得到逻辑函数的最简单式为

$$L = \overline{A} \cdot \overline{C} + BC + A\overline{D}$$

CD				
AB	00	01	11	10
00	1	1	0	0
01	1	1	1	1
11	1	0	1	1
10	1	0	0	1

图 2.5.3　例 2.5.3 的函数卡诺图

图 2.5.4　合并卡诺图中的相邻项

【**例 2.5.4**】　用卡诺图化简逻辑函数 $L(A,B,C,D)=\overline{BD}+AB+C\overline{D}+\overline{A}\cdot\overline{CD}$。

解：将函数 L 用另外两个函数 $L_1=\overline{BD}+AB$，$L_2=C\overline{D}+\overline{A}\cdot\overline{CD}$ 相"或"表示，即 $L(A,B,C,D)=L_1+L_2$。

按例 2.5.3 的方法，L_1 的函数卡诺图如图 2.5.5(a) 所示，L_2 的函数卡诺图如图 2.5.5(b) 所示。

因为 $L=L_1+L_2$，所以函数 L 的卡诺图为图 2.5.5(a) 和(b) 两个函数卡诺图合并为一个，如图 2.5.5(c) 所示。

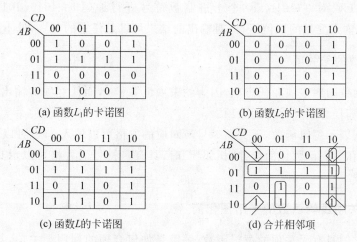

(a) 函数 L_1 的卡诺图　　(b) 函数 L_2 的卡诺图

(c) 函数 L 的卡诺图　　(d) 合并相邻项

图 2.5.5　例 2.5.4 的函数卡诺图

按图 2.5.5(d) 所示的包围圈合并相邻项，得最简单式 $L(A,B,C,D)=\overline{A}\cdot B+\overline{B}\cdot\overline{D}+C\overline{D}+AC\overline{D}$。

如果能够熟练运用卡诺图表示一个一般乘积项，上述的图 2.5.5(a)～(c)3 个图形，可以用图 2.5.5(c) 直接表示，这样，用卡诺图化简未用"最小项"表示的逻辑函数很快就可完成。

上述方法还可以扩展到应用于两个函数相或、相与、异或、同或等运算的化简。对此，读者可以自行举例体验。

2.5.3　具有无关项逻辑函数的卡诺图化简

1. 约束项

在逻辑设计中，以及逻辑电路中，某些输入变量的取值组合是不允许出现的，这种对不允许出现的输入变量取值组合所加的限制称为约束条件,使约束条件为 1 的所有输入变量每一组取值组合表示的逻辑函数最小项,就称为该逻辑函数的约束项。

例如用一个电压表测量星形连接的三相电源相电压时,若用 3 个开关 A、B、C 控制测量电路,使电压表一端接中线,另一端能与三相电源的任意相连接而不造成电源短路。开关 A 闭合时($A=1$)测量 A 相电压,$B=1$ 测量 B 相,$C=1$ 测量 C 相电压,3 个开关都断开时不测量。显然,任何一个开关闭合时,另外两个开关是不允许闭合的,将 A、B、C 作为这一逻辑函数的自变量,其取值组合只能是 000、001、010、100。其他 4 种情况 011、101、110、111 是不允许的。对应的最小项 $\overline{A}BC$、$A\overline{B}C$、$AB\overline{C}$、ABC 称为约束项,并令其等于 0。

2. 任意项

在逻辑设计中,或者逻辑电路中,对于某些输入变量的取值组合,对逻辑结果是任意的,可以为 1,也可以为 0,所有这些输入变量每一组取值组合表示的逻辑函数最小项,就称为该逻辑函数的任意项。

例如用 8421 码对 0~9 这 10 个十进制数符号进行编码时,1010、1011、1100、1101、1110、1111 这些输入变量的取值组合,对输出的结果可以是任意的,是一批不用的代码。

3. 逻辑函数的无关项

上述逻辑函数的约束项和任意项,因为约束项恒等于 0,而任意项对输出结果是无所谓的,故将约束项和任意项统称为无关项。

若用卡诺图表示逻辑函数,无关项编号所对应的方格可以填入 1,也可以填入 0,通常填入×符号,这样在逻辑函数化简合并"相邻项"时,具有×符号的方格可以示具体需要,将其当 0 或当 1 处理。

4. 具有无关项逻辑函数的卡诺图化简

用卡诺图化简具有无关项的逻辑函数,关键是如何合理的利用无关项,其原则是,卡诺图中小方格表示"无关项"的位置与有关项填入 1 的方格具有相邻的逻辑关系,才有可能将其作为 1 处理,其次,利用"无关项"以后,应使相邻项的项数达到最大,这样使得合并后的逻辑函数最简单式的乘积项数目最少。

【例 2.5.5】 用卡诺图化简逻辑函数 $L(A,B,C,D)=\overline{A}D+A\overline{C}+\overline{B}C+\overline{C}D+B\overline{C}+A\overline{B}$。函数给定的约束条件为 $ABC+BC\overline{D}=0$。

解:用前述未用"最小项"表示逻辑函数的卡诺图表示方法,给定的逻辑函数卡诺图如图 2.5.6(a)所示。

采用图 2.5.6(b)所示的包围圈合并"相邻项",得到 $L(A,B,C,D)=A+B+C+D$。

利用约束项,表达式会更为简单些。若不用这些约束项,逻辑函数最简单式是 $L(A,B,C,D)=\overline{A}D+A\overline{C}+\overline{B}C+B\overline{C}$。

【例 2.5.6】 用卡诺图将逻辑函数 $L(A,B,C,D)=\sum m(0,1,3,5,7,9)$ 化简为最简单"与或式",该函数的无关项为 $\sum d(10,11,12,13,14,15)$。

解:将给定的逻辑函数用逻辑函数卡诺图表示,如图 2.5.7(a)所示。

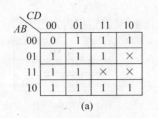

图 2.5.6 例 2.5.5 的函数卡诺图

按图 2.5.7(b)所示的包围圈合并相邻项,得到 $L(A,B,C,D)=\overline{A}\cdot\overline{B}\cdot\overline{C}+D$。

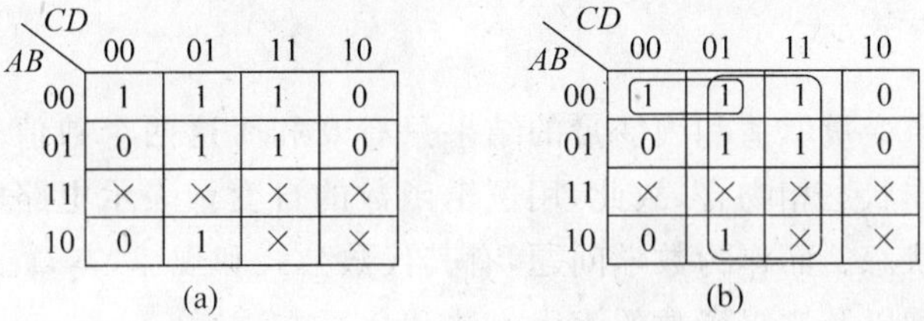

图 2.5.7 例 2.5.6 的函数卡诺图

【**例 2.5.7**】 用卡诺图化简逻辑函数 $L(A,B,C,D)=\sum m(0,1,2,6,7,14,15)$ 为最简单"或与式",该函数的无关项为 $\sum d(3,5,11)$。

解:逻辑函数 $L(A,B,C,D)=\sum m(0,1,2,6,7,14,15)+\sum d(3,5,11)$ 的卡诺图如图 2.5.8(a)所示。则 L 的反函数的最小项为图中填入 0 的各项。如图 2.5.8(b)所示,将卡诺图中填入 0 的各项进行"相邻项"合并,得"与或式"$\overline{L}(A,B,C,D)=B\overline{C}+A\overline{B}$,再求 $\overline{L}$ 的反函数(用摩根定理),得 L 的最简单"或与式"为

$$L(A,B,C,D)=(\overline{B}+C)(\overline{A}+B)$$

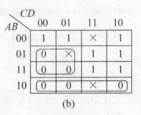

图 2.5.8 例 2.5.7 的函数卡诺图

【**例 2.5.8**】 用卡诺图将逻辑函数 $L(A,B,C,D)=\prod N(0,2,8,6,7,10)\cdot\prod D(3,5,11)$ 化简为最简单"与或式"。

解:逻辑函数 $L(A,B,C,D)=L(A,B,C,D)=\prod N(0,2,8,6,7,10,)\cdot\prod D(3,5,11)$ 的卡诺图如图 2.5.9(a)所示。则 L 的反函数的最大项为图中填入 1 的各项。如图 2.5.9(b)所示,将卡诺图中填入 1 的各项进行"相邻项"合并,得"或与式"$\overline{L}(A,B,C,D)=(\overline{B}+C)(\overline{A}+\overline{B})(C+\overline{D})$(取值为 1 的变量用反变量表示,取值为 0 的变量用原变量表示),将 $\overline{L}$ 再取反(用摩根定理),则 L 的最简单"与或式"为

$$L(A,B,C,D)=AB+B\overline{C}+\overline{C}D$$

AB \ CD	00	01	11	10
00	0	1	×	0
01	1	×	0	0
11	1	1	1	1
10	0	1	×	0

(a)

AB \ CD	00	01	11	10
00	0	1	×	0
01	1	×	0	0
11	1	1	1	1
10	0	1	×	0

(b)

图 2.5.9 例 2.5.8 的函数卡诺图

本章小结

逻辑函数是指自变量取值和因变量的结果只有 0 和 1 这两个数值的函数，由于这种结果与数字电路的工作状态相吻合，故此，用逻辑函数的自变量表示电路的输入状态，用因变量表示电路的输出状态。而作为数学问题，有其代数公式和规律，本章主要描述逻辑代数的基本公式、定律、规则以及逻辑函数的表示方法和化简方法。

基本公式、定律、规则是用代数法化简逻辑函数的基本手段，尽可能熟悉这些内容，是提高运算速度的有效方法。代数法中的具体方法应在应用中灵活综合使用，如用“配项法”可以化简的，一般也可以用查找冗余项的方法化简。

同一个逻辑函数可以有 4 种表示方法，即逻辑表达式、真值表、逻辑图、卡诺图表示法，故此，它们之间可以任意地互相转换。真值表是描述逻辑问题的一一对应关系的有效手段，由真值表可以写出逻辑函数的最小项表达式及做出逻辑函数的卡诺图，用卡诺图可以较快地得到逻辑函数的最简单“与或式”。用摩根定理可以将最简单“与或式”转换成“或与式”等其他形式的逻辑函数表达式，做出相应的逻辑图。用哪种方式表示一个逻辑函数，应示具体情况而定。

用卡诺图化简逻辑函数，对于四变量逻辑函数最为简便、直观。熟练地使用卡诺图可以快速化简一个逻辑函数，对于数字电路的设计是有较大帮助的。对于五变量逻辑函数，使用卡诺图化简也相当快捷。但是如果变量个数超过 5 个以上，最小项的数目以 2^n 增加，使用起来就不是十分方便，其意义也就不大了。

用本章介绍的化简逻辑函数的方法，通常得到的是逻辑函数的最简单的“与或式”。实际电路设计中，通常采用本章介绍的基本逻辑运算门电路实现逻辑函数，不一定只用与门、或门构成逻辑电路；若采用其他形式的门电路，应将最简单逻辑式进行相应的变换，尤其可使用摩根定理进行变换。这些都要示设计电路时选用的逻辑门电路而定。

本章习题

题 2.1 写出下述逻辑表达的真值表。

(1) $L=\bar{A}\cdot\bar{C}+B\bar{D}+\bar{B}C$

(2) $L=\bar{B}C+A\bar{D}+BC$

(3) $L=A\cdot\bar{C}+\bar{B}C+\bar{A}B$

(4) $L=A\bar{B}C+A\bar{B}C+\bar{A}B\bar{C}$

(5) $L=A\bar{B}+\bar{A}B$

(6) $L=\bar{B}CD+A\bar{B}C+\bar{A}B\bar{D}$

(7) $L=AB\bar{C}+AB\bar{C}+\bar{A}BC$

(8) $L=\overline{A\bar{B}C+A\bar{B}C}$

(9) $L=AB\bar{C}+\overline{AB\bar{C}}+\overline{\bar{A}BC}$　　　　　　(10) $L=\overline{\bar{A}C+B\bar{C}}+\overline{\bar{A}B}$

题 2.2　用真值表证明下述运算。

(1) $A\odot 0=\bar{A}$　　　　　　　　　　(2) $A\oplus 0=A$

(3) $A\odot 1=A$　　　　　　　　　　(4) $A\oplus 1=\bar{A}$

(5) $A\oplus A=0$　　　　　　　　　　(6) $A\oplus\bar{A}=1$

(7) $A\odot A=1$　　　　　　　　　　(8) $A\odot\bar{A}=0$

(9) $(A\oplus B)\oplus C=B\oplus(A\oplus C)=C\oplus(B\oplus A)$　　　　(10) $(A\oplus B)C=(AC)\oplus(BC)$

(11) $A\odot(B\odot C)=B\odot(A\odot C)$　　　　(12) $\bar{A}+(B\odot C)=(AB\odot AC)$

题 2.3　用开关电路图表示下述逻辑运算。

(1) $L=A+AB$　　　　　　　　　(2) $L=A+BC$

(3) $L=(A+B)(A+C)$　　　　　　(4) $L=(A+D)(B+C)$

题 2.4　逻辑式 $A\oplus B\oplus C$ 的对偶式是?

(1) $\overline{A\oplus B\oplus C}$　　　　　　　(2) $\overline{A\odot B\odot C}$

题 2.5　证明下述逻辑恒等式。

(1) $A(A\oplus B)=A\bar{B}$

(2) $\bar{A}C+B\bar{C}+A\bar{B}=(A+B+C)(\bar{A}+\bar{B}+\bar{C})$

(3) $A\oplus B\oplus AB=A+B$　　　　(4) $A(B\oplus C)=(AB)\oplus(AC)$

(5) $A\odot B\odot(A+B)=AB$　　　　(6) $A+(B\odot C)=(A+B)\odot(A+C)$

(7) $A\oplus B\oplus C=A\odot B\odot C$　　(8) $\overline{B}C\oplus AB\bar{C}=\bar{A}B\bar{C}$

(9) $B\oplus AB\oplus BC\oplus ABC=BC(1\oplus A)$　　(10) $B\oplus BC=B\bar{C}$

题 2.6　采用基本运算公式、定律和恒等式化简下述逻辑表达式。

(1) $L=(\bar{A}B+C\bar{D})(AB+C\bar{D})$　　　　(2) $(\bar{A}B+CD)(\bar{A}B+CD)$

(3) $L=(ABD+AC)(AB+AC)$　　　　(4) $L=AB\bar{D}+ACD+ABD+AC+A\bar{B}CD$

(5) $L=A\bar{B}D+ACD+ABD$　　　　(6) $L=ACD+ABD+AC+A\bar{B}C\bar{D}$

(7) $L=\bar{A}B+A+\bar{A}C+\bar{B}D$　　　(8) $L=A\bar{B}D+A+A\bar{C}D+\bar{A}C+A\bar{B}C(\bar{D}+C)$

(9) $L=B\bar{C}\cdot\bar{D}+BCD+C\bar{D}+\bar{C}D$　　(10) $L=\bar{A}B+A+\bar{A}C+\bar{B}C(A+\bar{D}+\bar{C})$

题 2.7　一个逻辑电路,由两个控制变量 K_1、K_2 控制两个输入变量 A、B,电路的输出变量为 L。L 与输入变量 A、B 的关系取决于控制变量 K_1 和 K_2 的取值组合,其对应关系为: $K_1K_2=00$ 时,$L=AB$; $K_1K_2=01$ 时,$L=\overline{AB}$; $K_1K_2=10$ 时,$L=A+B$; $K_1K_2=11$ 时,若 $A=B$,$L=1$,若 $A\neq B$,$L=0$。列出符合上述逻辑关系的真值表,并根据真值表写出逻辑函数 L 的表达式。

题 2.8　写出下述逻辑图所表达的逻辑函数代数表达式。

题 2.9　写出下述逻辑图所表示的逻辑函数代数表达式,并将其化简为最简与或式。

题 2.10　化简下述逻辑函数式。

(1) $L=ABD+\bar{B}C+\bar{A}C+B\bar{D}$

(2) $L=\bar{B}C\bar{D}+BD+\bar{C}D+AC\bar{D}+\bar{A}C\bar{D}$

(3) $L=A\bar{B}+\bar{A}BD+C\bar{D}+A\bar{D}+\bar{C}D$

(4) $L=AB+\bar{A}BD+CD+\bar{A}B\bar{D}+\bar{C}D$

(5) $L=(A+B+\bar{C})(\bar{A}+B+D)(B+\bar{C}+D)$

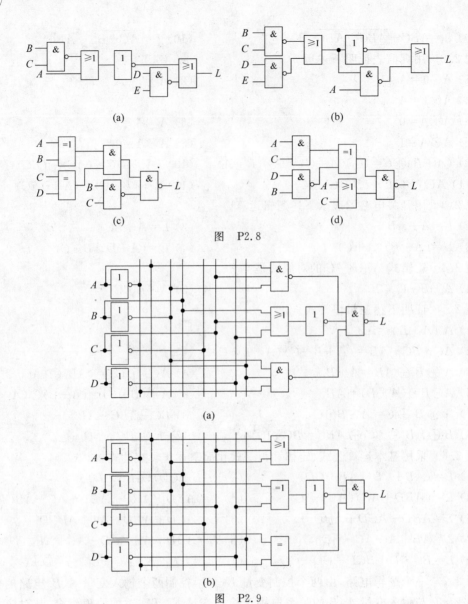

图 P2.8

图 P2.9

(6) $L=(A+\overline{B+\overline{C}})(A+B+D)(B+\overline{C}+D)$

(7) $L=(\overline{A}+B+C)(B+\overline{C}+D)(\overline{A}+B+D)$

(8) $L=(\overline{A}B+A\overline{B}+D)(A\overline{B}+\overline{C}+D)(\overline{A}B+C)$

(9) $L=\overline{A}D+BD+AC+\overline{C}D$

(10) $L=A\overline{B}+AC+CD+B\overline{D}+\overline{A}\cdot\overline{C}+\overline{A}\cdot\overline{D}$

题 2.11 采用基本运算公式、定律和恒等式化简下述逻辑表达式。

(1) $L=(A+B)(A+C)(A+\overline{D})(BC\overline{D}+E)$ (2) $L=(\overline{A}+\overline{B}+C)(A+\overline{B}+\overline{D})(A+\overline{D})$

(3) $L=\overline{\overline{A}B+CD}+A\overline{B}+C\overline{D}$ (4) $L=\overline{\overline{A}B+CD}+\overline{\overline{B}C}+A\overline{D}+\overline{A}B+B\overline{D}$

(5) $L=(A+\overline{D})(B+\overline{C})(\overline{A}+C)(\overline{B}+D)$ (6) $L=(A\overline{C}+B\overline{D})(A\overline{C}+BC)(\overline{A}D+BC)$

题 2.12 采用冗余规则和对偶规则证明下述逻辑恒等式。

(1) $(A+\overline{B}+D)(\overline{A}+\overline{B}+C+\overline{D})(\overline{A}+C+\overline{D})=(A+\overline{B}+D)(\overline{A}+C+\overline{D})$

(2) $(AB+\overline{D})(\overline{A}\cdot\overline{B}+C)(A+C+\overline{D})=ABC+\overline{A}\cdot\overline{B}\cdot\overline{D}$

(3) $(\overline{B}+D)(B+\overline{C})(A+\overline{C}+D)=\overline{B}\cdot\overline{C}+BD$

(4) $(\overline{A}\overline{B}+D)(\overline{B}\overline{C}+\overline{D})(\overline{A}\overline{B}+\overline{C}\overline{D}+\overline{E}\overline{F})=(\overline{A}\overline{B}+D)(\overline{B}\overline{C}+\overline{D})$

题 2.13 化简下述逻辑表达式。

(1) $L=(A+\overline{B}D)\overline{(\overline{A}+\overline{B}D)}(\overline{\overline{A}\overline{B}+\overline{C}\overline{D}})$

(2) $L=(A+\overline{\overline{B}D})(A+\overline{B}D)(\overline{A}+C+\overline{D})$

(3) $L=(A+C+\overline{\overline{B}D})(A+C+\overline{B}D)$

(4) $L=(\overline{\overline{A}+DE})(A+C+\overline{B}+DE)(\overline{AC}+\overline{D})$

(5) $L=(A+DE)(A+C+\overline{B}+DE)$

(6) $L=(A+D)\overline{CD}+(\overline{A}+BC+\overline{B}D)\overline{CD}$

(7) $L=(A+BD+C)(\overline{CD}+FE+AB)+(\overline{CD}+FE+AB)$

(8) $L=(A+BD+C)(\overline{CD}+CE+\overline{A}B)+(A+\overline{B}\cdot\overline{D})(\overline{CD}+CE+\overline{A}B)$

题 2.14 逻辑函数的真值表如表 P2.14 所示,用逻辑函数表示这两个真值表描述的逻辑关系,并化简。

<table>
<tr><th colspan="4">表 P2.14(a)</th></tr>
<tr><th>A B C D</th><th>L</th><th>A B C D</th><th>L</th></tr>
<tr><td>0 0 0 0</td><td>1</td><td>1 0 0 0</td><td>0</td></tr>
<tr><td>0 0 0 1</td><td>0</td><td>1 0 0 1</td><td>1</td></tr>
<tr><td>0 0 1 0</td><td>1</td><td>1 0 1 0</td><td>1</td></tr>
<tr><td>0 0 1 1</td><td>0</td><td>1 0 1 1</td><td>0</td></tr>
<tr><td>0 1 0 0</td><td>1</td><td>1 1 0 0</td><td>0</td></tr>
<tr><td>0 1 0 1</td><td>0</td><td>1 1 0 1</td><td>1</td></tr>
<tr><td>0 1 1 0</td><td>1</td><td>1 1 1 0</td><td>1</td></tr>
<tr><td>0 1 1 1</td><td>1</td><td>1 1 1 1</td><td>0</td></tr>
</table>

<table>
<tr><th colspan="4">表 P2.14(b)</th></tr>
<tr><th>A B C D</th><th>L</th><th>A B C D</th><th>L</th></tr>
<tr><td>0 0 0 0</td><td>1</td><td>1 0 0 0</td><td>1</td></tr>
<tr><td>0 0 0 1</td><td>1</td><td>1 0 0 1</td><td>0</td></tr>
<tr><td>0 0 1 0</td><td>1</td><td>1 0 1 0</td><td>1</td></tr>
<tr><td>0 0 1 1</td><td>0</td><td>1 0 1 1</td><td>1</td></tr>
<tr><td>0 1 0 0</td><td>1</td><td>1 1 0 0</td><td>1</td></tr>
<tr><td>0 1 0 1</td><td>1</td><td>1 1 0 1</td><td>0</td></tr>
<tr><td>0 1 1 0</td><td>1</td><td>1 1 1 0</td><td>1</td></tr>
<tr><td>0 1 1 1</td><td>1</td><td>1 1 1 1</td><td>1</td></tr>
</table>

题 2.15 用真值表表示下述逻辑函数。

(1) $L=\overline{A}\cdot C+B\overline{D}$

(2) $L=\overline{B}C+A\overline{D}+B\overline{C}$

(3) $L=A+\overline{D}+B\overline{C}$

(4) $L=AC+\overline{D}+B\overline{C}+AB$

(5) $L=AC+\overline{D}$

(6) $L=\overline{C}+\overline{A}B$

题 2.16 将下述逻辑函数表达式用最小项的形式表示。

(1) $L=A\overline{C}+\overline{A}B+CB$

(2) $L=(A+C)(C\overline{D}+\overline{A}B)$

(3) $L=\overline{\overline{(\overline{A}+B+\overline{C})}+\overline{(A+\overline{C}+D)}}$

(4) $L=(A+\overline{B}\cdot\overline{D})(C\overline{D}+\overline{A}B)$

(5) $L=(A+\overline{B}\cdot\overline{D})(\overline{AC}+\overline{D}+\overline{A}B)$

(6) $L=\overline{(A+\overline{B}\cdot\overline{D})(\overline{AC}+\overline{D})}$

题 2.17 证明下述恒等式。

(1) $(A+B+C+\overline{D})(A+B+\overline{C}+\overline{D})(A+\overline{B}+C+\overline{D})(A+\overline{B}+\overline{C}+\overline{D})=A+\overline{D}$

(2) $\overline{(A+B+C+\overline{D})(A+B+\overline{C}+\overline{D})(A+\overline{B}+C+\overline{D})(A+\overline{B}+\overline{C}+\overline{D})}=\overline{A}D$

(3) $(\overline{A}+B+C+D)(\overline{A}+\overline{B}+C+D)(\overline{A}+\overline{B}+\overline{C}+D)(\overline{A}+B+\overline{C}+D)=\overline{A}+D$

题 2.18 将下述逻辑函数用最大项表达式表示。

(1) $L=AB+\overline{A}\overline{B}+DC$

(2) $L=A\overline{B}+\overline{A}B+A\overline{D}C+BC\overline{D}$

(3) $L=A\overline{B}CD+\overline{A}BC+C\overline{D}+B\overline{D}$

(4) $L=A\overline{B}+\overline{A}BC+A\overline{C}$

题 2.19 用逻辑函数卡诺图表示法表示下述逻辑函数。

(1) $L(A,B,C)=\sum m(0,2,5,7)$,

(2) $L(r,x,y,z)=\sum m(0,2,5,7,9,10,15)$

题 2.20 直接将下述函数用卡诺图表示。

(1) $L(r,x,y,z) = r\bar{x} + \bar{r}z + x\bar{z} + \bar{y}z$

(2) $L(A,B,C,D) = (A\bar{B} + \bar{C}D)(\bar{B}C + D\bar{C} + \bar{A}B)$

(3) $L(A,B,C,D) = A\bar{B} + \bar{C}D + \overline{\bar{B}C + D\bar{C}}$

(4) $L(A,B,C,D) = A\bar{B} + \bar{C}D + \bar{B}C + D\bar{C} + \bar{A}B$

(5) $L(A,B,C,D) = (A\bar{B} + \bar{C}D) \oplus (C\bar{D} + \bar{A}B)$

(6) $L(A,B,C,D) = (A\bar{B} + \bar{C}D + C\bar{D})\bar{A}$

题 2.21 用卡诺图表示下述逻辑函数,并化简成最简单"与或式"。

(1) $L(A,B,C,D) = \sum m(0,2,5,7,8,10,14,15)$

(2) $L(A,B,C,D) = \sum m(0,1,3,5,7,8,12)$

(3) $L(A,B,C,D) = \sum m(0,1,4,5,7,8,14)$

(4) $L(A,B,C,D) = \sum m(0,1,4,6,9,10,13,14)$

(5) $L(A,B,C,D) = A\bar{B}C + \bar{C}D + \bar{A}CD + B\bar{C}D + \bar{A}B$

(6) $L(A,B,C,D) = A\bar{B} + \bar{C}D + \bar{A}D + \bar{B}CD + B\bar{C}D$

(7) $L(A,B,C,D) = A\bar{B}C + A\bar{C}D + \bar{A}BD + \bar{B}CD$

(8) $L(A,B,C,D) = \overline{A\bar{B}} + A\bar{C} + \bar{A}BD + \overline{\bar{B}CD}$

(9) $L(A,B,C,D) = \overline{\bar{A}BD} + B\bar{C}D + \bar{A}CB + AC\bar{D}$

(10) $L(A,B,C,D) = \overline{BC} + AD + \bar{A}CB + AC\bar{D}$

题 2.22 将下述逻辑函数化简为最简与或式,并用最少的或非门表示该函数。

(1) $L(A,B,C,D) = \sum m(0,1,5,6,7,11,13,14)$

(2) $L(A,B,C,D) = \sum m(0,1,3,7,14) + \sum d(2,4,5,6,15)$

(3) $L(A,B,C,D) = \prod N(0,1,3,7,11,13,14)$

(4) $L(A,B,C,D) = \prod N(0,1,3,7,14) \prod D(2,4,5,6,15)$

题 2.23 将下述逻辑函数化简为最简或与式。

(1) $L(A,B,C,D) = \sum m(0,2,3,7,8,14) + \sum d(4,5,6,15)$

(2) $L(A,B,C,D) = \sum m(0,2,8,10,14) + \sum d(5,6,15)$

(3) $L(A,B,C,D) = \prod N(1,3,5,7,11,13,14,15)$

(4) $L(A,B,C,D) = \prod N(0,1,3,7,14) \prod D(2,4,5,6,15)$

题 2.24 将下述逻辑函数化简为最简与或式,并用最少的与非门逻辑符号表示。

(1) $L(A,B,C,D,E) = \sum m(0,2,8,10,14,15,16,17,20,21,25,26,28,30) + \sum d(5,6,15)$

(2) $L(A,B,C,D,E) = \sum m(0,1,8,10,12,14,18,19,28,30) + \sum d(5,6,15,25,29)$

题 2.25 逻辑函数 $L(A,B,C,D) = A\bar{B}D + \bar{A}B + A\bar{B} + A\bar{C} + C\bar{D}$。使用卡诺图查找出:

(1) 该逻辑函数的最大项表达式;   (2) 该逻辑函数的最小项表达式;

(3) 该逻辑函数反函数的最简与或式;   (4) 该逻辑函数反函数的最简或与式。

题 2.26 化简下述逻辑函数(不限方法)。

(1) $L=\overline{A}B\overline{D}+\overline{A}B+\overline{B}D+A\overline{C}+C\overline{A}$ 　　(2) $L=\overline{A}B\overline{D}+\overline{A}\,\overline{B}+\overline{B}\,\overline{D}+A\overline{C}+C\overline{A}$

(3) $L=\overline{\overline{A}B\overline{D}}+\overline{A}D+A\overline{B}+\overline{A\overline{C}}+C\overline{A}$ 　　(4) $L=\overline{\overline{B}C+A\overline{D}}+\overline{A}D+A\overline{B}+AC+C\overline{A}$

题 2.27 用最少"非门"及"或与非门"实现下述逻辑函数。

(1) $L(A,B,C,D)=A\overline{B}+\overline{C}D+C\overline{D}$

(2) $L(A,B,C,D)=(A\overline{C}+B)(A\overline{C}+B)\overline{D}+\overline{C}D$

(3) $L(A,B,C,D)=(A+\overline{B})(\overline{C}+\overline{A})D+C\overline{D}$

(4) $L(A,B,C,D)=AC+\overline{B}C+\overline{A\overline{B}+\overline{C}D}+\overline{B}\cdot\overline{D}+\overline{C}D$

题 2.28 函数 F_1、F_2、F_3 的卡诺图如图 P2.28 所示,下述关系中哪些是正确的。

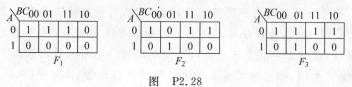

图　P2.28

(1) $F_3=F_1F_2$ 　　　　　　　　　(2) $F_3=F_1+F_2$

(3) $F_1=F_2F_3$ 　　　　　　　　　(4) F_1 和 F_3 互为对偶式

题 2.29 用卡诺图将下述逻辑函数化简为最简"与或式"或最简"或与式"。

(1) $L(A,B,C,D,E)=\sum m(0,1,3,4,6,7,8,10,11,15,16,18,19,24,25,28,29,31)$

(2) $L(A,B,C,D,E)=\sum m(0,1,3,4,6,7,8,10,11,15,16,18,19,24,25,28,29,31)$

　　　　　　　　　　$+\sum d(5,9,30)$

(3) $L(A,B,C,D,E)=\sum m(0,1,3,5,8,9,15,20,21,23,27,28,29,31)$

(4) $L(A,B,C,D,E)=\prod N(0,1,2,3,5,8,9,10,14,15,16,20,21,23,27,28,29,31)$

(5) $L(A,B,C,D,E)=\prod N(0,1,2,3,5,8,9,10,14,15,16,20,21,23,27,28,29,31)$

　　　　　　　　　　$\prod D(6,7,17,18,30)$

(6) $L(A,B,C,D,E)=\sum m(1,5,12,13,14,16,17,21,23,24,30,31)$

　　　　　　　　　　$+\sum d(0,2,3,4,9,15,28)$

题 2.30 逻辑函数的逻辑图如图 P2.30 所示,下述 4 个表达式中,哪个是该逻辑图所表达的正确逻辑函数式。

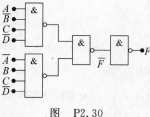

图　P2.30

(1) $F=\prod N(6,10)$ 　　(2) $F=\prod N(0,1,2,3,4,5,7,8,9,11,12,13,14,15)$

(3) $F=\sum m(6,10)$ 　　(4) $F=\sum m(0,1,2,3,4,5,7,8,9,11,12,13,14,15)$

第 3 章

逻辑门电路

主要内容：逻辑门电路是实现逻辑函数运算的硬件电路结构，并利用电路的输入和输出电平关系确定电路可以实现何种逻辑运算，通常采用正逻辑赋值，将电路的高电平赋值1，低电平赋值0，并用输入信号表示逻辑运算的自变量，用电路的输出信号表示逻辑函数运算的因变量。进入 IT 时代，再讲分离元件电路结构似乎没有必要，但为了更加清楚地了解 IT 模块的工作原理，我们还是从分离元件入手说明逻辑门电路的作用原理。

不管是何种集成电路，门电路的基本的电路元件是二极管、三极管(单极或双极型)及电阻等，故此本章将从分离元件的开关特性开始，先简单地介绍二极管与门、或门电路，然后介绍三极管非门电路的工作原理，之后再分析目前仍然还在使用的 TTL 门电路、CMOS 门电路的电路结构和原理，以及使用中的注意事项等。此外还有集电极开路门、传输门、三态输出门等。由于逻辑门电路是构成各种复杂逻辑电路的基础，所以了解电路的输入特性和输出特性，对于合理使用各种 IT 器件是十分有用的，所以本章也对此作出详细的介绍，以便为合理使用集成逻辑器件打下较好的基础。

3.1 分立元件门电路

3.1.1 二极管开关特性

1. 二极管的伏安特性

半导体二极管的核心结构是由一个 PN 结构成的，PN 结的外加电压与流过 PN 结电流之间的关系称为 PN 结的伏安特性，也是二极管的伏安特性，其形状如图 3.1.1 所示。

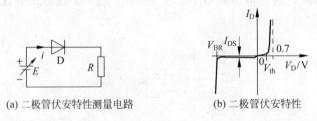

(a) 二极管伏安特性测量电路　　　　(b) 二极管伏安特性

图 3.1.1　二极管的伏安特性

二极管的伏安特性可以用下述指数表达式近似地表示：

$$I_D = I_{DS}(e^{V_D/V_T} - 1)$$

其中：V_D 为二极管(PN 结)的外加电压；$V_T = K \cdot T/q = [1.38 \times 10^{-23}/1.602 \times 10^{-19}] \times$

$300 = 25.8 \text{mV} \approx 26 \text{mV}$；波尔兹曼常数 $K = 1.38 \times 10^{-23}$ 库伏；电子电荷量 $q = 1.602 \times 10^{-19}$ 库；绝对温度 $T = 273 \text{℃} + t = 300 \text{°K}$。

由二极管的伏安特性可以看出，如果二极管外加正向电压，只要正向电压值超过二极管的正向开启电压 V_{th}，二极管正向导通，流经二极管的电流较大，其正向电压将维持在 $0.5 \sim 0.7 \text{V}$ 之间，此时，若将二极管作为一个开关元件，可以认为相当于开关闭合。反之二极管外加反向电压，只要电压值不超过 V_{BR}，或小于 V_{th} 的正向电压，流过二极管的电流很小，外加电压基本上等于二极管两端的电压值，此时相当于开关断开。

如果将 E 改为电路的输入信号电压 V_i，而且为高电平 V_H（比 V_{th} 大几倍以上）和低电平 V_L（小于 V_{th}）的脉冲电压信号，二极管可以当成理想的开关元件，V_i 为高电平 V_H 时，二极管导通，V_i 为低电平 V_L 时，二极管处于完全截止状态。一般情况下，二极管从反向截止到正向导通，或者从正向导通到反向截止，其时间是很短的，若工作电压的频率不高，这种转换过程所需要的时间完全可以忽略不计。但是，如果输入信号的频率很高时，脉冲周期到达 μs、ns 级，其影响就会变得很大了。下面进一步讨论二极管在这种脉冲信号作用下的转换过程。

2. 二极管的开关特性

1) 二极管的正向导通

二极管从反向截止转为正向导通过程所需要的时间称为正向开通时间。这个时间与反向的恢复时间相比是很小的。在反向电压的作用下，势垒区变厚，存在一定的电荷积累，这部分积累的电荷为 PN 结两边的掺杂离子的复合电荷，与正向导通的电荷积累相比要小得多。外加反向电压转为正向电压时，这部分电荷很快被外加的正向电源拉走，使 PN 结变窄（薄）。正向导通时，PN 结的正向电压很小，正向电阻很小，且为多数载流子形成电流，故此电流上升很快，所以正向开通时间很短，与反向恢复时间相比可以忽略不计。

2) 二极管从正向导通到截止有一个反向恢复过程

如图 3.1.2 所示，当输入信号电压为高电平 V_H 时，二极管正向导通，P 区接输入信号的高电位端，N 区接输入信号的低电位端，形成多数载流子的扩散电流。由于 $V_H \gg V_{DON}$（二极管正向导通电压降），所以流过二极管的正向电流 I_P 为

$$I_P = \frac{V_H - V_{DON}}{R} \approx \frac{V_H}{R}$$

当输入信号电压由高电平 V_H 突变为低电平 V_L（其值为 $-V_H$）时，二极管由正向导通突然加上反向电压，理想的情况下 $I_D \approx 0$，但实际上存在一个恢复过程，开始，反向电流 I_R 为

$$I_R = \frac{V_L - V_D}{R} \approx \frac{V_L}{R}$$

式中 V_D 为外加电压突变瞬间二极管 PN 结的电压降。

维持 $I_R = V_L / R$ 这一过程所用的时间 t_s 称为存储时间，然后才逐步下降到 $0.1 I_R$。规定此时才进入反向截止状态。反向电流从 $I_R = V_L / R$ 下降到 $0.1 I_R$ 所用的时间称为反向度越时间 t_r，如图 3.1.2(c) 所示。$t_f = t_s + t_r$ 称为反向恢复时间，反向恢复时间一般在几个纳秒以下，长短与二极管的扩散电容及电阻 R 的大小有关。

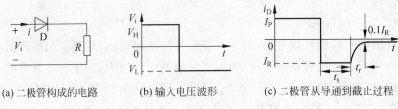

(a) 二极管构成的电路　　(b) 输入电压波形　　(c) 二极管从导通到截止过程

图 3.1.2　二极管开关特性图解

3. 产生反向恢复过程的原因——电荷存储效应

当输入信号电压为高电平 V_H 时,P 区接输入信号的高电位端,N 区接输入信号的低电位端,形成多数载流子的扩散电流,二极管正向导通。扩散到 P 区的自由电子和扩散到 N 区的空穴这些多数载流子在这两个区域并不是均匀分布的,而是形成靠近 PN 结附近浓度大,靠外接电极处浓度小的梯度分布,如图 3.1.3 的分布情况。而且势垒区变窄,PN 结存在一定的载流子存储。这是因为载流子跨越 PN 结到达相应电极时需要一定的运动时间。二极管正向导通时,P 区和 N 区的非平衡载流子的积累现象称为电荷存储效应。

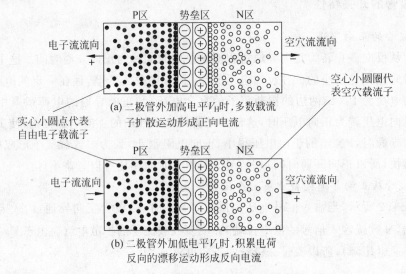

(a) 二极管外加高电平 V_H 时,多数载流子扩散运动形成正向电流

实心小圆点代表自由电子载流子

空心小圆圈代表空穴载流子

(b) 二极管外加低电平 V_L 时,积累电荷反向的漂移运动形成反向电流

图 3.1.3　二极管外加电压突变时恢复过程示意图

当输入信号电压由高电平 V_H 突变为低电平 V_L 时,P 区接输入信号的低电位端,N 区接输入信号的高电位端,在突变的瞬间,正向时扩散到 P 区的自由电子和扩散到 N 区的空穴这些多数载流子形成,多数载流子由于电荷存储效应尚有一部分未达到外部连接电极。电荷存储效应积累非平衡载流子将形成反向漂移电流,即 N 区积累的空穴向 P 区漂移,P 区积累的自由电子向 N 区漂移,在这部分积累的电荷消失之前,PN 结也来不及变厚;这样 PN 结基本保留与正向导通时基本相同数量级的反向电压降,所以二极管维持反向电流 $I_R = V_L / R$,直到 PN 结两边积累非平衡载流子基本消失,这一过程才开始结束;此后信号源向 PN 结补充空穴(N 区一侧)和电子(P 区一侧),电流也逐步下降,直到最终二极管截止,整个过程结束。二极管手册给出了各种不同型号的二极管在一定条件下的恢复过程所用时

间,需要时可以进行查找。

1. 双极型三极管的结构

双极型三极管(bipolar junction transistor,BJT)的基本结构以平面扩散型为主,即在一块单晶半导体上通过扩散掺杂—外延—扩散掺杂—外延—再扩散掺杂等工艺先后生产 3 层 NPN 型半导体或 PNP 型半导体,每层引出相应的连接电极,然后封装,就构成一个三极管。3 层半导体按 N、P、N 型先后排布的,称为 NPN 型三极管;按 P、N、P 型先后排布的,称为 PNP 型三极管。掺杂的浓度和每层的厚薄、层间的交界面都不相同,这些均在生产过程中进行严格控制。

由于 N 型半导体的多数载流子是自由电子,少数载流子是空穴,P 型半导体也具有多数载流子空穴,少数载流子自由电子,按上述工艺生产的三极管,在正常工作时,这两种载流子都参与导电,故称为双极型三极管。

双极型三极管的结构示意图如图 3.1.4 所示。

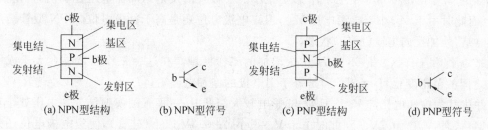

(a) NPN型结构   (b) NPN型符号   (c) PNP型结构   (d) PNP型符号

图 3.1.4 双极型三极管的结构示意图及符号

2. 双极型三极管的伏安特性

双极型三极管的特性是指其输入电压与电流的关系特性,输入特性是指基极电流和基极、发射极之间电压的大小关系,输出特性是指集电极电流和集电极、发射极之间的电压大小关系。NPN 型三极管特性的测量电路如图 3.1.5 所示,图中 I_B 为流入晶体管的基极电流,I_C 为流入晶体管的集电极电流,图中未画出用于测量的仪表。

双极型三极管的输入特性如图 3.1.6 所示,从图中可以看出,其形状与二极管的正向特性基本相同,这是由于两者具有相似的内部结构。当基极与发射极之间外加电压 V_{BE} 低于其正向开启电压 V_{th} 时,基极电流很小,可以认为接近于 0,这种情况下,三极管处于截止工作状态;而当基极与发射极之间外加电压高于其正向开启电压 V_{th} 时,三极管的基极电流随 V_{BE} 的上升而快速上升。而且基极与发射极之间的电压一般不超过 0.7V(硅材料管),处于开关工作状态的三极管,这一电压称为导通电压,并用 V_{ON} 表示。若 V_{BE} 在 $V_{th} \sim V_{ON}$ 之间变化,基极电流的变化量与 V_{BE} 的变化量具有接近于线性变化的关系,这一范围内,三极管可以工作于放大状态或饱和状态。正向开启电压 V_{th} 与制作双极型三极管的半导体材料有关,硅晶体管约为 0.5V,锗晶体管约为 0.2V;同样道理,对于导通电压 V_{ON},硅材料管约为0.7V,锗晶体管约为 0.3V。

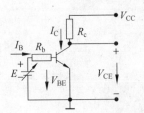

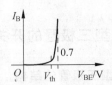

图 3.1.5　双极型三极管特性测量电路图　　　　图 3.1.6　三极管的输入特性

　　双极型三极管的输出特性如图 3.1.7 所示,图中直流负载线是指在直流电源电压的作用下,I_C 与 V_{CE} 之间的变化关系。从图中可以看出,输出特性可以分成 3 个工作区:

　　(1) 截止工作区。I_B 为 0 以下的工作区,这一区域,I_C 很小,且等于 I_{CEO},大小在 1μA 以下,V_{CE} 接近于电源电压 V_{CC}。根据三极管的输入特性,此时 V_{BE} 应低于其正向开启电压 V_{th},即就是双极型三极管的发射结外加反向电压(称为反偏)或外加正向电压但小于 V_{th} 的状态。而此时由于 V_{CE} 接近于电源电压 V_{CC},集电极电位高于基极电位(NPN 型管),所以"集电结"外加反向电压(反偏)状态。

　　(2) 放大工作区。I_C 随 I_B 正比增加的工作区域。在这一工作区,V_{BE} 在大于 V_{th} 和接近于 V_{ON} 之间变化,$I_C \approx \beta I_B$,V_{CE} 对 I_C 影响很小。三极管的发射结外加电压处于正向(正偏)状态。而此时由于 V_{CE} 小于电源电压 V_{CC},但集电极电位还是高于基极电位(NPN 型管),所以"集电结"外加反向电压(反偏)状态。

　　(3) 饱和工作区。I_C 不随 I_B 正比增加的工作区域。在这一工作区,V_{BE} 在大于或等于 V_{ON} 之间的范围变化,$I_C \neq \beta I_B$,而是等于集电极的饱和电流 I_{CS},$I_{CS}=(V_{CC}-V_{CES})/R_c$,$V_{CE}$ 较小,并称其为饱和电压降 V_{CES},且对 I_C 影响较大。此时,三极管的发射结外加电压处于正向(正偏)状态,$V_{BE}=0.7V$。而此时由于 V_{CE} 很小,在 0.3V 以下(硅管),使集电极电位还是低于基极电位(NPN 型管),所以"集电结"外加正向电压(正偏)状态。

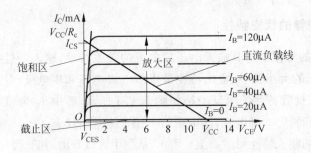

图 3.1.7　三极管输出特性曲线

　　处于开关工作状态的双极型三极管,稳定时,将工作于截止状态或者饱和状态;只是在从饱和状态突变到截止状态的过程中,或从截止状态突变到饱和状态的过程中,中间一定会经历一段放大工作状态变化过程。

　　为更好地了解双极型三极管的 3 种工作状态,将上述工作特点归纳如表 3.1.1 所示。

表 3.1.1 双极型三极管 3 种工作状态的特点

工作状态		截 止	放 大	饱 和
工作特点	条件	$I_B \approx 0$	$0 < I_B < I_{CS}/\beta$	$I_B > I_{CS}/\beta$
	偏置情况	发射结、集电结均处于反向偏置	发射结处于正向偏置，集电结处于反向偏置	发射结、集电结均处于正向偏置
	集电极电流	$I_C \approx 0$	$I_C = I_B\beta$	$I_{CS} = V_{CC}/R_c$，且不随 I_B 增加而增加
	c、e 极间电压	$V_{CE} \approx V_{CC}$	$V_{CE} = V_{CC} - I_C R_c$	$V_{CES} = 0.2 \sim 0.3V$
	c、e 极间等效电阻	很大，有数百千欧姆，相当于开关断开	随基极电流改变而改变	很小，约有数百欧姆，相当于开关闭合

3. 双极型三极管的脉冲工作特点

双极型三极管的开关电路如图 3.1.8 所示，电路的输入信号 V_i 为脉冲电压信号。在数字电路中，应该能够满足输入电压信号为低电平时，三极管处于截止状态。输入电压信号为高电平时，三极管处于饱和导通状态。电路的这种工作状态称为脉冲工作状态，也称开关工作状态。

双极型三极管的开关电路能否满足上述两个工作特点，取决于电路元件参数的选择和输入电压的大小。

输入电压的低电平低于双极型三极管的开启电压时，必定使 $V_{BE} < V_{th}$，根据三极管的输入特性曲线，可以确定 $I_B \approx 0$，此时集电极电流 I_C 很小，$I_C \approx 0$，所以集电极外接电阻 R_c 两端的电压也接近于 0，此时电路的状态如图 3.1.8(b) 所示；双极型三极管集电极与发射极之间连接的开关作用相当于有触点开关的"断开"。三极管集电极与发射极之间的电压将接近于电源电压，输出电压也接近于电源电压，即 $V_o = V_{CC}$。

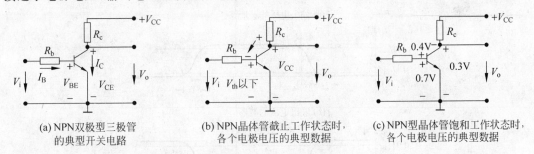

(a) NPN双极型三极管的典型开关电路　　(b) NPN晶体管截止工作状态时，各个电极电压的典型数据　　(c) NPN型晶体管饱和工作状态时，各个电极电压的典型数据

图 3.1.8 双极型三极管的典型开关电路

输入信号电压 V_i 为高电平时，$V_{BE} = V_{ON} = 0.7V$（硅管），双极型三极管的基极电流为 $I_B = \dfrac{V_{iH} - V_{ON}}{R_b}$，若 V_{iH} 比 V_{ON} 大得多，则 $I_B \approx \dfrac{V_{iH}}{R_b}$。

三极管的饱和电流应为 $I_{CS} = \dfrac{V_{CC} - V_{CES}}{R_c}$。$V_{CES}$ 为三极管集电极与发射极之间的饱和电压。I_{CS} 称为三极管集电极饱和电流，其大小主要取决于电源电压 V_{CC} 和集电极外接电阻 R_c 的大小。饱和电流表明，由于受到集电极外接电源、外接电阻的限制，集电极电流的最大值是有限的，不可能无限地增大。

集电极电流能否达到饱和电流,将取决于基极电流大小,以及三极管电流放大倍数的大小。若 $\beta I_B = \beta \dfrac{V_{iH} - V_{ON}}{R_b} \geqslant I_{CS}$ 成立,则三极管进入饱和工作状态,三极管各电极之间的电压如图 3.1.8(c)所示。此时,双极型三极管集电极与发射极之间连接的开关作用相当于有触点开关的"闭合"。输出电压为三极管的饱和电压 $V_{CES} \approx 0.3V$ 以下。

若 $\beta I_B = \beta \dfrac{V_{iH} - V_{ON}}{R_b} \geqslant I_{CS}$ 不成立,则三极管工作于放大工作状态。处于放大状态时,电路的输出电压为 $V_o = V_{CE} = V_{CC} - I_C R_c$,而集电极电流为 $\beta I_B = \beta \dfrac{V_{iH} - V_{ON}}{R_b} = I_C$。

输入信号为高电平时,电路能否达到饱和导通,与 V_{iH}、R_c、R_b、V_{CC}、β 等电路参数相关,V_{iH} 越高,R_c 越大,R_b 越小,V_{CC} 较低,β 越大,电路就越容易达到饱和导通状态,反之就可能处于放大工作状态。若 V_{iH}、R_c、R_b、V_{CC} 都已经确定,选用 β 大的三极管就更容易达到饱和。这是设计开关工作电路应考虑的要点。

4. 双极型三极管的脉冲工作波形和开关时间

1) 脉冲工作波形

图 3.1.8 所示电路的输入信号电压为理想脉冲信号电压波形时,在理想的情况下电路的输出电压波形也是理想的脉冲电压信号。但是由于三极管内部电流和电压的建立不可能即时完成,故此输出电压的波形与输入电压波形不是同步地发生变化,而是落后于输入电压的波形,形成如图 3.1.9 所示的情况。

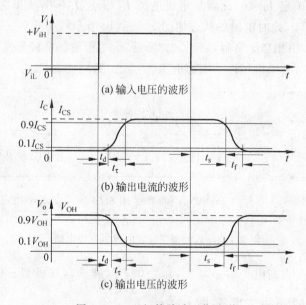

图 3.1.9　三极管脉冲工作波形

2) 开关时间

输入电压 V_i 从低电平 V_{iL} 跳变为高电平 V_{iH} 时,三极管从截止工作状态变为饱和工作状态,集电极电流的增加要靠从发射极发出的电子流进行传载,电子流经历的路程是发射结、基区、集电结等,电流上升需要经历一段由建立、增加到饱和的时间,这段时间称为三极

管的开通时间 t_{on}，即图 3.1.9 中的 t_d 和 t_r 的时间。当输入电压 V_i 从高电平 V_{iH} 跳变为低电平 V_{iL} 时，三极管从饱和工作状态变为截止工作状态，集电极电流从饱和电流下降到接近于 0，需要等待将积累在基区、发射结和集电结的电荷全部消散这一段过程所需的时间，即图 3.1.9 中的 t_s 和 t_f 的时间，这段时间称为关闭时间 t_{off}。

延迟时间 t_d——从 $+V_{iH}$ 加入开始到集电极电流上升到 $0.1I_{CS}$ 所需的时间。

上升时间 t_r——集电极电流从 $0.1I_{CS}$ 上升到 $0.9I_{CS}$ 所需的时间。

存储时间 t_s——从输入电压下降到 V_{iL} 开始，到集电极电流下降到 $0.9I_{CS}$ 所需的时间。

下降时间 t_f——从集电极电流下降到 $0.9I_{CS}$ 开始，到集电极电流下降到 $0.1I_{CS}$ 到所需的时间。

开通时间 $t_{on} = t_d + t_r$——从 V_{iH} 加入开始，到集电极电流上升到 $0.9I_{CS}$ 所需的时间。这一时间反映晶体管从截止到导通所用的时间。

关闭时间 $t_{off} = t_s + t_f$——从输入电压下降到 V_{iL} 开始，到集电极电流下降到 $0.1I_{CS}$ 所需的时间。这一时间反映晶体管从导通到截止所用的时间。

开通时间和关闭时间总称为晶体管的开关时间，不同的晶体管，其开关时间也不同，其大小可以在晶体管手册中查到，一般在几十到几百纳秒之间。

关于上述时间的物理解析如下：

(1) 延迟时间 t_d。晶体管处于截止工作状态时，发射结和集电结都处于反向偏置状态，结的势垒区较宽，结的两边存在一定的空间电荷。当外加电压从负的最大值突然上升到正的最大值，发射结的外加电压要从反向偏置状态突然跳变到正向偏置状态。首先必须从基区注入正电荷，发射区向基区注入负电荷，抵消发射结两边一定的空间电荷，使发射结变窄；之后，电子从发射区注入到基区，形成集电极电流的上升，这就是产生延迟时间 t_d 的原因。发射结外加电压越大，基极电流越大，延迟时间就越短。

(2) 上升时间 t_r。上述时间结束之后，发射区不断地向基区注入电子，注入的电子有一部分与基区的空穴复合，另一部分形成集电极电流。由于开始向基区注入电子较少，基区的电子浓度不是很高，只有经过一定时间之后，基区才建立起能导通 $0.9I_{CS}$ 的电子浓度梯度，直到最终达到 $1.0I_{CS}$ 的电子浓度梯度，可见，这一过程也需要一定时间。同时也反映达到饱和时，基区存在一定的非平衡电荷的积累，且发射结外加电压越高，积累的非平衡电荷浓度越大。

(3) 存储时间 t_s。当晶体管处于导通工作状态时，发射结和集电结都处于正向偏置状态，结的势垒区较窄，结的两边存在一定的空间电荷。尤其基区存在一定的非平衡电荷的积累，且发射结外加电压越高，积累的非平衡电荷浓度就越大。当外加电压从正的最大值突然下降到负的最大值时，发射结和集电结的偏置状态从正向突然跳变到反向。发射区的自由电子不再向基区扩散，由于发射结的外加电压不高，基区积累的电荷不可能较快地向发射区释放，同时由于基极外接电阻一般较大，这部分积累的电荷也不可能较快地向基极方向释放，唯一的路径应该是集电极，这样可以使集电极电流维持一段时间，其长短取决于基区积累的电荷多少，越多，时间就越长，反之就越短，即三极管的饱和度越深，存储时间就越长。

(4) 下降时间 t_f。当集电极电流开始下降。说明维持集电极电流保持饱和状态的基区电子浓度也开始下降。随着基区积累电荷的下降，由于没有外来的补充，基区积累的电荷会逐步消失，集电极电流也逐步下降到接近于零。下降时间 t_f 反映集电极电流从 $0.9I_{CS}$ 逐步下降到 $0.1I_{CS}$ 的过程时间。

综合上述分析,开通时间 $t_{on} = t_d + t_r$ 就是基区建立电荷梯度达到开始保持饱和电流所需要的时间,关闭时间 $t_{off} = t_s + t_f$ 就是基区存储电荷的消散时间。因此,降低基区的存储电荷是降低关闭时间的手段。

3.1.3 MOS管的开关特性

MOS 管的全称为金属-氧化物-半导体场效应管:MOSFET 管(metal-oxide-semicconductor type field effect transistor)是场效应管的一种形式,由于其栅极与漏极、源极之间处于完全绝缘状态,所以其输入电阻将大大提高,可达 $10^{11} \sim 10^{15}\,\Omega$。所以是一种低功耗的开关器件。目前大规模的数字集成电路,都是采用这种器件构成。

对于 MOS 管,根据其导电沟道载流粒子不同,具有 N 导电沟道和 P 导电沟道之分。以栅极电压对导电沟道的控制作用不同,也可分为增强型和耗尽型。耗尽型是指当 $V_{GS} = 0$ 时,导电沟道已经存在相应的足够多的导电粒子,此时,若 V_{DS} 不为 0,I_{ds} 也不为 0。增强型是指当 $V_{GS} = 0$ 时,导电沟道不存在相应的足够多的导电粒子,只要 $V_{GS} = 0$,不论 V_{DS} 为 0 与否,I_{ds} 都接近于 0。例如增强型 N 导电沟道 MOSFET 管,当 $V_{GS} = 0$ 时,导电沟道存在的自由电子导电粒子为掺杂 P 型半导体的少数载流子,其浓度极小,可认为为 0。只有当 $V_{GS} = V_T > 0$ 时,导电沟道才感应出浓度足够大的自由电子;这样 V_{GS} 大于 V_T 时,才有可能产生漏极、源极之间的电流 I_{ds},否则 $I_{ds} \approx 0$。同样,对于 P 导电沟道增强型 MOSFET 管,则只有当 $V_{GS} = V_T < 0$ 时,导电沟道才感应出相应的空穴导电粒子;这样 V_{GS} 小于 V_T 时,才有可能产生漏极、源极之间的电流 I_{ds},否则 $I_{ds} \approx 0$。

1. MOS 管的结构及工作原理

N 沟道增强型场效应管的结构示意图如图 3.1.10 所示,它是在一块低掺杂的 P 型半导体材料为衬底的基础上,利用掺杂方法,扩散两个高掺杂区(N+型),然后再在其表面生成一层二氧化硅的表面绝缘层,并在这一表面绝缘层及两个区(N+型)的表面安置 3 个铝引出电极——即 g(栅极)、d(漏极)、s(源极);同时,在 P 型衬底引出另外一个电极,作为接公共端——"地"之用。

N 沟道增强型和耗尽型 MOSFET 管的符号如图 3.1.11 所示。而 P 沟道增强型和耗尽型 MOSFET 管的剖面图和符号如图 3.1.12 和图 3.1.13 所示。

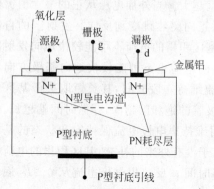

图 3.1.10　N 沟道 MOS 管结构剖面图

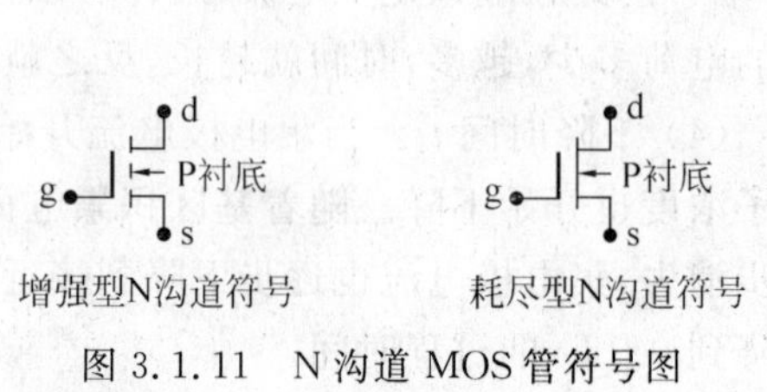

图 3.1.11　N 沟道 MOS 管符号图

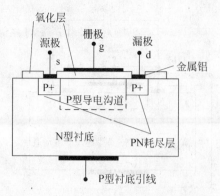

图 3.1.12 P 沟道 MOS 管结构剖面图

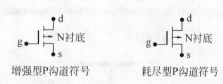

图 3.1.13 P 沟道 MOS 管的符号面图

对于增强型 MOS 管,漏极与源极之间的导电沟道的宽度、载流子浓度受到栅极的外加电压的控制,从而达到控制漏极、源极之间电流大小的目的。下面以此为出发点说明增强型 MOSFET 管的工作过程。

如图 3.1.14(a)所示,当栅极与源极之间短接(注意衬底与源极也短接在一起),$V_{GS}=0$ 时,漏极、源极之间的通道未形成感应导电自由电子层,即连接漏极、源极之间的 P 型衬底区仍然为低浓度掺杂的 P 型半导体区,这样,漏极、源极与 P 型衬底区之间形成的两个 PN 结成为两个二极管的背靠背的连接,不管 V_{DS} 如何变化,总有一个 PN 结反向偏置,使 I_{ds} 基本上为 0。

漏极、源极之间加一正向电压 V_{GS}(注意衬底与源极也短接在一起)且 $V_{GS}\neq0$ 时,漏极、源极之间的通道将形成感应导电沟道,即连接漏极、源极之间的 P 型衬底区产生感应导电粒子——自由电子。这样,漏极、源极与 P 型衬底区之间的连接形成由自由电子构成的导电通道连接,V_{DS} 为正,且不断增加变化时,源极与 P 型衬底区之间形成的 PN 结处于正向偏置状态,漏极与 P 型衬底区之间形成的 PN 结处于反向偏置状态,这样将把导电沟道的自由电子拉入漏极区而形成漏极电流,源极区将不断地向沟道补充被拉走的自由电子而形成源极电流,从而形成 I_{ds}。若 V_{GS} 保持一定不变,导电沟道的宽度或载流子浓度也将保持一定,这样 V_{DS} 从较小向较大变化时,I_{ds} 将随 V_{DS} 的上升而接近于线性的增加,导电沟道的形状也将从方形向锲形变化,最后形成顶部夹断状态,I_{ds} 也达到饱和状态,如图 3.1.14 (b)~(d)所示。

若 V_{GS} 增大,导电沟道的宽度或载流子浓度也将随之增宽和加大,I_{ds} 达到饱和状态的值也将随之而增大,这体现 V_{GS} 对 I_{ds} 的控制作用。

规定漏极、源极之间施加不大的 V_{DS},若 V_{GS} 从零开始增加,刚刚产生较小的 I_{ds} 时,漏极、源极之间加的电压称为开启电压,用 V_T 表示。MOS 管出现顶部夹断时,$V_{GD}=V_{GS}-V_{DS}=V_T$。

对于 P 型沟道增强型 MOS 管,除了栅极、源极之间外加电压 V_{GS},漏极、源极之间外加 V_{DS} 应为负值外,其他与 N 沟道增强型相似。

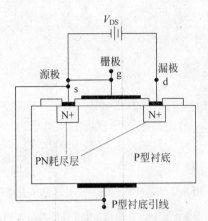

(a) N沟道MOSFET管基本工作原理示意图
($V_{GS}=0$时,未形成感应导电沟道,$i_D=0$)

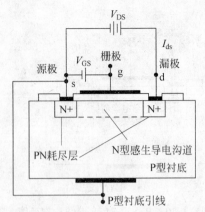

(b) N沟道MOSFET管基本工作原理示意图
($V_{GS}=V_T$时,形成感应导电沟道,$i_D\neq0$)

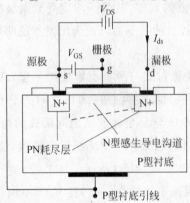

(c) N沟道MOSFET管基本工作原理示意图(V_{GS}较
小时,形成感应导电沟道,i_D很快增加)

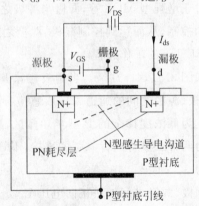

(d) N沟道MOSFET管基本工作原理示意图(V_{GS}增
大时,感应导电沟道顶夹断,i_D达到饱和)

图 3.1.14　N 沟道增强型 MOS 管工作原理图

2. 特性曲线

增强型 N 沟道 MOS 管的特性曲线如图 3.1.15 所示。对于输出特性曲线也同样可以分成 3 个工作区:

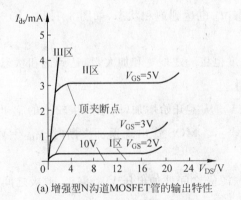

(a) 增强型N沟道MOSFET管的输出特性

(b) 增强型N沟道MOSFET管的转移特性

图 3.1.15　增强型 N 沟道 MOSFET 管的特性曲线

（1）Ⅰ区为截止工作区，在这一工作区，V_{GS}小于开启电压V_T，I_{GS}很小接近于0。

（2）Ⅱ区为恒流区，类似于双极型三极管的放大区，V_{GS}大于开启电压V_T，I_{GS}的动态变化量与V_{GS}的动态变化量接近于正比关系，而且受V_{DS}影响很小；$I_{ds} = I_{DO}\left(\dfrac{V_{GS}}{V_T} - 1\right)^2$。

（3）Ⅲ区为可变电阻工作区，类似于双极型三极管的饱和工作区，V_{GS}大于开启电压V_T，且较高，I_{GS}的动态变化量与V_{GS}的动态变化量不成正比关系，而且随V_{DS}的增加而快速增加。在这一工作区，漏极、源极之间的导通电阻R_{ON}受V_{GS}大小的影响，随V_{GS}的增加而降低。

增强型P沟道MOS管的特性曲线如图3.1.16所示。对于输出特性曲线也同样可以分成3个工作区，情况与增强型N沟道MOS管相似。

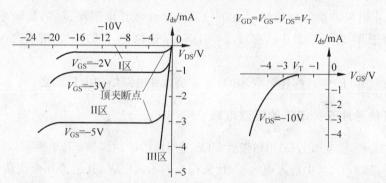

(a) 增强型P沟道MOSFET管的输出特性　　(b) 增强型P沟道MOSFET管的转移特性

图3.1.16　增强型P沟道MOSFET管的特性曲线

3. MOS 管的脉冲开关工作电路

图3.1.17(a)和(b)是用增强型MOS管组成的两种脉冲信号工作电路形式。图3.1.17(a)中，当输入信号$V_i = V_{iH}$时，MOS管导通，电路的输出电压为MOS管导通电阻R_{ON}和漏极端外接电阻R_d的分压比。导通电阻R_{ON}一般小于$1k\Omega$，漏极端外接电阻R_d一般在$10k\Omega$以上，所以输出电压在$0.1V_{DD}$以下，定义为输出低电平电压V_{OL}。此时MOS管的漏极、源极之间连接，相当于具有较小接触电阻开关的闭合。

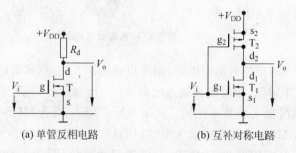

(a) 单管反相电路　　　　　(b) 互补对称电路

图3.1.17　增强型N沟道MOS管脉冲信号工作电路图

当输入信号 $V_i = V_{iL}$ 时,这一电压一般都要求低于 MOS 管的开启电压 V_{th},MOS 管截止,MOS 管漏极电流 $I_{ds} \approx 0$,外接电阻 R_d 的电压降接近于 0。所以输出电压小于且近似于 V_{DD},定义为输出高电平电压 V_{OH}。此时 MOS 管的漏极、源极之间连接,相当于开关的断开。

图 3.1.17(b)中,当输入信号 $V_i = V_{iH}$ 时,T_1 管导通,T_2 管截止,电路的输出电压为 T_1 管导通电阻 R_{ON1} 与 T_2 管截止电阻 R_{OF2} 的分压比。由于导通电阻比截止电阻小得多,故输出为低电平 V_{OL}。但此时由于 T_2 管处于截止状态,$I_{ds2} \approx 0$,而 T_1 管和 T_2 管的漏极、源极之间为串联连接,故 $I_{ds1} \approx 0$。

当输入信号 $V_i = V_{iL}$ 时,这一电压一般都要求低于 T_1 管的开启电压 V_{th},T_1 管截止,T_2 管的 $V_{GS} = -(V_{DD} - V_{iL})$ 低于其开启电压,T_2 管导通,电路的输出电压为 T_2 管导通电阻 R_{ON2} 与 T_1 管截止电阻 R_{OF1} 的分压比。由于导通电阻比截止电阻小得多,故输出为高电平 V_{OH}。但此时由于 T_1 管处于截止状态,$I_{ds1} \approx 0$,而 T_1 管和 T_2 管的漏极、源极之间为串联连接,故 $I_{ds2} \approx 0$。

可见,图 3.1.17(b)空载损耗是很小的,这也是这种电路结构的特点之一。

4. MOS 管的脉冲开关工作的等效电路

根据上述的分析,图 3.1.17(a)用增强型 MOS 管组成的脉冲信号工作电路可以用图 3.1.18 所示电路等效。图 3.1.18 中输入电容 C_i 代表栅极的输入电容,其值为几个皮法,其大小会影响 MOS 管的脉冲工作速度。R_{ON} 代表增强型 MOS 管的导电沟的导通电阻(工作在可变电阻区),一般较小,在 $1k\Omega$ 以下,V_{GS} 绝对值越大,R_{ON} 越小。当输入低电平时,MOS 管截止,d(漏极)与 s(源极)之间具有较大的截止电阻 R_{OF},相当于开关的断开,故用图 3.1.18(a)等效。当输入高电平时,MOS 管导通,d(漏极)与 s(源极)之间具有较小的导通电阻 R_{ON},故用图 3.1.18(b)等效。

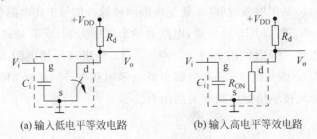

(a) 输入低电平等效电路   (b) 输入高电平等效电路

图 3.1.18 单管反相器等效电路图

图 3.1.17(b)所示的互补对称型电路,则可以用图 3.1.19 所示的电路等效。图 3.1.19 中 C_i 为增强型 N 沟道 MOS 管的栅极输入电容,C_2 为增强型 P 沟道 MOS 管的栅极输入电容,在对称的情况下,两者大小基本相同。R_{ON1} 为增强型 N 沟道 MOS 管的栅极输入电容,R_{ON2} 为增强型 P 沟道 MOS 管的栅极输入电容,在对称的情况下,两者大小基本相同。当输入低电平时,N 沟道 MOS 管截止,P 沟道 MOS 管导通,故用图 3.1.19(a)等效。当输入高电平时,N 沟道 MOS 管导通,P 沟道 MOS 管截止,故用图 3.1.19(b)等效。

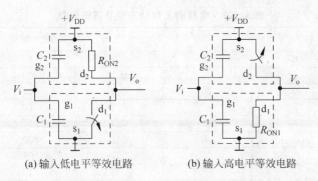

(a) 输入低电平等效电路　　　　(b) 输入高电平等效电路

图 3.1.19　互补对称等效电路图

3.1.4
分离元件逻辑门电路

1. 二极管与门电路（diode logic and gate）

用二极管、双极型三极管、MOS管组成逻辑运算电路时，电路的输入和输出信号均以脉冲电压信号形式表示。根据脉冲电压信号的高低变化，电压上升达到某一数值时，如 $+V_H$，定义为脉冲信号的高电平（high level）；电压下降达到某一数值时，如 $+V_L$，定义为信号的低电平（low level），电平（electrical level）表示电压数值大于（高于）或小于（低于）某一数值之分，是指一定的数值范围，不是一个具体的数值。这一数值的大小取决于电源电压及器件的电压等级，不同的器件具有不同的电平等级值。当电路的逻辑关系采用正逻辑赋值时，高电平用1表示，低电平用0表示。

如图 3.1.20(a) 所示的二极管电路，若 $V_{CC} =$ 3V，可以规定 A、B、C 的输入电压高电平 V_{iH} 等于 3V，低电平 V_{iL} 等于 0。二极管的正向导通电压降小于 0.7V，反向截止电流等于 0，则 L 输出电压高电平 V_{oH} 等于 3V，低电平 V_{oL} 小于或等于 0.7V。

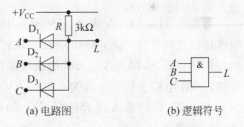

(a) 电路图　　　　　(b) 逻辑符号

图 3.1.20　二极管与门电路

图 3.1.20(a) 中，当 A、B、C 的输入中有一个以上为低电平（0V）时，与低电平输入端连接的二极管将导通；输出端 L 被嵌位在 0.7V；而与高电平（3V）输入端连接的二极管负极端外加 3V 电压，正极端接 0.7V 而截止；3kΩ 电阻上的电压降为 $V_{CC} - 0.7 = 2.3V$。

当 A、B、C 的输入都为高电平（3V）时，所有二极管将截止；3kΩ 电阻上流过的电流为 0，两端的电压也为 0；输出端 L 输出为 $V_{CC} - 0 = 3V$。

如果规定电路的输入、输出低电平用逻辑赋值 0 表示，高电平用逻辑赋值 1 表示，则根据上述工作原理，图 3.1.20(a) 电路的对应工作状态和逻辑真值表可以用表 3.1.2 表示。

根据表 3.1.2 罗列的状态表及其逻辑赋值的关系，图 3.1.20(a) 门电路的逻辑关系为**与运算关系**，即 $L = ABC$；所以该电路是一种与门电路，简称与门，其逻辑符号如图 3.1.20(b) 所示。

表 3.1.2 电路的工作状态表及其赋值表

输入/V			输出/V	输入赋值	输出赋值
A	B	C	L	ABC	L
0	0	0	0.7	000	0
0	0	3	0.7	001	0
0	3	0	0.7	010	0
0	3	3	0.7	011	0
3	0	0	0.7	100	0
3	0	3	0.7	101	0
3	3	0	0.7	110	0
3	3	3	3	111	1

2. 二极管或门电路（diode logic or gate）

图 3.1.21(a)所示的二极管电路,如果 A、B、C 的输入信号电压的高电平 V_{iH} 等于 3V,低电平 V_{iL} 等于 0V。二极管的正向导通电压降小于 0.7V,反向截止电流等于 0,则 L 输出电压高电平 V_{oH} 等于 2.3V,低电平 V_{oL} 小于或等于 0V。

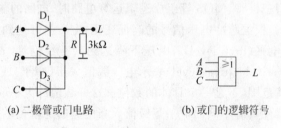

(a) 二极管或门电路　　　　　　　(b) 或门的逻辑符号

图 3.1.21　二极管或门电路及其符号

图 3.1.21(a)中,当 A、B、C 的输入中有一个以上为高电平(3V)时,与高电平信号输入端连接的二极管将导通;输出端 L 被嵌位在 $3V-0.7V=2.3V$;与低电平信号输入端连接的二极管将截止,因为该二极管的正极端接 0V 输入信号,负极端连接到 2.3V 电位输出信号端;3kΩ 电阻上的电压降为 $3V-0.7V=2.3V$。

当 A、B、C 的输入都为低电平(0V)时,所有二极管将截止;3kΩ 电阻上的电压降为 0V;输出端 L 输出为 0V。采用和上述与门电路相同的正逻辑赋值方式,图 3.1.21(a)电路的对应工作状态和逻辑真值表可以用表 3.1.3 表示。

表 3.1.3　电路的工作状态表及其赋值表

输入/V			输出/V	输入赋值	输出赋值
A	B	C	L	ABC	L
0	0	0	0	000	0
0	0	3	2.3	001	1
0	3	0	2.3	010	1
0	3	3	2.3	011	1
3	0	0	2.3	100	1
3	0	3	2.3	101	1
3	3	0	2.3	110	1
3	3	3	2.3	111	1

根据状态表 3.1.3 的赋值,这一门电路的逻辑关系为或运算关系,即 $L=A+B+C$;所以该电路是一种**或门**电路,简称**或门**,其逻辑符号如图 3.1.21(b)所示。

图 3.1.21(a)中的二极管或门电路,若输入电源电压为 10V,可以规定 A、B、C 的输入电压高电平等于 10V,低电平等于 0V。L 输出电压高电平等于 9.3V,低电平等于 0V。所以,电路的高低电平电压等级也是要看具体情况而定。

3. 非门电路-双极型三极管组成的反相器(transistor inverter)

如图 3.1.22(a)所示的双极型三极管电路,若电源电压 $V_{CC}=5V$,规定输入端 A 的输入高电平 V_{iH} 等于 3V,低电平 V_{iL} 在 0.4V 以下。三极管的开启电压降小于 0.5V,截止电流等于 0,则 L 输出电压高电平 V_{oH} 等于 3V,低电平 V_{oL} 小于或等于 0.3V。

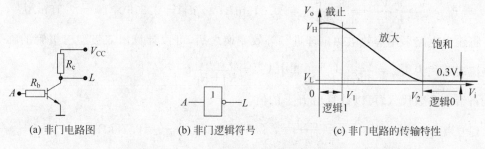

(a) 非门电路图　　(b) 非门逻辑符号　　(c) 非门电路的传输特性

图 3.1.22　非门电路、符号及传输特性

电路的工作原理

当 A 输入为高电平($V_{iH}=3V$)时,三极管将导通,若此时电路元件的参数能够满足条件

$$I_B=\frac{V_{iH}-V_{BE}}{R_b}=\frac{5-0.7}{R_b};\qquad I_{Cset}=\frac{V_{CC}-V_{CEsat}}{R_c}=\frac{5-0.3}{R_c};\qquad \beta I_B>I_{Csat}$$

则电路输出端 L 的输出电压为 0.3V。I_{Csat} 称为集电极临界饱和电流(collector critical saturation current)。

当 A 输入为低电平(0.4V 以下)时,由于输入电压值小于双极型三极管的开启电压,三极管将截止;$I_c\approx0$,$R_cI_c\approx0$,电路输出端 L 的电压为 $V_{CC}-0=5V$。

若 L 输出高电平(5V)赋值为 1,低电平(≤0.3V)赋值为 0,这一门电路的逻辑关系为非运算关系,即 $L=\overline{A}$;所以该电路是一种非门电路,简称非门。电路的逻辑符号如图 3.1.22(b)所示。

图 3.1.22(a)的双极型三极管电路的电压传输特性如图 3.1.22(c)所示。若电路的输入电压范围为 $V_{th}>V_i<(I_{Bsat}R_b+0.7)$,其中 $I_{Bsat}=\dfrac{I_{CEsat}}{\beta}$,则双极型三极管工作于放大区工作状态,将不能符合开关电路的工作要求。I_{Bsat} 称为基极临界饱和电流(base critical saturation current)。

【例 3.1.1】　如图 3.1.23 所示电路,若电路的输入电压 V_{iA} 的高电平为 3.6V,低电平为 0.2V,双极型三极管输入的开启电压为 0.4V,导通电压 V_{ON} 为 0.7V,输出饱和电压 V_{CEsat} 为 0.2V,电流放大倍数 β 为 10。规定电路满足非门逻辑关系时,

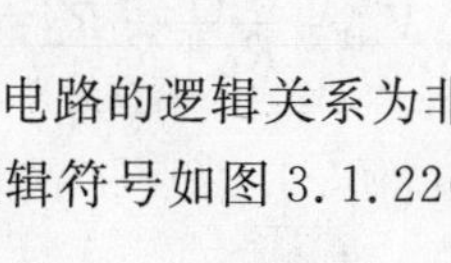

图 3.1.23　例 3.1.1 电路图

最低高电平输出应大于 2.2V,最高低电平输出应低于 0.8V。电源电压 V_{CC} 为 +5V,若 $R_b=20\text{k}\Omega$,$R_c=3\text{k}\Omega$,计算当负载电阻 R_L 的值为 1kΩ 和 5kΩ 两种情况下,能否满足电路的非门逻辑关系。计算能满足电路的非门逻辑关系所允许的 R_L 最小值。

解:当输入为低电平 0.4V 时,由于该输入电压低于双极型三极管的开启电压,所以三极管处于截止工作状态,此时输出电压为电源电压在负载电阻上的电压降,即

$$V_{oH} = \frac{V_{CC}}{R_L + R_c} R_L$$

当 R_L 的值为 1kΩ 时,$V_{oH}=1.25\text{V}$;当 R_L 的值为 5kΩ 时,$V_{oH}=3.125\text{V}$。所以,当 R_L 的值为 1kΩ 时,输出电压等级不能够满足电路输出电压为高电平的要求。

当输入高电平时,电路输出应为低电平,且小于 0.8V。此时双极型三极管的基极电流为

$$I_B = \frac{V_{CC}-V_{ON}}{R_b} = \frac{5-0.7}{20} = 0.215\text{mA}; \quad \beta I_B = 0.215 \times 10 = 2.15\text{mA}$$

将输出电路采用等效电源定理进行等效变换之后,可以计算出双极型三极管的临界饱和电流表达式为 $I_{Csat} = \frac{V'_{CC}-V_{CEset}}{R_c \| R_L}$,其中 $V'_{CC} = \frac{V_{CC}R_L}{R_c+R_L}$。

将给定参数代入,可以计算出 I_{CEsat} 的值。

(1) 当 $R_L=1\text{k}\Omega$ 时:$V'_{CC} = \frac{5 \times 1}{3+1} = 1.25\text{V}$,$R_c \| R_L \frac{3 \times 1}{3+1} = 0.75\text{k}\Omega$,$I_{Csat} = \frac{1.25-0.3}{0.75} = 1.27\text{mA}$。

(2) 当 $R_L=5\text{k}\Omega$ 时:$V'_{CC} = \frac{5 \times 5}{3+5} = 3.125\text{V}$,$R_c \| R_L \frac{3 \times 5}{3+5} = 1.875\text{k}\Omega$,$I_{Csat} = \frac{3.125-0.3}{1.875} = 1.51\text{mA}$。

所以,负载电阻 R_L 的值为 1kΩ 和 5kΩ 两种情况下,均能够满足 $I_B > I_{Csat}$ 这一要求。

根据上述分析,负载电阻 R_L 的值为 1kΩ 且电路输入低电平时,不能满足高电平输出最低电压值 2.2V 的要求。

可见,R_L 越小,截止工作状态时,其高电平输出电压就越低,而电路的临界饱和电流就越小,因此,R_L 的最小值,可以用截止工作状态时,其高电平输出电压最低限为计算依据。

$V_{oH} = \frac{V_{CC}}{R_L+R_c} R_L = V_{oHmin} = 2.2\text{V}$ 时,R_L 所允许的最小值为

$$R_{Lmin} = \frac{V_{oHmin}R_c}{V_{CC}-V_{oHmin}} = \frac{2.2 \times 3}{5-2.2} = 2.36\text{k}\Omega$$

3.2 TTL 集成逻辑门

集成电路自 20 世纪 60 年代产生以来,经历了 40 多年的发展和应用,其结构和制作工艺日益完善,已经形成各种形式的系列产品。根据构成集成电路的三极管形式的不同,可以分为两类:一类是由双极型三极管构成的双极型逻辑门电路,产品以 74 系列、54 系列为代表;另一类是由单极型三极管(MOS 管)构成的单极型逻辑门电路,产品以 400 系列为代表。

集成电路(integrated circuit,IC),是指将电路元件及其连接集合生产在一块单晶硅片上,形成具有一定功能的电路模块(器件)。根据一块硅片集成的元件数的多少,集成电路可

以分成小规模集成电路(small scale integration,SSI)、中规模集成电路(medium scale integration,MSI)、大规模集成电路(large scale integration,LSI)和超大规模集成电路(very large scale integration,VLSI),目前已经发展到能够在一块硅片上生产上亿个元件的特大规模集成电路,如 CPU 模块。

TTL 是 transistor transistor logic gate 的缩写,即双极型三极管构成的逻辑门电路。TTL 集成逻辑门电路已经形成各种形式的系列产品。具体形式有 TTL 非门,与非门,或非门,集电极开路门,发射极耦合与非门,三态输出逻辑门等。但其基本结构形式是以 TTL 非门为基础进行改造、变形而得其他形式的逻辑门电路结构。本节首先从集成 TTL 非门电路入手,分析集成非门电路的电路构成、工作原理和电压传输特性,然后再分析以此改造、变形而产生的其他形式的集成逻辑门电路的构成和原理。

3.2.1 双极型三极管非逻辑门电路

双极型三极管非逻辑门电路(bipolar junction transistor inverter logic gate)的**电路结构如图 3.2.1 所示,它也是 TTL7400 系列产品之一。**

1. 电路的结构

在不改变图 3.1.22 电路逻辑功能的条件下,图 3.2.1 增加了一定的电路元件,以改变电路的性能。如减少晶体管基区电荷的消除时间,降低负载电容的充电时间常数。改进后的电路可以分成 3 个部分。

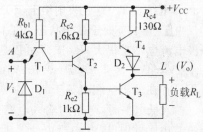

图 3.2.1　TTL74 系列反相器电路图

1) 输入级

由 T_1、R_{b1}、D_1 构成。输入信号由 T_1 的发射极输入,由集电极输出。从信号放大来讲,输入级为共基极组态,所以输入输出具有同向的变化关系,即当输入为高电平时,输出也为高电平,当输入为低电平时,输出也为低电平。D_1 的作用有两个方面:一是抑制可能出现的负干扰脉冲电压,使加到输入端的负脉冲输入干扰脉冲电压值"钳位"在 0.7V 以下;二是若输入电压为负值,只要超过 D_1 开启电压的负值,D_1 导通,同样也使加到 T_1 发射极输入端的电压值(绝对值)限制在 0.7V 以下,从而限制发射极电流,起到保护作用。

2) 中间反相级

由 T_2、R_{c2}、R_{e2} 构成。输入信号从 T_2 基极输入,T_2 输出两路信号,一路从发射极输出,该路输出具有与输入信号同相的变化关系,一路从集电极输出,该路输出具有与输入信号反相的关系,故中间级也称反相级。

3) 输出级

由 T_3、T_4、R_{c4}、D_2 构成。经过中间级的反相作用,使输出级的两个三极管输入信号总是具有反向的变化关系。只要电路参数安排合理,T_3、T_4 的开关工作状态也将是相反的。故称输出级为互补电路。

电路中的电源电压在 4.75～5.25V 之间,负载电阻为与之连接的负载门电路的输入电阻(也可以是电容)。

2. TTL 反相器的工作原理

1）当输入为高电平时

假定 A 端的输入高电平 V_{iH} 为 3.4V，电源电压为 5V，经 R_{b1} 和晶体管 T_1 的基极、发射极到输入端，晶体管 T_1 的基极电位最高可以达到 $V_{iH}+V_{BE1}=3.4+0.7=4.1V$，但 T_2、T_3 发射结的正向电压降之和为 $2\times0.7=1.4V$，即 T_1 的集电极电位最高只为 1.4V，使 T_1 的集电结也只能处于正向偏置状态，T_1 的基极电位将被"钳位"在 $3\times0.7=2.1V$。这样，使 T_1 管工作于倒置工作状态（$V_{CE1}=1.4-3.4=-2V<0$），即集电极与发射极互换。其电流放大系数很小，小于 0.01，使高电平输入时的输入电流（I_{e1}）很小，但电源经过 T_1 的基极、集电极向 T_2 提供足够的基极电流，约为 $\dfrac{V_{CC}-2.1}{R_{b1}}=\dfrac{5-2.1}{4}=0.725mA$，使 T_2 饱和导通，T_3 也随之饱和导通。

而 V_{B4} 和 V_{C2} 的电位为 $V_{CEsat2}+V_{BE3}=0.2+0.7=0.9V$，不能达到使 T_4 导通所需的电压：$(2\times V_{th}+V_{CEsat3})\approx1.2V$，故 T_4 处于截止。输出电压为 0.2V。

2）当输入为低电平时

假定 A 端的输入低电平 V_{iL} 为 0.2V，T_1 的基极电位为 $0.2+0.7=0.9V$，此电压作用于 T_1 的集电结及 T_2、T_3 的发射结上，不能使 T_2、T_3 导通，只能处于截止状态。

由于 T_2、T_3 处于截止状态，V_{B4} 和 V_{C2} 的电位近似等于 5V，这是由于 R_{c2} 不大，而 T_4 的基极电流也不是很大，R_{c2} 压降可以忽略不计；故 T_4 导通，输出电压的大小为 $V_o=V_{CC}-V_{BE4}-V_D-V_{RC2}=5-0.7-0.7-V_{RC2}=2.4\sim3.6V$（忽略 I_{B4} 在 R_{c2} 上的电压降，实际的输出电压只有在输出空载时等于 3.6V，一般比 3.6V 小，有负载时规定最低不小于 2.4V）。

输入低电平时，电路的输入电流等于 T_1 的基极电流，为 $(V_{CC}-0.9)/R_{b1}=4.1/4mA\approx1mA$。由于此时 T_1 集电极电流等于 I_{CBO2}，其值很小，所以 T_1 处于深度饱和状态。V_{B2} 低于 0.4V（等于 $V_{iL}+V_{CEset1}=0.2+0.2=0.4V$）。

综上所述，电路的逻辑功能为：输入高电平，输出低电平；输入低电平，输出高电平。实现非运算关系，即 $L=\overline{A}$，故为非门电路。

3. 电路的工作特点

1）增加输入级提高电路的开关速度

当输入由高电平（3.4V）转为低电平（0.2V）时，T_1 的发射结由反向偏置转为正向偏置，电源为 T_1 提供较大的基极电流。而 T_2、T_3 原来处于饱和工作状态，其基区的积累电荷未被消去之前，仍然处于导通状态，使 $V_{C1}=V_{BE2}+V_{BE3}=1.4V$，这样 T_1 管的集电结电压为 $0.9-1.4=-0.4V$，使 T_1 管由"倒置"工作状态转为"顺置"工作状态（$V_{CE1}=1.4-0.2=1.2V>0$），且工作于放大区。此时，T_1 管的基极电流 I_{B1} 流入输入端，而集电极电流 $I_{C1}=\beta I_{B1}$ 由 T_2 管的基极流入低电平输入端，使 T_2 管发射结阻挡层快速增厚，阻挡其发射区发射电子，促使 T_2 由饱和状态迅速转入截止工作；同时，T_2 管由饱和状态迅速转入截止工作状态，促使 T_4 管由截止工作状态快速转入导通工作状态，由于处于导通状态的 T_3 管的基极电位快速下降，注入基区电子快速下降，而 T_4 管的导通，导通电流将 T_3 管基区的积累电子电荷快速拉走，促使其由饱和状态迅速转入截止工作；上述工作过程都有利于加速整体的转换过程，提高电路的关闭速度。

2）采用互补输出级提高开关速度和带负载的能力

T_3、T_4 管组成推拉式的输出级。这种电路结构具有提高输出级开关工作速度的作用，与单管非门电路相比较,同时也可以提高电路的带负载能力。

输出为低电平时,T_3 管饱和导通,T_4 管截止;T_3 管饱和导通的集电极电流可以全部用于驱动负载。

输出为高电平时,T_4 管饱和导通,T_3 管截止;T_4 管饱和导通的发射极电流也可以全部用于驱动负载,由于 T_4 管集电极的外接电阻很小,使高电平输出电压稳定性可以得到提高。

其次,与单管非门电路相比较,可提高电路接有电容负载时的工作速度。

当输出负载接有电容时,输出电压突然从低电平跳到高电平,T_4 管导通的发射极电流可以作为输出负载电容的充电电流,由于 T_4 管导通,饱和导通等值电阻很小,其集电极外接电阻很小,使电路的充电时间常数大为降低,故负载电容两端电压上升很快,使输出电平迅速转为高电平。

当输出电压突然从高电平跳到低电平,T_4 管截止,T_3 管导通的集电极电流可以作为输出负载电容的放电电流,由于 T_3 管饱和导通等值电阻很小,具有很小的放电时间常数,故负载电容两端电压下降很快,使输出电平迅速转为低电平。

上述两种状态的转换过程,与一般的非门电路相比,显然开关速度提高了。

3.2.2 TTL 反相器的特性

1. 电压传输特性

电压传输特性是指输出电压与输入电压的关系特性,若用函数表示可写为 $V_o = f(V_i)$。

图 3.2.2 用线段近似地描述 TTL 反相器的传输特性,可以将其分为 AB、BC、CD、DE 4 段。

1) AB 段

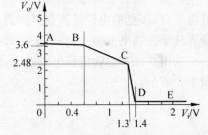

V_i 的输入电压在 0.6V 以下、T_2、T_3 管截止,输出高电平;根据前述,$V_o = 3.6V$。B 点对应的 V_i 值为 0.6V,在该点 T_1 管维持饱和,T_2、T_3 管维持截止。因为 $V_{B1} = V_i + V_{BE1} = 1.3V$,而 $V_{B2} = V_i + V_{CES1} = 0.8V$。这一电压值,使 T_1 管的集电结正向电压为

图 3.2.2 TTL 非门电路的电压传输特性

$1.3 - 0.8 = 0.5V$,不足以向晶体 T_2 管的基极提供正向导通电流,T_1 管维持饱和,T_2 管维持截止与导通的临界状态。即 T_2 管的发射结临界导通状态正向电压为 0.6V,I_{E2} 很小且接近于 0,$R_{E2} I_{E2} \approx 0$,T_3 管维持截止,T_4 管导通,非门电路的输出电压为 3.6V 左右。

2) BC 段

T_2 管对 V_i 输入电压作线性放大,按深度负反馈放大电路计算,其值为

$$\frac{\Delta V_{C2}}{\Delta V_{B2}} = -\frac{R_{c2}}{R_{e2}} = -1.6/1 = -1.6$$

对于 B 点,$V_i = 0.6V$,$V_o = 3.6V$,T_2 管维持临界导通状态,T_3 管维持截止。直到 C 点,T_3 管正好达到导通状态,$V_{BE3} = I_{C2} R_{e2} = V_{ON} = 0.7V$。$I_{E2} = V_{ON}/R_{e2} = 0.7/1 = 0.7mA$。如果 T_3 管导通状态的基极-发射极间的正向电压为 0.7V,此时的输出电压为 $V_o = V_{CC} - I_{C2} R_c - 2V_{ON}$($T_4$ 管饱和导通,二极管导通)。所以有

$$V_o = V_{CC} - I_{C2}R_c - 2V_{ON} = 5 - 0.7 \times 1.6 - 2 \times 0.7 = 5 - 1.12 - 1.4 = 2.48V$$

对应的输入电压为

$$\frac{\Delta V_{C2}}{\Delta V_i} = \frac{V_{o(C)} - V_{o(B)}}{V_{i(C)} - V_{i(B)}} = \frac{2.48 - 3.6}{V_{i(C)} - 0.6} = -\frac{R_{c2}}{R_{e2}} = -1.6,$$

$$V_{i(C)} = \frac{3.6 - 2.48}{1.6} + 0.6 = 1.3V$$

3) CD 段

T_1、T_2、T_3 管处于导通状态,T_4 管转入截止。输出电压为 0.2～0.3V。D 点的输入电压应为(T_1 管由饱和导通转入倒置状态,$V_{B1} = 2.1V$)

$$V_{i(D)} = V_{B1} + V_{BE1} = 2.1 - 0.7 = 1.4V$$

4) DE 段

T_1 管倒置工作,T_2、T_3 管导通状态,T_4 管截止。输出电压为 0.2～0.3V。

2. 输入端外接电阻特性

实际使用中,TTL 逻辑门电路的输入端,会与其他逻辑电路的输出端连接,或者与电阻连接。如果与电阻连接,其电路如图 3.2.3 所示。图中 R_W 为 TTL 逻辑门电路的输入端、输入信号之间的连接电阻,D_2、D_3 为三极管 T_2、T_3 发射结的等效二极管。

当电路输入电压 V_i 为高电平输入时,由于高电平输入电流很小,输入电流在 R_W 上产生的电压也很小,对高电平输入影响不大,不会影响电路的输出和输入之间的逻辑关系。

当电路输入电压 V_i 为低电平时,由于低电平输入电流较大,低电平输入电流在 R_W 上产生的电压是否会对低电平输入产生影响,将取决于电阻的大小。也就是说,在输入信号为低电平时,A 点的电位是否会升高到 1.4V 以上,从而使 V_{B1} 等于 2.1V,造成原本的低电平输入转化为高电平输入,将决定于 R_W 的大小。

从图 3.2.3 等效电路可以看出,忽略 I_{B2}(若 $\beta_2 = 50$,约为 15μA)的影响,V_A 的大小可以用下式表示:

$$V_A = \frac{R_W}{R_W + R_{b1}}(V_{CC} - V_{BE1} - V_{iL}) + V_{iL} \tag{3.2.1}$$

根据式(3.2.1),可以作出输入端外接电阻的特性曲线如图 3.2.4 所示。当 V_A 电位低于 1.4V 时,V_A 随 R_W 的增加而增大,当 V_A 达到 1.4V 以后,T_2、T_3 管将由截止转入导通,T_1 发射结和集电结均处于正向偏置状态,V_{B1} 被"钳位"在 2.1V,V_A 被"钳位"在 1.4V,即使 R_W 继续增大,V_A 将保持不变,特性曲线为一水平直线。

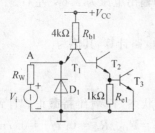

图 3.2.3　TTL 反相器输入端经过
电阻连接的等效电路

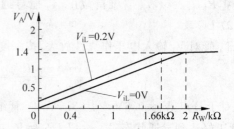

图 3.2.4　TTL 的输入端外接电阻特性

关于 R_W 的大小范围,由式(3.2.1)可得到,要使 V_A 小于 1.4V,R_W 可用下式确定:

$$R_W < R_{b1} \frac{V_A - V_{iL}}{V_{CC} - V_{BE1} - V_{iL}} \Big/ \left(1 - \frac{V_A - V_{iL}}{V_{CC} - V_{BE1} - V_{iL}}\right) \qquad (3.2.2)$$

根据式(3.2.2),若 V_{CC} 为 5V,V_{BE1} 为 0.7V,V_{iL} 为 0.2V,增加 R_W 使 V_A 的电压达到 1.4V 时,对应的 R_W 值为 1.66kΩ。

若 V_{CC} 为 5V,V_{BE1} 为 0.7V,V_{iL} 为 0V,或 R_W 直接接地,增加 R_W 使 V_A 的电压达到 1.4V 时,对应的 R_W 值为 1.93kΩ。由于 R_W 的数值比 R_{b1} 小得多,所以输入端外接电阻的特性曲线基本上为一直线。

若 V_{CC} 为 5V,V_{BE1} 为 0.7V,V_{iL} 为 0.2V,为保证低电平输入时,输出为高电平,一般 TTL 门电路的输入低电平最高限制在 0.8V,增加 R_W 使 V_A 的电压达到 0.8V 时,对应的 R_W 值为 0.686kΩ。

这些数据说明,对于 TTL 非门电路,如果输入端外接电阻,电阻值大于 2kΩ 以上时,不管输入 V_i 是低电平还是高电平,都可以视为高电平输入。而要确保电路正常的逻辑关系,TTL 非门电路输入端的外接电阻应小于 0.686kΩ。

3. TTL 非门电路的输入特性

TTL 非门电路的输入等效电路如图 3.2.5 所示,正常工作时,其输入信号为高电平和低电平两种情况,当输入低电平 $V_{iL} = 0.2V$ 时,$I_{C1} = I_{CBO2}$ 其值很小,输入电流可以忽略其影响。所以输入低电平时的输入电流可用下式计算:

$$I_i = -\frac{V_{CC} - V_{BE1} - V_{iL}}{R_{b1}} \qquad (3.2.3)$$

根据式(3.2.3),若 V_{CC} 为 5V,V_{BE1} 为 0.7V,V_{iL} 为 0.2V,低电平输入的输入电流为 -1.025mA。若 $V_{iL} = 0$,即输入端直接接公共端,此时输入电流为 -1.075mA。两者数值相差不大,所以,TTL 非门电路的输入端,也可以直接接公共端,并认为是低电平输入。

当输入为高电平(3.4~3.6V)时,T_1 管工作于倒置工作状态($V_{CE1} = 1.4 - 3.4 = -2V < 0$),即集电极与发射极互换。即使电源经过 T_1 管的基极电流约为 $\frac{V_{CC} - 2.1}{R_{b1}} = \frac{5 - 2.1}{4} = 0.725$mA,其电流放大系数很小,约为 0.01,所以输入电流(I_{e1})很小。根据实际测量其值在 50μA 以下。

TTL 非门电路的输入特性如图 3.2.6 所示。当输入电压为负值时,特性曲线类似于二极管的正向伏安特性的形状,但必须作 270° 的旋转和平移,因为 D_1 导通,输入最大反向电压值为 0.7V。如果输入电压在 0~1.4V 之间变化时,都能够保证 T_1 管的发射结处于正向偏置,输入特性也类似于三极管的输入特性的形状,也必须作 270° 的旋转和平移。

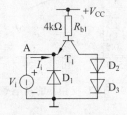

图 3.2.5 TTL 反相器的输入端的等效电路   图 3.2.6 TTL 反相器的输入特性

如果输入电压大于 1.4V,都可以认为是高电平输入状态,输入特性是一条水平的直线。

4. TTL 非门电路的输出特性

TTL 非门电路的输出连接的负载,主要有同类的门电路连接,如 TTL 与非门、TTL 非门、TTL 或门、MOS 门电路,以及其他显示器件如发光二极管、继电器的线圈等。其输出特性在输出高、低电平时是不相同的,当输出高电平时,电流从输出门电路连接的电源流经 T_4、D_2 到负载,再到公共端,这种情况称为**拉电流工作状态**;当输出低电平时,电流从负载连接的电源到输出门电路流经 T_3 集电极、发射极,再到公共端,这种情况称为**灌电流工作状态**。

1) 输出低电平的输出特性

输出低电平时,输出等效电路如图 3.2.7 所示。T_3 管处于饱和导通状态,T_4 管处于截止状态,负载门电路的输入级输入电流为负值,向输出门电路(驱动门)的 T_3 管灌入电流,输出门电路处于**灌电流工作状态**。由于 T_2 管注入基极电流足够大,在额定低电平输出电流的范围内,T_3 管饱和导通的 V_{CEsat} 变化不大,所以输出特性类似于三极管的输出饱和特性,其形状如图 3.2.8 所示。

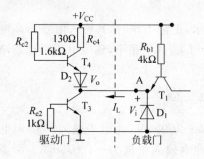

图 3.2.7 TTL7400 灌电流负载等效电路

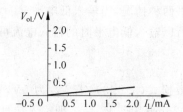

图 3.2.8 TTL 反相器的低电平输出特性

2) 输出高电平的输出特性

输出高电平时,输出等效电路如图 3.2.9 所示。T_3 管处于截止状态,T_4 管处于导通状态。负载门电路的输入级输入电流为正值,从输出门电路(驱动门)的 T_4 管拉走输入电流,**为拉电流工作状态**。电路的输出特性如图 3.2.10 所示。

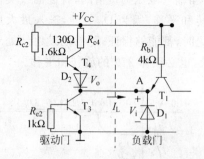

图 3.2.9 TTL7400 灌电流负载等效电路

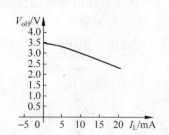

图 3.2.10 TTL 反相器的高电平输出特性

由于流经 T_4 管集电极电阻 R_{c4},在负载电流小于 4.6mA 的阶段,T_4 管集电极电位在 4.4V 以上,T_4 管集电极与发射极之间的电压将大于 0.3V,T_4 管工作于放大状态,T_4 管与负载门之间的连接为电压跟随器,输出电压随电流的增加变化不大,基本维持在 3.4V 以上。随着负载电流的增加,T_4 管集电结的正偏电压升高,进入饱和状态,V_{CE4} 保持饱和压降,T_4 管发射极电位随负载电流的增加线性下降,使基极电位也随着下降,基极电流增大,T_4 管饱和程度加深。输出电压随电流的增加线性下降。若考虑 TTL 集成电路功耗的限制,高电平输出电流的额定值一般不大,在 0.4V 以下。故输出电压通常高于 2.4V。

3.2.3 TTL 与非门电路

1. 多射极晶体管的结构及其等效电路

将 TTL 非门电路改变成 TTL 与非门电路,可采用多输入晶体管来实现,只需将 TTL 非门电路的 T_1 管用一个多发射极输入晶体管代替即可。多发射极输入的双极型晶体管如图 3.2.11 所示。

若将 B 极外接一电阻后与电源连接,如图 3.2.11(d)所示的等效电路,则 b 极与 e_1、e_2、e_3 之间的逻辑关系为与门逻辑运算关系。假定低电平输入电压为 0.2V,高电平输入为 3.6V,只要有一个发射极的输入信号为低电平时,发射结与低电平相连接的处于正向偏置,b 极被"钳位"在 0.9V 左右,发射结与高电平连接的反向偏置,集电极 c、基极 b 及与低电平连接的发射极构成的三极管饱和导通,集电极输出低电平。只有所有发射极输入信号均为高电平时,多发射极输入的晶体管才处于倒置工作状态,集电极输出高电平。多发射极输入的晶体管,射极数一般有 2、3、4 个发射极等结构形式,可以构成二输入与门、三输入与门、四输入与门等。也有更多的,如 74LS30 集成与非门,可以有 8 个输入端;74LS133 集成与非门,输入端个数有 13 个之多。

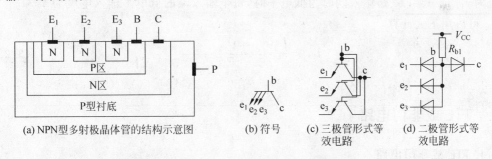

(a) NPN型多射极晶体管的结构示意图　　(b) 符号　　(c) 三极管形式等效电路　　(d) 二极管形式等效电路

图 3.2.11 NPN 型多发射极晶体管

2. TTL 集成与非门

图 3.2.12 为 TTL 三输入与非门逻辑门电路及其逻辑符号。从电路图可以看出,电路的组成除了输入 T_1 管之外,T_2、T_3、T_4 的电路结构与 TTL 非门电路完全相同,所以当 T_2 管的基极为高电平输入时,L 端输出低电平,反之为高电平。而 T_2 管与 3 个输入端 A、B、C 的输入信号逻辑关系为"与"的逻辑关系,所以电路的逻辑功能为"与非逻辑"功能。即 $L = \overline{ABC}$。

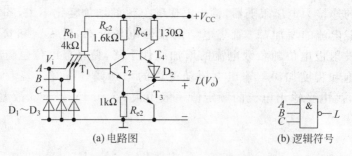

图 3.2.12　TTL7410 三输入与非门

　　TTL 集成与非门电路的电压转移特性、输出特性与 TTL 非门电路情况一样,而且输入外接电阻负载特性也和 TTL 非门电路情况一样。若 3 个输入端 A、B、C 均通过电阻分别与 3 个信号源连接,为保证输入与输出之间的逻辑关系,R_w 也应小于 $0.68\text{k}\Omega$(三端中只有一端输入为低电平);但是,如果每个输入端外接相同阻值的电阻后,再与信号源连接,3 个输入端的输入信号都为低电平情况时,则外接电阻应大于 $6\text{k}\Omega$ 才能看作为高电平输入,因为三路输入电流之和接近于 I_{B1},且均分 I_{B1},故此,如果图 3.2.12 电路的 3 个输入中,只有一端输入低电平时,则外接电阻大于 $2\text{k}\Omega$ 就可以看作高电平输入。其他输入情况可以与此类比得出结论。

　　同样,对于输入电流的计算也应该考虑每个输入端的影响,高电平输入时,每路输入端的输入电流与 TTL 非门电路基本一样。但是对于低电平输入电流的计算,应当注意所有低电平输入电流之和等于 I_{B1} 这一要点,将三输入端并联,再与信号源连接,则高电平输入时,信号源的输出电流为每个输入端电流的 3 倍。反之,若低电平输入时,只有一路输入为低电平时,该输入端的低电平输入电流为 I_{B1};同时有两路输入低电平,每路低电平的输入电流为 I_{B1} 的一半;三路输入同时为低电平时,每个输入端的低电平输入电流为 $1/3I_{B1}$。其中 I_{B1} 可以用下式计算:

$$I_{B1} = -\frac{V_{CC} - V_{BE1} - V_{iL}}{R_{b1}} \tag{3.2.4}$$

3.2.4　TTL 或非门电路

1. TTL 或非门电路

　　将非门电路中的 T_{11}、T_{12} 增加另一路输入 T_{12}、T_{22},并将增加的 T_{22} 管的集电极、发射极与原来的 T_2 管对应的管脚并联就构成 TTL 或非门电路,如图 3.2.13 所示。

　　从图 3.2.13 可以看出,T_{11}、T_{12} 在电路中与 TTL 非门电路中的 T_1 具有相同的功用,T_{21}、T_{22} 在电路中与 TTL 非门电路中的 T_2 具有相同的功用。只要 A、B 两个中,有一个输入为高电平,T_{11}、T_{12} 中必定有一个的基极为高电平,相应地 T_{21}、T_{22} 中也必定有一个导通,由于两者的集电极并联在一起,发射极也并联在一起,所以只要 T_{21}、T_{22} 中有一个导通 T_3 必定导通,而使 T_4 的基极一定是低电平,T_4 截止,电路输出低电平。只有在 A、B 两端同时输入低电平时,T_{21}、T_{22}、T_3 管截止,使 T_4 基极为高电平,T_4 导通,电路输出高电平。根据

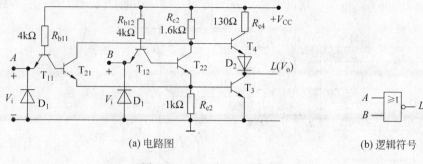

(a) 电路图   (b) 逻辑符号

图 3.2.13   TTL7400 或非门

上述分析采用正逻辑赋值,输出信号与输入信号 A、B 之间的逻辑关系为或非关系,即 $L=\overline{A+B}$。

与前述的 TTL 与非门相似,TTL 或非门的电压转移特性、输出特性、输入特性、输入外接电阻特性与 TTL 非门电路情况一样。每个输入端的高、低电平输入电流与 TTL 非门电路情况一样。

2. TTL 与或非门电路

若将 TTL 或非门电路中的 T_{11}、T_{12} 管改换为多发射极输入的晶体管,就构成 TTL 与或非门,如采用双射极晶体管代替 T_{11}、T_{12} 管;或者改为二极管与门电路,再与 T_{21}、T_{22} 的基极连接就可以构成与或非门逻辑电路,如图 3.2.14 所示。

图 3.2.14 所示电路为 TTL7451 集成模块的电路构成。只有 A、B 输入同时为高电平时 T_{21} 的基极输入才为高电平,T_3 导通,T_4 截止,电路输出低电平。同样只有 C、D 两端同时输入高电平时,T_{22} 的基极输入才为高电平,T_3 导通,T_4 截止,电路输出低电平。只要 A、B 输入中有一个或者只要 C、D 两端中有一个输入低电平,就可以使 T_3 截止,T_4 导通。所以 $L=\overline{AB+CD}$。

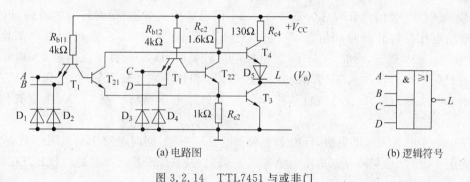

(a) 电路图   (b) 逻辑符号

图 3.2.14   TTL7451 与或非门

图 3.2.15 是一种改进型的 TTL 逻辑门电路,称为快速型逻辑门电路,产品系列为 TTL74LS 系列。T_{21}、T_{22} 的作用与图 3.2.13 相同,$D_1 \sim D_4$ 和 R_1、R_2 构成逻辑电路,$D_9 \sim D_{12}$ 和 R_3、R_4 构成另一路与门逻辑电路。当这两路与门中任何一路输出高电平,T_{21}、T_{22} 中必定有一个处于导通状态,T_6 导通;则 T_3 的基极为低电平,T_3、T_4 截止,输出为低电平,只有这两路与门均输出低电平,T_{21}、T_{22} 都处于截止状态,T_6 截止;则 T_3 的基极为高电平,

T_3、T_4 导通,输出为高电平。所以电路实现"与或非逻辑"功能,$L = \overline{ABCD + EFGH}$。

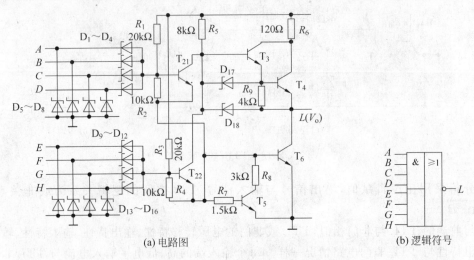

(a) 电路图   (b) 逻辑符号

图 3.2.15   TTL74LS55 四输入与或非门

图 3.2.15(a)中,用稳压二极管代替多射极晶体管,具有提高输入开关速度的功能,当输入由低电平转为全高电平输入时,所有输入信号使稳压二极管反向稳压导通,使注入 T_{21}、T_{22} 的电流较大,加速 T_{21}、T_{22} 的导通,T_6 导通,T_3、T_4 转入截止;反之,输入由高电平转为低电平时,稳压二极管转为正向导通,导通电阻很小,快速将 T_2 管基区的积累电荷拉走,促使 T_2 快速转为截止。图中所有的晶体管采用抗饱和晶体管(由双极型三极管和肖特基二极管集成),其开关速度加快。

电路中增加的 T_5 管及 D_{17}、D_{18} 也是为提高电路的开关工作速度而设置的,T_{21}、T_{22} 由截止转入导通时,在转换的瞬间,D_{17} 由反向稳压转为正向导通,可以将 T_4 管基区的积累电荷快速消散,促进 T_4 管转入截止;在转换的瞬间,由于 T_6 管发射结电压不够高,T_5 管处于截止状态,不影响 T_6 管的导通速度,直到 T_6 管的导通达到饱和,T_5 管由截止转为导通状态,限制 T_6 管的饱和程度。而在 T_{21}、T_{22} 由导通转入截止时,在转换的瞬间,由于 T_6 管发射结电压保持导通时的情况,T_5 仍然处于导通状态,使 T_6 的基区积累电荷快速消散,加快 T_6 转入截止,同时,T_{21}、T_{22} 集电极电位较低时,D_{17}、D_{18} 处于反向截止,T_{21}、T_{22} 集电极的变化电流全部注入 T_3 管的基极,使 T_3、T_4 快速由截止转入导通,直到 T_3、T_4 管接近于饱和状态时,D_{17}、D_{18} 反向稳压,将 T_3、T_4 发射结电压"钳位"在 $0.7\mathrm{V}$,限制其饱和的程度。

所以电路的开关速度更快,且由于饱和程度受到限制,同时电路中的电阻参数更大,静态电流更小,所以是一种静态功耗也更低的逻辑门,故 74LS 系列产品的性能比 74 系列更优良。

3.2.5 TTL 集电极开路门和三态门

一般 TTL 逻辑门电路输出并联连接时,若并联的两个门电路输出状态不一样,将会造成拉电流输出和灌电流输出串联连接的情况,如 G_1 门输出高电平,G_2 门输出低电平,将会形成图 3.2.16 所示的连接电流流通。图中 G_1 门省略 T_3 管。G_2 门省略由 T_4 管。由于串联电路的连接电阻仅有几十到一百多欧姆,所以电路的电流将会高达几十毫安。在这种情况下,就会造成集成电路由于过度发热而损坏,**也就是一般互补式输出的逻辑门电路,是不能将其输出端并联连接使用的。**

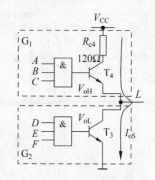

图 3.2.16　TTL 互补式输出
门电路输出关联

为了实现多个逻辑门电路输出能够实现并联连接使用,常用的电路形式有两种:一种称为集电极开路门电路;另一种称为三态输出逻辑门电路。

1. 集电极开路门电路

将 TTL 互补输出电路中与电源连接的晶体管去掉,仅保留与公共端连接的三极管,如图 3.2.17(a)所示,就构成 TTL 集电极开路门电路。图 3.2.17(b)是集电极开路门常用逻辑符号。集电极开路门(open collector gate)常简称为 OC 门。

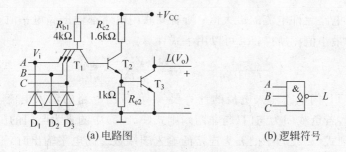

(a) 电路图　　　　　　　　　(b) 逻辑符号

图 3.2.17　TTL7412 三输入集电极开路与非门

集电极开路门的输出只有一个三极管,只有截止和导通两种情况,这样将这类门电路的输出并联在一起,不存在推拉电流,可以解决互补输出形式存在的问题。对于单个集电极开路门来讲,仍然保留互补输出式电路的功能,如图 3.2.17(a)所示电路,仍然为与非门关系,即 $L = \overline{ABC}$。为了保证能够实现这一逻辑关系,在 T_3 饱和导通时,输出低电平;在 T_3 截止时,输出高电平。实际使用时,应将输出端外接一个阻值合适的电阻与电源连接。图 3.2.18(a)为两个集电极开路门的输出并联连接电路。

从图 3.2.18(a)所示电路可以看出,只有在 T_{31}、T_{32} 全都截止,L_1、L_2 输出全为高电平时,L 才为高电平;T_{31}、T_{32} 中只要有一个导通,即 L_1、L_2 输出只要有一个输出低电平,L 为低电平。所以集电极开路门并联连接后的逻辑功能,为所有并联门电路输出的结果"相与",并称之为"线与",即 $L = L_1 L_2 \cdots$,用图 3.2.18(b)所示的符号表示线与。

线与之后,输出的低电平仍然为 TTL 门电路的低电平等级,约为 0.2V,但高电平的输出取决于 $+V_C$ 的电压值。空载的情况下最高电平输出接近于 $+V_C$ 值;有负载的情况下,则根据负载的要求确定。可见 OC 门使用上更具有灵活性,适合于不同高电平电压等级输入的要求。

根据并联后实现线与的逻辑功能,集电极开路门上拉电阻 R_P 的大小计算,应保证所有并联门电路中只有一个门电路输出为低电平时,输出为低电平,且灌入低电平输出门电路的

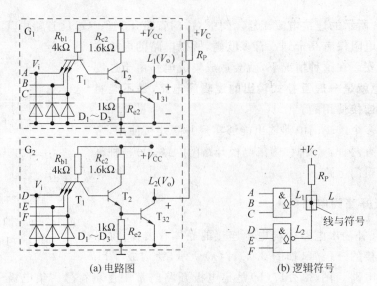

(a) 电路图　　　　　　　　(b) 逻辑符号

图 3.2.18　TTL7412 集电极开路门的线与连接

电流应小于该门电路允许电流的最大值；所有并联门电路都输出高电平时，输出高电平，且不低于高电平的最小值。所以，R_P 可以用下式计算：

$$\frac{V_C - V_{\text{oLmax}}}{I_{\text{oL}} - nI_{\text{iL}}} > R_P > \frac{V_C - V_{\text{oHmin}}}{mI_{\text{oH}} + nI_{\text{iH}}} \tag{3.2.5}$$

根据前述 TTL 门电路输入电流的计算要领，负载门电路的输入电流，在高、低电平输入时是不一样的，若负载门为与门（与非门），则式(3.2.5)中的 n 为与门的门数，若负载门为或门（或非门），则式(3.2.5)中的 n 为连接的输入端端数。高电平输出时，不管哪种负载门，式(3.2.5)中的 n 均为负载门电路的输入端端数。这两种情况的等效电路如图 3.2.19 所示。低电平输出时 $n=5$，高电平输出时 $n=7$。式(3.2.5)中的 m 为集电极开路门的并联门数。

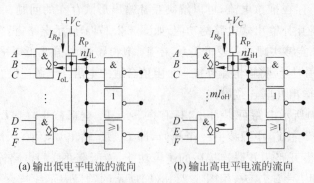

(a) 输出低电平电流的流向　　　　　(b) 输出高电平电流的流向

图 3.2.19　集电极开路门的线与连接计算上拉电阻等效电路

2. 三态输出逻辑门电路

若将 TTL7410 与非门在 T_2 管集电极与 T_1 管的一个发射极之间用一个二极管相连起来，T_2 的集电极接二极管的正极，T_1 管的一个发射极接二极管的负极，并将接二极管负极的发射极作为控制信号 E 的输入端，另外两个发射极作为数字逻辑输入信号的输入端，这样得到的逻辑门电路就是可控三态输出门电路。如图 3.2.20 所示电路是 TTL74S07 型产品的三态输出逻辑门电路,也是一种改进型集成逻辑门电路。

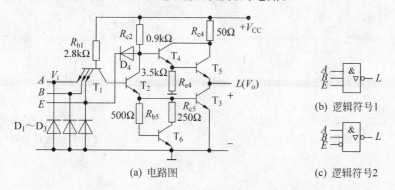

图 3.2.20 TTL74S07 系列二输入三态与非门

所谓的三态输出门,指的是 3 种输出状态门电路(three state output gate),简称 TS 门。3 种输出状态指高电平输出状态、低电平输出状态,以及 T_5、T_3 均处于截止的高电阻输出状态。由于三极管截止工作情况下,集电极与发射极之间的连接呈现很大的电阻,可以达到几兆欧姆以上,所以输出端 L 与 $+V_{CC}$ 之间、与公共端之间的连接呈现很大的电阻连接,将门电路的这种工作状态称为高电阻输出状态。三态输出逻辑门电路的 3 种输出状态,受 E 端控制信号电平的控制,由 A、B 端输入信号电平的组合情况确定。

如图 3.2.20(a)所示改进型(74S 系列)快速三态输出逻辑门电路,当 E 端输入低电平 0.2V 时,T_1 饱和导通,T_2、T_3 处于截止状态,则 D_4 导通,T_2 集电极被"钳位"在 0.9V,这一电压值必定使 T_5 处于截止;可见 E 端输入低电平时,使 T_3、T_5 处于截止状态,L 为输出高电阻状态。

当 E 端输入高电平时,T_1 饱和导通还是倒置工作取决于 A、B 端输入的组合,只要 A、B 端输入有一端输入低电平,T_1 饱和导通,T_2、T_3 处于截止状态,由于 E 端输入高电平,则 D_4 截止,T_2 集电极为高电平,接近于 $+V_{CC}$,这一电压值必定使 T_4、T_5 处于导通,L 为输出高电平。当 A、B 端输入都为高电平,T_1 倒置工作,T_2、T_3 饱和导通,T_2 集电极为低电平 0.9V,这一电压值必定使 T_4、T_5 处于截止状态,L 为低电平输出。可见 E 端输入高电平时,$L = E\overline{AB}$。

三态输出逻辑门电路的逻辑功能是,$E = 0$ 时输出为高电阻状态,$E = 1$ 时输出与输入 A、B 之间为与非逻辑关系,这种情况,可以描述为控制端 E 高电平输入有效。其逻辑符号用图 3.2.20(b)所示。若 $E = 0$,输出与 A、B 之间的逻辑关系为与非关系,而 $E = 1$ 时输出为高电阻状态,这种情况,可以描述为控制端 E 输入低电平有效,其逻辑符号用图 3.2.20(c)所示。

三态输出逻辑门主要用于数据总线结构的数据选择,以及信号的双向传送,图 3.2.21 为数据总线结构的数据选通电路,该电路可以通过 $E_1 \sim E_n$ 控制信号的输入组合,选择 $\overline{A_1 B_1} \sim \overline{A_n B_n}$ 之一送到数据总线上。

图 3.2.22 为数据双向传送电路,当 $E_1 = 0$ 时,A_1 的数据送到数据总线上;当 $E_1 = 1$ 时,数据总线上的数据送到 A_2 端。

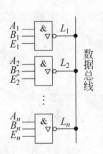

图 3.2.21　三态输出与非门构成
的数据总线结构

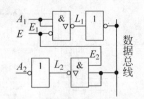

图 3.2.22　用三态输出门组成的
数据双向传送电路

3.2.6

TTL 门电路的技术参数

1. TTL 门电路的电源电压范围

从逻辑功能来讲,TTL 门电路的种类除了已经介绍的逻辑门以外,还可以有异或门。或门、与门、与非门的输入端端数(扇入数)可多达 13 个以上,如 74LS133 与非门、74S134 三态输出与非门。产品型号以 74、(SN)54 两大系列为主,74、54 系列为标准型,但电路的基本结构保留原有的形式,所以集成模块的电源电压范围是一致的,大体可用表 3.2.1 表示其允许的范围。

表 3.2.1　TTL 门电路的电源电压范围

军用品级(Ⅰ类) (工作温度范围−55℃～＋125℃)	工业用品级(Ⅱ类) (工作温度范围−40℃～＋85℃)	民用品级(Ⅲ类) (工作温度范围0℃～＋70℃)
4.5～5.5V	4.75～5.25V	4.75～5.25V

2. 电压传输特性

各种 TTL 非门电路电压传输特性基本上与 3.2.2 小节所述的 TTL 非门电路电压传输特性相似。各种类型的门电路,都可以借助电仪器测量其电压传输特性,如 74S、74LS 系列的器件其电压传输特性如图 3.2.23 所示。

3. 传输延迟时间

传输延迟时间是 TTL 门电路开关速度的一个重要参数。电路的脉冲工作波形如图 3.2.24 所示。图中输入信号由低电平转换为高电平时,从输入信号电压到达规定幅值的 50% 开始,到反相输出信号由高电平转换为低电平最低值的 90% 所用的时间,称为输出脉冲下降时间,用 T_{iLH} 表示;输入信号由高电平转换为低电平时,从输入信号电压下降到规定幅值的 50% 开始,到反相输出信号由低电平转换为高电平的最高值相差 10% 所用的时间,称为输出脉冲上升时间,用 T_{iHL} 表示。对于 TTL74 系列,T_{iLH} 主要反映 T_2 由导通转换为截止,T_4 由截止转换为导通所需要的时间;T_{iHL} 主要反映 T_2、T_5 由截止转换为导通,T_4 由导通转换为截止所需要的时间。门电路的传输延迟时间指输出由高电平转换为低电平传输过程所用

的时间 T_{iHL} 和由低电平转换为高电平的传输过程所用的时间 T_{iLH}，也有用平均传输延迟时间 $t_{pd}=(T_{iHL}+T_{iLH})/2$ 表示。

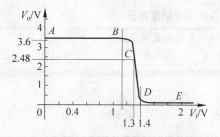

图 3.2.23　TTL 非门电路的电压传输特性

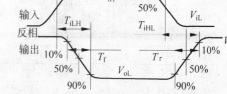

图 3.2.24　TTL 门电路传输延迟波形

TTL 各种逻辑门电路产品延时的平均时间、平均功耗、最高工作频率如表 3.2.2 所示。从表 3.2.2 可以看出，SN54/74 系列为标准型系列，延时的平均时间最大，工作频率也较低。SN54LS/74LS 系列为低功耗型改进型系列，具有兼顾工作速度和功耗的特点，所以其延时功耗积最小。SN54H/74H、SN54S/74S 为改进快速型系列，电路结构与 74LS 系列相似，但输入仍然采用多射极晶体管，集成电路中的电阻阻值采用相对较小的阻值，如图 3.2.18 所示电路，所示转换过程中电流增大，加快其开关工作速度，其次是所有的三极管均采用抗饱和"肖特基"管，使其工作速度更快，工作频率也较高；但由于电路中电阻阻值较小，工作电流增大，功耗较大。

表 3.2.2　TTL 门电路的工作速度、功耗和最高频率

参数 ＼ 系列	SN54/74	SN54H/74H	SN54S/74S	SN54LS/74LS
平均延迟时间/ns	10	6	3	9.5
平均功耗(每门)/mW	10	22	19	2
最高工作频率/MHz	35	58	125	45

4. 输入、输出电压及输入噪声容限

输入噪声容限是指在规定输入信号低电平或输入信号高电平的范围内，保证逻辑门电路的逻辑关系不发生改变的情况下，允许加到输入端的干扰信号电压的最大值。

从输入电压传输特性可以看出，对于与非门、非门逻辑门电路，在输入低电平时，允许输入信号在一定范围内变动，都能够保证输出为高电平。同样在输入高电平的一定电压范围内，也能保证输出为低电平。而正常工作的逻辑电路，常以逻辑门之间的互相连接为主，因此，一个逻辑门电路的输出一般也是另一逻辑门电路的输入信号。实际中，通常规定输出电压的高电平输出最低值不低于某一数值，低电平输出的输出电压最高值不高于某一数值，同时也规定低电平输入允许的最高电压值，高电平输入允许的最低电压值(见表 3.2.3)。电路在这种规定的范围内可以保证以正常的逻辑关系进行工作。根据噪声容限的含义，逻辑电路规定：

(1) 输入高电平噪声容限电压为 $V_{NH}=V_{oH}-V_{iH}$。如表 3.2.3 给出的数据，74、74H 系列为 $V_{NH}=2.4-2=0.4V$，74S、74LS 系列为 $V_{NH}=2.7-2=0.7V$。

(2) 输入低电平噪声容限电压为 $V_{NL}=V_{iL}-V_{oL}$。如表 3.2.3 给出的数据，74、74H 系列为 $V_{NL}=0.8-0.4=0.4V$，74S、74LS 系列为 $V_{NL}=0.8-0.5=0.3V$。

表 3.2.3　不同系列的 TTL 门电路的电平规定范围

参数 系列	最大逻辑低平输入电压/V	最小逻辑高电平输入电压/V	最大逻辑低电平输出电压/V	最小逻辑高电平输出电压/V
74(SN54)	0.8	2	0.4	2.4
74H(SN54H)	0.8	2	0.4	2.4
74S(SN54S)	0.8	2	0.5	2.7
74LS(SN54LS)	0.8	2	0.5	2.7

5. 输入电流和输出电流

根据逻辑门电路的工作原理，TTL 电路的输入电流和输出电流在高电平和低电平的状态下是不一样的，除了集电极开路门之外，输出电流在输出低电平时，工作在灌电流状态，实际电流从负载流入驱动门；高电平输出时为拉电流状态，实际电流从门电路流入负载；而作为负载门，低电平输入时，输入电流为负值，实际电流从输入端流出；若驱动门为信号源，负载门向驱动门灌入电流；当输入高电平时，输入电流为正，电流实际流向输入端，负载门电路从驱动门电路拉走电流。电路的这种工作状态的变化，使逻辑门电路的输入输出电流不一样。

表 3.2.4 列出不同系列逻辑门电路的两种工作状态的输入输出电流。表中输入电流以流入输入端为正方向，输出电流以流出输出端为正方向。

表 3.2.4　不同系列的 TTL 门电路的输入输出电流额定值

参数 系列	低电平输入电流/mA	高电平输入电流/μA	低电平输出电流/mA	高电平输出电流/mA
74(SN54)	−1.6	40	−16	0.4
74H(SN54H)	−2	50	−20	0.5
74S(SN54S)	−2	50	−20	1
74LS(SN54LS)	−0.4	20	−8	0.4

6. 扇入、扇出系数

TTL 门电路扇入系数指门电路的输入端的个数。如图 3.2.25 所示的 TTL 与非门电路，其输入端的个数等于 3，则其扇入系数等于 3。

TTL 门电路扇出系数指具有驱动 TTL 类型门电路输入端的个数。由于 TTL 逻辑门电路在高电平、低电平工作状态下，输入、输出电流不一样，所以计算门电路的扇出系数时，应分成两种情况对待。即分为输出高电平(拉电流工作状态)扇出系数和输出低电平(灌电流工作状态)扇出系数。图 3.2.25 为输出低电平(灌电流工作状态)时，扇出系数计算电路。T_3 管导通，T_4 管截止。输出低电平扇出系数为

$$N_{oL}=\frac{I_{oL}}{I_{iL}}$$

式中，I_{oL} 为 T_3 管的饱和导通电流；I_{iL} 为 T_1 管的低电平输入电流。

由于与非门输入低电平时，一端输入电流与所有端都输入低电平时相等。所以，如果全部输入端都并联在一起与驱动门连接，则总的输入电流仍然按一端输入计算。也就是当负载门为与非门时，低电平扇出系数为与非门门数。图 3.2.26 为输出高电平（拉电流工作状态）时，扇出系数计算电路。T_3 管截止，T_4 管导通。输出高电平扇出系数为

$$N_{oH} = \frac{I_{oH}}{I_{iH}}$$

式中，I_{oH} 为 T_4 管的饱和导通电流；I_{iH} 为 T_1 管的高电平输入电流。

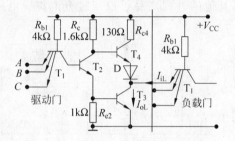

图 3.2.25　TTL 与非门的带负载能力
（输出低电平）

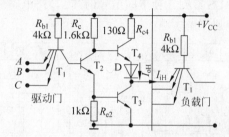

图 3.2.26　TTL 与非门的带负载能力
（高电平输出）

根据表 3.2.3 罗列数据以及上述计算扇出系数的表达式，可以计算出用不同 TTL 系列驱动不同 TTL 系列的扇出系数如表 3.2.5 所示。

表 3.2.5　不同系列逻辑门驱动不同逻辑门的扇出系数

负载门系列	驱动门系列							
	74(SN54)		74H(SN54H)		74S(SN54S)		74LS(SN54LS)	
	N_{oL}	N_{oH}	N_{oL}	N_{oH}	N_{oL}	N_{oH}	N_{oL}	N_{oH}
74(SN54)	10	10	12.5	12.5	12.5	25	5	10
74H(SN54H)	8	8	10	10	10	20	4	8
74S(SN54S)	8	8	10	10	10	20	4	8
74LS(SN54LS)	40	20	50	25	50	50	20	20

7. 功耗

功耗也是门电路的重要参数之一，分为静态、动态两种情况。

静态功耗是指电路的状态没有产生变化的情况下，电路的功耗。其数值等于空载时电源总电流与电源电压的乘积，即 $P_o = V_{CC}I_{CC}$。静态功耗可分为低电平输出功耗 P_{oL}（也称为空载导通功耗）和高电平输出功耗 P_{oH}（也称为截止功耗）。空载导通功耗 P_{oL} 比截止功耗 P_{oH} 大。

动态功耗是指电路的状态产生变化瞬间，属于电路的瞬时功耗。其最大值在输入从高电平突变为低电平，输出从低电平突变为高电平，输出互补晶体管同时导通的瞬间。或者电路有电容性负载时，由于电容的充电，放电要产生一定的损耗，使电路的损耗增加。

静态功耗是主要功耗。静态功耗的指标见表 3.2.2 平均功耗。

8. 延时-功耗积

在数字电路系统,希望具有较快的工作速度,同时功耗尽可能较低,但实际上这两者之间不能兼而有之。采用延时-功耗积来衡量,用 $DP = t_{pd}P_D$ 表示,DP 单位为焦耳(J)。如 74LS 系列的产品兼顾两者关系,所以其 DP 值最小,为 19×10^{-12} J。

9. TTL 门电路的封装

正确了解集成门电路的封装是更好地使用门电路的一个重要方面。图 3.2.27 列出 74LS 系列几种不同型号的 TTL 门电路的封装图,其他的系列产品可以通过查询集成电路手册了解。

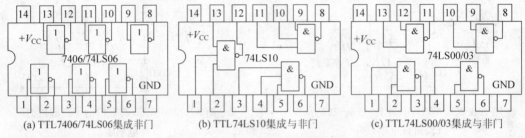

(a) TTL7406/74LS06集成非门   (b) TTL74LS10集成与非门   (c) TTL74LS00/03集成与非门

图 3.2.27   TTL 集成门电路的封装

一般的情况下,所有 14 脚封装的 TTL 逻辑门集成模块的第 14 引脚为 5V 电源的输入连接端,第 7 引脚为公共端。

3.2.7
TTL 电路的改进系列

TTL 逻辑门电路集成模块的 74 系列产品为标准型产品,74LS、74H、74S、74AS、74ALS、74HC 系列产品为改进型产品。(54)74LS 为改进的肖特基低功耗型,(54)74S(H) 为改进的肖特基快速型,若在 LS、S、H 之前增加字母 A,则为先进改进型。74LS 电路结构如图 3.2.15 所示,其输入端的个数可以有所改变,电路的其他部分形式基本不变。74S 系列的电路形式如图 3.2.20 所示,可以构成三态输出逻辑门、与非门等,与标准 74 系列比较,除了电路的改进之外,主要是电路中的所有双极型三极管均采用抗饱和肖特基三极管。

由于影响三极管开关速度的主要原因是三极管的饱和深度,也就是基区的积累电荷,如果能够在保证输入输出正常逻辑关系的基础上,降低三极管的饱和程度,就可以提高门电路的工作速度,抗饱和肖特基三极管就是为此而设计的。

抗饱和肖特基三极管是一般的三极管基极与集电极之间用铝硅合金二极管(Schottky Diode,肖特基二极管)连接起来,如图 3.2.28 所示。

从图 3.2.28(a) 的示意图看出,肖特基二极管的制作与 TTL 门电路集成工艺是相容的,只要图中的基极 B 连线采用铝金属连接就可以完成肖特基二极管的制作。

肖特基二极管与一般的二极管相比,区别为其开启电压更低,为 $0.3 \sim 0.4$V,当肖特基三极管导通时,可以保证三极管基极与集电极之间的电压不高于 0.4V,这样集电极与发射极之间的电压值也不小于 0.3V,确保三极管不进入深度饱和状态,使这种三极管的开关速

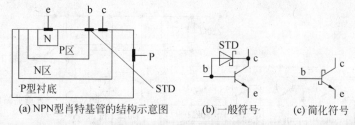

(a) NPN型肖特基管的结构示意图　　(b) 一般符号　　(c) 简化符号

图 3.2.28　肖特基三极管

度更快。故此，用这种三极管构成逻辑门电路，使电路的三极管工作在截止和接近于饱和的放大状态，电路的低电平输出电压也随之提升，可达 $0.7-0.3=0.4V$ 左右，从而加速高低电平的转换，提升电路整体的工作速度，使器件的延时平均时间更小。

74S 系列产品除了三极管采用肖特基管之外，与标准 74 系列相比，电路中的电阻参数也更小，如图 3.2.29 所示，R_{b1}、R_{C2}、R_{C4} 阻值更小，高低电平转换时注入 $T_1 \sim T_5$ 基极电流加大，提高转换速度；其次增加 T_3 管基区存储电荷释放电路 T_6，也有利于工作速度的提高。但电阻阻值变小，使静态电流增大，所以其功耗增加，"延时功耗积"较大；输出管 T_3 采用抗饱和三极管及电路的改变，使其导通时处于放大而接近于饱和工作状态，低电平输出电压也提升，可达到 $0.5V$，这些都是其不利的一面。

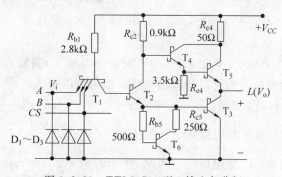

图 3.2.29　TTL74S10 型 3 输入与非门

3.3　发射极耦合逻辑门和 I^2L 门

3.2 节所介绍的逻辑门电路，属于发射极输入逻辑门电路，本节将介绍从基极输入的逻辑门电路。基极输入逻辑门电路主要有发射极耦合逻辑门电路（emitter coupled logic gate，简称 ECL 门）和 I^2L 门。

3.3.1
发射极耦合逻辑门电路

1. ECL 门的电路构成和工作原理

ECL 门的基本电路如图 3.3.1 所示，硅晶体管 T_1、T_2、T_3、T_4、T_5 组成发射极耦合电路，T_6 基准电压产生多电路，T_7、T_8 组成输出电路。

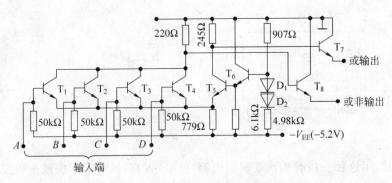

图 3.3.1 发射极耦合或非门实际电路

电路的基本工作原理为,当电路输入端全为低电平输入(规定为 -1.7V 左右)时,$T_1 \sim T_4$ 全部截止,可以计算出电路的输出端电压为

$$V_{B6} = -5.2 + \frac{(5.2 - 1.4) \times 4.98}{4.98 + 0.907} + 1.4 = -0.585\text{V}, \quad V_{B5} = -0.585 - 0.7 = 1.285\text{V}$$

$$V_{E5} = -0.585 - 0.7 - 0.7 = -1.985\text{V}, \quad I_{E5} = \frac{(-1.985\text{V} + 5.2)}{0.779} = 4.127\text{mA}$$

$$V_{C5} = 0 - 4.127 \times 0.245 = -1.01\text{V}, \quad V_{E7} = -1.01 - 0.7 = -1.71\text{V}$$

由于 $V_{BE1} \sim V_{BE4} = V_{iL} - V_{E5} = -1.75 + 1.985 = 0.285$,保证 $T_1 \sim T_4$ 截止,所以或非输出端的输出电压低于 -0.7V。

当输入中有一个为高电平(规定为 -0.9V 左右)时,如 T_4 的输入为高电平,$T_1 \sim T_3$ 输入低电平,根据电路给定的参数可以计算出电路的输出电压为

(1) T_4 输入高电平,T_4 导通,$V_{E5} = -0.92\text{V} - 0.7 = -1.62\text{V}$。

(2) 流经 T_5 管发射极外接电阻的电流为 $I_{RE5} = \frac{-1.62 + 5.2}{0.779} = 4.596\text{mA}$。

(3) 临界饱和状态时 T_4 集电极电位为 $V_{C4} = -1.62 + 0.3 = -1.32\text{V}$,则 T_4 管集电极外接电阻的临界饱和电流为 $I_{RC4} = \frac{1.32}{0.22} = 0.6\text{mA}$,这一临界饱和电流大于高电平输入情况下,以及基准电压作用下 T_5 发射极外接电阻流过的最大电流,所以输出 T_4 进不了饱和,T_5 处于截止状态,忽略 I_{B8} 的影响,可以得到 $I_{RC4} \approx I_{RE5}$,电路的输出电压,即 T_7 发射极输出电压为 -0.7V 以下。

(4) 或非输出端的输出电压,即就是 T_8 发射极输出电压为 $V_{E8} = -4.596 \times 0.22 - 0.7 = -1.71\text{V}$。

当全部输入端输入高电平时,由于 V_{E5} 的电位被三极管输入端的导通电压"钳位"而保持恒定,所以输出电压与一端输入高电平情况一样。

可见,电路的空载输出高电平为 -0.7V,有负载连接时,应考虑基极电流的影响,输出高电平约等于 -0.9V;低电平输出电位约为 -1.71V,所以电路的高电平与低电平的电压偏差不大(约为 1V),这些有利于工作速度的提高。这主要是因为集电极外接电阻阻值较小所致,也是 ECL 门的特点之一。

图 3.3.1 所示电路的逻辑功能有两种情况,从 T_7 发射极输出的为或门电路,从 T_8 发射极输出的为或非门电路。

2. ECL 门的工作特点

ECL 门具有如下工作特点:

(1) ECL 门电路的电路结构比较简单,输入三极管工作于截止和放大区,输出三极管基本处于放大区工作状态。不管晶体管工作在截止还是放大区,集电极电位总是高于基极电位,这就避免了由于晶体管工作于饱和状态引起电荷在基区的积累。使工作速度更快,延时的时间最短。

(2) 逻辑电平高低幅值偏差很小,输入摆幅为 0.85V($-1.75\sim-0.9$V),输出摆幅为 1V($-1.71\sim-0.7$V),高低电平的变化小到只能区分晶体管的导通和截止两种状态。集电极输出电压变化小,不仅有利于电路工作状态的转换,而且有利于采用很小的集电极电阻 R_c,使 ECL 门的输出电阻较小,有利于提高电路的带负载能力和缩短延时时间。

(3) 图 3.3.1 所示 ECL 门电路的输出端是发射极开路的,这样,多个 ECL 门的输出端可以进行并联,并联的结果可以实现"线或"逻辑功能,而且不必外接电阻,TTL 门电路使用更为灵活。

(4) 从工作原理分析可知,$T_1\sim T_4$ 只要有一个导通时,T_5 截止。只有 $T_1\sim T_4$ 全部截止时,T_5 才导通。经过计算 $V_{C1}\sim V_{C4}=-4.596\times0.22=-1.01V=V_{C5}=-4.127\times0.245$,所以电路的内部噪声很小。

由于 ECL 逻辑门电路工作速度快,所以常用于高速系统中。

ECL 门的缺点:制造工艺要求高,功耗高,噪声容限电压低,使其抗干扰能力差,输出电压为负值,与其他门电路连接时,需要其他的电平转换电路。

3.3.2 集成注入 I²L 门

I²L 器件的基本结构是由一个 NPN 型多集电极晶体管和一个 PNP 型三极管构成恒流源,组成的反相电路,如图 3.3.2(a)所示。电路结构简单,容易制作成高集成度的器件。由于每个逻辑单元所占的面积很小,因而在大规模和超大规模集成电路中得到较为广泛的应用。由 I²L 器件构成或门、或非门电路如图 3.3.2(b)所示,电路的驱动电流是由 PNP 型三极管的发射极注入的,称为集成注入逻辑电路。工作电流很小,为 1nA 左右。

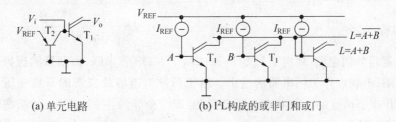

(a) 单元电路   (b) I²L 构成的或非门和或门

图 3.3.2 I²L 逻辑门电路

注入逻辑电路可以在低电压下工作,高电平 $V_H=0.7$V,低电平 $V_L=0.1$V,由于注入电平低,所以噪声容限低,抗干扰能力也低,工作速度不高。

高阈值逻辑门 HTL,具有高低电平差值较大、抗干扰能力较强的特点,但功耗大,开关速度不高,已不再生产,并被 CMOS 效应管组成的门电路代替。

3.4 MOS 逻辑门

3.4.1
MOS 非门电路

MOS 逻辑门是在 TTL 门电路出现之后,所开发出来的一种广泛应用的数字逻辑集成电路器件。由于 MOS 管制作工艺比双极型三极管简单,且功耗低于 TTL 逻辑器件,输入高、低电平电压值高于 TTL 逻辑电路,噪声容限电压较大,抗干扰能力优于 TTL 逻辑器件,制造费用较低。所以几乎所有的超大规模集成存储器件、PLD 逻辑器件都是采用 MOS 工艺制作。

MOS 逻辑门电路具有 CMOS、NMOS、PMOS 3 种基本结构,相比而言,CMOS 结构的功耗最低,所以许多大规模集成芯片都用 CMOS 电路结构形式。

早期的 CMOS 逻辑器件有 4000 系列和 4000B 系列,目前的 CMOS 逻辑器件有 74HC 系列及与 TTL 兼容的 74HCT 系列。

下面首先介绍 CMOS 反相器,然后介绍 CMOS 的其他逻辑器件:与非门、或非门、异或门、传输门和 Bi-CMOS 门电路逻辑器件。

1. MOS 逻辑非门电路

MOS 逻辑门电路如图 3.4.1 所示,其中图 3.4.1(a)为 CMOS 逻辑非门电路,(b)为 NMOS 逻辑非门电路,(c)为 PMOS 逻辑非门电路。

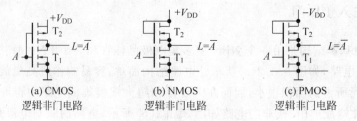

(a) CMOS 逻辑非门电路　　(b) NMOS 逻辑非门电路　　(c) PMOS 逻辑非门电路

图 3.4.1　MOS 逻辑非门电路

2. 结构特点

CMOS 逻辑非门电路,P 沟道和 N 沟道的两个 MOS 管串联,而两管的栅极并联作为门电路的输入端,串联点作为门电路的输出。由于两种沟道场效应管的开启电压相反,所以,在输入信号作用下两管的工作状态总是相反的,即一个导通,一个截止;与功率放大器情况相似,称为互补对称 MOS 管(complement symmetery metel oxide semiconductor),简称 CMOS 门电路。作为电路负载的是 P 沟道 MOS 管,作为电路工作管的是 N 沟道 MOS 管。电源电压 $V_{DD} \geqslant [|V_{TN}| + |V_{TP}|]$,即大于或等于两个管子的开启电压绝对值之和。

NMOS 逻辑非门电路,N 沟道的两个 MOS 管串联,而两管的栅极一个接于电源的正极端,一个作为门电路的输入端,串联点作为门电路的输出。图 3.4.1(b) T_2 MOS 管作为电路的负载,作为电路的工作管是 T_1 MOS 管。电源电压 $V_{DD} \geqslant 2V_{TN}$,由于图 3.4.1(b)

T_2 MOS 管栅极接电源的最高电位端,所以 T_2 MOS 管处于导通工作状态。

图 3.4.1(c) PMOS 逻辑非门电路,P 沟道的两个 MOS 管串联,而两管的栅极一个接电源的负极端,一个作为门电路的输入端,串联点作为门电路的输出。图 3.4.1(c) 中,作为电路负载的是 T_2 MOS 管,作为电路工作管的是 T_1 MOS 管。电源电压 $-V_{DD} \leqslant -2V_{TN}$,由于图 3.4.1(c) 中 T_2 MOS 管栅极接电源的最低电位端,所以 T_2 MOS 管处于导通工作状态。

3. 工作原理

以图 3.4.2(a) 所示的 CMOS 逻辑非门电路为例,输入信号 V_i 处于逻辑 0,即低电平时,其电压值接近于 0V;输入信号 V_i 处于逻辑 1,即输入高电平时,其电压值接近于 V_{DD}。并假设作为电路负载的是 P 沟道 MOS 管,作为电路工作管的是 N 沟道 MOS 管,由于电路具有互补对称的特点,这种假设也可以是互换的。

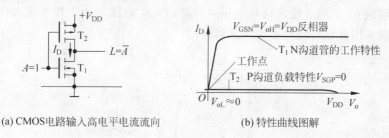

(a) CMOS电路输入高电平电流流向   (b) 特性曲线图解

图 3.4.2   CMOS 反相器在输入为高电平时的图解分析

当输入信号 V_i 为高电平,且等于 V_{DD} 时,T_1 管(N 沟道 MOS 管)导通,T_2 管(P 沟道 MOS 管)截止。为了得到此时的工作点,在 T_1 管的输出特性叠加上 T_2 管的输出特性(P 沟道 MOS 管的输出特性落在第三象限,为了得到一个正确的交点,将 P 沟道管的输出特性作一定的旋转倒置,即将 I_{DS} 改为 I_{SD},V_{DS} 改为 V_{SD},将原来的特性曲线作垂直翻转后,再水平翻转)如图 3.4.2(b) 所示。从图 3.3.2(b) 可以看出,由于 T_2 管截止,故电路的工作电流很小,此时输出电压很小,约为 0V。

当 V_i 等于 0 时,T_1 管截止,T_2 管导通,为了得到此时的工作点,同样在 T_1 管的输出特性基础上叠加上 T_2 管的输出特性(P 沟道 MOS 管的输出特性与高电平输入状态时一样),如图 3.4.3(b) 所示。从图 3.4.3(b) 可以看出,与高电平输入的情况一样,电路的工作电流很小,此时输出电压为高电平,约等于 V_{DD}。

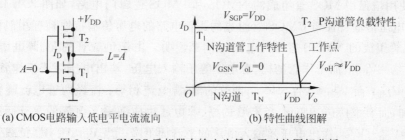

(a) CMOS电路输入低电平电流流向   (b) 特性曲线图解

图 3.4.3   CMOS 反相器在输入为低电平时的图解分析

经过上述分析可知,不带负载时,由于电路的工作电流很小,静态功耗很小,为微瓦(μW)数量级,所以 MOS 电路在低功耗集成门电路得到广泛的应用。图 3.4.1 电路的逻辑关系为非逻辑关系,即 $L=\overline{A}$。

4. CMOS 非门电路的电压传输特性

假定电源电压为10V,改变输入电压的数值可以相应地得到输出电压的不同值,从而得到电路的传输特性如图 3.4.4 所示。电压传输特性可以分成 5 段,即 AB 段、BC 段、CD 段、DE 段、EF 段。

(1) AB 段。输入电压低于 N 沟道 MOS 管的开启电压 $+2V$(假定两管的开启电压为 $\pm2V$)时,T_1 管截止,T_2 管导通,此时的输出电压为高电平。根据上述工作原理的分析,高电平输出电压应接近于电源电压10V。所以 AB 段为一水平线。

(2) BC 段。输入电压高于 N 沟道 MOS 管的开启电压($+2V$),而小于 $V_{DD}/2$($+5V$),管 T_1 开始由截止向导通过渡(工作在饱和区),管 T_2(P 沟道 MOS 管)仍处于导通状态(工作在可变电阻区)。而随着输入信号电压的升高,管 T_1 也随之由工作在饱和区向工作在可变电阻区过渡。因此该段特性曲线为非线性段。

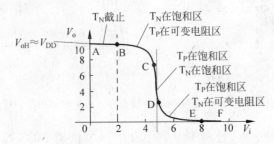

图 3.4.4　CMOS 反相器的电压传输特性

(3) CD 段。当输入电压等于 $V_{DD}/2$($+5V$),T_1 管导通(工作在饱和区向可变电阻区过渡),T_2 管导通(工作在饱和区向截止区过渡)。此一区域,两管的工作转态处于转换状态,故此,输出特性发生急剧变化。

(4) DE 段。输入电压高于 $V_{DD}/2$($+5V$),小于 8V,T_1 管由工作在饱和区向可变电阻区工作状态转变,T_2 管由工作在饱和区向截止转变。因此该段特性曲线为非线性段。

(5) EF 段。输入电压高于 8V 以后,T_1 管工作在可变电阻区工作状态,T_2 管工作在截止区,输出转变为低电平,约等于 0V。

对于使用增强型 MOS 管组成的 NMOS 和 PMOS 逻辑门电路,如图 3.4.1 (b)、(c)所示,电路的电压传输特性与 CMOS 管组成的逻辑电路的电压传输特性具有相似情况。以增强型 MOS 管组成的 NMOS 逻辑门电路为例来说明。由于负载管的漏、源电压等于栅、源电压,即 $V_{DS2}=V_{GS2}$;而工作管的栅、源电压等于输入电压,输出电压等于工作管的漏、源电压,即等于 V_{DS1};而 $V_{DS1}=V_{DD}-V_{DS2}$,两管的漏、源电流相等;流经两管电流随输入电压的上升而增加,而要维持这一变化,负载管的栅、源电压也应随输入电压的上升而上升。根据 $V_o=V_{DS1}=V_{DD}-V_{DS2}$,输出电压随输入电压的上升而下降。当 $V_i<V_T$ 时,负载管 T_2 导通,工作管 T_1 截止,负载管的导通电流很小,$V_{GS2}=V_{DS2}=0$,$V_o=V_{DD}$,电压传输特性如图 3.4.4 中的 AB 段;当 $V_T<V_i<V_{DD}/2$ 时,工作管 T_1 由截止工作状态转入导通工作状态,而电流却不大,所以 $V_{GS2}=V_{DS2}$ 也不大,输出电压维持高电平,电压传输特性为图 3.4.4

中的 BC 段；当输入电压接近于 $V_{DD}/2$ 时，$V_{GS2}=V_{DS2}$ 也应接近于 $V_{DD}/2$，所以输出电压为 $V_o=V_{DS1}=V_{DD}-V_{DS2}=V_{DD}-V_{DD}/2=V_{DD}/2$；随着输入电压的进一步上升，两管的导通电流增加，$V_{GS2}=V_{DS2}$ 也随着增加，输出电压下降直到接近于 0。此后即使继续增加输入电压值，由于 $V_{GS2}=V_{DS2}$ 最大只能等于电源电压，所以导通电流也不会继续上升。

5. 工作速度

由于 MOS 管输入存在电容性，所以，当门电路相互连接时，体现为电容性负载。与相应的 MOS 门电路连接时，其等效负载如图 3.4.5 所示。

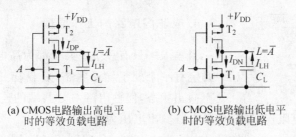

(a) CMOS电路输出高电平 时的等效负载电路 　 (b) CMOS电路输出低电平 时的等效负载电路

图 3.4.5　CMOS 反相器输出负载图解

图 3.4.5(a)为输出高电平时的等效负载电路，此时 T_2 管导通，T_1 管截止，输出电流由 T_2 管流入负载门的等效输入电容。图 3.3.5(b)为输出低电平时的等效负载电路，此时 T_2 管截止，T_1 管导通，输出电流由负载门的等效输入电容流入 T_1 管。由于电路的互补对称特性，它的开通时间和关闭时间是一样的，而且 MOS 管导通时的导通电阻值比双极型三极管的导通电阻值略大，但负载门的输入电容不是很小，所以，MOS 门电路的平均传输延迟时间比双极型逻辑门电路(TTL 门)的平均传输延迟时间略长些，约为 10ns。由于 NMOS 和 PMOS 逻辑门电路的负载管在整个工作过程中始终处于导通状态，根据关于电压传输特性的说明，输入电压的变化可以加速负载管工作电压的变化过程，所以其开关速度会更快些。

3.4.2 CMOS 与非门、或非门电路

1. 与非门电路的构成

由 CMOS 结构构成的两输入与非门电路如图 3.4.6 所示，从图中可以看出，构成电路的特点是：两个构成 CMOS 反相器的工作管 T_1、T_3(N 沟道管)为串联连接，负载管 T_2、T_4(P 沟道管)为并联连接。

2. 与非门电路的工作原理

当输入中只有一个或两个都为低电平时，工作管 T_1、T_2 中必定有一个处于截止状态，负载管 T_3、T_4 中必定有一个处于导通状态，使输出端对公共端的连接为高电阻连接，对电源端的连接为低电阻连接，故逻辑电路输出电压为高电平。

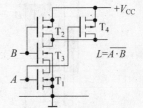

图 3.4.6　MOS 逻辑与非门电路

当输入全为高电平时，使得工作管 T_1、T_2 同时导通；负载管 T_3、T_4 同时截止，使输出

端对公共端的连接为低电阻连接,对电源端的连接为高电阻连接,故逻辑电路输出电压为低电平。

根据上述分析,逻辑电路输入信号与输出信号的逻辑关系实现与非运算关系。

3. 或非门电路的构成

跟 CMOS 与非门逻辑电路相似,将两个 CMOS 非门电路图的工作管 T_1、T_3(N 沟道管)并联连接,负载管 T_2、T_4(P 沟道管)串联连接,就可以构成或非门逻辑电路,如图 3.4.7 所示。

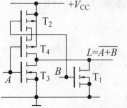

图 3.4.7　MOS 逻辑或非门电路

4. 或非门电路的工作原理

当输入中只有一个或两个都为高电平时,工作管 T_1、T_2 中必定有一个处于导通状态,负载管 T_3、T_4 中必定有一个处于截止状态,使输出端对公共端的连接为低电阻连接,对电源端的连接为高电阻连接,故逻辑电路输出电压为低电平。

当输入全为低电平时,工作管 T_1、T_2 同时截止,负载管 T_3、T_4 同时导通,使输出端对公共端的连接为高电阻连接,对电源端的连接为低电阻连接,故逻辑电路输出电压为高电平。

综上所述,逻辑电路输入信号与输出信号的逻辑关系实现或非运算关系。

CMOS 电路结构除了构成以上的逻辑门电路之外,还有与门、或门、异或门等系列产品,就不再一一加以描述。

同时也可以在 MOS 电路的基础上加以改进,增加输出推动级,构成双极型三极管与 MOS 管混合电路结构的集成逻辑门电路(bipolar-CMOS,简称 Bi-CMOS 电路)。这种电路结构的特点是,电路的逻辑功能部分采用 CMOS 电路结构,可以保留 CMOS 门电路低功耗的工作特点,而逻辑门电路的输出级则采用双极型三极管组成互补输出电路,降低电路的输出电阻,从而提高电路的工作速度,尤其负载是电容负载的情况。

Bi-CMOS 构成与非门电路如图 3.4.8 所示。图中设置 T_5、T_6、T_7 是为了能够使 T_8、T_9 构成互补输出电路,当图中的 D 点为高电平,E 点则为低电平,实现互补信号的输入要求。

Bi-CMOS 构成或非门电路如图 3.4.9 所示。图中设置 T_5、T_6、T_7 是为了能够使 T_8、T_9 构成互补输出电路,和与非门情况一样。

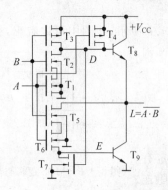

图 3.4.8　Bi-MOS 逻辑与非门电路

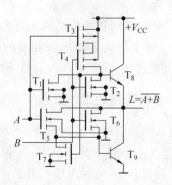

图 3.4.9　Bi-MOS 逻辑或非门电路

3.4.3
CMOS 传输门

1. 电路的构成

传输门的电路如图 3.4.10 所示，T_2 管（P 沟道增强型 MOS 管）和 T_1 管（N 沟道增强型 MOS 管）的源极和源极、漏极与漏极并联连接，作为电路的输出或输入，两管的栅极作为控制端 C 端和 $\bar{C}$ 端的输入。T_2 管的衬底端与电压值为 +5V 的电源连接，T_1 管的衬底端与电压值为 −5V 的电源连接。这一电路构成是充分利用 P 沟道 MOS 管和 N 沟道 MOS 的互补性设置的。图中的 ±5V 电压也可以为两个不同的高低电平，如 +5V 和 0V 电压。

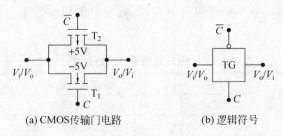

(a) CMOS传输门电路　　　(b) 逻辑符号

图 3.4.10　CMOS 传输门的电路组成和逻辑符号

2. 工作原理

假设输入电压的高电平为 +5V，低电平为 −5V，MOS 的开启电压为 2V（N 沟道 MOS 管为 +2V，P 沟道 MOS 管为 −2V）。由于 P 沟道 MOS 管的衬底外接电压 +5V，N 沟道 MOS 管的衬底外接电压 −5V。故此，控制端 C 端外接电压 −5V（低电平）和 $\bar{C}$ 端外接电压 +5V（高电平）时，不管输入电压的高低，由于 MOS 管沟道没有感应出导电粒子，传输门的工作状态处于关断状态，即高电阻状态。

控制端 C 端外接电压 +5V（高电平）和 $\bar{C}$ 端外接电压 −5V（低电平）时，由于 MOS 管沟道存在感应导电粒子，如果输入电压为 −3～+5V 之间时，P 沟道 MOS 管必定导通，如果输入电压为 −5～+3V 之间时，N 沟道 MOS 管必定导通，如果输入电压为 −3～+3V 之间时，T_1、T_2 管同时导通，当输入电压为 −5～+5V 之间时，传输门至少有一个 MOS 管处于导通状态，即低电阻传输状态。

故此，只要满足 $C=1,\bar{C}=0$，传输门的两个输入输出端之间相当于连接状态，即处于低电阻传输状态；满足 $C=0,\bar{C}=1$ 时，传输门的两个输入输出端之间相当于断开状态，即处于高电阻的阻断状态。

由于在衬底单独外接的情况下，增强型 MOS 管的源极与漏极具有可以互换的特点，所以传输门的信号传输具有可逆性，这样传输门常作为信号传输的一个可控开关使用。

CMOS 逻辑门电路的技术参数

1. 电源电压

CMOS 逻辑器件的电源电压 4000 系列为 3～18V，国产 C000 系列的电压范围为 7～15V。

2. 静态工作电流

CMOS 逻辑器件的静态工作电流在不同的工作温度下具有不同的大小，表 3.4.1 罗列出不同温度下的静态工作电流。从表中可以看出，随着温度的升高，CMOS 逻辑器件的静态工作电流也随着上升。这是由于温度升高时，截止管的导电粒子也随着增加，所以，电流随着增加。

表 3.4.1 CMOS 逻辑器件的静态工作电流

器件	电源电压/V	静态工作电流/μA				
		−55℃	−40℃	25℃	85℃	1255℃
门电路	5	0.25	0.25	0.25	7.5	7.5
	10	0.5	0.5	0.5	15	15
反相器	15	1	1	1	30	30
	20	5	5	5	150	150

3. 输入电压范围

CMOS 逻辑器件的输入逻辑高电平的最低电压值，规定为 CMOS 逻辑器件电源电压的 70%。

最高低电平的输入电压为 CMOS 逻辑器件电源电压的 30%。所以，采用较高的电源电压，可以提高 CMOS 逻辑器件的输入噪声容限电压范围，提高电路的抗干扰能力。

4. CMOS 逻辑器件的输出参数

CMOS 逻辑器件的输出参数如表 3.4.2、表 3.4.3 所示，从表中可以看出，CMOS 逻辑器件逻辑门电路的输出电流不是很大，但由于 CMOS 逻辑器件的输入电流几乎接近于 0，所以 CMOS 逻辑器件的扇出系数较大。但实际工作中，由于存在动态工作电流（输入负载电容的充放电电流），所以，扇出系数也是有限量的。

如果逻辑电路的工作频率比较高，MOS 管栅极的电容效应会产生较大的影响，扇出系数应结合逻辑门电路的动态特性分析。逻辑门电路的动态特性可以从相关器件的技术参数说明书查到。

表 3.4.2 CMOS 逻辑器件的输出参数

参数名称	测试条件(电压参数单位：V)			参 数	
	输出电压	输入电压	电源电压	最小值	最大值
输出低电平电流/mA	0.4	0/5	5	0.51	
	0.5	0/10	10	1.3	
	1.5	0/15	15	3.4	
输出高电平电流/mA	4.6	0/5	5	-0.51	
	9.5	0/10	10	-1.3	
	13.5	0/15	15	-3.4	
输出低电平电压/V		0/5	5		0.05
		0/10	10		0.05
		0/15	15		0.05

表 3.4.3 CMOS 逻辑器件的输出参数

参数名称	测试条件(电压参数单位：V)			参 数	
	输出电压	输入电压	电源电压	最小值	最大值
输出高电平电压/V		0/5	5	4.95	
		0/10	10	9.95	
		0/15	15	14.95	
输出状态转换时间/ns	$C_L = 50\text{pF}$ $R_L = 200\text{k}\Omega$		5		200
			10		100
			15		80

5. CMOS 逻辑器件的其他系列性能参数比较

CMOS 逻辑门电路的各系列性能比较，主要罗列时延、功耗以及功耗时延积的参数比较。从表 3.4.4 中可以看出，CMOS 逻辑门电路的优点是功耗低。缺点是时延较长，也即工作速度不是很快。为了克服工作速度较慢的弱点，在需要速度较快的场合，可以采用 Bi-CMOS 系列产品。

这里指的低功耗，是指静态功耗，当工作频率较高时，由于电容的充电、放电作用，其动态功耗反而增加了，其值与低功耗肖特基门 LSTTL 接近。具体情况如表 3.4.4 所示。

表 3.4.4 CMOS 逻辑门电路各系列性能比较

系列参数	基本的 CMOS4000 /4000B 系列	高速 CMOS74HC 系列	与 TTL 兼容的高速 CMOS74HCT 系列	与 TTL 兼容的高速 Bi-CMOS74BCT 系列
$t_{pd}/\text{ns}, C_L = 15\text{pF}$	75	10	13	2.9
P_D/mW	0.002	1.55	1.002	0.0003～7.5
DP/pJ	0.15	15.5	13.026	0.00087～22

3.5 74 系列和 4000 系列逻辑门电路的使用

逻辑门电路的实际使用一般有两种可能：一是门电路与门电路之间的连接；另一种是门电路驱动其他电器负载，如继电器、发光二极管等显示器件。在实际使用中应注意电压等级的要求及负载电流的大小对驱动门电路的要求。若电压等级不一致,应采用措施进行必要的转换;若驱动门的额定输出电流小于负载的额定输入电流,也必须采取相应的措施扩大驱动门电路的输出电流,以满足实际的需要。

3.5.1 门电路驱动门电路

门电路驱动门电路,就是门电路与门电路之间的连接。在实际使用中,可以出现用 74 系列驱动 4000 系列逻辑门电路的情况,也可以出现用 4000 系列逻辑门电路驱动 74 系列逻辑门电路的情况,由于 74 系列和 4000 系列的输入和输出参数不一致,所以在这些情况下如何正确使用,也是值得注意的问题。

这些应注意的实际问题,主要体现在驱动门的输出高电平、低电平的电压范围是否满足负载门对输入高电平和低电平电压范围的要求,若不能满足要求,应采取相应的方法,使达到负载门电路的输入电压要求。

1. CMOS 门驱动 TTL 门电路

用 CMOS 逻辑门电路驱动 TTL 逻辑门电路,由于 TTL 逻辑门电路的电源电压为 5V,对输入电压高电平要求,电压范围在 $2.4 \sim 3.6V$ 之间,输入低电平低于 $0.8V$;若高电平电压超过 $3.6V$,小于 TTL 逻辑门电路输入管的输入端击穿电压,输入的电平只要低于 $0.8V$,电路仍然可以稳定工作,逻辑关系仍然正常。对于 CMOS 逻辑门电路,其电源电压最小可以为 5V 电压值,最大可以为 20V 左右,具有较宽的变动范围。而其输出高电平接近于 CMOS 逻辑门电路的电源电压,输出低电平接近于 0V。所以,用 CMOS 门驱动 TTL 门,只要两者采用同一电源电压值,用 CMOS 逻辑门电路就可以直接驱动 TTL 逻辑门电路,电路连接如图 3.5.1 所示。两个门电路的电源电压连接端,在实际使用中可以用同一个电源或者两个电源。不管采用单电源还是双电源,两种器件的公共端都应该并联连接后接到电源的公共端。

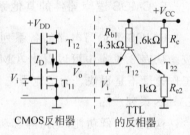

图 3.5.1 CMOS 门驱动 TTL 门 1

若 CMOS 的电源电压与 TTL 门的电源电压不一致,则可以采用图 3.5.2 所示的三极管连接电路或图 3.5.3 所示的电阻分压式连接电路实现输出电压转换为满足输入门电压要求的电压等级。

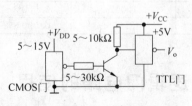

图 3.5.2 CMOS 门驱动 TTL 门 2

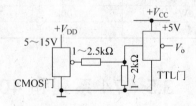

图 3.5.3 CMOS 门驱动 TTL 门 3

2. CMOS 门驱动 HCMOS(74HCT 系列)门电路

CMOS 逻辑门电路驱动 HCMOS 逻辑门电路,也与 CMOS 逻辑门电路驱动 TTL 逻辑门电路的情况一样,如果两者的电源电压一致,则可以直接进行连接;若两者的电源电压不一致,一般是 CMOS 逻辑门电路的电源电压高于 HCMOS 逻辑门电路的电源电压,则也采用图 3.5.2 和图 3.5.3 所示方法处理,实现电压等级的转换,不过,图中的 TTL 逻辑门应改为 HCMOS 逻辑门。

3. HCMOS 门驱动 CMOS 门电路

HCMOS 逻辑门电路驱动 CMOS 逻辑门电路,若两者的电源电压一致,则可以将输出与输入直接连接;若两者的电压不一致,由于 CMOS 逻辑门电路电源电压高于 HCMOS 逻辑门电路,所以 HCMOS 逻辑门的输出高电平达不到 CMOS 逻辑门输入高电平的电压等级要求,可以采用图 3.5.4 所示的电路实现电压等级的转换。

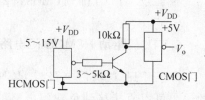

图 3.5.4 HCMOS 门驱动 CMOS 门

4. HCMOS 门驱动 TTL 门电路

HCMOS 逻辑门电路驱动 TTL 逻辑门电路,若两者电源电压等级相同,两者的电平等级兼容,则可以将输出与输入端之间直接连接。HCMOS 逻辑门电路的输出能力可以驱动 10~20 个 LSTTL 逻辑门电路(标准输出 HCMOS 逻辑门),或者 15~30 个 LSTTL 逻辑门电路(总线输出 HCMOS 逻辑门)。

5. TTL 门驱动 CMOS 门电路

由于 TTL 逻辑门电路的高电平输出电压最高值约为 3.6V,而 CMOS 逻辑门电路的高电平输入电压值接近于电源电压,为 5~15V。所以用 TTL 逻辑门电路驱动 CMOS 逻辑门电路应设法提升 TTL 逻辑门电路加到 CMOS 逻辑门高电平的输入电压,连接电路如图 3.5.5~图 3.5.7 所示。图 3.5.5 是采用接上拉电阻 R_P 的方法,将 TTL 逻辑电路的输出电平等级提高到 CMOS 逻辑门电路的输入电平等级,由于 CMOS 逻辑门电路的输入很小,所以当 TTL 逻辑门的 T_3 管截止时,流经上拉电阻 R_P 的电流值很小,使加到 CMOS 逻辑门的高电平电压接近于 V_{DD}。当 TTL 逻辑门的 T_3 管导通时,流经上拉电阻 R_P 的电流值应小于 TTL 逻辑门的低电平输出电流值。所以,图 3.5.5 中的上拉电阻 R_P 电阻值为 $R_P > \dfrac{V_{DD}-V_{oL}}{I_{oL}}$,一般情况下可取 3~5kΩ。

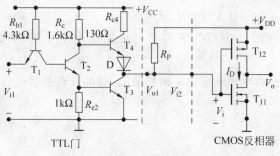

图 3.5.5 TTL 门驱动 CMOS 门 1

图 3.5.6 和图 3.5.7 是用三极管非门电路结构实现电平的提升。图 3.5.6 适合于 TTL 逻辑门电路中的一般门电路和三态输出门电路的应用,不适合于集电极开路门电路的应用;图 3.5.7 适合于 TTL 逻辑门电路中的集电极开路门的应用。

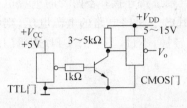

图 3.5.6　TTL 门驱动 CMOS 门 2

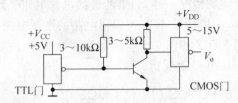

图 3.5.7　TTL 门驱动 CMOS 门 3

6. TTL 门驱动 HCMOS 门电路

由于 TTL 逻辑门电路与 HCMOS 逻辑门电路的逻辑电平互相兼容,所以,驱动门的输出可以直接接到负载门电路的输入。若两者电源等级不一致,一般是 HCMOS 逻辑门电路的电源电压较高,在这种情况下可以采用图 3.5.5~图 3.5.7 电路形式进行连接。

7. 同类型逻辑门电路的连接

同类型逻辑门电路的连接,驱动门电路的输出可以直接与负载门电路的输入端连接。连接的门数或连接的输入端端数按扇出系数的计算原则计算,尤其要注意扇出系数的要求,以免驱动门电路输出过载而损坏。

【例 3.5.1】　已知 74HCMOS 与非门电路的高电平输出电流为 0.5mA,低电平输出电流为 4mA,用其来驱动 1 个基本的 TTL 型反相器和 5 个 74LS 门电路。试验算此时的 CMOS 门电路输出是否过载。

解:74HCMOS 与非门电路低电平输出时,TTL 反相器的参数为 $I_{iL}=1.6\text{mA}$,5 个 74LS 门的总输入电流为 $5\times0.4=2.0\text{mA}$。

总的输入电流为 $1.6+2.0=3.6\text{mA}$。

$I_{oL}=4\text{mA}>I_{iL}$,所以 74HCMOS 与非门电路在低电平输出时,驱动命题所规定的 TTL 门电路未过载。

74HCMOS 与非门电路高电平输出时,TTL 反相器的参数为 $I_{iH}=0.04\text{mA}$,5 个 74LS 门的总输入电流为 $5\times0.02=0.1\text{mA}$。

总的输入电流为 $0.04+0.10=0.14\text{mA}$。

$I_{oH}=4\text{mA}>I_{iH}$,所以 74HCMOS 与非门电路在高电平输出时,驱动命题所规定的 TTL 门电路未过载。

由于驱动门在输出高电平和低电平两种情况下,都没有引起过载,所以输出门电路不会引起过载。

3.5.2 门电路驱动一般负载

1. 用门电路直接驱动显示器件

使用逻辑门电路可以直接驱动发光二极管、液晶显示器等低电压等级类的显示器件,只要显示器件的电压等级(额定电压值)与逻辑门电路的输出电压等级或逻辑电路的电源电压值相同就可以进行直接驱动。但为了安全起见,通常在电路中接入限流电阻,如图3.5.8所示。其中图(a)为高电平输出有效显示电路的连接情况,图(b)为低电平输出有效显示电路的连接情况。电路连接限流电阻大小的确定可以用下述方式进行:

(1) 对于图(a),当门电路输入低电平时,输出为高电平,于是 $R = \dfrac{V_{\text{oH}} - V_F}{I_D}$。

(2) 对于图(b),当门电路输入高电平时,输出为低电平,于是 $R = \dfrac{V_{\text{CC}} - V_F - V_{\text{oL}}}{I_D}$。

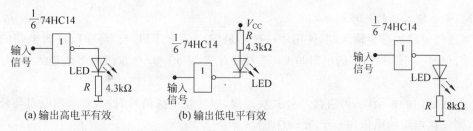

图 3.5.8　CMOS 74HC06 驱动 LED 电路　　图 3.5.9　例 3.5.2 电路图

(a) 输出高电平有效　　(b) 输出低电平有效

【例 3.5.2】 试用 CMOS 反相器 74HC14 作为接口电路,使门电路的输入为低电平时,LED 导通,连接电路如图 3.5.9 所示。设电路中的 $I_D = 0.5\text{mA}$,$V_F = 0.7\text{V}$,$V_{\text{CC}} = 5\text{V}$,$V_{\text{oH}} = 4.7\text{V}$。试计算图 3.5.9 所示电路的电阻 R 为多大才是合适的。

解: 由于 74HC 系列的高电平输出电流额定值为 0.5mA,图 3.5.9 所示电路的电阻 R 为限流电阻,所以该电阻的电阻值应为(注意:若逻辑门电路的高电平输出电流小于显示二极管的额定电流,则应增加缓冲驱动级)

$$R = \frac{V_{\text{oH}} - V_F}{I_{\text{oH}}}, \quad R = \frac{4.7 - 0.7}{0.5\text{mA}} = 8\text{k}\Omega$$

2. 门电路驱动继电器负载

在工程技术的实际应用中,利用数字逻辑电路的输出信号控制其他较大工作电流的机电性负载,如电动机、照明电器、电炉等,通常采用中间继电器转换控制,即先用逻辑门电路控制继电器的动作,再用继电器的"常开触点"(继电器的线圈通电时闭合,断电时断开)或者"常闭触头"(继电器的线圈通电时断开,断电时闭合)去连接交流、直流接触器的电磁线圈实现对大电流工作的机电性负载的控制。

中间继电器,本身有其额定的电压和电流参数,一般情况下,门电路的输出电压等级必须与中间继电器额定电压一致,输出电流要略大于中间继电器的额定电流值。连接电路如图 3.5.10 所示。中间继电器的线圈两端并接二极管,是为了门电路输出电平发生突变时,在电感性负载的暂态过程中,为电感线圈提供一个续流电路,避免电感性线圈产生感应高电压,起到对逻辑门电路的保护作用。若门电路的输出参数与中间继电器的额定参数不一致,可以加入双极型三极管缓冲级进行转接。

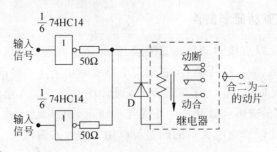

图 3.5.10　CMOS 74HC04 驱动继电器电路

3. 应用中的其他问题处理

1) 多余输入端的处理措施

集成门电路的多余输入端,使用中一般不悬空。对于 TTL 与/与非门逻辑电路的多余输入端,可经一个 $3\sim5\text{k}\Omega$ 的电阻与 V_{CC} 连接;对于 MOS 与/与非门的多余输入端,可以直接与电源端连接。

或/或非门的多余端,可直接与公共端连接,以防止干扰信号引入,若采用电阻与公共端连接,则连接电阻的阻值应小于 $0.6\text{k}\Omega$。

2) 去耦合滤波器

集成电路的供电电源应装有退耦合滤波电路,通常用 $10\sim100\mu\text{F}$ 的电解电容与电源并联。同时对于每一片集成块的供电电源,使用 $0.1\mu\text{F}$ 的电容器与电源并联连接,以防止开关噪声。

3) 公共端的处理和安装工艺

正确接地,信号源的公共端、电源的公共端要分开汇集连接,再用最短的连接导线将两者连接起来。

同样,模拟信号与数字信号的"地端"也要分开汇集,再用最短的连接导线将两者连接起来。

例如,存在模拟信号与数字信号的情况下,可将模拟电路用一块电路模板安装,数字电路用一块电路模板安装,分开供电电源,再用最短的导线将两路供电电源的公共端连接在一起。

4) 对于 MOS 器件,安装和保存中应该注意静电感应引起对元件的损伤

采用静电屏蔽是常用的防护措施,如安装时电烙铁外壳接地、保存时用带金属薄或防止静电感应的包装纸包装等。

本章小结

晶体管(包括二极管、三极管、MOS 管)是构成逻辑门电路的最基本元器件,了解二极管、三极管、MOS 管的开关特性,是了解逻辑门电路开关工作过程的基础,掌握晶体管的开关特性是掌握各种逻辑门电路电气特性的根本。

逻辑门电路是构成各种复杂数字电路模块的最基本单元电路,熟练掌握各种逻辑门电路的逻辑功能是学好数字电路的基础,了解各种逻辑门电路的电气性能、开关特性是正确使用逻辑门电路的根本所在。

TTL74、54(包括 S、LS、H、AS、ALS 型)系列是目前还在广泛使用的由双极型晶体管构成的型逻辑门电路。4000、TTL74HC(HCT)、54HC(HCT)系列是目前还在广泛使用的由 MOS 管组成的逻辑门电路。掌握这些逻辑门电路的应用,应该重点了解门电路的外部特性和逻辑功能,门电路的输入、输出特性,包括逻辑门电路的输入、输出负载特性。了解门电路的内部电路结构及工作原理,主要是帮助对门的电气特性进一步加深理解,以便更加正确地使用各种逻辑门电路。实际使用中是无暇顾及门电路的内部结构的。

在目前模块化电子技术应用的时代,电路的结构将会变得越来越复杂,但基本上还是脱离不了由双极型三极管或 MOS 管组成的基本电路结构组合而成,因此,集成电路模块中,仍然分列为 TTL 系列和 CMOS 系列。在以后所学的各章中,属于 TTL 电路的集成模块,就与本章所学的 TTL74、54(包括 S、LS 型)系列逻辑门电路具有相同的外部电气特性;属于 MOS 电路的集成电路芯片,就与本章所学的 4000、TTL74HC(HCT)、54HC(HCT)系列逻辑门电路具有相同的外部电气特性。

由于 MOS 管的栅极与衬底之间抗静电能力差,所以对于 4000、TTL74HC(HCT)、54HC(HCT)系列逻辑门集成电路芯片,使用时应该特别注意防止静电,包括保存、施工焊接、包装、运输等。

集成逻辑门电路的种类已经很多,为了更好地了解,可以大体将其进行分类。按构成电路的器件划分,可以分成 3 类:①双极型晶体管组成的集成逻辑门电路(有 TTL、HTL、ECL、I^2L 等形式);②MOS 管组成的集成逻辑门电路(有 CMOS、PMOS、NMOS 等形式);③混合型(双极型-MOS 管型)。

按电路的输出级的电路结构分也可以分为 3 类:①互补对称输出电路(包括 CMOS 电路);②开路门输出电路(包括 OC 门、MOS 门电路中的 OD 门);③三态输出逻辑电路。

按集成电路的逻辑功能分,可以有 7 种:或门、与门、或非门、与非门、非门、异或门和同或门。

本章所罗列的各种门电路的参数,可以作为实际应用的参考。

本章习题

题 3.1　如图 P3.1 所示电路图,运算放大器输出电压为 ±10V,并令输出电压 $V_o = +10V$ 的逻辑值为 1,$V_o = -10V$ 的逻辑值为 0,A、B 输入端的高电平为 10V,低电平为 0V。说明该电路图实现什么逻辑功能。

题 3.2　二极管构成的电路如图 P3.2 所示,计算当输入信号电压的值为 $V_{i1} = 0.3V$、$V_{i2} = 1.4V$、$V_{i3} = 3.0V$,$V_{i1} = V_{i2} = V_{i3} = 3.0V$ 及 0.3V 这 3 种情况下,5kΩ 电阻上流过的电流和输出电压的数值。

题 3.3　二极管构成的电路如图 P3.3 所示,计算当输入信号电压的值为 $V_{i1} = 0.3V$、$V_{i2} = 1.4V$、$V_{i3} = 3.0V$,$V_{i1} = V_{i2} = V_{i3} = 3.0V$ 及 0.3V 这 3 种情况下,5kΩ 电阻上流过的电流和输出电压的数值。

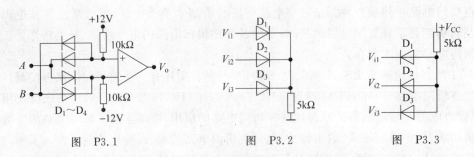

图 P3.1　　　　　　　图 P3.2　　　　　　　图 P3.3

题 3.4　三极管构成的电路如图 P3.4 所示,若电源电压 $V_{CC}=5V$,晶体管的 $\beta=50$。分析输入信号电压的值为 0.5V、1.5V、2.5V 和 3.0V 4 种情况下三极管的工作状态。

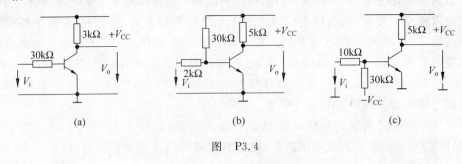

图　P3.4

题 3.5　三极管构成的电路如图 P3.5 所示,若电源电压 $V_{CC}=5V$,晶体管的 $\beta=30$。分析输入信号电压的值为 0.2V、3.6V 两种情况下三极管的工作状态及输出电压值。

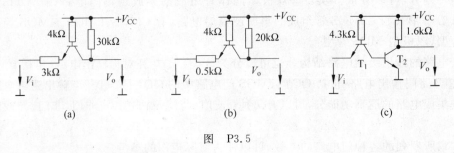

图　P3.5

题 3.6　采用 TTL 与非门 74LS20 驱动 2 个 74S04 反相器和 1 个 74LS20 与非门的所有输入端,计算分析驱动门电路是否过载。四输入 74LS20 的输出和输入参数为:输入低电平输入电流为 $-0.4mA$,输入高电平输入电流为 $20\mu A$,输出低电平输出电流为 8mA,输出高电平输出电流为 0.4mA。74S04 的输出和输入参数为:输入低电平输入电流为 $-2mA$,输入高电平输入电流为 $50\mu A$,输出低电平输出电流为 20mA,输出高电平输出电流为 $-1mA$。

题 3.7　指出如图 P3.7 所示由 TTL 集成与非门(电源电压为 5V)组成的逻辑电路图的输出端逻辑状态。

题 3.8　指出如图 P3.8 所示由 TTL 集成或非门(电源电压为 5V)组成的逻辑电路图的输出端逻辑状态。

题 3.9　指出如图 P3.9 所示由 TTL 集成异非门(电源电压为 5V)组成的逻辑电路图的输出端逻辑状态。

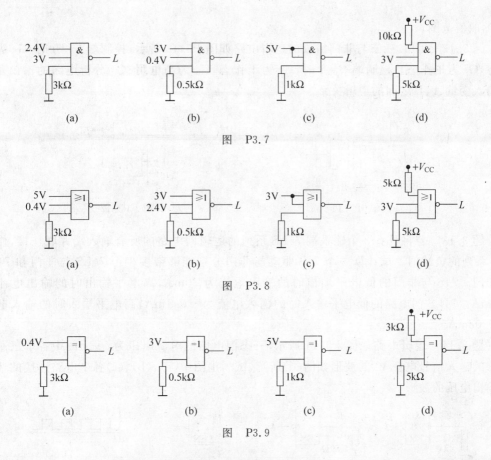

图 P3.7

图 P3.8

图 P3.9

题 3.10 由 TTL 集电极开路门组成的逻辑电路如图 P3.10 所示,电源电压为 5V,要求高电平的输出电压为 3V,低电平的输出电压为 0.2V。图中所有逻辑门电路均为 74LS 系列产品,高电平输入时的输入电流为 $20\mu A$,低电平输入时的输入电流为 $-0.4mA$;三态输出门电路的高电平输出时,输出电流为 8mA,低电平输出时,输出电流为 0.4mA。计算上拉电阻 R_L 的取值范围,并写出各个输出端的逻辑函数表达式。

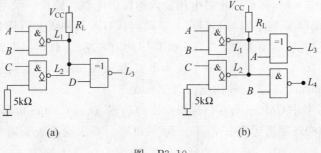

图 P3.10

题 3.11 为防止开关操作产生抖动,可以采用如图 P3.11 所示电路,图中逻辑门电路是 74S 系列逻辑门电路,其低电平输入的输入电流为 $-2mA$,高电平输入的输入电流为 0.5mA。为保证电路的正常逻辑关系,要求开关 S 闭合时,逻辑门的输入电压小于 0.3V,开关 S 断开时,逻辑门的输入电压值大于 3.0V。图中电源电压为 5V。确定图中电阻 R_1、

R_2 的取值范围。

题 3.12 TTL 三态与非门组成的逻辑电路如图 P3.12 所示,控制端 $\overline{C}=0$ 时,G_1 为高阻态,G_2 为工作态。控制端 $\overline{C}=1$ 时,G_1 为工作态,G_2 为高电阻态。分析电路的输出量 L 与输入变量 A、B 之间的逻辑关系。

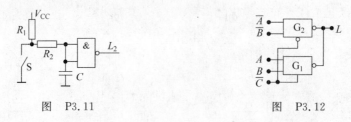

图 P3.11   图 P3.12

题 3.13 若将具有 3 个输入端 74LS 系列的逻辑门电路的所有输入端并联连接,作为 74S 系列的负载门。试计算一个 74S 驱动与非门分别能够带多少个 74LS 与非门和 74LS 或非门。74S 与非门的低电平输出时的输出电流为 20mA,高电平输出时的输出电流为 -1mA。74LS 门电路的低电平输入时的输入电流为 -0.4mA,高电平输入时的输入电流为 0.02mA。

题 3.14 逻辑电路如图 P3.14 所示,三态门电路的电源电压为 5V。图中各个三态门电路的输入信号电压 V_i 的波形如图(d)所示,试画出图中(a)、(b)、(c)各个电路连接的情况下输出电压的波形。

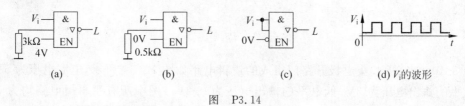

(a)   (b)   (c)   (d) V_i的波形

图   P3.14

题 3.15 试参考书中的 TTL 与非门电路的构成,用三极管和二极管及电阻设计一个具有 4 个输入端的与或非门电路,即实现 $L=\overline{ABCD+EFGH}$ 的逻辑运算电路。要求输入电路在负输入电压输入时,具有防止过电压输入的保护电路。输出级采用推拉式输出电路。

题 3.16 若用 74 系列逻辑与非门作为驱动门,74LS 系列或非门作为负载门。试计算一个 74 系列与非门能够驱动多少个 74LS 或非门的输入端。74LS 门电路的低电平输入时的输入电流为 -0.4mA,高电平输入时的输入电流为 0.02mA。74 系列逻辑门电路的高电平输出电流为 0.4mA,低电平的输出电流为 16mA。

题 3.17 参考书中 CMOS 与非门逻辑电路的构成,试以 CMOS 电路结构用 MOS 管和双极型三极管设计实现逻辑运算 $L=\overline{AD+BC}$ 的电路。要求输出级采用双极型三极管构成推拉式电路结构。

题 3.18 参考书中 CMOS 与非门逻辑电路的构成,试以 CMOS 电路结构用 MOS 管设计实现逻辑运算 $L=\overline{A}\cdot\overline{B}\cdot\overline{C}$ 的电路。

题 3.19 下述各种集成逻辑门电路中,哪些逻辑门可以实现多个输出端并联连接,若能够实现并联连接,指出并联连接后输出与输入之间的逻辑运算关系。

(1) 一般的 CMOS 集成逻辑门电路。

（2）三态 PMOS 集成逻辑门电路。

（3）三态 CMOS 集成逻辑门电路。

（4）一般的推拉式输出的 TTL 逻辑门电路。

（5）集电极开路输出级的 TTL 逻辑门电路中的 OC 门。

（6）双极型三极管构成推拉式输出的 CMOS 三态逻辑门电路。

（7）双极型三极管构成推拉式输出的 TTL 三态逻辑门电路。

题 3.20 采用二极管及合适的电阻实现将两输入的 CMOS 与非门电路扩展成四输入的与非门电路。

题 3.21 采用二极管及合适的电阻实现将两输入的 CMOS 或非门电路扩展成四输入的或非门电路。

题 3.22 用 CMOS 逻辑门电路构成的逻辑电路如图 P3.22 所示，试写出输出与输入之间逻辑关系的逻辑表达式。

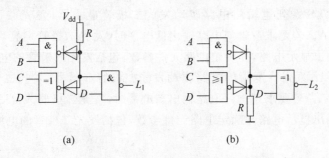

图　P3.22

题 3.23 若将图 P3.22 中的所有 CMOS 逻辑门电路改为 TTL 逻辑门电路，能否采用这种电路连接，说明理由。

题 3.24 图 P3.24 所示的逻辑电路中，图（a）是用双极型三极管实现用 TTL 逻辑门驱动 CMOS 逻辑门的连接电路，图（b）是用双极型三极管实现用 CMOS 逻辑门驱动 TTL 逻辑门的连接电路，CMOS 逻辑门的高电平输出电压为 10V，低电平输出电压值为 0V，电源电压为 10V，高电平和低电平的输入电流为 0。TTL 逻辑门的电源电压为 5V，高电平输出电压为 3.4V，低电平输出电压为 0.3V，高电平的输入电流为 0.02mA，低电平的输入电流为 -0.4mA。确定电路中电阻 R_C、R_B 及电源电压 V_{CC} 的合适值。

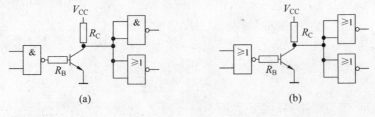

图　P3.24

题 3.25 图 P3.25 所示的逻辑电路中，图（a）是用一般推拉式输出级的 TTL 逻辑门驱动继电器的一种电路结构，图（b）是用集电极开路的输出级 TTL 逻辑电路的 OC 门驱动继电器的一种电路结构。如果晶体管 T 的电流放大系数 $\beta=50$，集电极电流的最大允许值为

20mA，继电器线圈的额定电流值等于 15mA，额定电压等于电源电压，电源电压值为 5V。TTL 与非门的输出高电平等于 3V（有载），低电平等于 0.4V（有载），低电平输出电流为 20mA，高电平输出电流为 0.5mA；TTL 逻辑电路的 OC 门的低电平输出电流为 8mA，高电平输出电流为 0.005mA。确定电路中 R_1、R_2 的合适参数值。

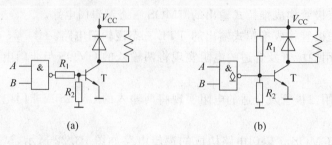

图　P3.25

题 3.26　用 74S 系列逻辑门电路驱动发光二极管显示器，发光二极管的额定值为 $V_N = 3V$，$I_N = 10mA$。若要求逻辑门电路输出低电平时，发光二极管发亮，输出高电平时发光二极管不亮。画出显示电路，并确定电路元件参数，包括发光二极管的电源参数。

题 3.27　用 74S 系列的逻辑门电路驱动发光二极管显示器，发光二极管的额定值为 $V_N = 3V$，$I_N = 20mA$。若要求逻辑门电路输出高电平时，发光二极管发亮，输出低电平时发光二极管不亮。画出显示电路并确定电路元件参数，包括发光二极管的电源参数。

第4章

组合逻辑电路

主要内容：一个数字信号的处理系统，可以包含许许多多的逻辑电路。一般逻辑电路大致可分为两大类：组合逻辑电路（combination logic circuit）和时序逻辑电路（sequential logic circuit）。

组合逻辑电路是用各种门电路组成的，用于实现某种组合逻辑功能的复杂逻辑电路。组合逻辑电路在逻辑功能上的特点是：某一时刻的输出状态仅由该时刻电路的输入信号状态组合关系决定，而与该电路在输入信号之前所具有的输出状态无关。因此组合逻辑电路在电路结构上的特点是：①输出与输入之间一般没有反馈回路；②电路中没有记忆单元；③当输入信号的状态组合改变时，输出状态也随着改变。

组合逻辑电路的功能以逻辑图、逻辑表达式、真值表等形式进行描述。逻辑图是描述实现逻辑功能的电路结构，但对功能的描述不够直观；逻辑表达式和真值表能够直观、明显地描述逻辑功能，所以进行逻辑电路分析和逻辑问题的实际电路设计时，通常使用列出真值表分析逻辑电路的逻辑功能，或者列出真值表分析实际逻辑问题的逻辑关系，并从真值表得出逻辑命题的函数表达式，设计实现逻辑命题的逻辑电路。

4.1　组合逻辑电路的分析方法

组合逻辑电路的分析，就是找出给定逻辑电路输出和输入之间的逻辑关系，从而了解给定逻辑电路的逻辑功能。组合逻辑电路的分析方法通常采用代数法，分析过程一般按下列步骤进行：

（1）根据给定组合逻辑电路的逻辑图，以每个门电路的输入端输入信号为自变量，写出各逻辑门输出端的逻辑表达式，对于中间变量最好在写出表达式的同时化简，以免积累到最后。

（2）化简总输出端的逻辑表达式。

（3）列出真值表（当然比较简单的表达式这一步可以省略）。

（4）从逻辑函数表达式或真值表，分析出给定组合逻辑电路的逻辑功能。

【**例 4.1.1**】　分析图 4.1.1 所示组合逻辑电路的逻辑功能。

解：根据给出的逻辑图，逐级推导出输出端的逻辑函数表达式，有

$$P_1 = \overline{AB}, \quad P_2 = \overline{BC}, \quad P_3 = \overline{AC}$$

$$F = \overline{P_1 \cdot P_2 \cdot P_3} = \overline{\overline{AB} \cdot \overline{BC} \cdot \overline{AC}} = AB + BC + AC$$

表 4.1.1 为由函数表达式 F 所列真值表。由该真值表可以看出，在 3 个输入变量中，只要有两个或两个以上的输入变

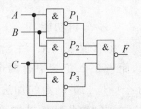

图 4.1.1　例 4.1.1 逻辑电路图

量为 1,则输出函数 F 为 1,否则为 0,它表示了一种"少数服从多数"的逻辑关系。因此可以将该电路概括为三变量多数表决器。

表 4.1.1 例 4.1.1 真值表

A	B	C	F	A	B	C	F
0	0	0	0	1	0	0	0
0	0	1	0	1	0	1	1
0	1	0	0	1	1	0	1
0	1	1	1	1	1	1	1

【**例 4.1.2**】 分析图 4.1.2 所示组合逻辑电路的逻辑功能。

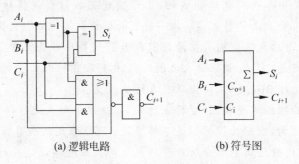

(a) 逻辑电路   (b) 符号图

图 4.1.2 例 4.1.2 逻辑电路及符号图

解:(1) 写出函数表达式。

$$S_i = A_i \oplus B_i \oplus C_i$$
$$C_{i+1} = (A_i \oplus B_i)C_i + A_i B_i$$

(2) 列出真值表如表 4.1.2 所示。

表 4.1.2 例 4.1.2 真值表

A_i	B_i	C_i	S_i	C_{i+1}
0	0	0	0	0
0	0	1	1	0
0	1	0	1	0
0	1	1	0	1
1	0	0	1	0
1	0	1	0	1
1	1	0	0	1

(3) 分析功能。

由真值表可见,当 3 个输入变量 A_i、B_i、C_i 中有一个为 1 或 3 个同时为 1 时,输出 $S_i = 1$,而当 3 个变量中有两个或两个以上同时为 1 时,输出 $C_{i+1} = 1$,它正好实现了 A_i、B_i、C_i 3 个一位二进制数的加法运算功能,这种电路称为一位全加器。其中,A_i、B_i 分别为两个一位二进制数相加的被加数、加数,C_i 为低位向本位的进位,S_i 为本位和,C_{i+1} 是本位向高位的进位。一位全加器的符号如图 4.1.2(b) 所示。

如果不考虑低位来的进位,即 $C_i=0$,则这样的电路称为半加器,其真值表和逻辑电路分别如表 4.1.3 和图 4.1.3 所示。

表 4.1.3 半加器真值表

A_i	B_i	C_{i+1}	S_i
0	0	0	0
0	1	0	1
1	0	0	1
1	1	1	0

图 4.1.3 半加器逻辑电路

4.2 组合逻辑电路设计

组合逻辑电路的设计,就是如何根据逻辑功能的要求及器件资源情况,设计出实现该功能的最佳电路。要实现一个逻辑功能的要求,可以采用小规模集成门电路实现,也可采用中规模集成器件或存储器、可编程逻辑器件来实现。本节只讨论采用小规模器件构成组合逻辑电路的设计方法。

工程上的最佳设计,通常需要用多个指标去衡量,主要考虑的问题有以下几个方面:

(1) 所用的逻辑器件数目最少,器件的种类最少,且器件之间的连线最简单。这样的电路称"最简化"电路。

(2) 满足速度要求,应使级数尽量少,以减少门电路的延迟。

(3) 功耗小,工作稳定可靠。

上述"最简化"是从满足工程实际需要提出的。显然,"最简化"电路不一定是"最佳化"电路,必须从经济指标和速度、功耗等多个指标综合考虑,才能设计出最佳电路。

虽然采用中、大规模集成电路设计时,其最佳含义及设计方法都有所不同,但采用传统的设计方法仍是数字电路设计的基础。

组合逻辑电路的设计一般可按以下步骤进行:

(1) 逻辑抽象。将文字描述的逻辑命题转换成真值表叫逻辑抽象。首先要分析逻辑命题,确定输入、输出变量;然后用二值逻辑的 0、1 两种状态分别对输入、输出变量进行逻辑赋值,即确定 0、1 的具体含义;最后根据输出与输入之间的逻辑关系列出真值表。

(2) 选择器件类型。根据命题的要求和器件的功能及其资源情况决定采用哪种器件。

(3) 根据真值表和选用逻辑器件的类型,写出相应的逻辑函数表达式。当采用 SSI 集成门设计时,为了获得最简单的设计结果,应将逻辑函数表达式化简,并变换为与门电路相对应的最简单式。在使用计算机进行辅助设计时,计算机的辅助设计软件具有对逻辑函数进行简化和变换功能。所以,逻辑化简、逻辑变换均由计算机设计完成。

(4) 根据逻辑函数表达式及选用的逻辑器件画出逻辑电路图。

(5) 实际设计时,还要进行生产工艺设计,包括器件安装机箱、电源、控制开关、输入开关、相关显示电路、外观布置、生产工艺等的设计。

必须说明的是,有时由于输入变量的条件(如只有原变量输入,没有反变量输入)、采用器件的条件(如在一块集成器件中包含多个基本门)等因素,采用最简单"与-或式"实现电

路,不一定是最佳电路结构

【例 4.2.1】 设计一个一位全减器。

解:(1) 列真值表如表 4.2.1 所示。

表 4.2.1　全减器真值表

A_n	B_n	C_n	C_{n+1}	D_n
0	0	0	0	0
0	0	1	1	1
0	1	0	1	1
0	1	1	1	0
1	0	0	0	1
1	0	1	0	0
1	1	0	0	0
1	1	1	1	1

全减器有 3 个输入变量:被减数 A_n,减数 B_n,低位向本位的借位 C_n;有两个输出变量:本位差 D_n,本位向高位的借位 C_{n+1}。其框图如图 4.2.1(a)所示。

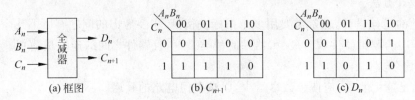

图 4.2.1　全减器框图及卡诺图

(2) 选器件。

选用非门、异或门、与或非门 3 种器件。

(3) 写逻辑函数式。

首先画出 C_{n+1} 和 D_n 的卡诺图如图 4.2.1(b)、(c)所示,然后根据选用的 3 种器件将 C_{n+1}、D_n 分别化简为相应的函数式。由于该电路有两个输出函数,因此化简时应从整体出发,尽量利用几个逻辑式中的"公共项",使整体逻辑电路使用的逻辑门门数最少,而不是将每个输出函数化为最简单式。当用与或非门实现电路时,利用卡诺图相邻项的合并原则,求出相应的与或非式为

$$D_n = \overline{\overline{A}_n\,\overline{B}_n\,\overline{C}_n + \overline{A}_n B_n C_n + A_n B_n \,\overline{C}_n + A_n\,\overline{B}_n C_n}$$

$$C_{n+1} = \overline{\overline{B}_n\,\overline{C}_n + A_n\,\overline{C}_n + A_n\,\overline{B}_n}$$

当用异或门实现电路时,写出相应的函数式为

$$D_n = A_n \oplus B_n \oplus C_n$$

$$C_{n+1} = \overline{A}_n\overline{B}_n C_n + \overline{A}_n B_n\overline{C}_n + B_n C_n$$

$$= \overline{A}_n(B_n \oplus C_n) + B_n C_n = \overline{\overline{\overline{A}_n(B_n \oplus C_n)} \cdot \overline{B_n C_n}}$$

其中$(B_n \oplus C_n)$为 D_n 和 C_{n+1} 的公共项。

(4) 画出逻辑电路如图 4.2.2 所示。

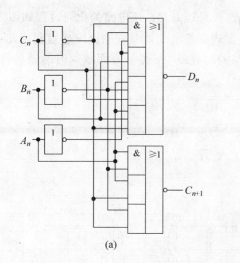
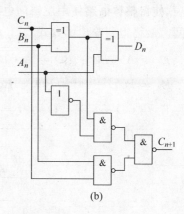

图 4.2.2 全减器逻辑图

【例 4.2.2】 用门电路设计一个将 8421BCD 码转换为余 3 码的变换电路。

解：(1) 分析题意,列出真值表。

该电路输入变量为 8421BCD 码,输出变量为余 3 码,是有 4 个输入变量、4 个输出变量的转换电路。根据两种 BCD 码的编码关系,列出真值表,如表 4.2.2 所示。由于 1010~1111 这 6 种状态在 8421BCD 码不会出现,因此把它们视为无关项。

表 4.2.2 例 4.2.2 命题的真值表

输 入 变 量				输 出 变 量			
A	B	C	D	E_3	E_2	E_1	E_0
0	0	0	0	0	0	1	1
0	0	0	1	0	1	0	0
0	0	1	0	0	1	0	1
0	0	1	1	0	1	1	0
0	1	0	0	0	1	1	1
0	1	0	1	1	0	0	0
0	1	1	0	1	0	0	1
0	1	1	1	1	0	1	0
1	0	0	0	1	0	1	1
1	0	0	1	1	1	0	0
1	0	1	0	$\times$	$\times$	$\times$	$\times$
1	0	1	1	$\times$	$\times$	$\times$	$\times$
1	1	0	0	$\times$	$\times$	$\times$	$\times$
1	1	0	1	$\times$	$\times$	$\times$	$\times$
1	1	1	0	$\times$	$\times$	$\times$	$\times$
1	1	1	1	$\times$	$\times$	$\times$	$\times$

(2) 选择器件,写出输出函数表达式。

电路的框图结构如图 4.2.3(a)所示。题目没有具体指定用哪一种门电路,因此可以从门电路的数量、种类、速度等方面综合考虑,选择最佳方案。该电路的化简过程如图 4.2.3(b)所示,首先得出最简单与或式,然后进行函数式变换。变换时一方面应尽量利用几个逻辑式中的公共项,使得整体电路使用逻辑门电路的门数最少;另一方面减少门的级数,以减少传输延迟时间。最终得到输出函数式为

$$E_3 = A + BC + BD = \overline{\overline{A} \cdot \overline{BC} \cdot \overline{BD}}$$

$$E_2 = B\overline{C}\overline{D} + \overline{B}C + \overline{B}D = B(\overline{C+D}) + \overline{B}(C+D) = B \oplus (C+D)$$

$$E_1 = \overline{C}\overline{D} + CD = C \otimes D = C \oplus \overline{D}$$

$$E_0 = \overline{D}$$

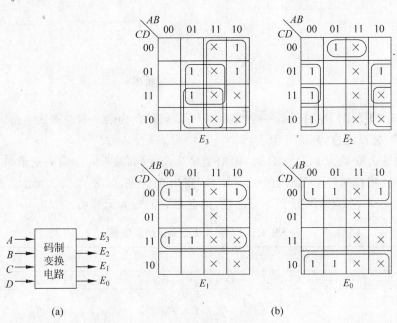

图 4.2.3　例 4.2.2 的框图及卡诺图

(3) 画逻辑电路。

该电路采用了 3 种门电路,速度较快,逻辑图如图 4.2.4 所示。

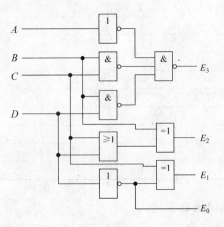

图 4.2.4　8421BCD 码转换为余 3 码的电路

4.3 组合逻辑电路中的竞争-冒险现象

4.3.1 竞争-冒险现象及其成因

在组合电路中,某一输入变量经不同路径传输后,到达电路中某一会合点的时间有先有后,这种现象称为竞争。由于竞争而使电路输出发生瞬时错误的现象称为冒险。例如,图 4.3.1(a)所示电路,其输出函数为 $F=AB+\overline{A}C$。当 $B=C=1$ 时,应有 $F=A+\overline{A}=1$,即不管 A 如何变化,输出 F 恒为高电平。而实际上由于门电路有延迟,当 A 由高变低时,在输出波形上出现了一个负脉冲,如图 4.3.1(b)所示。

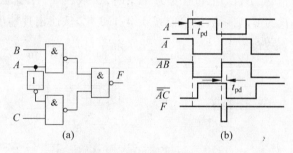

图 4.3.1 竞争冒险现象示例 1

这就是由竞争所造成的错误输出,这种宽度很窄的脉冲,人们形象地称其为毛刺——尖脉冲(图中波形忽略了信号的前后沿,并假定各门的延迟时间均为 t_{pd})。这种负向毛刺也称为 0 型冒险;反之,若出现正向毛刺称 1 型冒险。

又如图 4.3.2 所示,加到同一门电路的两输入信号同时向相反方向变化,由于过渡过程不同也会出现竞争,也有可能使得输出信号中出现毛刺(图中未考虑门的延迟时间)。这种由于多个输入变量同时变化引起的冒险称为功能冒险。

竞争是经常发生的,但不一定都会使得输出信号产生毛刺。如图 4.3.2(b)中 A 由 0 变 1 时也有竞争,却未产生毛刺,所以竞争不一定造成危害。但一旦出现了毛刺,若下级负载对毛刺敏感,则毛刺将使负载电路发生误动作。

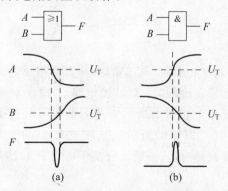

图 4.3.2 竞争与冒险现象示例 2

4.3.2 检查竞争-冒险现象的方法

1. 代数法

当函数表达式在一定条件下可以简化成 $F=X+\overline{X}$ 或 $F=X \cdot \overline{X}$ 的形式时，X 的变化可能引起冒险现象。

2. 卡诺图法

如果两"卡诺圈"(卡诺图中的相邻项包围圈)相切，而相切处又未被其他"卡诺圈"包围，则可能发生冒险现象。如图 4.3.1(a)所示电路，其卡诺图如图 4.3.3(a)所示，该图上两"卡诺圈"相切，当输入变量 A、B、C 由 111 变为 110 时，F 从一个"卡诺圈"进入另一个"卡诺圈"，若把圈外函数值视为 0，则函数值可能按 1-0-1 变化，从而出现输出信号产生毛刺。

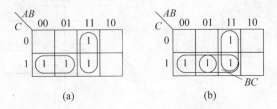

图 4.3.3 用卡诺图识别和消除逻辑冒险

3. 实验法

两个以上的输入变量同时变化引起的功能冒险难以用上述方法判断，因而发现冒险现象最有效的方法是实验。利用示波器仔细观察在输入信号各种变化情况下的输出信号，发现毛刺则分析原因并加以消除，这是经常采用的办法。

4.3.3 消除竞争-冒险现象的方法

当电路中存在冒险现象时，必须设法消除它，否则会导致错误结果。消除冒险现象通常有如下方法。

1. 加滤波电路

利用滤波电路可消除毛刺的影响。毛刺的脉冲宽度很窄，其宽度可以和门电路的平均传输延迟时间相比拟，因此常在输出端并联滤波电容 C，或在本级门电路的输出端和下一级门电路的输入端之间，串接一个如图 4.3.4(a)所示的积分电路来消除毛刺影响，接入滤波器后的输入和输出波形如图 4.3.4(b)所示。但 C 或 R、C 的引入会使输出脉冲波形的前、后边沿产生倾斜，故参数要选择合适，一般通过实验确定 R、C 的参数。

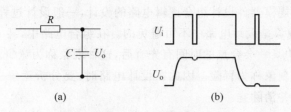

图 4.3.4　加滤波电路排除冒险

2. 加选通信号

通过加设选通信号控制,可避开毛刺。毛刺仅发生在输入信号变化的瞬间,因此在这段时间内先将门封住,待电路进入稳态后,再输入选通信号脉冲,选取输出结果。该方法简单易行,但选通信号的作用时间和极性等,一定要合适。例如,如图 4.3.5 所示,在组合电路中输出门的一个输入端,加入一个选通信号,即可有效地消除任何冒险现象的影响。如图 4.3.5 所示电路中,尽管可能有冒险发生,但是,输出信号却不会反映出来,因为当冒险现象发生时,选通信号的低电平将输出门封锁了。

3. 增加冗余项

加入冗余项,可消除逻辑冒险。例如,对于图 4.3.5 所示电路,只要在逻辑函数的卡诺图上两"卡诺圈"相切处加一个"卡诺圈"(如图 4.3.3 (b) 所示),即加入两个"与项"的冗余项,就可消除逻辑冒险。这样,函数表达式变为 $F = AB + \overline{A}C + BC$,当 $B = C = 1$ 时,函数 F 的输出直接由 $BC = 1$ 确定,$F = A + \overline{A}$ 可能产生毛刺的现象就不复存在,即增加了一个冗余项,消除毛刺的影响。冗余项是简化函数时应舍弃的多余项,但为了电路工作可靠又需加上它。可见,最简化逻辑设计的电路,实际使用时不一定都是最佳的电路,但可能是费用相对比较经济的电路。

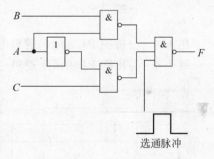

图 4.3.5　避开冒险的一种方法

以上 3 种方法各有特点。增加冗余项适用范围有限,加滤波电容是实验调试阶段常采取的应急措施,加选通信号脉冲则是行之有效的方法。目前许多 MSI 器件都备有使能(选通信号控制)端,为加选通信号消除毛刺提供了使用上的方便。

本章小结

本章主要介绍了组合逻辑电路的基础知识:

(1) 组合逻辑电路的分析。找出给定逻辑电路输出和输入之间的逻辑关系,从而了解给定逻辑电路的逻辑功能。由组合逻辑电路得到描述逻辑电路功能的逻辑函数通常采用代数法,再由逻辑函数列出描述逻辑电路功能的真值表分析电路的功能。分析一般有 4 个步骤。

(2) 组合逻辑电路的设计。根据逻辑功能的要求及器件资源情况,设计出实现该功能的最佳电路。采用小规模器件设计组合逻辑电路的设计,一般设计过程共有 4 个步骤。

(3) 竞争-冒险现象是设计电路中不可避免的。在组合电路中,某一输入变量经不同途径传输后,到达电路中某一会合点的时间有先有后,这种现象称为竞争。由于竞争而使电路输出发生瞬时错误的现象称为冒险。因此在设计电路时,要分析竞争-冒险现象,尽可能地找出竞争-冒险现象,并消除它。

本章习题

题 4.1　逻辑电路如图 P4.1 所示,列出对应逻辑电路的真值表。

题 4.2　分析图 P4.2 所示逻辑电路的逻辑功能,并且列出真值表。

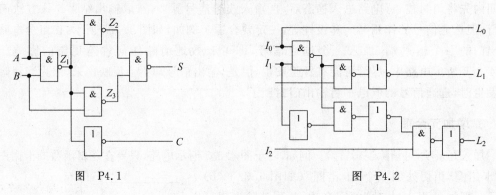

图　P4.1　　　　　　　　　　　　　　　图　P4.2

题 4.3　分析图 P4.3 所示逻辑电路的逻辑功能,并且列出真值表。

题 4.4　写出图 P4.4 所示逻辑电路输出函数表达式,并且列出真值表。

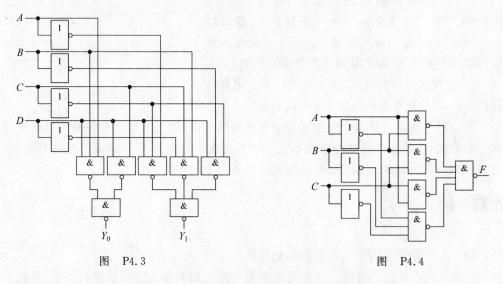

图　P4.3　　　　　　　　　　　　　　　图　P4.4

题 4.5　利用与非门实现下列函数所描述逻辑功能的逻辑电路。

(1) $F=\overline{(A+C)(C+D)}$　　　　　　　　(2) $F=AB+\overline{A}C$

(3) $F=\overline{A(B+CD)}$　　　　　　　　　(4) $F=AC+\overline{B}D+\overline{A}B$

(5) $F=(\overline{A}+C)(B+\overline{D})(A+B)$　　　　(6) $F=\overline{A}C+CD+\overline{B}C$

题 4.6　利用或非门实现下列函数所描述逻辑功能的逻辑电路。

(1) $L = \overline{A}\overline{B}\overline{C}\overline{D} + \overline{A}\overline{B}C\overline{D} + \overline{A}\overline{B}C\overline{D} + \overline{A}B\overline{C}\overline{D} + \overline{A}BC\overline{D} + A\overline{B}C\overline{D} + ABC\overline{D} + ABCD$

(2) $L(A,B,C,D) = \sum m(1,3,5,6,8,9,11,14)$

(3) $L(A,B,C,D) = \sum m(1,2,5,6,8,9) + \sum d(11,12,13,14,15)$

(4) $L(A,B,C) = \sum m(1,2,6) + \sum d(3,4)$

(5) $L = A\overline{B} + BC + \overline{A}C$

题 4.7　设有两个组合逻辑电路,电路的输入信号波形如图 P4.7 中的 A、B、C 所示,电路的输出信号波形如图中的 Z、L 所示,写出符合该图中所描述逻辑功能的 Z、L 简化逻辑表达式,并画出这两个组合逻辑电路。

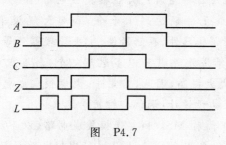

图　P4.7

题 4.8　设计一个 5 人抢答逻辑电路,要求最先输入者输入有效,其他落后者一律无效。获得最先输入者,对应的输出端输出低电平信号,其他落后者对应的输出端输出高电平信号。

题 4.9　设计一个密码锁的控制电路,电路具有两路输出:一路为开锁信号;一路为报警信号输出。用钥匙打开电源开关,并输入数码 1010 时,输出高电平开锁信号;用钥匙打开电源开关,输入数码不为 1010 时,电路输出低电平报警信号。

题 4.10　设计一个能够将 8421 码转换成循环码(格雷码)的逻辑电路。

题 4.11　分别说明检查、消除竞争-冒险现象的几种方法。

题 4.12　分别说明根据下述逻辑函数构成的逻辑电路是否存在竞争冒险。

(1) $F = A\overline{B} + \overline{A}C$　　　　　　(2) $F = A\overline{B} + \overline{A}C + BC$

(3) $F = A\overline{B} + \overline{A}C + \overline{B}C$　　　(4) $F = AC + \overline{A}C + \overline{B}C$

第 5 章
中规模组合逻辑集成电路与应用

主要内容：随着微电子技术的不断发展，在单个芯片上集成的电子元件数目愈来愈多，继小规模集成电路（small scale integration，SSI）（各种逻辑门电路的集成芯片，集成元件数在 100 个以下）之后，出现了中规模集成电路（medium scale integration，MSI）（各种组合逻辑功能器件，集成元件数在几百个左右）、大规模集成电路（large scale integration，LSI）（各种时序逻辑功能器件，集成元件数达到上千个）和超大规模集成电路（very large scale integration，VLSI）（可编程逻辑器件、存储器件、中央处理器件等，集成元件数在 10 万个以上，随着纳米技术的应用，集成元件数可以多达几亿个）。集成电路由 SSI 发展到 LSI 和 VLSI，使单个芯片的功能大大提高，因此，采用中、大规模集成电路进行逻辑设计具有体积小、功耗低、可靠性高，以及易于设计、调试和维护等优点。

中规模集成电路（以下简称 MSI）和大规模集成电路（以下简称 LSI）的出现使逻辑设计的方法发生了根本变化。采用 MSI 和 LSI 进行逻辑电路设计时，逻辑设计和组件选择有着密切的内部联系。由于 MSI 和 LSI 芯片内部的逻辑门或触发器的数量都是确定的，因而前面提到的最小化已不再是追求的目标。关键在于以 MSI 和 LSI 组件的功能为基础，从设计要求的逻辑功能描述出发，合理地选用组件，充分地利用组件所具有的功能，尽可能减少相互连线，并在必要时再用小规模集成电路（以下简称 SSI）设计适当的辅助接口电路，直接完成预定功能的逻辑设计。对一个设计方案的衡量通常是以使用芯片数量和价格达到最少作为技术、经济的最佳指标。因此，使用中、大规模集成电路进行逻辑设计，必须熟悉其功能和使用方法，了解组件所具有的灵活性，才能有效地利用它们实现各种逻辑功能。

由于人们在实践中遇到的逻辑问题层出不穷，因而为解决这些逻辑问题而设计的逻辑电路也不胜枚举。其中有些逻辑电路经常大量地出现在各种数字系统当中。这些电路包括编码器、译码器、数据选样器、数值比较器、奇偶校验器、发生器、加法器等，通常将能够实现这些功能的集成逻辑器件称为常用逻辑器件。为了使用方便，已经把这些逻辑电路制成了中、小规模集成的标准化集成电路产品。下面就分别介绍一下这些器件的工作原理并讨论它们在逻辑设计中的应用。

5.1　编　码　器

用文字、符号或数码表示特定对象的过程称为编码。在数字电路中用二进制代码表示有关的信号称为二进制编码。实现编码操作的电路就是编码器。按照被编码信号的不同特点和要求，有二进制编码器、二-十进制编码器、优先编码器之分。

5.1.1 二进制编码器

用 n 位二进制代码对 $N=2^n$ 个一般信号进行编码的电路,叫做二进制编码器。例如 $n=3$,可以对 8 个一般信号进行编码。这种编码器有一个特点:任何时刻只允许输入一个有效信号,不允许同时出现两个或两个以上的有效信号,因而其输入是一组有约束(互相排斥)的变量。现以 3 位二进制编码器为例,分析编码器的工作原理。图 5.1.1 是 3 位二进制编码器的框图,它的输入是 $I_0 \sim I_7$ 8 个高电平信号(实际应用中也可以是 8 个低电平信号),输出是 3 位二进制代码 F_2、F_1、F_0。为此,又把它叫做 8 线-3 线编码器。输出变量与输入变量的对应关系如表 5.1.1 所示。

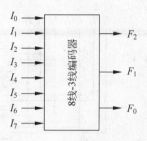

图 5.1.1 3 位二进制 8 线-3 线编码器框图

表 5.1.1 3 位二进制 8 线-3 线编码表

输 入								输 出		
I_0	I_1	I_2	I_3	I_4	I_5	I_6	I_7	F_2	F_1	F_0
1	0	0	0	0	0	0	0	0	0	0
0	1	0	0	0	0	0	0	0	0	1
0	0	1	0	0	0	0	0	0	1	0
0	0	0	1	0	0	0	0	0	1	1
0	0	0	0	1	0	0	0	1	0	0
0	0	0	0	0	1	0	0	1	0	1
0	0	0	0	0	0	1	0	1	1	0
0	0	0	0	0	0	0	1	1	1	1

由表 5.1.1 可得 3 位二进制 8 线-3 线编码器的输出函数为

$$\begin{cases} F_2 = \bar{I}_0\bar{I}_1\bar{I}_2\bar{I}_3 I_4\bar{I}_5\bar{I}_6\bar{I}_7 + \bar{I}_0\bar{I}_1\bar{I}_2\bar{I}_3\bar{I}_4 I_5\bar{I}_6\bar{I}_7 + \bar{I}_0\bar{I}_1\bar{I}_2\bar{I}_3\bar{I}_4\bar{I}_5 I_6\bar{I}_7 + \bar{I}_0\bar{I}_1\bar{I}_2\bar{I}_3\bar{I}_4\bar{I}_5\bar{I}_6 I_7 \\ F_1 = \bar{I}_0\bar{I}_1 I_2\bar{I}_3\bar{I}_4\bar{I}_5\bar{I}_6\bar{I}_7 + \bar{I}_0\bar{I}_1\bar{I}_2 I_3\bar{I}_4\bar{I}_5\bar{I}_6\bar{I}_7 + \bar{I}_0\bar{I}_1\bar{I}_2\bar{I}_3\bar{I}_4\bar{I}_5 I_6\bar{I}_7 + \bar{I}_0\bar{I}_1\bar{I}_2\bar{I}_3\bar{I}_4\bar{I}_5\bar{I}_6 I_7 \\ F_0 = \bar{I}_0 I_1\bar{I}_2\bar{I}_3\bar{I}_4\bar{I}_5\bar{I}_6\bar{I}_7 + \bar{I}_0\bar{I}_1\bar{I}_2 I_3\bar{I}_4\bar{I}_5\bar{I}_6\bar{I}_7 + \bar{I}_0\bar{I}_1\bar{I}_2\bar{I}_3\bar{I}_4 I_5\bar{I}_6\bar{I}_7 + \bar{I}_0\bar{I}_1\bar{I}_2\bar{I}_3\bar{I}_4\bar{I}_5\bar{I}_6 I_7 \end{cases}$$

$$(5.1.1)$$

因为任何时刻 $I_0 \sim I_7$ 当中仅有一个取值为 1,也就是表 5.1.1 所列以外的输入状态组合,输出均等于 1,在这个约束条件下将上式化简,得

$$\begin{cases} F_2 = I_4 + I_5 + I_6 + I_7 \\ F_1 = I_2 + I_3 + I_6 + I_7 \\ F_0 = I_1 + I_3 + I_5 + I_7 \end{cases}$$

$$(5.1.2)$$

用式(5.1.2)可以做出高电平输入有效的 3 位二进制 8 线-3 线编码器如图 5.1.2 所示。

利用摩根定理将式(5.1.2)转换成与非形式,可以得到 3 位二进制 8 线-3 线编码器的逻辑表达式为

$$\begin{cases} F_2 = \overline{\overline{I_4}\,\overline{I_5}\,\overline{I_6}\,\overline{I_7}} \\ F_1 = \overline{\overline{I_2}\,\overline{I_3}\,\overline{I_6}\,\overline{I_7}} \\ F_0 = \overline{\overline{I_1}\,\overline{I_3}\,\overline{I_5}\,\overline{I_7}} \end{cases}$$

$$(5.1.3)$$

根据式(5.1.3),可以做出低电平输入有效的键盘输入 3 位二进制 8 线-3 线编码器如图 5.1.3 所示。编码器实际使用就是实现人-机(数字电路)的信息输入,通常也是使用键盘(按键开关)实现编码信息的输入。

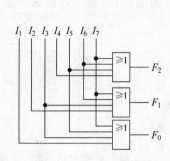

图 5.1.2　3 位二进制 8 线-3 线编码器(一)

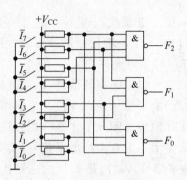

图 5.1.3　3 位二进制 8 线-3 线编码器(二)

上述两种形式的编码器说明,对于同样一个逻辑命题,实现的逻辑电路形式上具有不同的形式和电路结构。其次,图 5.1.2 和图 5.1.3 两种编码电路,当输入 0 和无编码输入两种情况下,输出结果都是一样的。而实际的集成编码电路,应考虑这两者的区别,同时还应考虑使用灵活、方便、可靠,具有扩展等功能,其电路结构要比上述两种情况更为复杂些。例如在 5.1.3 小节介绍的 74××348(××可以是 HC、LS、H、F、HC、M 等型号,代表使用不同种类的门电路组合集成,以后各节所述的含义与此相同)优先编码器,其输入增加使能控制端,输出端增设标志位输出端和使能控制信号输出端,就是为了解决这些实际应用问题而进行设置的,在应用这些集成电路芯片时尤其应该掌握这些增加输入、输出端的使用。

5.1.2 二-十进制(BCD)编码器

将十进制数 0、1、2、3、4、5、6、7、8、9 这 10 个信号编成二进制代码的电路叫做二-十进制编码器。它的输入是代表 0～9 这 10 个数的状态信号,有效信号为 1(即某信号为 1 时,则表示要对它进行编码),输出是相应的 BCD 码,因此也称 10 线-4 线编码器。它和二进制编码器特点一样,任何时刻只允许输入一个有效信号。

例如,要实现一个十进制 8421BCD 编码器,因输入变量相互排斥,可直接列出编码表如表 5.1.2 所示。

表 5.1.2　8421BCD 码编码表

输　　入										输　　出			
Y_9	Y_8	Y_7	Y_6	Y_5	Y_4	Y_3	Y_2	Y_1	Y_0	D	C	B	A
0	0	0	0	0	0	0	0	0	1	0	0	0	0
0	0	0	0	0	0	0	0	1	0	0	0	0	1
0	0	0	0	0	0	0	1	0	0	0	0	1	0
0	0	0	0	0	0	1	0	0	0	0	0	1	1
0	0	0	0	0	1	0	0	0	0	0	1	0	0
0	0	0	0	1	0	0	0	0	0	0	1	0	1

输　　入									输　　出			
Y_9	Y_8	Y_7	Y_6	Y_5	Y_4	Y_3	Y_2	Y_1	Y_0	D	C	B	A
0	0	0	1	0	0	0	0	0	0	0	1	1	0
0	0	1	0	0	0	0	0	0	0	0	1	1	1
0	1	0	0	0	0	0	0	0	0	1	0	0	0
1	0	0	0	0	0	0	0	0	0	1	0	0	1

将表中各位输出码为 1 的相应输入变量相加,并利用任何时刻只允许输入一个有效信号的约束条件进行化简,便可得出编码器的各输出表达式为

$$\begin{cases} D = Y_8 + Y_9 = \overline{\overline{Y_8} \cdot \overline{Y_9}} \\ C = Y_4 + Y_5 + Y_6 + Y_7 = \overline{\overline{Y_4} \cdot \overline{Y_5} \cdot \overline{Y_6} \cdot \overline{Y_7}} \\ B = Y_2 + Y_3 + Y_6 + Y_7 = \overline{\overline{Y_2} \cdot \overline{Y_3} \cdot \overline{Y_6} \cdot \overline{Y_7}} \\ A = Y_1 + Y_3 + Y_5 + Y_7 + Y_9 = \overline{\overline{Y_1} \cdot \overline{Y_3} \cdot \overline{Y_5} \cdot \overline{Y_7} \cdot \overline{Y_9}} \end{cases} \quad (5.1.4)$$

利用式(5.1.4),可以做出 8421BCD 码编码器逻辑电路图如图 5.1.4 所示。

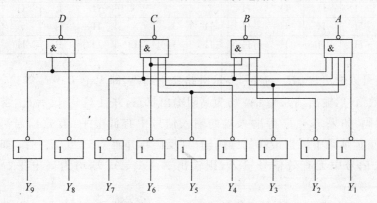

图 5.1.4　8421BCD 码编码器

5.1.3　优先编码器

优先编码器常用于优先中断系统和键盘编码。与普通编码器不同,优先编码器允许多个输入信号同时有效,但它只按其中优先级别最高的有效输入信号编码,对级别较低的输入信号不予理睬。常用的集成优先编码器有 9 线-4 线(如 74××147)和 8 线-3 线(如 74××148、74××348、4532 等)编码器。

74××148、74××348 二进制优先编码器的逻辑符号如图 5.1.5 所示。采用 16 脚双列直插式标准封装。E_i 端为使能(允许)输入端,$I_0 \sim I_7$ 端为编码信息输入端,允许对 8 个信息编码,E_o 为使能输出端,主要作为多片进行扩展使用,GS 为优先编码标志位(简称标志位)输出端;A_2、A_1、A_0 为 3 位二进制编码代码(反码)输出端,A_2 为高位端,A_0 为低位端。

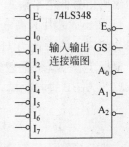

图 5.1.5　74××348 逻辑符号图

图中小圆圈表示低电平有效。4532 芯片的逻辑符号则去掉图中的小圆圈,表示高电平有效。

现以 74××348 集成芯片为例,说明各引出端的逻辑功能关系。74××348 的逻辑功能如表 5.1.3 所示,表中 Z 表示高电阻输出状态,H 表示高电平,L 表示低电平,×表示可以是高电平或低电平。

表 5.1.3　优先编码器 74××348 逻辑功能表

输　入									输　出				
E_i	I_7	I_6	I_5	I_4	I_3	I_2	I_1	I_0	A_2	A_1	A_0	GS	E_o
H	×	×	×	×	×	×	×	×	Z	Z	Z	H	H
L	H	H	H	H	H	H	H	H	Z	Z	Z	H	L
L	L	×	×	×	×	×	×	×	L	L	L	L	H
L	H	L	×	×	×	×	×	×	L	L	H	L	H
L	H	H	L	×	×	×	×	×	L	H	L	L	H
L	H	H	H	L	×	×	×	×	L	H	H	L	H
L	H	H	H	H	L	×	×	×	H	L	L	L	H
L	H	H	H	H	H	L	×	×	H	L	H	L	H
L	H	H	H	H	H	H	L	×	H	H	L	L	H
L	H	H	H	H	H	H	H	L	H	H	H	L	H

从功能表可以看出,当 $E_i=1$ 时,表示电路禁止编码,即无论 $I_0 \sim I_7$ 等输入端的输入信号中,有无有效信号,输出 A_2、A_1、A_0 均为高阻输出状态,并且 $GS=E_o=1$。当 $E_i=0$ 时,表示电路允许编码,如果 $I_0 \sim I_7$ 等输入端的输入信号中有低电平(有效信号)输入,则输出 A_2、A_1、A_0 是申请编码中级别最高的编码输出(反码),并且 $GS=0$,$E_o=1$;如果 $I_0 \sim I_7$ 等输入端的输入信号中无有效信号输入,则输出 A_2、A_1、A_0 端均为高电平,并且 $GS=1$,$E_o=0$。

也可从另一个角度理解输出使能端 E_o 和输出标志端 GS 的作用。当 $E_o=0$,$GS=1$ 时,表示该电路允许编码,但无编码信号输入,无码可编;当 $E_o=1$,$GS=0$ 时,表示该电路允许编码,并且有编码信号输入,正在进行编码;当 $E_o=GS=1$ 时,表示该电路禁止编码,即无法编码。

74××148 优先编码器的逻辑功能表与 74××348 基本相同,74××148 芯片的逻辑功能与 74××348 芯片的逻辑功能不同之处是没有高电阻输出状态,即将表 5.1.3 中的 Z 输出状态改为 H 状态就是 74××148 的逻辑功能表。从这两种集成芯片的逻辑功能看,通常称为编码信号低电平输入有效。

4532 集成芯片为高电平有效,其逻辑功能表与 74××148 极性相反,即将 74××148 逻辑功能表中的 L 改为 H、H 改为 L 就是 4532 的逻辑功能表。

根据 74××348 的逻辑功能表,输入、输出变量采用正逻辑赋值表示,并利用吸收定理 $\overline{A}+AB=\overline{A}+B$ 进行化简,可以得出输出变量与输入变量的逻辑函数关系式为

$$\begin{cases} \overline{A}_2 = (\overline{I}_4 + \overline{I}_5 + \overline{I}_6 + \overline{I}_7)\overline{E}_i \\ \overline{A}_1 = (\overline{I}_2 I_4 I_5 + \overline{I}_3 I_4 I_5 + \overline{I}_6 + \overline{I}_7)\overline{E}_i \\ \overline{A}_0 = (\overline{I}_1 I_2 I_4 I_6 + \overline{I}_3 I_4 I_6 + \overline{I}_5 I_6 + \overline{I}_7)\overline{E}_i \end{cases} \qquad (5.1.5)$$

将式(5.1.5)两边取反得

$$\begin{cases} A_2 = \overline{(\overline{I}_4 + \overline{I}_5 + \overline{I}_6 + \overline{I}_7)\overline{E}_i} \\ A_1 = \overline{(\overline{I}_2 I_4 I_5 + \overline{I}_3 I_4 I_5 + \overline{I}_6 + \overline{I}_7)\overline{E}_i} \\ A_0 = \overline{(\overline{I}_1 I_2 I_4 I_6 + \overline{I}_3 I_4 I_6 + \overline{I}_5 I_6 + \overline{I}_7)\overline{E}_i} \end{cases} \qquad (5.1.6)$$

同理,使能输出端和优先标志输出端的逻辑函数表达式为

$$\begin{cases} E_o = (\overline{I}_0 + \overline{I}_1 + \overline{I}_2 + \overline{I}_3 + \overline{I}_4 + \overline{I}_5 + \overline{I}_6 + \overline{I}_7)\overline{E}_i + E_i = \overline{\overline{I}_0 I_1 I_2 I_3 I_4 I_5 I_6 I_7 \overline{E}_i} \\ \overline{GS} = (\overline{I}_0 + \overline{I}_1 + \overline{I}_2 + \overline{I}_3 + \overline{I}_4 + \overline{I}_5 + \overline{I}_6 + \overline{I}_7)\overline{E}_i = \overline{(\overline{I}_0 I_1 I_2 I_3 I_4 I_5 I_6 I_7 \overline{E}_i)}\overline{E}_i \end{cases}$$
$$(5.1.7)$$

集成芯片 74××348 的内部逻辑电路如图 5.1.6 所示,其输出与输入的逻辑函数关系表达式与式(5.1.6)和式(5.1.7)一致。芯片的或门输出三态控制信号等于$\overline{GS}$,所以芯片的逻辑功能与表 5.1.3 一致。

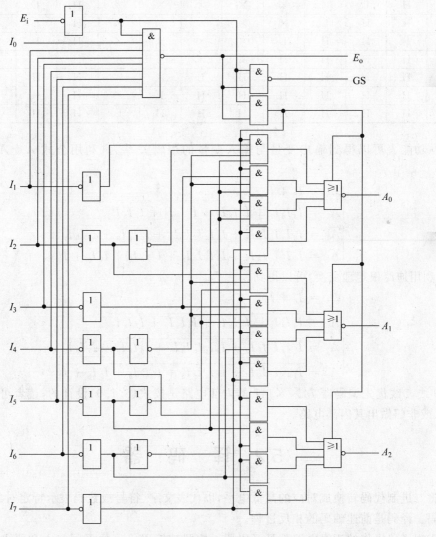

图 5.1.6　3 位二进制 8 线-3 线优先编码器 74LS348 逻辑电路图

10 线-4 线 74××147 为十进制数专用编码器集成芯片,同样采用 16 脚双列直插式标准封装。编码输入为 $I_1 \sim I_9$,一共 9 个编码输入信号,无零输入端,实际应用时应设置零输入与无输入情况下,输出有标志位区别。编码输出端的输出信号用 $A_3 \sim A_0$ 表示,A_3 表示最高位,A_0 表示最低位。编码输入、编码输出都是低电平有效,即编码器的输出信号是正逻辑赋值的反码输出。

74××147 的逻辑功能表如表 5.1.4 所示。

表 5.1.4　优先编码器 74××147 逻辑功能表

输 入 变 量									输 出 变 量			
I_9	I_8	I_7	I_6	I_5	I_4	I_3	I_2	I_1	A_3	A_2	A_1	A_0
H	H	H	H	H	H	H	H	H	H	H	H	H
L	×	×	×	×	×	×	×	×	L	H	H	L
H	L	×	×	×	×	×	×	×	L	H	H	L
H	H	L	×	×	×	×	×	×	H	L	L	L
H	H	H	L	×	×	×	×	×	H	L	L	H
H	H	H	H	L	×	×	×	×	H	L	H	L
H	H	H	H	H	L	×	×	×	H	L	H	H
H	H	H	H	H	H	L	×	×	H	H	L	L
H	H	H	H	H	H	H	L	×	H	H	L	H
H	H	H	H	H	H	H	H	L	H	H	H	L

从功能表可以得到输出变量与输入变量的逻辑关系为(利用公式 $\overline{A}+AB=\overline{A}+B$ 化简)

$$
\begin{cases}
\overline{A}_3 = \overline{I}_8 + \overline{I}_9 \\
\overline{A}_2 = \overline{I}_4 I_8 I_9 + \overline{I}_5 I_8 I_9 + \overline{I}_6 I_8 I_9 + \overline{I}_7 I_8 I_9 \\
\overline{A}_1 = \overline{I}_2 I_4 I_5 I_8 I_9 + \overline{I}_3 I_4 I_5 I_8 I_9 + \overline{I}_6 I_8 I_9 + \overline{I}_7 I_8 I_9 \\
\overline{A}_0 = \overline{I}_1 I_2 I_4 I_6 I_8 + \overline{I}_3 I_4 I_6 I_8 + \overline{I}_5 I_6 I_8 + \overline{I}_7 I_8 + \overline{I}_9
\end{cases}
\tag{5.1.8}
$$

利用迪摩根定理变换,可以得到

$$
\begin{cases}
A_3 = \overline{\overline{I}_8 + \overline{I}_9} \\
A_2 = \overline{\overline{I}_4 I_8 I_9 + \overline{I}_5 I_8 I_9 + \overline{I}_6 I_8 I_9 + \overline{I}_7 I_8 I_9} \\
A_1 = \overline{\overline{I}_2 I_4 I_5 I_8 I_9 + \overline{I}_3 I_4 I_5 I_8 I_9 + \overline{I}_6 I_8 I_9 + \overline{I}_7 I_8 I_9} \\
A_0 = \overline{\overline{I}_1 I_2 I_4 I_6 I_8 + \overline{I}_3 I_4 I_6 I_8 + \overline{I}_5 I_6 I_8 + \overline{I}_7 I_8 + \overline{I}_9}
\end{cases}
\tag{5.1.9}
$$

9 线-4 线优先编码器 74××147 的内部电路是按式(5.1.9)设计的,读者可以用非门、与门、或非门做出其内部电路。

5.2　译　码　器

将二进制代码转换成对应的高低电平,以代表文字、符号或数码表示特定对象的过程称为译码。译码是前述编码的相反过程。

实现译码操作的逻辑电路就是译码器。按照被编码信号的不同特点和要求,有二进制译码器、二-十进制译码器、显示译码器之分。译码器的输出,可以是对应编码的一位高低电平信号,也可以仍然是一个二进制码,结合显示器、译码器的输出二进制码将被利用来直接或间接地驱动显示器,显示被编码相应的文字、符号等。

5.2.1 二进制译码器

二进制译码器有 n 个输入端(即 n 位二进制码),2^n 个输出端。常见的 MSI 译码器有 2 线-4 线译码器(74××139、4555)、3 线-8 线译码器(74××137、74××138)和 4 线-16 线译码器(74××154、74××159)。

1.2 线-4 线译码器

常用 2 线-4 线译码器的集成芯片有 74××139、4555 等型号芯片,74××139 型号芯片为输出信号低电平有效,4555 芯片为输出信号高电平有效。

图 5.2.1 为 2 线-4 线译码器的逻辑电路及逻辑符号,图 5.2.1 中 A_1、A_0 为地址输入端,A_1 为高位端。逻辑符号中输出、输入端的小圆圈表示低电平有效。

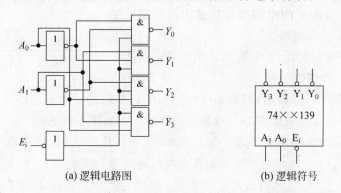

(a) 逻辑电路图　　　　　(b) 逻辑符号

图 5.2.1　74××139 2 线-4 线译码器逻辑电路及符号

Y_3、Y_2、Y_1 和 Y_0 为译码器输出端。E_i 为使能端(或称选通信号控制端),低电平有效。当 $E_i=0$ 时,允许译码器工作,Y_3、Y_2、Y_1、Y_0 中仅有一个为低电平输出;当 $E_i=1$ 时,禁止译码器工作,所有输出 Y_3、Y_2、Y_1、Y_0 均为高电平。一般使能端有两个用途:一是可以引入选通信号脉冲,以抑制冒险脉冲的发生;二是可以用来扩展输入变量数(功能扩展)。

表 5.2.1 是 2 线-4 线译码器 74××139 的逻辑功能表,表中的 1 表示高电平,0 表示低电平。

表 5.2.1　2 线-4 线译码器 74××139 功能表

译码输入变量			译码输出变量			
E_i	A_1	A_0	Y_3	Y_2	Y_1	Y_0
1	×	×	1	1	1	1
0	0	0	1	1	1	0
0	0	1	1	1	0	1
0	1	0	1	0	1	1
0	1	1	0	1	1	1

从表 5.2.1 还可以看出,当 $E_i = 0$ 时,2 线-4 线译码器的输出函数分别为

$$Y_0 = \overline{E_i \overline{A_1} \overline{A_0}}, \quad Y_1 = \overline{E_i A_1 \overline{A_0}}, \quad Y_2 = \overline{E_i \overline{A_1} A_0}, \quad Y_3 = \overline{E_i A_1 A_0}$$

如果用 Y_i 表示 i 端的输出,m_i 表示输入地址变量 A_1、A_0 的一个最小项,则输出函数可写成

$$Y_i = \overline{E_i m_i} \quad (\text{式中 } m_i \text{ 的 } i = 0,1,2,3)$$

可见,译码器的每一个输出函数对应输入变量的一组取值,当使能端有效($E_i = 0$)时,它正好是输入变量最小项的非。因此变量译码器也称为最小项发生器。

2.3 线-8 线译码器

常用 3 线-8 线译码器的集成芯片有 74××137、74××138 等型号,都具有 3 个使能控制输入端,74××137 具有输入数据锁存功能,74××138 不具备锁存功能,两者的其他功能一致。

图 5.2.2 为 3 线-8 线译码器 74××137、74××138
芯片的逻辑符号。图中,A_2、A_1、A_0 为地址(数码)输入端,A_2 为高位,A_0 为低位。$Y_0 \sim Y_7$ 为译码状态信号输出端,输出逻辑符号图中的小圆圈是指输出信号低电平有效。E_1、E_{2A}、E_{2B} 为使能端。

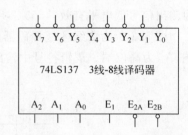

图 5.2.2　3 线-8 线译码器逻辑符号

3 线-8 线译码器 74××137 集成芯片的逻辑功能表
如表 5.2.2 所示,表中的 1 表示高电平,0 表示低电平。
由逻辑功能表 5.2.2 可以看出,只有当 E_1 为高,E_{2A}、E_{2B}
都为低时,该译码器才有有效状态信号输出;若有一个条件不满足,在 $E_1 = 0$ 或 $E_{2B} = 1$ 等情况下,则译码不工作,输出全为高。在 $E_1 = 1$,$E_{2A} = 1$,$E_{2B} = 0$ 时,锁存器中锁存的地址对应的输出端输出保持为 0(低电平),其他各个端的输出为 1(高电平)。例如在 $E_1 = 1$,$E_{2A} = 0$,$E_{2B} = 0$ 时,输入 $A_2 A_1 A_0 = 011$,并保持到 E_{2A} 从 0 变化为 1,则在 $E_1 = 1$,$E_{2B} = 0$,E_{2A} 从 0 跳变为 1 后,Y_3 输出为 0(低电平),其他各个端的输出为 1(高电平)。

表 5.2.2　74××137 集成译码器的逻辑功能表

输　　入						输　　出							
使能输入			数码输入			Y_0	Y_1	Y_2	Y_3	Y_4	Y_5	Y_6	Y_7
E_1	E_{2A}	E_{2B}	A_2	A_1	A_0								
×	×	1	×	×	×	1	1	1	1	1	1	1	1
0	×	0	×	×	×	1	1	1	1	1	1	1	1
1	0	0	0	0	0	0	1	1	1	1	1	1	1
1	0	0	0	0	1	1	0	1	1	1	1	1	1
1	0	0	0	1	0	1	1	0	1	1	1	1	1
1	0	0	0	1	1	1	1	1	0	1	1	1	1
1	0	0	1	0	0	1	1	1	1	0	1	1	1
1	0	0	1	0	1	1	1	1	1	1	0	1	1
1	0	0	1	1	0	1	1	1	1	1	1	0	1
1	0	0	1	1	1	1	1	1	1	1	1	1	0
1	1	0	×	×	×	锁存器中锁存的地址对应的输出端为 0,其他输出端为 1							

若将表 5.2.2 中的最后一行(使能输入端的输入状态组合为 $E_1=1,E_{2A}=1,E_{2B}=0$ 时)的输出状态改为全高电平输出,就是 $74\times\times138$ 集成芯片的逻辑功能表。

同样,使能端在 $E_1=1,E_{2A}=0,E_{2B}=0$ 时,译码器处于译码工作状态下,若用 Y_i 表示第 i 端的输出,则输出函数为

$$\begin{cases} Y_i = \overline{E \cdot m_i} \quad (i=0\sim 7) \\ E = E_1 \cdot \overline{E_{2A}+E_{2B}} = E_1 \cdot \overline{E_{2A}} \cdot \overline{E_{2B}} \end{cases} \tag{5.2.1}$$

由式(5.2.1)可见,当使能端有效(即 $E=1$)时,描述译码器输出信号的函数表达式也正好等于译码器输入变量最小项的反。这表明,利用译码器生成逻辑函数,使能端必须在 $E_1=1,E_{2A}=0,E_{2B}=0$ 状态时实现,函数的自变量从译码器的数码输入端输入,函数的逻辑结果(因变量数值)从译码器的输出端输出信号中获得,函数逻辑表达式中最小项(编号)所对应译码器的输出端输出信号,相与非后得到的结果就是所要的逻辑结果。

图 5.2.3 是 $74\times\times137$ 集成芯片的内部逻辑电路结构,读者可以结合该逻辑电路图进行分析,进一步去理解 3 线-8 线译码器 $74\times\times137$ 集成芯片的逻辑功能表。

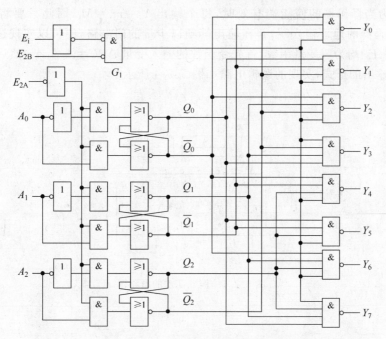

图 5.2.3　$74\times\times137$ 集成译码器的逻辑电路图

若将图 5.2.3 做适当的改动,就是 $74\times\times138$ 集成芯片的内部电路结构。改动的方法是将图 5.2.3 中 E_{2A} 输入改接到 G_1 门的输入,去掉与其相连的非门;将图中数据输入 A_i 和 Q_i 之间的连接电路按下述方法替换,如 A_0 端的输出经一级非门得到 $\overline{A_0}$ 接到图 5.2.3 中的 $\overline{Q_0}$,经两级非门得到 A_0 接到图 5.2.3 中 Q_0 端。其他各个输入也按此法改动,经这样改动之后就得到 $74\times\times138$ 集成芯片的内部逻辑电路结构。读者可以结合该逻辑电路图进行分析,进一步去理解 3 线-8 线译码器 $74\times\times138$ 集成芯片的逻辑功能,与 $74\times\times137$ 芯片相比,$74\times\times138$ 芯片的译码逻辑功能是一样的,唯一不同的是 $74\times\times138$ 芯片不具有输入地址码锁存功能。

3. 4 线-16 线译码器

常用的 4 线-16 线译码器集成芯片有 $74 \times \times 154$、$74 \times \times 159$ 等型号芯片。$74 \times \times 154$、$74 \times \times 159$ 均有两个使能控制输入端,其功能一致。两个使能输入端为低电平输入时,实现将 4 位二进制码译成输出端编号为 $0 \sim 15$ 这 16 个相对应的低电平输出;当两个使能端输入不全为低电平时,16 个输出端输出全为高电平。

二进制译码器的应用很广,典型的应用有以下几种:

(1) 实现存储系统的地址译码。

(2) 实现逻辑函数。

(3) 带使能输入端的译码器可用作数据分配器或脉冲分配器,功能将在 5.4 节描述。

【例 5.2.1】 试用 3 线-8 线译码器实现函数:

$$F_1 = \sum m(0, 4, 7)$$
$$F_2 = \sum m(1, 2, 3, 4, 5, 6, 7)$$

解: 因为当译码器的使能端有效时,每个输出 $\overline{Y_i} = \overline{m_i} = M_i$,因此只要将函数的输入变量加至译码器的地址输入端,并在输出端辅以少量的门电路,便可以实现逻辑函数。

本题 F_1、F_2 均为三变量函数,首先令函数的输入变量 $ABC = A_2 A_1 A_0$,然后将 F_1、F_2 变换为译码器输出的形式,实现的逻辑电路如图 5.2.4 所示。

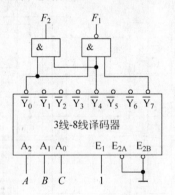

图 5.2.4 例 5.2.1 的电路图

5.2.2
二-十进制译码器

二-十进制译码器也称 BCD 译码器,它的功能是将输入的一位 BCD 码(4 位二元符号)译成 10 个高、低电平输出信号,因此也叫 4 线-10 线译码器。

图 5.2.5 所示逻辑电路是二-十进制译码器 $74 \times \times 42$ 的逻辑图、逻辑符号和双列直插 16 脚标准封装图。其中逻辑符号图输出端的小圆圈表示输出低电平有效。输入数码 A_3 为高位,A_0 为低位。

二-十进制译码器 $74 \times \times 42$ 的逻辑功能如表 5.2.3 所示。从逻辑功能表可以看出,输出也是低电平有效。输入为 4 位二-十进制数码(BCD 码),输出为 $Y_0 \sim Y_9$ 这 10 个对应的低电平输出状态。

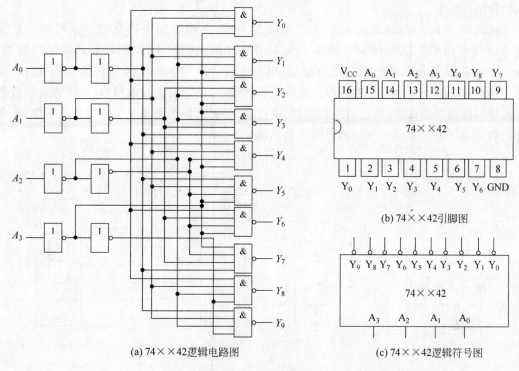

图 5.2.5 二-十进制译码器 74××42 逻辑图、封装图和逻辑符号图

表 5.2.3 74××42 二-十进制译码器的逻辑功能表

序号	输入				输出									
	A_3	A_2	A_1	A_0	Y_0	Y_1	Y_2	Y_3	Y_4	Y_5	Y_6	Y_7	Y_8	Y_9
0	L	L	L	L	L	H	H	H	H	H	H	H	H	H
1	L	L	L	H	H	L	H	H	H	H	H	H	H	H
2	L	L	H	L	H	H	L	H	H	H	H	H	H	H
3	L	L	H	H	H	H	H	L	H	H	H	H	H	H
4	L	H	L	L	H	H	H	H	L	H	H	H	H	H
5	L	H	L	H	H	H	H	H	H	L	H	H	H	H
6	L	H	H	L	H	H	H	H	H	H	L	H	H	H
7	L	H	H	H	H	H	H	H	H	H	H	L	H	H
8	H	L	L	L	H	H	H	H	H	H	H	H	L	H
9	H	L	L	H	H	H	H	H	H	H	H	H	H	L

5.2.3 显示译码器

　　与二进制译码器不同,显示译码器是用来驱动显示器件,以显示数字或字符的中规模逻辑器件(部件)。显示译码器的组成,随着选用的显示器件的类型而异,与辉光数码管相配的是 BCD 十进制译码器,而常用的发光二极管(LED)数码管、液晶数码管、荧光数码管等是由7 个或 8 个(带小数点显示)字段构成字形的,因而与之相配的译码器有 BCD 七段或 BCD

八段显示译码器。

现以驱动 LED 数码管的 BCD 七段译码器为例,介绍显示译码原理。译码显示系统的原理电路如图 5.2.6 所示。图 5.2.6(a)是常用的共阴极 LED 数码显示器的原理图,图 5.2.5(b)是其表示符号,图 5.2.6(c)是 BCD 七段译码器驱动 LED 数码管(共阴极)的接法。图中,电阻是上拉电阻,也称限流电阻,当译码器内部带有上拉电阻时,则可省去。数字显示译码器的种类很多,现已有将计数器、锁存器、译码驱动电路集于一体的集成器件,还有连同数码显示器也集成在一起的电路可供选用。

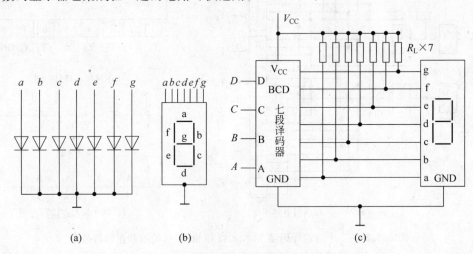

图 5.2.6　数字显示译码器原理电路图

发光二极管(LED)由特殊的半导体材料砷化镓、磷砷化镓等制成,可以单独使用,也可以组装成分段式或点阵式 LED 显示器件(半导体显示器)。分段式显示器(LED 数码管)由 7 条线段围成"日"字型,每一段包含一个发光二极管。外加正向电压时二极管导通,发出清晰的光,有红、黄、绿等色。只要按规律控制各发光段的亮、灭,就可以显示各种字形或符号。LED 数码管有共阳极(如型号 TRL303)、共阴极(如型号 HDSP-3733)之分。

BCD 码七段显示器显示 0~15 这 16 个数据的显示格式如图 5.2.7 所示,其中 9 以上的组合为无用显示状态。

(a) 分段布置图　　　　　　　(b) 分段组合图

图 5.2.7　BCD 码七段数字显示器发光光段显示组合图

BCD 七段译码器的输入是一位 BCD 码(以 $A_3A_2A_1A_0$ 表示,A_3 表示最高位,A_0 表示最低位;或以 $DCBA$ 表示,D 表示高位,A 表示低位),输出是数码管各段的驱动信号(以 F_a~F_g 表示),也称 4 线-7 线译码器。若用它驱动共阴极 LED 数码管,则输出应为高电平有效(常用如 74××48、CD4511 等型号集成模块),即输出为高电平(1)时,相应显示段发光。例如,当输入 8421 码 $DCBA=0100$ 时,应显示数据 4,即要求同时点亮 b、c、f、g 段,熄灭 a、d、 e段,故译码器的输出应为 $F_a \sim F_g = 0110011$,这也是一组代码,常称为"段码"(驱动发光光段的数码)。同理,根据组成 0~9 这 10 个字形的要求可以列出 8421BCD 七段译码器的真值表,如表 5.2.4 所示(未用码组省略)。

表 5.2.4　4 线-7 线译码器 74××48、CD4511 的逻辑功能表

十进制或功能	输入						BI/RBO	输出							字形
	LT	RBI	D	C	B	A		a	b	c	d	e	f	g	
0	H	H	L	L	L	L	H 输出	H	H	H	H	H	H	L	0
1	H	×	L	L	L	H	H	L	H	H	L	L	L	L	1
2	H	×	L	L	H	L	H	H	H	L	H	H	L	H	2
3	H	×	L	L	H	H	H	H	H	H	H	L	L	H	3
4	H	×	L	H	L	L	H	L	H	H	L	L	H	H	4
5	H	×	L	H	L	H	H	H	L	H	H	L	H	H	5
6	H	×	L	H	H	L	H	L	L	H	H	H	H	H	6
7	H	×	L	H	H	H	H	H	H	H	L	L	L	L	7
8	H	×	H	L	L	L	H	H	H	H	H	H	H	H	8
9	H	×	H	L	L	H	H	H	H	H	H	L	H	H	9
10	H	×	H	L	H	L	H	L	L	L	H	H	L	H	c
11	H	×	H	L	H	H	H	L	L	H	H	L	L	H	⊐
12	H	×	H	H	L	L	H	L	H	L	L	L	H	H	∪
13	H	×	H	H	L	H	H	H	L	L	H	L	H	H	⊏
14	H	×	H	H	H	L	H	L	L	L	H	H	H	H	−
15	H	×	H	H	H	H	H	L	L	L	L	L	L	L	￑
消隐	×	×	×	×	×	×	L 输入	L	L	L	L	L	L	L	
动态消零	H	L	L	L	L	L	L 输出	L	L	L	L	L	L	L	
试灯	L	×	×	×	×	×	H 输出	H	H	H	H	H	H	H	8

MSI BCD 七段译码器就是根据上述原理组成的。常用的集成芯片有输出低电平有效(配用共阳极 LED 显示器)的 74××46 和 74××47 两种类型的集成芯片,以及输出高电平有效(配用共阴极 LED 显示器)的 74××48 和 CD4511 两种类型的集成芯片。同时,为了使用方便,增加了一些辅助控制电路,使用时要予以注意。下面以 74××48、CD4511 集成芯片为例说明其工作原理。

74××48、CD4511 的逻辑功能如表 5.2.4 所示。表中的输入数据实际上只有 BCD 码,即 0~9 这 10 个数码,显示的字形与前述一致,驱动 LED 发光段的对应输出为高电平有效。10~15 这 6 个数码实际是不存在的,所以称为伪码。

图 5.2.8 是 74××48 或 CD4511 集成模块封装后的外引脚配置图。采用双列直插式 16 脚标准封装,其中 8 脚是电源

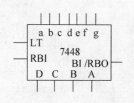

图 5.2.8　7448 的逻辑符号图

公共端,16 脚是电源输入端,3 脚 LT 端称为试灯输入端,5 脚 RBI 端称为动态消零输入端,4 脚 BI/RBO 称为灭灯输入端,使用时要注意这几个功能端的控制作用。$74 \times \times 48$ 或 CD4511 的逻辑功能如下:

BI/RBO(灭灯输入端)作为输入时,该端作为灭灯用,当其输入低电平时灯灭,输入高电平时指示。BI/RBO 作为输出时,作为动态消零使用,且受控于 LT 和 RBI 两端的输入状态:

(1) 当 LT=1 和 RBI=0,输入代码 $DCBA$=0000 时,RBO=0。

(2) 当 LT=1 和 RBI=1,输入代码 $DCBA$=0000 时,RBO=1。

(3) 不管 RBI、$DCBA$ 何种输入,当 LT=0 时,RBO=1。

BI/RBO 动态消零输出端,该端主要作为多位显示中的多个译码器动态消零连接。

LT 为试灯输入端,当 LT=0 时,不管其他各个输入端输入如何,输出显示为 8,故此,该端是检查 $74 \times \times 48$、CD4511 集成块和七段显示器好坏的一个有用的输入端。正常显示时该端应输入高电平。

RBI 为动态消零信号输入端,当 LT=1,RBI=0,且输入 $DCBA$=0000 时,a~g 各段均为低电平,此时显示的零字型 0 熄灭。利用 LT=1 且 RBI=0 的消零功能,可以实现某一位显示的消隐,此时 BI/RBO 则作为输出端,且输出为 BI/RBO=0。

图 5.2.9 和图 5.2.10 是由 7448 译码显示驱动器及七段显示器构成的显示电路实际例子。当作为年份显示,不必进行消零连接。作为数据显示,应进行消零连接,如图 5.2.10 的最高位 RBI 端输入 0(低电平),由于各位的 LT 端输入高电平,若最高位输入数据为 0000,则该位的译码器 RBO 端输出低电平,这一输出状态将用作次低位的动态消零输入信号。如图 5.2.10 所示的输入状态,只有最低位显示数据 4,高位不再显示数据 0,因而实现高位的动态消零效果。同样道理,多位小数点后的显示电路,也需要进行消零处理,则将最低位的 RBI 输出 0(低电平),其 RBO 作为输出连接到次最低位的 RBI 端,就可以达到目的。

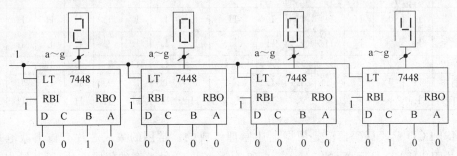

图 5.2.9　7448 或 CD4511 实现年份译码器显示连接电路

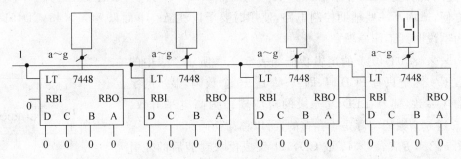

图 5.2.10　7448 或 CD4511 实现多位数字译码器显示连接电路

5.3 数据选择器

数据选择器又称多路选择器(multiplexer,简称 MUX),其框图如图 5.3.1(a)所示。它有 2^n 位地址输入、2^n 位数据输入、1 位输出。每次在地址输入的控制下,从多路输入数据中选择一路输出,其功能类似于一个单刀多掷开关,如图 5.3.1 (b)所示。

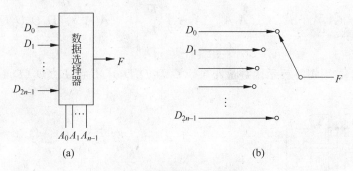

(a)   (b)

图 5.3.1 数据选择器框图及等效开关

常用的数据选择器有 2 选 1,如 TTL 系列产品有 74××157(输入输出信号同极性,以下简称同相)、74××158(输入输出信号反极性,以下简称反相)、74××257(同相,三态输出)、74××258(反相,三态输出)、74××298(寄存器同相输出)等型号,COMS 系列有 4019 等型号;4 选 1,TTL 系列产品有 74××153(同相)、74××253(同相,三态输出)、74××352(反相)、74××353(反相,三态输出)等型号,COMS 系列有 4539 等型号;8 选 1,TTL 系列产品有 74××151(双输出)、74××152(反相)、74××251(双输出,三态输出)、74××351(反相,三态输出)等型号,COMS 系列有 4512 等型号;16 选 1,TTL 系列产品有 74××150(同相)等型号。根据输出状态与输入状态的电平关系,可以分为同相输出(有效输出与输入同相,即输入数据为高电平 1,输出也为高电平 1,这种情况称为高电平输出有效)、反相输出(有效输出与输入反相,即输入数据为高电平 1,输出为低电平 0,这种情况称为低电平输出有效),也有同时具备同相输出端和反相输出端的,称为双输出。根据输出状态种类,有三态输出(高电平、低电平、高阻输出),两种状态输出(高、低电平输出),寄存器输出功能(74××298,输出数据在输入数据消失后,能够保存一个时钟脉冲时间)。上述集成芯片都是采用直插式双列标准封装。

图 5.3.2 是 74××253 双 4 选 1 数据选择器中的一半逻辑电路图及符号,另一半的通道地址输入数据与图中 A_1 A_0 共用。其中 $D_0 \sim D_3$ 是数据输入端,也称为数据通道;A_1、A_0 是地址输入端,或称通道选择控制信号输入端;Y 是输出端;E 是使能端。当 $E=1$ 时,输出状态为高电阻输出;当 $E=0$ 时,在通道地址输入 A_1、A_0 的控制下,从 $D_0 \sim D_3$ 中选择一路输出。

74××253 双 4 选 1 集成芯片的逻辑功能如表 5.3.1 所示,表中 $D_3 \sim D_0$ 为被选择的输入数据。从功能表可以看出,只有在 $E=0$ 时,输出 Y 的状态受 $A_1 A_0$ 的控制。其控制关系可用式(5.3.1)表示。

$$Y = \overline{A_1}\overline{A_0}D_0 + \overline{A_1}A_0 D_1 + A_1\overline{A_0}D_2 + A_1 A_0 D_3$$

$$= \sum_{i=0}^{3} m_i D_i \qquad (5.3.1)$$

式中，m_i 是地址变量 A_1、A_0 所对应的最小项，称地址最小项。式(5.3.1)还可以用矩阵形式表示为

$$Y = (\overline{A_1}\overline{A_0} \quad \overline{A_1}A_0 \quad A_1\overline{A_0} \quad A_1 A_0) \begin{bmatrix} D_0 \\ D_1 \\ D_2 \\ D_3 \end{bmatrix} = (A_1 A_0)_m (D_0 D_1 D_2 D_3)^{\mathrm{T}}$$

式中的 $(A_1 A_0)_m$ 是用矩阵表示函数最小项，$(D_0 D_1 D_2 D_3)^{\mathrm{T}}$ 是由 D_0、D_1、D_2、D_3 组成的单列矩阵的转置。

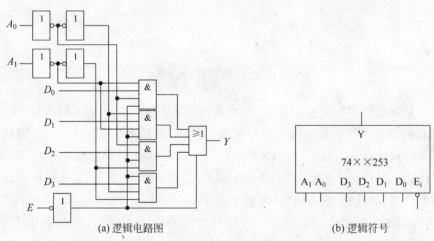

(a) 逻辑电路图　　　　　　　　　　(b) 逻辑符号

图 5.3.2　74××253 双 4 选 1 数据选择器逻辑电路及符号

图 5.3.3 是 8 选 1 数据选择器 74××251 集成芯片的逻辑符号图，E 是使能输入端，A_2、A_1、A_0 是地址输入端，Y 是同相输出端，W 是反相输出端，$D_7 \sim D_0$ 是被选择数据输入端。

表 5.3.1　74××253 双 4 选 1 数据选择器功能表

输　　　入			输　　出
E	A_1	A_0	Y
H	×	×	Z
L	L	L	D_0
L	L	H	D_1
L	H	L	D_2
L	H	H	D_3

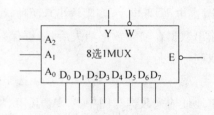

图 5.3.3　8 选 1 数据选择器 74××251 或 74××151MUX 的逻辑符号图

8 选 1 数据选择器 74××251 集成芯片的逻辑功能表如表 5.3.2 所示，当 $E=0$ 时，输出表达式为

$$Y = \sum_{i=0}^{7} m_i D_i = (A_2 A_1 A_0)_m (D_0 D_1 D_2 D_3 D_4 D_5 D_6 D_7)^{\mathrm{T}}, \quad W = \overline{Y} \qquad (5.3.2)$$

当使能输入端 $E=1$（高电平输入）时，同相输出端 Y，反相输出端 W 的输出状态呈现高电阻输出状态（Z 状态输出），只有当 $E=0$ 时，才进行数据选择输出。类似的集成芯片有 $74\times\times15$ 型号芯片，使能端输入 $E=1$ 时，输出端输出 $Y=0$（低电平）、$W=1$（高电平）；当使能端输入 $E=0$ 时，集成芯片的逻辑功能如表 5.3.2 所示。读者应注意这些微小的区别，以便合理、正确使用。

表 5.3.2　8 选 1 数据选择器 $74\times\times251$ 逻辑功能表

输　　入				输　　出	
E	A_2	A_1	A_0	Y	W
H	$\times$	$\times$	$\times$	Z	Z
L	L	L	L	D_0	$\overline{D_0}$
L	L	L	H	D_1	$\overline{D_1}$
L	L	H	L	D_2	$\overline{D_2}$
L	L	H	H	D_3	$\overline{D_3}$
L	H	L	L	D_4	$\overline{D_4}$
L	H	L	H	D_5	$\overline{D_5}$
L	H	H	L	D_6	$\overline{D_6}$
L	H	H	H	D_7	$\overline{D_7}$

5.3.1　数据选择器的应用

数据选择器的应用很广，典型应用有以下几个方面：

(1) 用作多路输入数据选择，以实现多路信号分时传送。

(2) 实现组合逻辑函数。

(3) 在数据传输时实现并行输入-串行输出的转换。

(4) 作为序列信号产生器使用。

对于 n 个地址输入的 MUX，其表达式为

$$Y = \sum_{i=0}^{2^n-1} m_i \qquad (5.3.3)$$

其中 m_i 是由地址变量 $A_{n-1}, \cdots, A_1, A_0$ 组成的地址最小项。而任何一个具有 n 个输入变量的逻辑函数都可以用最小项之和来表示，即

$$F = \sum_{i=0}^{2^n-1} m_i \qquad (5.3.4)$$

这里的 m_i 是由函数的输入变量 A、B、C、$\cdots$ 组成的最小项。

比较 Y 和 F 的表达式可以看出，只要将逻辑函数的输入变量 A、B、C、$\cdots$ 加至数据选择器地址输入端，并适当选择 D_i 的值，使 $F=Y$，就可以用 MUX 实现函数 F。因此，用 MUX 实现函数的关键在于如何确定 D_i 的对应值。

1. $j \leqslant n$ 的情况

如果用 j 表示函数的输入变量个数，n 为选用多路选择器 MUX 的地址输入端端数。

当 $j=n$ 时,只要将函数的输入变量 A、B、C、…依次接到 MUX 的地址输入端(依次从高位至低位),根据逻辑函数 F 最小项表达式中所描述的最小项序号,确定 MUX 中与最小项序号编号相同的 D_i 端输入为 1,否则输入信号为 0;当 $j<n$ 时,将 MUX 的高位地址输入端不用(一般接 0),其余同上。

【例 5.3.1】 用 8 选 1MUX 实现逻辑函数:$F=\overline{A}B+A\overline{B}+C$。

解: 首先将逻辑函数 F 转化为最小项表达式。

使用卡诺图相邻项的性质,将 F 填入卡诺图,如图 5.3.4 所示。根据逻辑函数 F 卡诺图可得

$$F(A,B,C)=\sum m(1,2,3,4,5,7)$$

使用 8 选 1MUX 时,有

$$Y=\sum_{i=0}^{7}m_i D_i=(A_2 A_1 A_0)_m(D_0 D_1 D_2 D_3 D_4 D_5 D_6 D_7)^{\mathrm{T}}$$

令 $A_2=A$,$A_1=B$,$A_0=C$,且令 $D_1=D_2=D_3=D_4=D_5=D_7=1$,$D_0=D_6=0$,则有

$$Y=(ABC)_m(01111101)^{\mathrm{T}}=\sum m(1,2,3,4,5,7)$$

故 $F=Y$。用 8 选 1MUX 实现函数 F 的逻辑图如图 5.3.5 所示。

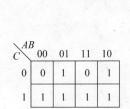

图 5.3.4　例 5.3.1 的卡诺图

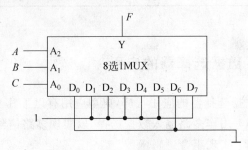

图 5.3.5　例 5.3.1 的逻辑图

需要注意的是,因为函数 F 中各最小项的标号是按 A、B、C 的权为 4、2、1 写出的,因此 A、B、C 必须依次加到 A_2、A_1、A_0 端。

2. $j>n$ 的情况

当逻辑函数的变量数 1 大于 MUX 的地址输入端端数 n 时,不能采用上面所述的简单方法。如果从 j 个输入变量中选择 n 个直接作为 MUX 的地址输入,那么,多余的 $(j-n)$ 个变量就要反映到 MUX 的数据输入 D_i 端,即 D_i 是多余输入变量的函数,简称余函数。因此设计的关键是如何求出函数 D_i。

确定余函数 D_i 可以采用代数法或降维卡诺图法。

【例 5.3.2】 试用 4 选 1MUX 实现三变量函数:$F=\overline{A}\overline{B}C+\overline{A}B\overline{C}+\overline{A}BC+A\overline{B}\overline{C}$。

解:(1)首先选择地址输入,令 $A_1 A_0=AB$,则多余输入变量为 C,余函数 $D_i=f(c)$。

(2)确定余函数 D_i。

用代数法将 F 的表达式变换为与 Y 相应的形式:

$$Y=\overline{A_1}\,\overline{A_0}D_0+\overline{A_1}A_0 D_1+A_1\overline{A_0}D_2+A_1 A_0 D_3$$

$$F = \overline{A}\,\overline{B}C + \overline{A}\,\overline{B}\,\overline{C} + \overline{A}BC + \overline{A}B\overline{C} + A\overline{B}(C + \overline{C}) + \overline{A}BC + AB\overline{C}$$
$$= \overline{A}\,\overline{B} \cdot 1 + \overline{A}B \cdot C + A\overline{B} \cdot \overline{C} + AB \cdot C$$

将 F 与 Y 对照可得

$$D_0 = 1, \quad D_1 = C, \quad D_2 = \overline{C}, \quad D_3 = 0$$

根据这一结论,例 5.3.2 的逻辑电路如图 5.3.6 所示。

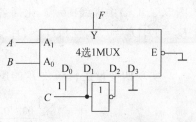

图 5.3.6　例 5.3.2 的逻辑图

n 变量的逻辑函数,可以用 n 维卡诺图表示,也可以用 $(n-1)$、$(n-2)$、$\cdots$ 维卡诺图表示,这种 $(n-1)$、$(n-2)$、$\cdots$ 维卡诺图称为降维卡诺图。

例 5.3.2 中的三变量逻辑函数 F 可以用图 5.3.7(a) 三变量卡诺图表示,也可以用图 5.3.7(b) 所示的以 A、B 为变量,C 为引入变量的二维卡诺图表示。"降维卡诺图" 的方法是在图 5.3.7(a) 中,先求出在 AB 各组取值下 F 与 C 变量之间的函数关系,然后将它们分别填入如图 5.3.7(b) 所示的"降维卡诺图"中。从图 5.3.7(b) 中可以看出,该卡诺图中除了填 0、1 外,还填入了变量 C,因此它又称为"引入变量卡诺图"。如果选择 4 选 1MUX 的地址输入 $A_1A_0 = AB$,比较图 5.3.7(c) 所示逻辑函数 Y 的卡诺图和图 5.3.7(b) 所示逻辑函数 F 的卡诺图,则很容易求出多余函数 $D_i = f(c)$,得

$$D_0 = 1, \quad D_1 = C, \quad D_2 = \overline{C}, \quad D_3 = 0$$

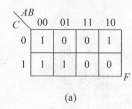 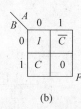 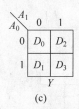 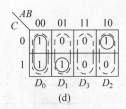

(a)　　　　(b)　　　　(c)　　　　(d)

图 5.3.7　例 5.3.2 的卡诺图法

为了减少画卡诺图的次数,也可以直接在 F 的三变量卡诺图上求出余函数 D_i。如图 5.3.7(d) 所示逻辑函数 F 的卡诺图中,选择 $A = A_1$、$B = A_0$,则 AB 变量(即地址变量)按其组合可直接将 F 的卡诺图划分为 4 个子卡诺图,如图 5.3.7(d) 中虚线所示。每个子卡诺图所对应的函数就是余函数 D_i,它们仅与多余输入变量 C 有关,即 $D_i = f(c)$。在各个子卡诺图上直接化简,便可求出余函数 D_i 的值:$D_0 = 1$,$D_1 = C$,$D_2 = C$,$D_3 = 0$。可见,后面这种方法更加简便,其求解步骤归纳如下:

(1) 画出逻辑函数 F 的卡诺图。

(2) 选择地址输入。

(3) 在逻辑函数 F 的卡诺图上确定余函数 D_i 的范围。

(4) 求余函数 D_i。

(5) 画出逻辑图。

注意:使用这种方法,一般只能降低一维,即三变量降为二变量。

【**例 5.3.3**】　用 8 选 1 MUX 实现逻辑函数:$F(A,B,C,D) = \sum m(0,4,5,7,12,13,14)$。

解:(1) 画出四变量逻辑函数 F 的卡诺图如图 5.3.8(a) 所示。

（2）选择地址变量，确定余函数 D_i。

原则上，地址变量的选择是任意的，但选择合适了才能使电路简化。

若选择 $A_2A_1A_0 = ABC$，则引入变量为 D。"降维卡诺图"如图 5.3.8(a) 所示。

在逻辑函数 F 的卡诺图，即图 5.3.8(a) 上，确定 8 选 1MUX 数据输入 D_i 的范围，如图 5.3.8(a) 中虚线所示。化简各子卡诺图，求得余函数为 $D_0 = D,D_1 = 0,D_2 = 1,D_3 = D$，$D_4 = D,D_5 = 0,D_6 = 1,D_7 = D$；函数 F 可表示为

$$F = Y = (ABC)_m(\overline{D}\ 0\ 1\ D\ D\ 0\ 1\ \overline{D})^T$$

实现四变量逻辑函数 F 的逻辑电路图如图 5.3.9(a) 所示。

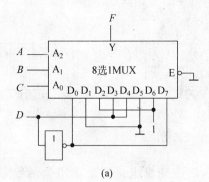 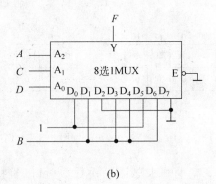

图 5.3.8　例 5.3.3 在逻辑函数 F 的卡诺图上确定 D_i

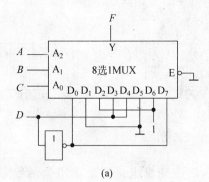 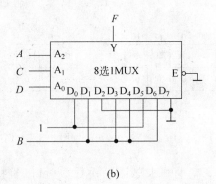

图 5.3.9　例 5.3.3 的逻辑图

若选择 $A_2A_1A_0 = ACD$，则引入变量为 B。四变量逻辑函数 F 的"降维卡诺图"如图 5.3.8(b) 所示。

在四变量逻辑函数 F 的"降维卡诺图"，即图 5.3.8(b) 上，确定 8 选 1MUX 数据输入 D_i 的范围，如图 5.3.8(b) 中虚线所示。化简各子卡诺图求得余函数为 $D_0 = 1,D_1 = B,D_2 = 0$，$D_3 = B,D_4 = B,D_5 = 1,D_6 = B,D_7 = 0$；函数 F 可表示为

$$F = Y = (ACD)_m(1\ B\ 0\ B\ B\ 1\ B\ 0)^T$$

实现四变量逻辑函数 F 的逻辑电路图如图 5.3.9(b) 所示。

比较图 5.3.9(a) 和图 5.3.9(b) 可看出，显然选择 A、C、D 为地址变量时电路简单，其数据输入可以不附加任何门。因此，为了在产生余函数时不附加门电路或尽量少用附加门电路，通常要将各种地址选择方案进行比较，这样做是比较麻烦的。比较简单的方法是观察逻辑函数 F 的卡诺图或先将逻辑函数 F 化简，从 F 的输入变量中选择出现比较多的输入变量加到地址输入端，这样就能简化电路。

5.3.2
数据选择器的扩展

1. 利用使能端进行扩展

图 5.3.10 是将双 4 选 1MUX 扩展为 8 选 1MUX 的逻辑图。其中 A_2 是 8 选 1MUX 地址端的最高位，A_0 是最低位。使用这种方法进行扩展，扩展后的高位通道地址通常加到使能端，如图 5.3.10 的 A_2 输入。利用一个非门，4 选 1 数据选择器 E_1 的使能端加 A_2 的原变量，而 E_2 的使能端加 A_2 的反变量。这样，当 $A_2 = 0$ 时，根据 $A_1 A_0$ 的输入组合选择 $D_3 \sim D_0$ 的一个输入数据经 Y_1 送到输出端 Y；当 $A_2 = 1$ 时，根据 $A_1 A_0$ 的输入组合选择 $D_7 \sim D_4$ 的一个输入数据经 Y_2 送到输出端 Y。所以输出与输入的关系为

$$Y = \sum_{i=0}^{7} m_i D_i = (A_2 A_1 A_0)_m (D_0 D_1 D_2 D_3 D_4 D_5 D_6 D_7)^{\mathrm{T}}$$

实现扩展的目的。

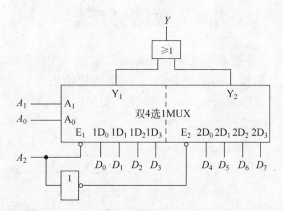

图 5.3.10 将双 4 选 1MUX 扩展为 8 选 1MUX 的逻辑图

2. 树状扩展

通过 MUX 的级联用 $2^n + 1$ 个 2^n 选 1 的 MUX 可以扩展为 $(2n)^2$ 选 1 的 MUX。例如，$n = 2$，即可用 5 个 4 选 1MUX 实现 16 选 1MUX，如图 5.3.11 所示。

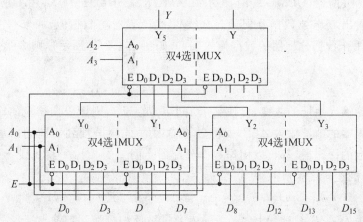

图 5.3.11 用 3 片双 4 选 1MUX 实现 16 选 1MUX

图中，A_3 为扩展后的高位通道地址码输入端，A_0（外接输入信号）为扩展后的低位通道地址码输入端。当 $E=0$ 时，图中所有的数据选择器工作，其输入和输出的关系为

$$\begin{cases} Y_0 = \overline{A_1}\,\overline{A_0}D_0 + \overline{A_1}A_0D_1 + A_1\overline{A_0}D_2 + A_1A_0D_3 = (A_1A_0)_m(D_0D_1D_2D_3)^{\mathrm{T}} \\ Y_1 = \overline{A_1}\,\overline{A_0}D_4 + \overline{A_1}A_0D_5 + A_1\overline{A_0}D_6 + A_1A_0D_7 = (A_1A_0)_m(D_4D_5D_6D_7)^{\mathrm{T}} \\ Y_2 = \overline{A_1}\,\overline{A_0}D_8 + \overline{A_1}A_0D_9 + A_1\overline{A_0}D_{10} + A_1A_0D_{11} = (A_1A_0)_m(D_8D_9D_{10}D_{11})^{\mathrm{T}} \\ Y_3 = \overline{A_1}\,\overline{A_0}D_{12} + \overline{A_1}A_0D_{13} + A_1\overline{A_0}D_{14} + A_1A_0D_{15} = (A_1A_0)_m(D_{12}D_{13}D_{14}D_{15})^{\mathrm{T}} \\ Y = Y_5 = \overline{A_3}\,\overline{A_2}Y_0 + \overline{A_3}A_2Y_1 + A_3\overline{A_2}Y_2 + A_3A_2Y_3 = (A_3A_2)_m(Y_0Y_1Y_2Y_3)^{\mathrm{T}} \end{cases}$$

整理后，可以得到

$$Y = (A_3A_2A_1A_0)_m(D_0D_1D_2D_3D_4D_5D_6D_7D_8D_9D_{10}D_{11}D_{12}D_{13}D_{14}D_{15})^{\mathrm{T}}$$

由于常见的数据选择器集成模块，已经具有 2 选 1、4 选 1、8 选 1、16 选 1 等功能，所以，在实际使用中，可以直接根据实际需要，合理选用集成芯片，这样构成系统电路之后，可以使所用的器件数较少，电路结构合理，系统工作更加可靠。

5.4　数据分配器

数据分配器又称多路分配器（demultiplexer，简称 DEMUX），其功能与数据选择器相反，它可以将一路输入数据按 n 位地址分送到 2^n 个数据输出端上。图 5.4.1 为 1 分 4 的 DEMUX 的逻辑符号，其功能表如表 5.4.1 所示。其中 D 为数据输入，A_1、A_0 为地址输入，$Y_0 \sim Y_3$ 为数据输出，E 为使能端。

表 5.4.1　1 分 4 数据分配器功能表

输		入	输		出	
E	A_1	A_0	Y_0	Y_1	Y_2	Y_3
H	×	×	H	H	H	H
L	L	L	D	H	H	H
L	L	H	H	D	H	H
L	H	L	H	H	D	H
L	H	H	H	H	H	D

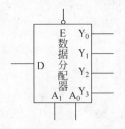

图 5.4.1　1 分 4 数据分配器的逻辑符号

常用的数据分配器（DEMUX）有 1 分 4DEMUX、1 分 8DEMUX、1 分 16 DEMUX 等。从表 5.4.1 可看出，1 分 4 数据分配器与 2 线-4 线译码器功能相似，如果将 2 线-4 线译码器的使能端 E 用作数据分配器的数据输入端 D（如图 5.4.2(a)所示），则 2 线-4 译码器的输出可写成

$$\overline{Y_i} = \overline{Em_i} = \overline{Dm_i} \qquad (i = 0,1,2,3)$$

随着译码器输入地址的改变，可使某个最小项 m_i 为 1，则译码器相应的输出 $Y_i = D$，因而只要改变译码器的地址输入 A、B，就可以将输入数据 D 分配到不同的通道上去。因此，凡是具有使能端的译码器，都可以用作数据分配器。图 5.4.2(b)是将 3 线-8 线译码器用作 1 分 8DEMUX 的逻辑图，其中：

$$E_1 = D, \quad E_{2A} = E_{2B} = 0, \quad \overline{Y_i} = \overline{E_1m_i} = \overline{Dm_i}$$

当改变地址码输入 A、B、C 时，$Y_i = D$，即输入数据被反相分配到各输出端。

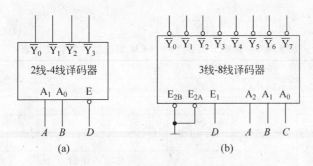

图 5.4.2　用译码器实现分配器

　　数据分配器常和多路选择器并用,以实现多通道数据分时传送。例如,发送端由数据选择器(MUX)将各路数据分时送到公共传输线上(实现多位数据分时通过单路传送,即串行传送),接收端再由分配器将公共传输线上的数据适时分配到相应的输出端(实现单路传送来的数据恢复为多位数据,即并行传送),而两者的地址输入都是同步控制的,其示意图如图 5.4.3 所示。这种数据传送方式,在数据远距离传送时是十分有用的。

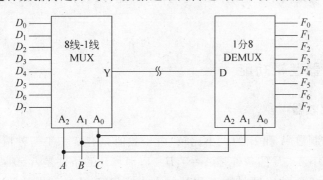

图 5.4.3　多通道数据分时传送

　　常用的数据分配器有 $74 \times \times 538$ 集成芯片。该芯片可进行正向输出和反向输出的切换,三态输出。其封装图如图 5.4.4 所示,图中 OE_1、OE_2、POL 为输出方式控制信号输入端;当控制信号的输入组合 OE_1 和 OE_2 中有一端输入为低电平时,输出 $Y_0 \sim Y_7$ 端为高阻状态;当控制信号的输入组合为 $OE_1 = 0$,$OE_2 = 0$,POL=0 时,为正向输出;当控制信号的输入组合为 $OE_1 = 0$,$OE_2 = 0$,POL=1 时,为反向输出。

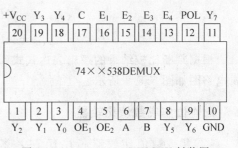

图 5.4.4　$74 \times \times 538$DEMUX 封装图

　　E_1、E_2、E_3、E_4 为使能控制信号输入端。当使能控制信号输入端的输入组合为 $E_1 = 0$,$E_2 = 0$,$E_3 = 1$,$E_4 = 1$ 时,执行使能逻辑功能;当 E_1、E_2、E_3、E_4 为其他输入组合,若选择正向输出时,输出 $Y_0 \sim Y_7$ 端为低电平状态输出,若选择反向输出时,输出 $Y_0 \sim Y_7$ 端为高电平状态输出,可见,被分配输出的数据可以从 E_1、E_2、E_3、E_4 中的任何一端输入。C、B、A 端为地址码输入端,选择被分配的数据分配到输出端 $Y_0 \sim Y_7$ 中那一端由 C、B、A 输入组合确定。$74 \times \times 538$ 集成芯片逻辑功能表如表 5.4.2 所示,表中未列出 C、B、A 输入状态的数据分配结果。

表 5.4.2　数据分配器 74××538 集成芯片逻辑功能表

输入							输出
OE_1	OE_2	POL	E_1	E_2	E_3	E_4	$Y_0 \sim Y_7$
H	×	×	×	×	×	×	Z
×	H		×	×	×	×	
L	L	L	L	L	H	H	正向
			其他输入组合				L
L	L	H	L	L	H	H	反向
			其他输入组合				H

5.5　数值比较器

数值比较器是实现两个数值之间的大、小、相等比较,或只比较其是否相等的逻辑功能电路。

5.5.1　数值比较器逻辑功能

1.1 位数值比较器

两个 1 位二进制数 A 和 B 的大小比较,由于数值只有 0 和 1 两种情况,所以 $A>B$ 的条件是 $A=1,B=0$; $A<B$ 的条件是 $A=0,B=1$; $A=B$ 的条件是 $A=0,B=0$,或且 $A=1$, $B=1$。所以判断两个 1 位二进制数 A 和 B 的大小或相等,比较结果的逻辑表达式可以用下式表示:

$$\begin{cases} P_{A>B} = A\bar{B} \\ P_{A<B} = \bar{A}B \\ P_{A=B} = \overline{A}\overline{B} + AB = \overline{A\bar{B} + \bar{A}B} \end{cases} \tag{5.5.1}$$

根据判断比较结果的逻辑表达式式(5.5.1),可以做出实现 1 位数值比较逻辑功能的逻辑电路图如图 5.5.1 所示。

2.4 位集成数值比较器

4 位集成数值比较器芯片有 74××85(TTL 型产品)及 CC4063、CC4585、CC14585 (COM 型产品)等型号芯片,这些芯片的逻辑符号如图 5.5.2 所示。可见,虽然产品的型号不同,但是所能够实现的逻辑功能是一样的。

由图 5.5.2 可见,4 位数值比较器有 11 个输入端,3 个输出端,其中输入端 $A_3 \sim A_0$、 $B_3 \sim B_0$ 接两个等待比较的 4 位二进制数的输入端,其中 A_3 和 B_3 分别是两个等待比较的 4 位二进制数最高位数据输入端,A_0 和 B_0 分别是两个等待比较的 4 位二进制数最低位数据输入端;输出端 $P_{A<B}$、$P_{A=B}$、$P_{A>B}$ 是 3 个比较结果;$C_{A<B}$、$C_{A=B}$、$C_{A>B}$ 是 3 个级联输入端,当需要比较的两个二进制数的位数超过 4 位时,就必须使用多于一片以上的芯片,以扩大数据输入端端数。在这种情况下,可将输入低位数据的比较器输出端 $P_{A<B}$、$P_{A=B}$、$P_{A>B}$ 的输出信号分别接到高位比较器的 $C_{A<B}$、$C_{A=B}$、$C_{A>B}$ 3 个输入端。

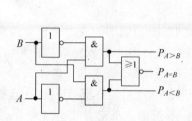

图 5.5.1　1 位数值比较器逻辑电路图

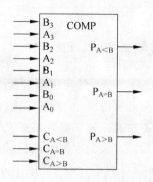

图 5.5.2　4 位数值比较器的逻辑符号图

对于两个多位的数值,数值比较的结果一般只能有 3 种,即大于、小于和相等。而比较的方法也是比较直接,其方法是从大到小,依次比较。对于两个正数数值,若位数相同,高位较大的一定大于,若高位相等,再比较次低位数值,这样依次比较,直到所有各位比较结果都相等时,才能得出两个数值相等的结论。

另一种方法是将两个数相减,判断差值的结果。若差值结果为正值(在二进制数减法器体现为符号位为 0),则被减数大于减数;若差值结果为负值(在二进制数减法器体现为符号位为 1),则被减数小于减数;如果结果为零,则被减数等于减数。

集成数值比较器芯片一般按依次比较的逻辑思维方式进行设计,如 74××85(TTL 型产品)及 CC4063、CC4585、CC14585(COM 型产品)等型号芯片就是按依次比较的逻辑思维方法设计逻辑电路的,这两种集成芯片的逻辑功能表如表 5.5.1 所示。

表 5.5.1　4 位比较器功能表

比较器输入				级联输入			输　出		
A_3、B_3	A_2、B_2	A_1、B_1	A_0、B_0	$C_{A>B}$	$C_{A<B}$	$C_{A=B}$	$P_{A>B}$	$P_{A<B}$	$P_{A=B}$
$A_3>B_3$	×	×	×	×	×	×	1	0	0
$A_3<B_3$	×	×	×	×	×	×	0	1	0
$A_3=B_3$	$A_2>B_2$	×	×	×	×	×	1	0	0
$A_3=B_3$	$A_2<B_2$	×	×	×	×	×	0	1	0
$A_3=B_3$	$A_2=B_2$	$A_1>B_1$	×	×	×	×	1	0	0
$A_3=B_3$	$A_2=B_2$	$A_1<B_1$	×	×	×	×	0	1	0
$A_3=B_3$	$A_2=B_2$	$A_1=B_1$	$A_0>B_0$	×	×	×	1	0	0
$A_3=B_3$	$A_2=B_2$	$A_1=B_1$	$A_0<B_0$	×	×	×	0	1	0
$A_3=B_3$	$A_2=B_2$	$A_1=B_1$	$A_0=B_0$	1	0	0	1	0	0
$A_3=B_3$	$A_2=B_2$	$A_1=B_1$	$A_0=B_0$	0	1	0	0	1	0
$A_3=B_3$	$A_2=B_2$	$A_1=B_1$	$A_0=B_0$	0	0	1	0	0	1

由表 5.5.1 可以看出,确定输出 $P_{A>B}=1$(即 A 大于 B)的条件是:首先看两个数的最高位 $A_3>B_3$;或者最高位相等,而高次位 $A_2>B_2$;或者最高位和高次位均相等,而低次位 $A_1>B_1$;或者前 3 位相等而最低位 $A_0>B_0$;或者 4 位均相等而 4 位以下的更低位比较器来的输入 $C_{A>B}=1$。

输出 $P_{A=B}=1$ 的条件是：$A_3=B_3$，$A_2=B_2$，$A_1=B_1$，$A_0=B_0$，且级联输入端 $C_{A=B}$ 为 1。

输出 $P_{A<B}=1$（即 B 大于 A）的条件与 $P_{A>B}=1$ 相似，请读者自行导出。

5.5.2 比较器的级联

4 位比较器可直接用来比较两个 4 位或小于 4 位的二进制数的大小。当两个等待比较数的位数超过 4 位时，需要进行比较器位数的扩展，往往要将多个比较器级联使用，以实现比较位数的增加。其原则是将定义为最低位数值（4 位二进制数）输入芯片的输出（大于，小于，等于）接到定义为次低位数值输入的芯片对应的 C 端（大于，小于，等于），依次这样连接下去，就可以得到 $4 \times N$ 位数值比较器。而定义最低位数值输入的芯片 C 端（大于、小于两端输入 0，等于端输入 1），比较的结果从定义为最高位（4 位）数值输入的芯片输出。

【例 5.5.1】 利用 4 位数值比较器芯片设计一个能够实现比较两个 7 位二进制整数大小或相等逻辑功能的逻辑电路。

解： 采用两块 4 位比较器芯片，用分段比较的方法，可以实现对 7 位二进制的比较，其逻辑图如图 5.5.3 所示。图中的 A_7、B_7 端输入数据可以同时为 0 或 1。

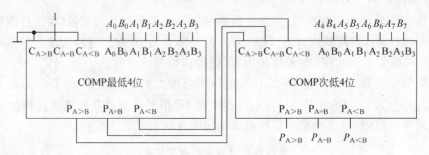

图 5.5.3　8 位数值比较器

数值比较器除了 $74 \times \times 85$（TTL 型产品）及 CC4063、CC4585、CC14585（COM 型产品）等型号芯片外，TTL 型产品中也有只比较两个数值是否相等的产品芯片，如 $74 \times \times 518$、$74 \times \times 519$、$74 \times \times 520$、$74 \times \times 521$、$74 \times \times 522$ 等集成芯片，为 8 位数值比较器，输出只有判断是否相等，这些集成芯片还具有使能输入端，在实际应用时，应注意这些区别。

5.6　加　法　器

加法器是实现两个二进制数，或两个二-十进制数进行算术加法运算的逻辑功能电路。常用的集成芯片有 TTL 型产品：$74 \times \times 183$（双 1 位全加器），$74 \times \times 283$（4 位超前进位全加器）；COM 型产品：CC4008（4 位超前进位全加器）。

5.6.1 1 位加法器

1 位加法器有 1 位半加器和 1 位全加器之分。

1.1 位半加器

仅仅实现两个 1 位二进制数相加逻辑功能的逻辑电路称为半加器,其输入数据为两个 1 位二进制数 A 和 B,其输出为和数 S_o 及进位数 C_o。半加器没有集成芯片产品。根据二进制数加法运算的规则,A 和 B 中仅有一个等于 1 时,$S_o=1$,其他情况下 $S_o=0$;A 和 B 同时等于 1 时,$C_o=1$,其他情况下 $C_o=0$。所以,可以用式(5.6.1)表示半加器的逻辑函数关系。根据逻辑函数式(5.6.1)采用相应的逻辑门电路组合可得出半加器的逻辑电路,半加器的逻辑符号如图 5.6.1(a)所示。

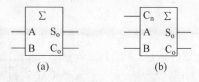

图 5.6.1　半加器和全加器逻辑符号

$$\begin{cases} S_o = A\overline{B} + \overline{A}B = A \oplus B \\ C_o = AB \end{cases} \tag{5.6.1}$$

2.1 位全加器

不仅实现两个 1 位二进制数相加逻辑功能,而且还考虑低位进位进行相加的逻辑电路称为全加器,其输入数据为两个 1 位二进制数 A 和 B 及低位的进位数 C_n,其输出为和数 S_o 及进位数 C_o。1 位全加器的集成芯片有 $74\times\times183$ 型号芯片,一片 $74\times\times183$ 型芯片集成有两个全加器逻辑电路。同样根据加法的规则,实现全加器逻辑功能的真值表如表 5.6.1 所示。

表 5.6.1　全加器真值表

输　　入			输　　出	
A	B	C_n	S_o	C_o
0	0	0	0	0
0	0	1	1	0
0	1	0	1	0
0	1	1	0	1
1	0	0	1	0
1	0	1	0	1
1	1	0	0	1
1	1	1	1	1

根据表 5.6.1 所示的真值表,可以写出全加器的逻辑函数式如下:

$$\begin{cases} S_o = (A\overline{B} + \overline{A}B)\overline{C}_n + (\overline{A} \cdot \overline{B} + AB)C_n = A \oplus B \oplus C \\ C_o = (A \oplus B)C_n + AB = (A + B)C + AB \end{cases} \tag{5.6.2}$$

用逻辑函数式(5.6.2)所描述的全加器逻辑关系,采用相应的逻辑门电路组合可以做出各种不同形式全加器的逻辑电路。全加器的逻辑符号如图 5.6.1(b)所示。

5.6.2 多位加法器

多位加法器是实现位数大于 1 位的两个二进制数相加的逻辑功能电路。多位加法器可以用多个 1 位全加器串接而成,如图 5.6.2 所示的 4 位串行进位并行输出加法器。按这样的连接,可以一直串接到 n 位。这种连接方法,高一位的相加结果要等待低一位的相加结果是否产生进位确定。如果每个 1 位加法器运算的平均延迟时间为 t_{pd},最高一位必须等待 nt_{pd} 时间才能完成运算,这将直接影响运行速度。为了解决这一矛盾,集成 4 位加法器通常设计成具有超前进位功能的逻辑电路结构。

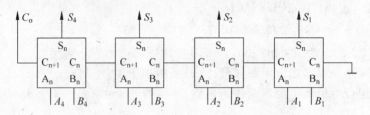

图 5.6.2　4 位串行进位并行加法器

四位超前进位加法器集成芯片有 TTL 型芯片,如 $74\times\times283$、$74\times\times383$ 等型号芯片;COMS 型芯片,如 CC4008 型号芯片。$74\times\times283$、CC4008 型号芯片的逻辑功能相同,实现 4 位二进制数超前进位相加的逻辑功能,输入为两个 4 位二进制数 $A_3\sim A_0$、$B_3\sim B_0$,以及低 4 位的进位数 C_n;输出为 4 位二进制和数 $S_3\sim S_0$ 及向高位的进位数 C_{n+1}。其逻辑符号如图 5.6.3 所示。

图 5.6.3　$74\times\times283$ 芯片逻辑符号图

这种集成电路是将低位的进位数提前送到高位进行运算。根据 1 位全加器的逻辑函数表达式,有

$$\text{和数 } S_n = A_n \oplus B_n \oplus C_n = \overline{A_nB_n}(A_n+B_n)\oplus C_n = (P_n\overline{G_n})\oplus C_n \tag{5.6.3}$$

$$\text{进位数 } C_{n+1} = A_nB_n + A_n\oplus B_nC_n = A_nB_n + (A_n+B_n)C_n = \overline{P_nG_n + P_n\overline{C_n}} \tag{5.6.4}$$

其中,$P_n = \overline{A_nB_n}$;$G_n = \overline{A_n+B_n}$。

若能够将低位的进位数,提前进行运算并与输入相加数进行直接相加就可以实现提前进位的逻辑功能,使用式(5.6.4)进行递推,可以得出超前进位数的逻辑函数式如式(5.6.5)所示。

$$\begin{cases} C_1 = \overline{P_0G_0 + P_0\overline{C_n}} \\ C_2 = \overline{P_1G_1 + P_1P_0G_0 + P_1P_0\overline{C_n}} \\ C_3 = \overline{P_2G_2 + P_2P_1G_1 + P_2P_1P_0G_0 + P_2P_1P_0\overline{C_n}} \\ C_4 = \overline{P_3G_3 + P_3P_2G_2 + P_3P_2P_1G_1 + P_3P_2P_1P_0G_0 + P_3P_2P_1P_0\overline{C_n}} \end{cases} \tag{5.6.5}$$

这样各位和数的逻辑表达式可以写成式(5.6.6)所示的逻辑函数式。

$$\begin{cases} S_0 = (P_0\overline{G_0})\oplus C_0 \\ S_1 = (P_1\overline{G_1})\oplus C_1 \\ S_2 = (P_2\overline{G_2})\oplus C_2 \\ S_3 = (P_3\overline{G_3})\oplus C_3 \end{cases} \tag{5.6.6}$$

超前进位加法器 $74\times\times283$、CC4008 型号芯片就是利用式(5.6.5)和式(5.6.6)构成逻辑电路的。这样每位相加数的输入电路可以有相同的形式,即一个与非门和一个或非门。用与门及或非门的组合产生超前进位数,用非门、与门实现 $P_n\overline{G_n}$ 运算。输出统一用异或门实现和数输出,这种做法可使集成芯片的内部电路结构简单、可靠。

运用 $74\times\times283$、CC4008 型号芯片,当相加数的位数大于 4 时,需要进行扩展,其扩展连接方法与 1 位全加器相同,如图 5.6.4 所示。

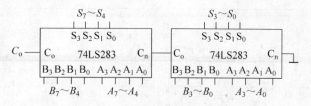

图 5.6.4 $74\times\times283$ 芯片的扩展连接图

$74\times\times381$ 芯片的逻辑功能与 $74\times\times283$、CC4008 型号芯片有区别,输入有与 $74\times\times283$、CC4008 型号芯片相同的两个 4 位二进制数输入端,同时增加逻辑功能控制输入端 C、B、A 端,而输出增加两个功能信号的输出:①进位信号传输输出 P_n,$P_n=0$(低电平输出有效)时,直接将最低位的进位数传送到高位(超前进位传送);②进位信号产生输出 G_n,$G_n=0$(低电平输出有效)时,直接输出进位数(超前进位)。$74\times\times381$ 芯片除了具有超前进位加法功能之外,还可以实现两个 4 位二进制数的其他逻辑运算,功能如表 5.6.2 所示。$74\times\times381$ 芯片的逻辑符号如图 5.6.5 所示。

表 5.6.2 74LS381 芯片逻辑功能

控制端输入组合			芯片的逻辑功能
C	B	A	(算术/逻辑运算)
0	0	0	清零
0	0	1	B 减 A(算术运算)
0	1	0	A 减 B(算术运算)
0	1	1	A 加 B(算术运算)
1	0	0	$A\oplus B$(逻辑运算)
1	0	1	$A+B$(相或逻辑运算)
1	1	0	$A\cdot B$(相与逻辑运算)
1	1	1	预置数

通常,$74\times\times381$ 集成加法器芯片与超前进位产生器芯片 $74\times\times182$ 配合使用,$74\times\times182$ 集成芯片的逻辑符号如图 5.6.6 所示,其进位传送输入信号 $P_3\sim P_0$ 和进位产生信号输入 $G_3\sim G_0$ 均为低电平输入有效。当相加数的位数大于 4 时,需要进行扩展运用,利用 $74\times\times381$ 与 $74\times\times182$ 相配合使用,可以实现多于 4 位数加法器的超前进位加法运算的逻辑功能,能够较好地提高扩展后加法器逻辑电路的运行速度。

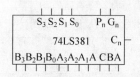

图 5.6.5 $74\times\times381$ 芯片逻辑符号图

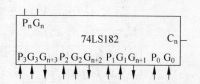

图 5.6.6 $74\times\times182$ 芯片逻辑符号图

74××381 与 74××182 配合使用的逻辑电路如图 5.6.7 所示。用一片 74××182 可以实现两个 16 位二进制数相加的运算。

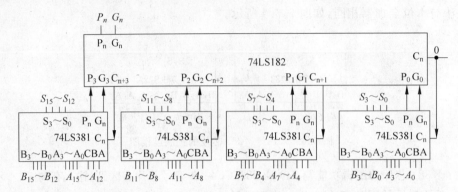

图 5.6.7　74××381 芯片与 74××182 连接图

超前进位产生器,它是一种产生快速进位的集成电路。根据全加器进位信号 $C_{n+1} = A_nB_n + (A_n \oplus B_n)C_n$,令 $G_n = A_nB_n$,则可以得

$$\begin{cases} C_{n+1} = G_n + P_nC_n \\ G_n = A_nB_n \\ P_n = A_nB_n \end{cases} \tag{5.6.7}$$

式(5.6.7)称为进位递推公式,G_n 称进位产生函数,即 $G_n = 1$ 时,直接将进位信号送到高一位相加;P_n 称为进位传输函数,即 $P_n = 1$ 时,直接将低一位的进位数送到高一位进行相加。由式(5.6.7)可以推出各级进位信号表达式,并构成快速进位的逻辑电路(推导过程从略)。因此,图 5.6.7 中 P_0、P_1、P_2、P_3 分别为进位传输信号,G_0、G_1、G_2、G_3 分别为进位产生输入信号,C_{n+1}、C_{n+2}、C_{n+3} 分别为进位输出,P_n 和 G_n 分别为进位传输输出和进位产生输出。其表达式为

$$\begin{cases} C_{n+1} = G_0 + P_0C_n \\ C_{n+2} = G_1 + P_1C_{n+1} = G_1 + P_1G_0 + P_1P_0C_n \\ C_{n+3} = G_2 + P_2C_{n+2} = G_2 + P_2G_1 + P_2P_1G_0 + P_2P_1P_0C_n \\ G_n = G_3 + P_3G_2 + P_3P_2G_1 + P_3P_2P_1G_0 \\ P_n = P_3P_2P_1P_0 \end{cases} \tag{5.6.8}$$

对于实际的集成超前进位产生器 74LS182,其进位传送信号 $P_3 \sim P_0$ 和进位产生输入信号 $G_3 \sim G_0$ 均为低电平有效,输出 C_{n+1}、C_{n+2}、C_{n+3} 为高电平有效,G_n、P_n 为低电平有效。所以式(5.6.8)改为式(5.6.9)即为 74LS182 的输入与输出变量之间的逻辑函数关系。

$$\begin{cases} C_{n+1} = \overline{G}_0 + \overline{P}_0C_n \\ C_{n+2} = \overline{G}_1 + \overline{P}_1C_{n+1} = \overline{G}_1 + \overline{P}_1\overline{G}_0 + \overline{P}_1\overline{P}_0C_n \\ C_{n+3} = \overline{G}_2 + \overline{P}_2C_{n+2} = \overline{G}_2 + \overline{P}_2\overline{G}_1 + \overline{P}_2\overline{P}_1\overline{G}_0 + \overline{P}_2\overline{P}_1\overline{P}_0C_n \\ \overline{G}_n = \overline{G}_3 + \overline{P}_3\overline{G}_2 + \overline{P}_3\overline{P}_2\overline{G}_1 + \overline{P}_3\overline{P}_2\overline{P}_1\overline{G}_0 \\ \overline{P}_n = \overline{P}_3\overline{P}_2\overline{P}_1\overline{P}_0 \end{cases} \tag{5.6.9}$$

可以根据式(5.6.9)的逻辑函数关系,作出超前进位产生器的逻辑电路结构。其输入变量为 P_0、G_0、P_1、G_1、P_2、G_2、P_3、G_3、C_n,输出变量为 C_{n+1}、C_{n+2}、C_{n+3}、G_n、P_n。应用这一超前

进位芯片,若需要进行多位扩展,因为最低位的进位输入为零,最低位 G_n 输出信号可以作为向高位的进位信号使用,连接如图 5.6.8 所示。这样扩展之后,与 74LS381 配合使用,可以构成两个 32 位的超前进位加法器。若还要进一步增加,由于 74LS182 不存在进位输出 C_{n+4}。而超前进位数函数表达式为 $C_{n+4}=\bar{G}_n+\bar{P}_nC_n$,在图 5.6.8 中,由于最低位的进位数等于零,这样 $\bar{G}_n$ 的输出等于进位数;而高一级的进位数 C_n 不为零,所以,必须增加门电路组合实现进位函数 $C_{n+4}=\bar{G}_n+\bar{P}_nC_n$ 运算产生进位信号进行级联。

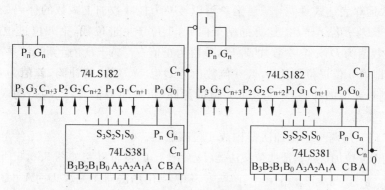

图 5.6.8 超前进位产生器的扩展连接图

5.6.3 多位加法器应用

1. 用加法器实现减法运算

加法器在数字系统中的应用十分广泛,除了能进行多位二进制数的加法运算外,也可以用来完成二进制减法运算。

减法运算,可以根据减法运算法则与构成加法器一样,用门电路组合构成减法器逻辑电路。实际应用中,常用加法器实现减法运算,以便简化系统电路的结构。在利用加法器完成减法运算时,通常是利用二进制数码的变换,将减法运算转换成加法运算。

2. 原码和补码

原码、补码的定义有多种形式,这里给出一种较为容易理解的定义:若两个位数相同的 n 位二进制数(高位可以用 0 表示)相加结果的低 n 位数全为 0,并向 $n+1$ 进位 1,则定义这两个 n 位二进制数具有互补的数值关系,其中一个定义为原码,另一个定义为补码。根据这一定义,$N_{原码}=2^n-N_{补码}$(还原过程),反之 $N_{补码}=2^n-N_{原码}$(求补过程)。例如两个 4 位二进制数 1101 和 0011 具有互补的关系。显然补码的补码为原码。

3. 原码和反码

若将一个 n 位二进制数的各位数求反,即每一位 0→1、1→0 所得到的 n 位二进制数称为原来 n 位二进制数的反码。如 1111 的反码为 0000,1001 的反码为 0110。可见 n 位二进制数的原码与其反码之和数为 n 位数,且每一位都为 1。

比较 n 位二进制数的原码和反码、原码和补码之间的相互关系，一个 n 位二进制数的反码加上 1，就可以得到其补码，即 $N_\text{补}=N_\text{反}+1$（求补码的常用方法）。

这样，对于减法运算（A、B 为 n 位二进制数），有

$$D(n\text{ 位差数}) = A - B = A + (2^n - B) - 2^n = A + B_\text{补} - 2^n$$

或写为

$$A + B_\text{补} = 2^n + D(n\text{ 位差数})$$

这一减法运算表达式说明：减法运算可以转换为被减数加上减数的补码（补数）进行加法运算，即 $A+B_\text{补}$；若 $A+B_\text{补}$ 运算的结果向 $n+1$ 位产生进位数，第 n 位进位数为 1，数值为 2^n，低 n 位数值为 $D(n\text{ 位差数})$ 的原码，差值为正值；若 $A+B_\text{补}$ 运算的结果不向 $n+1$ 位产生进位数，即第 n 位进位数为 0，低 n 位数值为 $D(n\text{ 位差数})$ 的补码，差值为负值，必须求出 n 位二进制数差值的补码，才能获取差值的原码（负数原数值）。这些是构成减法运算器要加以注意的要点。

【例 5.6.1】 用两个 4 位加法器构成 4 位减法器。

解：用两个 4 位加法器构成 4 位减法器（$D=A-B$）的逻辑电路如图 5.6.9 所示。

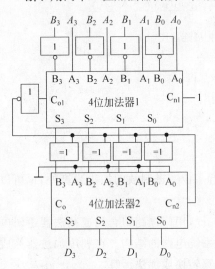

图 5.6.9　用 4 位加法器构成 4 位减法器

其中，4 位加法器 1 完成 $D=A+B_\text{补码}$ 的逻辑运算，B 的补码是用 $B_\text{补}=B_\text{反}+1$ 进行运算的，即二进制数 B 的各位数求反加上进位端 C_n1 的输入数 1。相加的结果用 4 位二进制数输出数码 S（即 4 位二进制数 $S_3 \sim S_0$，以下的表示形式含义与此相同）表示。

4 位加法器 2 完成将 $D=A+B_\text{补码}$ 恢复为差值的原码逻辑运算功能。加法器 1 的输出 $S(S_3 \sim S_0)$ 是差值的原码还是差值的补码，主要是取决于 C_o1 的输出值判断，若 $C_\text{o1}=1$，则 $S(S_3 \sim S_0)$ 为差值的原码，S 不必再求其补码；若 $C_\text{o1}=0$，则 $S(S_3 \sim S_0)$ 为负差值的补码，必需求其补码，恢复负差值的原码。

从图 5.6.9 可以看出，4 位加法器 2 的输入 $A(A_3 \sim A_0)=0$，$B(B_3 \sim B_0)=\overline{C}_\text{o1} \oplus S$（即 $\overline{C}_\text{o1}$ 与 $S_3 \sim S_0$ 各位相异或），若 4 位二进制数 $D=A+B_\text{补码}$ 产生进位数，则 $C_\text{o1}=1$，$\overline{C}_\text{o1}=0$，$B(B_3 \sim B_0)=S(S_3 \sim S_0)$，4 位加法器 2 的输出 $D(D_3 \sim D_0)=S(S_3 \sim S_0)+0=S(S_3 \sim S_0)$，即 $S(S_3 \sim S_0)$ 原码输出。

若 4 位二进制数 $D=A+B_\text{补码}$ 不产生进位数，则 $C_\text{o1}=0$，$\overline{C}_\text{o1}=1$，$B(B_3 \sim B_0)=\overline{S}(\overline{S}_3 \sim \overline{S}_0)$，4 位加法器 2 的输出 $D(D_3 \sim D_0)=\overline{S}(\overline{S}_3 \sim \overline{S}_0)+1=S_\text{补码}$，即取得 $S(S_3 \sim S_0)$ 补码输出，恢复负差值的原码。

这一例子说明了用加法器实现减法运算的可行性，而实现 n 位二进制数的减法运算，一定要用两个 n 位二进制加法器，一个完成被减数加上减数的补码的运算，另一个则完成根据第一个加法器的进位情况对第一个加法器的运算结果进行必要求补以恢复差值的本来数值；减法运算的结果是正值还是负值，在图 5.6.9 所示电路中没有反映出来，实际使用中，可以用第一个加法器的进位输出作为正、负值的显示，$C_\text{o1}=1$ 表示正值，$C_\text{o1}=0$ 表示负值，

这样功能加入之后,才是一个完整的减法运算器电路结果。

作为算术运算,除了加、减运算之外,还有乘法、除法运算。在数字电子电路中的运算是采用左移位加法完成乘法运算,右移位减法完成除法运算的,这些在学完时序电路之后再加以介绍。

4.利用加法器实现码组变换

【例 5.6.2】 采用 4 位加法器芯片完成余 3 码到 8421BCD 码的转换。

解:因为对于同样一个十进制数,余 3 码比相应的 8421BCD 码在数值上大 3,因此要实现余 3 码到 8421BCD 码的转换,只需将余 3 码减去 3(0011)即可。由于 0011 各位求反后成为 1100,再加 1,即为 1101,因此,减 0011 同加 1101 等效。所以,在 4 位加法器的 $B_3 \sim B_0$ 引脚接上余 3 码的 4 位代码,A_3、A_2、A_1、A_0 引脚上接固定代码 1101,就能实现转换,其逻辑电路如图 5.6.10 所示。

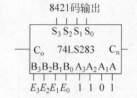

图 5.6.10 用全加器构成余 3 码转换成 8421 码逻辑电路图

【例 5.6.3】 用 4 位加法器构成一位 8421BCD 码(二-十进制数)加法器。

解:能够实现两个 8421BCD 码的二-十进制数相加,并以 8421BCD 码的二-十进制数给出其和的电路称为 8421BCD 码加法器。用一个加法器实现两个用 8421BCD 码的 1 位二-十进制数相加,若考虑低位的进位,其和应为 0~19。8421BCD 码加法器的输入、输出都应用 8421BCD 码的二-十进制数(0000~1001),而一个 4 位二进制加法器是按二进制数进行运算的,属于十六进制运算(0000~1111),其和的最大值为十进制数 31,因此必须再用一个 4 位加法器将输出的十六进制数(和数)进行等值变换为十进制形式。

表 5.6.3 列出了一个 4 位加法器的输出二进制数与十进制数 0~19 相应 8421BCD 码对应的转换关系。从表中可看出,当一个 4 位加法器实现两个 4 位二进制数相加,且和小于等于 9(1001)时,十进制数不产生进位数,不需要修正;当和数的数值大于 9 时,产生进位数,需要加 6(0110)修正,并使 4 位加法器的进位端输出数 1。也就是当和数大于 9 时,二进制和数加 6(0110)才等于相应的 8421BCD 码。从表中还可看出,当和数大于 9 时,BCD 码十进制数进位码 $D_{10}=1$,因此可以用 D_{10} 来控制是否需要修正,即 $D_{10}=1$ 时,和加 6,$D_{10}=0$ 时则不加。

表 5.6.3 十进制数 0~19 与相应的二进制数及 **8421BCD** 码

十进制数	4 位加法器输出二进制数					输出 8421BCD 码				
N	C_{o1}	S_3	S_2	S_1	S_0	D_{10}	D_3	D_2	D_1	D_0
0	0	0	0	0	0	0	0	0	0	0
1	0	0	0	0	1	0	0	0	0	1
2	0	0	0	1	0	0	0	0	1	0
3	0	0	0	1	1	0	0	0	1	1
4	0	0	1	0	0	0	0	1	0	0
5	0	0	1	0	1	0	0	1	0	1
6	0	0	1	1	0	0	0	1	1	0

十进制数	4位加法器输出二进制数					输出 8421BCD 码				
N	C_{o1}	S_3	S_2	S_1	S_0	D_{10}	D_3	D_2	D_1	D_0
7	0	0	1	1	1	0	0	1	1	1
8	0	1	0	0	0	0	1	0	0	0
9	0	1	0	0	1	0	1	0	0	1
10	0	1	0	1	0	1	0	0	0	0
11	0	1	0	1	1	1	0	0	0	1
12	0	1	1	0	0	1	0	0	1	0
13	0	1	1	0	1	1	0	0	1	1
14	0	1	1	1	0	1	0	1	0	0
15	0	1	1	1	1	1	0	1	0	1
16	1	0	0	0	0	1	0	1	1	0
17	1	0	0	0	1	1	0	1	1	1
18	1	0	0	1	0	1	1	0	0	0
19	1	0	0	1	1	1	1	0	0	1

D_{10} 的检测判断,可以根据表 5.6.3 的对应关系求出。当用一个 4 位加法器实现两个 4 位二进制数相加的进位数 $C_{o1}=1$ 时(和数大于等于 16),D_{10} 一定为 1;当 $C_{o1}=0$,若和数 $S_3S_2S_1S_0$ 从 1010(10) 到 1111(15) 时,$D_{10}=1$。故可求得

$$D_{10} = C_{o1} + S_3S_2 + S_3S_1$$

图 5.6.11 表示用两片 4 位二进制全加器芯片完成两个 1 位 8421BCD 码的加法运算电路。4 位二进制加法器 Ⅰ,逻辑功能是完成两个 8421BCD 码的二-十进制数相加的操作,输出的二进制数为 C_{o1}、S_3、S_2、S_1、S_0,输出数码从 00000～10011(最高位数为 C_{o1})。4 位二进制加法器 Ⅱ,逻辑功能是完成和数的修正操作。当 $D_{10}=C_{o1}+S_3S_2+S_3S_1=1$ 时,加法器 Ⅱ 的 $B_3\sim B_0$ 端输入 0110(十进制数 6),对加法器 Ⅰ 输出 $S_3\sim S_0$ 进行修正,并使 C_o 端输出进位数 1,所以十进制加法器的进位数等于 C_{o2}。

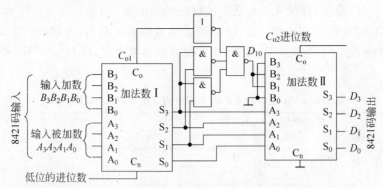

图 5.6.11 用全加器构成 8421BCD 码加法器逻辑电路图

使用这一转换的思维方式,用 4 位加法器可以构成 16 以下的任意进制加法器。同样也可以构成减法器逻辑电路。

本章小结

本章主要介绍了中规模组合逻辑电路与逻辑设计,并简单介绍常用组合逻辑器件的基本功能:

(1) 用文字、符号或数码表示特定对象的过程称为编码。实现编码操作的电路就是编码器。按照被编码信号的不同特点和要求,常用的编码器件有二进制编码器、二-十进制编码器、优先编码器之分。

(2) 译码是编码的逆过程,它的功能是将具有特定含义的二进制编码进行分辨,并且转换成控制信号,具有译码功能的逻辑电路称为译码器。常用的译码器件有二进制译码器、3 线-8 线译码器、4 线-16 线译码器、BCD 码译码器、七段显示译码器件等。

(3) 数据选择器又称多路选择器(MUX)。每次在地址输入的控制下,从多路输入数据中选择一路输出,其功能类似于一个单刀多掷开关。常用的数据选择器有 2 选 1、4 选 1、8 选 1、16 选 1 等。

(4) 数据分配器又称多路分配器(DEMUX),其功能与数据选择器相反,它可以将一路输入数据按 n 位地址分送到 2^n 个数据输出端上。常用的 DEMUX 有 1 分 4 DEMUX、1 分 8 DEMUX、1 分 16 DEMUX 等。

(5) 数值比较器就是在两个数 A、B 之间进行数值的大小比较,以判断其大小的逻辑电路。在实际使用中,往往要将多个比较器级联使用,以完成更加复杂的逻辑电路运算。

(6) 加法器是能够实现两个数值进行加法算术运算的逻辑电路,常用的集成电路有 1 位全加器、4 位超前进位加法器等。用加法器可以实现减法运算,进行减法运算时,要注意补码、反码与原码的关系及其变换方法,这样才能灵活地运用全加器进行减法运算。

各种常用集成逻辑器件,都存在进行位扩展的问题,通过本章的学习,要能够灵活了解常用集成逻辑器件位扩展的方法与手段。

本章习题

题 5.1 用两片 74LS148 组成 16 位输入、4 位二进制输出的优先编码器件,逻辑图如图 P5.1 所示,试分析电路的工作原理,EI_2 应输入高电平还是低电平?

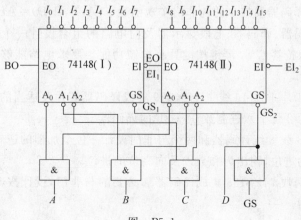

图 P5.1

题 5.2 一编码器的真值表如表 P5.2 所示,试用或非门和反相器设计出该编码器件的逻辑电路。

表 P5.2

输 入				编码器输出数码							
I_3	I_2	I_1	I_0	D_7	D_6	D_5	D_4	D_3	D_2	D_1	D_0
1	0	0	0	1	1	0	0	1	1	1	1
0	1	0	0	0	1	0	1	1	0	1	1
0	0	1	0	1	0	0	0	0	1	1	0
0	0	0	1	1	0	1	1	1	1	1	1

题 5.3 根据 5.1 节中的式(5.1.9),用非门、与门及或非门构成优先编码器 $74\times\times147$ 型芯片的内部电路。

题 5.4 用与非门组合及集成芯片 $74\times\times147$ 实现 0~9 这 10 个数字($I_0\sim I_9$)的输入编码器,要求输入具有使能输入端,输出具有使能输出端和标志位输出端。在输入使能端输入低电平情况下,当 $I_0\sim I_9$ 任一个输入低电平时,输出使能端输出高电平,标志位输出低电平;当 $I_0\sim I_9$ 输入全为高电平时,输出使能端输出低电平,标志位输出高电平。在使能输入端输入高电平时,编码输入低电平无效,所有输出为高电平。

题 5.5 试用适当的与非门组合及 4 片 74LS348 构成 32 线-5 线编码器,并说明电路的编码过程。

题 5.6 某医院有 16 个病房,病人通过按钮开关向护士值班室紧急呼叫请求,护士值班室装有相应病房的指示灯。病房的紧急呼叫请求按第一号病房的优先级别最高,第十六号紧急呼叫请求的级别最低。即当一号病房出现紧急呼叫请求时,其他病房的请求无效,依次类推,只有第一到第十五号病房都无紧急请求时,十六号病房的请求才有效。使用 74LS348 集成芯片、适当的门电路芯片和指示器件设计实现此功能的逻辑电路。

题 5.7 利用与非门设计一个译码器,译出对应 $ABCD=0010$、1010、1110 状态的 3 个信号。若用集成 4 线-16 线译码器 74LS159 能否译出上述状态信号?作出电路图加以说明。

题 5.8 试用两片 74LS137 构成 4 线-16 线译码器,并说明译码输出与输入的对应关系。

题 5.9 利用译码器 74LS138 和与非门实现函数 $F=\overline{X}\overline{Y}Z+\overline{X}Y\overline{Z}+X\overline{Y}\overline{Z}+XYZ$。

题 5.10 利用译码器及最少的与非门实现函数 $F(A,B,C,D)=AB+AD+BC$。

题 5.11 用编码器、译码器、七段显示器及门电路的组合设计一个 8 人抢答电路。抢答者用琴键按键输入抢答信号,琴键按键具有自锁功能。要求电路能够显示抢答者的对应编码。

题 5.12 试用 4 片 4 线-16 线 $74\times\times159$ 集成译码器芯片及适当的与非门构成能够译出地址码输入范围为 2 位十六进制数 00~3F 的译码器。

题 5.13 试用 3 线-8 线译码器和两个与非门设计一位全加器的逻辑电路,输入为加数和被加数以及低位的进位,输出为和数以及向高位的进位。

题 5.14 试用两块 74LS138 集成译码器和必要的与非门,设计按 5421 码编码的 1 位十进制数地址译码器。

题 5.15　74××138 集成译码器的逻辑功能表如表 P5.15 所示,试参考 5.2 节的图 5.2.3 用门电路组合构成其逻辑电路。

表　**P5.15**

输　　　入						输　　　出							
使能输入			数码输入			Y_0	Y_1	Y_2	Y_3	Y_4	Y_5	Y_6	Y_7
E_1	E_{2A}	E_{2B}	A_2	A_1	A_0								
×	×	1	×	×	×	1	1	1	1	1	1	1	1
0	×	×	×	×	×	1	1	1	1	1	1	1	1
×	1	×	×	×	×	1	1	1	1	1	1	1	1
1	0	0	0	0	0	0	1	1	1	1	1	1	1
1	0	0	0	0	1	1	0	1	1	1	1	1	1
1	0	0	0	1	0	1	1	0	1	1	1	1	1
1	0	0	0	1	1	1	1	1	0	1	1	1	1
1	0	0	1	0	0	1	1	1	1	0	1	1	1
1	0	0	1	0	1	1	1	1	1	1	0	1	1
1	0	0	1	1	0	1	1	1	1	1	1	0	1
1	0	0	1	1	1	1	1	1	1	1	1	1	0

题 5.16　用两片 8 选 1 数据选择器 74LS151 连接成 16 选 1 数据选择器,试画出其逻辑图。

题 5.17　试用 8 选 1 数据选择器 74LS151 实现逻辑函数 $F=\overline{X}YZ+X\overline{Y}Z+XZ+XY\overline{Z}$。

题 5.18　试用一片 8 选 1 数据选择器 74LS151 实现逻辑函数 $F(A,B,C,D)=\overline{A}BC+A\overline{D}+A\overline{B}C$。

题 5.19　试用两片 8 选 1 数据选择器 74LS151 实现逻辑函数 $F(A,B,C,D)=\overline{A}C+A\overline{D}+AB$。

题 5.20　能够在 3 个不同位置用开关 A、B、C 实现对电灯 F 进行关灯、开灯控制的真值表如表 P5.20 所示,试用数据选择器实现该逻辑电路。

表　**P5.20**

A	B	C	F	A	B	C	F
0	0	0	0	1	0	0	1
0	0	1	1	1	0	1	0
0	1	0	1	1	1	0	0
0	1	1	0	1	1	1	1

题 5.21　有 3 个人进行表决,当仲裁者按下表决按键时,才可开始表决,否则表决无效,试用数据选择器设计实现此功能的逻辑电路。

题 5.22　试用一个 8 选 1 数据选择器和必要的门电路设计一个具有两个功能控制信号 C、D 输入,两变量 A、B 输入的函数产生电路。当 $C=D=0$ 时,输出 $F=A+B$(相或运算);$C=0,D=1$ 时,输出 $F=AB$(相与运算);$C=1,D=0$ 时,输出 $F=A\oplus B$(异或运算);$C=1,D=1$ 时,输出 $F=A\odot B$(同或运算)。

题 5.23　设计一个逻辑电路,能够将 16 路输入数据转换为一路输出数据,再将这一路数据分配到 16 路输出数据。

题 5.24 试用与非门设计能够实现两个 2 位二进制数 $A(A_1A_0)$ 和 $B(B_1B_0)$ 数值大小比较的逻辑电路,输出为 $F_{A>B}$,$F_{A<B}$,$F_{A=B}$。

题 5.25 试用 5 片 4 位数值比较器 74××85,构成两个用二进制数表示的 16 位数值比较器逻辑电路。

题 5.26 试用 3 片 4 位数值比较器 74××85 和不多于 5 个门电路设计能够实现 3 个 4 位二进制数 $A(A_3A_2A_1A_0)$、$B(B_3B_2B_1B_0)$、$C(C_3C_2C_1C_0)$ 的大小比较。

题 5.27 试用两个半加器和一个或门构成一个全加器。

(1) 写出 S_i 和 C_i 的逻辑表达式。

(2) 画出逻辑图。

题 5.28 仿照半加器和全加器的原理,试设计半减器和全减器,所用的元器件由自己选定。

题 5.29 使用 4 位全加器构成二-十进制 8421BCD 码表示的 1 位十进制数减法器。注意十进制数借位数的含义与十六进制数的区别。

题 5.30 使用 4 位超前进位加法器构成二-十进制 8421BCD 码表示的两位十进制数加法器。

题 5.31 根据 5.6 节的式(5.6.5)和式(5.6.6)做出 4 位超前进位加法器的逻辑电路。

题 5.32 根据 5.6 节的式(5.6.8)和式(5.6.9)做出 4 位超前进位产生器的逻辑电路。

第6章

触 发 器

主要内容：本章介绍数字系统中的另一种基本逻辑部件——触发器。触发器的特点在于它具有"记忆"功能，它是构成时序逻辑电路的基本单元。本章首先介绍基本 RS 触发器的组成原理、特点和逻辑功能。然后引出能够防止"空翻"现象的主从触发器，并介绍能克服"一次变化"现象的边沿触发器。同时，较详细地讨论了 RS 触发器、JK 触发器、D 触发器、T 触发器、T′ 触发器的逻辑功能及其描述方法。最后介绍了不同逻辑功能触发器之间实现逻辑功能转换的简单方法。

时序逻辑电路也用各种门电路构成，用于实现某种具有时序逻辑功能的复杂逻辑电路。与组合逻辑电路的区别是电路的输出状态不仅由电路的输入信号状态组合关系决定，同时与该电路现态有关。

6.1 概 述

在数字系统中，除了能够进行逻辑运算和算术运算的组合逻辑电路外，还需要具有记忆功能的时序逻辑电路。触发器是最基本、最重要的时序单元电路，也是构成时序逻辑电路的基本单元电路。触发器由集成逻辑门电路加上适当的反馈电路组成，每个触发器能够存储 1 位二值信息，它有两个互补的输出端，其输出状态不仅与输入有关，而且还与原先的输出状态有关。触发器具有不同的逻辑功能，根据电路结构和触发方式可分成不同的种类。

如前所述，触发器是构成时序逻辑电路的基本单元，具有数码的记忆功能，即能够保存 1 位二进制的两个数码 1 和 0。各种不同的触发器一般都具有以下共同特点：

(1) 触发器具有两个互补的输出端 Q 端和 $\overline{Q}$ 端。规定将触发器的输出端 Q 端状态称为触发器的状态，若 $Q=0, \overline{Q}=1$，称触发器处于 0 状态；若 $Q=1, \overline{Q}=0$，则称触发器处于 1 状态。所以触发器具有两个稳定状态——1 态和 0 态，因而又将其称为"双稳态"触发器。它是实现记忆的基础，可分别用来表示二进制数 0 和 1(即两个相互对立的逻辑状态)。当然，在每一具体时刻，触发器只能处于两个稳态中的一个，即为 0 或 1。

(2) 在外加信号的作用下，可能使触发器状态发生变化，即由一个稳态(0 或 1)变为另一个稳态(1 或 0)，这种触发器状态的转换称为翻转，引起翻转的输入信号称为触发信号。一般来说，触发信号一旦使触发器状态翻转，就可以撤销，而触发器状态则维持不变。

(3) 时序工作特点。除了基本 RS 触发器以外的所有形式触发器，输入触发信号的有效作用时间，都是在时钟脉冲作用期间才产生作用，时间点可以是脉冲的上升沿、下降沿或中间的某一点。将触发脉冲作用前的输出状态定义为"现态"，用 Q^n 表示，将触发脉冲作用后的触发器输出状态定义为"次态"，用 Q^{n+1} 表示。注意触发器的这一工作特点，将更有利于清楚了解触发器的工作原理和合理的使用。

6.2　触发器的电路结构及工作原理

触发器可以记忆 1 位二值数字信号。按结构不同,触发器可以分为置位、复位触发器(基本 RS 触发器、同步 RS 触发器),主从触发器(由主触发器和从触发器构成)和边沿触发器(上升沿触发、下降沿触发和利用传输延时的边沿触发)。按逻辑功能不同可将触发器分为 RS 触发器、JK 触发器、D 触发器和 T 触发器(含 T′触发器)。按触发器集成芯片内部电路使用的晶体管分,有 TTL 型触发器(构成触发器的逻辑门电路为 TTL 型)和 CMOS 型触发器(构成触发器的逻辑门电路为 CMOS 型)。

6.2.1　基本 RS 触发器

1. 电路结构

在所有的触发器中,结构最简单是基本 RS 触发器,基本 RS 触发器是构成其他各种触

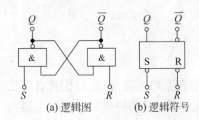

图 6.2.1　与非门结构基本 RS 触发器

(a) 逻辑图　　　(b) 逻辑符号

发器的基础,其电路形式有两种:与非门结构和或非门结构。如果将两个与非门按图 6.2.1(a)所示相互首尾交叉连接,则构成与非门结构基本 RS 触发器,图(b)为基本 RS 触发器的逻辑符号。若将图中的与非门换成或非门,就是或非门结构的基本 RS 触发器,两者的工作原理基本相同。现以与非门结构的基本 RS 触发器为例来说明基本 RS 触发器的工作原理。

2. 工作原理及逻辑功能

从图 6.2.1 可以看出,基本 RS 触发器有两个输入端 S、R 和两个输出端 Q、$\overline{Q}$。其中两个输出端的状态是互补的,若 Q=0,则 $\overline{Q}$=1,反之亦然。通常以 Q 端的逻辑电平表示触发器的状态:当 Q 端为高电平时,称触发器处于 1 状态;当 Q 端为低电平时,称触发器处于 0 状态。

基本 RS 触发器两个输入端 S、R 所加的输入信号称为触发信号。根据图 6.2.1(a),可得到基本 RS 触发器的逻辑表达式为

$$Q = \overline{S\overline{Q}} \tag{6.2.1}$$

$$\overline{Q} = \overline{RQ} \tag{6.2.2}$$

式(6.2.1)和式(6.2.2)左右两边的 Q 物理意义不同,等式右边 Q 表示触发器原来的状态,表示 R、S 端在输入新的状态组合之前的输出状态,称作"现态";而等式左边的 Q 表示触发器在输入 R、S 之后新的输出状态,称作"次态"。为将两者区别开来,通常用 Q^{n+1} 表示触发器的"次态",以 Q^n 表示触发器的"现态",故式(6.2.1)和式(6.2.2)改写为

$$Q^{n+1} = \overline{S\overline{Q}^n} \tag{6.2.3}$$

$$\overline{Q}^{n+1} = \overline{RQ^n} \tag{6.2.4}$$

下面分析基本 RS 触发器的输入与触发器状态之间的逻辑关系,根据触发信号 R、S 不同状态的组合,触发器的输入与输出之间有 4 种情况:

(1) $R=0$、$S=1$ 时:由于 $R=0$,不论原来 Q^n 为 0 还是 1,都有 $\overline{Q^{n+1}}=1$;再由 $S=1$、$\overline{Q^{n+1}}=1$ 可得 $Q^{n+1}=0$。即不论触发器原来处于什么状态都将变成 0 状态,这种情况称将基本 RS 触发器置 0 或复位。R 端称为基本 RS 触发器的置 0 端,或者复位端。

(2) $R=1$、$S=0$ 时:由于 $S=0$,不论 Q^n 为 0 还是 1,都有 $Q^{n+1}=1$;再由 $R=1$、$Q^{n+1}=1$,可得 $\overline{Q^{n+1}}=0$。即不论触发器原来处于什么状态都将变成 1 状态,这种情况称将基本 RS 触发器置 1 或置位。S 端称为基本 RS 触发器的置 1 端,或置位端。

(3) $R=1$、$S=1$ 时:根据式(6.2.3)和式(6.2.4),$Q^{n+1}=Q^n$,即基本 RS 触发器保持原有状态不变,原来的状态被触发器存储起来,这体现了触发器具有的记忆能力。

(4) $R=0$、$S=0$ 时:$Q^{n+1}=\overline{Q^{n+1}}=1$,不符合触发器输出端互补的逻辑关系。并且由于与非门延迟时间不可能完全相等,在两输入端的 0 同时撤消后,将不能确定触发器是处于 1 状态还是 0 状态。所以触发器不允许出现这种情况,这种输入情况应避免发生,这也是基本 RS 触发器的约束条件,用式(6.2.5)表示为

$$R+S=1 \qquad\qquad (6.2.5)$$

综上所述,可根据基本 RS 触发器各输入、输出状态的组合列出真值表,这种包含了触发器状态变量的真值表叫做触发器的功能表(或特性表),如表 6.2.1 所示。

表 6.2.1 由两个与非门组成的基本 RS 触发器的功能表

R	S	Q^n	Q^{n+1}	功　能
0	0	0	不用	不允许
0	0	1	不用	
0	1	0	0	$Q^{n+1}=0$,置 0
0	1	1	0	
1	0	0	1	$Q^{n+1}=1$,置 1
1	0	1	1	
1	1	0	0	$Q^{n+1}=Q^n$,保持
1	1	1	1	

将功能表中各变量数值关系的逻辑函数用对应的卡诺图表示,如图 6.2.2 所示。并结合基本 RS 触发器的约束条件可得到基本 RS 触发器的逻辑表达式为

$$\begin{cases} Q^{n+1}=\bar{S}+RQ^n \\ R+S=1 \end{cases} \qquad (6.2.6)$$

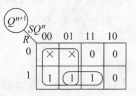

图 6.2.2 基本 RS 触发器的卡诺图

通常将包含了触发器状态变量的逻辑表达式叫做触发器的特性方程。式(6.2.6)即为基本 RS 触发器的特性方程。

除了特性方程和功能表外,触发器的功能还可用状态转换图和波形图(又称时序图)描述。状态转换图是描述触发器的状态转换关系及转换条件的图形。触发器的状态转换图由带箭头的弧线、标有 1 和 0 状态的圆圈,以及状态转换的条件 3 部分组成。两个圆圈内标 1 和 0,分别表示触发器的两个状态,带箭头的弧线表示状态转换的方向,箭尾为触发器"现态",箭头

指向触发器的"次态",弧线旁边标出了状态转换的条件。基本 RS 触发器的状态转换图如图 6.2.3 所示。反映触发器输入信号取值和状态之间对应关系的图形称为触发器的波形图。

触发器的功能表、特性方程、状态转换图和波形图都是以不同的形式、从不同的角度描述了触发器的功能。因此,尽管它们形式上有所不同,但本质上却是一致的,可从其中任一种描述形式推导出其他描述形式。

同理可分析由或非门组成的基本 RS 触发器,其逻辑图和逻辑符号如图 6.2.4 所示。

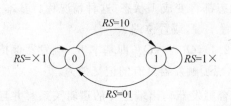

图 6.2.3　基本 RS 触发器状态转换图

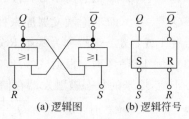

图 6.2.4　由或非门组成的基本 RS 触发器

由图 6.2.4 可分析出 R、S 为不同状态组合时触发器的状态,如表 6.2.2 所示。

表 6.2.2　由两个或非门组成的基本 RS 触发器的功能表

R	S	Q^n	Q^{n+1}	功　能
0	0	0	0	$Q^{n+2}=Q^n$,保持
0	0	1	1	
0	1	0	1	$Q^{n+1}=1$,置 1
0	1	1	1	
1	0	0	0	$Q^{n+1}=0$,置 0
1	0	1	0	
1	1	0	不用	不允许
1	1	1	不用	

利用表 6.2.2 可得到或非门结构基本 RS 触发器的特性方程为

$$\begin{cases} Q^{n+1} = \overline{S} + RQ^n \\ R \cdot S = 0 \end{cases} \tag{6.2.7}$$

根据表 6.2.2 还可画出或非门结构基本 RS 触发器的状态转换图,如图 6.2.5 所示。

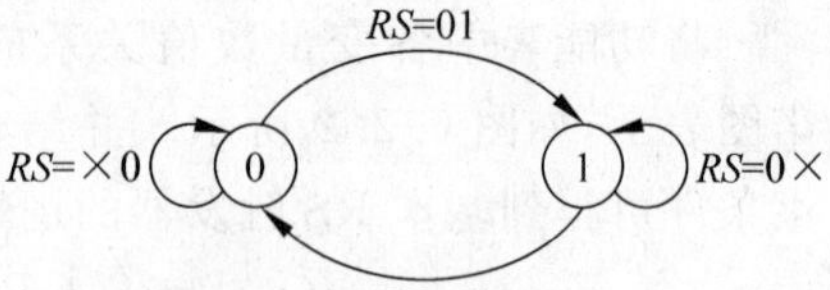

图 6.2.5　或非门结构基本 RS 触发器的状态转换图

3. 特点

结合上述分析,可归纳出基本 RS 触发器的特点:

(1) 触发器的"次态"不仅与输入信号状态有关,而且与触发器的"现态"有关。

(2) 电路具有两个稳定状态,在无外来触发信号作用时,电路将保持原状态不变。

(3) 在外加触发信号有效时,电路可以触发翻转,实现置 0 或置 1。

(4) 在稳定状态下,触发器两个输出端的输出状态必须是相反关系,即有约束条件。

在数字电路中,凡是根据输入信号 R、S 情况的不同,具有可以直接置 0、置 1 和保持功能的触发器,都称为基本 RS 触发器。为了使触发器使用灵活,一般触发器都具有置位功能(预置功能)。触发器的状态可以通过输入信号预置为 1(置位)或预置为 0(复位),而输入信号撤销后,其状态仍然能保持。在电路中置位端常以 S(set)表示,复位端常以 R(reset)表示,预置位逻辑功能又称为直接"置数"(置位),一般用 S_D、R_D(置数信号高电平有效)或 $\overline{S}_D$、$\overline{R}_D$(置数信号低电平有效)表示。

【例 6.2.1】 电路如图 6.2.6(a)、(b)所示,设初态 $Q=0$,当将输入控制信号(如图 6.2.6(c)、(d)所示)加到这两个电路时,画它们的输出波形。

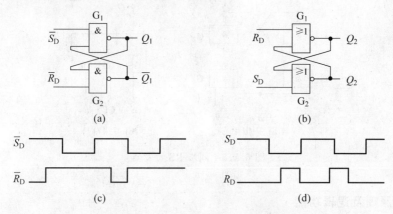

图 6.2.6 例 6.2.1 的电路及波形图

解:命题的两个电路都是基本 RS 触发器,具有直接置 0、置 1 功能。可根据输入信号直接画出其输出波形。图 6.2.6(a)电路由两个与非门构成,触发信号为低电平有效,$\overline{S}_D$ 是置 1 端,$\overline{R}_D$ 是置 0 端。图 6.2.6(b)电路由两个或非门构成,触发信号为高电平有效,同样是 S_D 是置 1 端,R_D 是置 0 端。根据以上分析可以画出图 6.2.6(a)电路输出 Q_1 的波形和图 6.2.6(b)电路输出 Q_2 的波形如图 6.2.7 所示。

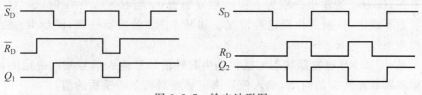

图 6.2.7 输出波形图

6.2.2 同步 RS 触发器

1. 电路结构

基本 RS 触发器具有直接置 0、置 1 功能,当输入信号 R、S 发生变化时,触发器的状态会立即改变。但在数字系统中常常要求一些触发器在同一时刻动作以协调系统各部分的工作,为此需要引入相应的控制信号,使触发器的状态按一定的时间节拍变化。通常把这个控制信号叫做时钟脉冲或时钟信号,简称为时钟,用 CP 表示。受时钟信号控制的触发器统称为时钟触发器。同步 RS 触发器就是时钟触发器中的一种。所谓同步就是触发器状态的改变与时钟脉冲同步,其结构如图 6.2.8(a)所示。

由图 6.2.8(a)可知,同步 RS 触发器由 4 个与非门组成,其中与非门 G_1、G_2 构成基本 RS 触发器,"直接置位"信号输入端和"直接置零"信号输入端图中未画出,通常不对基本 RS 触发器置位或置零时,$R_D = S_D = 1$。与非门 G_3、G_4 构成控制电路,通常称为控制门,以控制触发器翻转的时刻。只有控制输入端 CP 出现脉冲信号时,触发器才动作,至于触发器输出变到什么状态,仍然由 R、S 端的高低电平来决定。

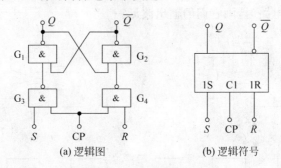

(a) 逻辑图   (b) 逻辑符号

图 6.2.8 同步 RS 触发器

2. 工作原理及逻辑功能

利用同步 RS 触发器的逻辑图,不难分析出同步 RS 触发器的动作过程:

(1) 当 CP=0 时,门 G_3、G_4 被封锁,此时无论 R、S 为何值,G_3、G_4 的输出均为 1,触发器状态保持不变。

(2) 当 CP=1 时,门 G_3、G_4 被打开,S、R 信号通过门 G_3、G_4 反相后加到基本 RS 触发器上,使 Q 的状态随输入信号变化而变化。具体来说,当 $R=0$,$S=0$ 时,G_3、G_4 的输出为 1,触发器状态保持不变;当 $R=0$,$S=1$ 时,G_3、G_4 的输出分别为 0 和 1,触发器置 1;当 $R=1$,$S=0$ 时,G_3、G_4 的输出分别为 1 和 0,触发器置 0;当 $R=1$,$S=1$ 时,G_3、G_4 均输出为 0,触发器状态不确定,应避免出现这种情况。和基本 RS 触发器一样,同步 RS 触发器必须遵守一个约束条件,为 $R \cdot S=0$。

由此可见,同步 RS 触发器状态的变化是由时钟信号和输入信号共同决定的,其中时钟信号决定触发器状态转换的时刻,输入信号决定触发器状态转换后的值。

根据以上分析,很容易得到同步 RS 触发器的功能表,如表 6.2.3 所示。

表 6.2.3 同步 RS 触发器的功能表

R	S	Q^n	Q^{n+1}	功 能
0	0	0	0	$Q^{n+1}=Q^n$,保持
0	0	1	1	
0	1	0	1	$Q^{n+1}=1$,置 1
0	1	1	1	
1	0	0	0	$Q^{n+1}=0$,置 0
1	0	1	0	
1	1	0	不用	不允许
1	1	1	不用	

由逻辑功能表 6.2.3,同步 RS 触发器 Q^{n+1} 的函数卡诺图如图 6.2.9 所示,可得到同步 RS 触发器的特性方程为

$$\begin{cases} Q^{n+1} = S + \bar{R}Q^n \\ R \cdot S = 0 \end{cases} \qquad (6.2.8)$$

同样,由逻辑功能表 6.2.3,可得到同步 RS 触发器的状态转换图如图 6.2.10 所示。

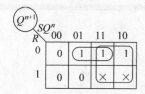
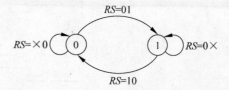

图 6.2.9 同步 RS 触发器 Q^{n+1} 的函数卡诺图 　　图 6.2.10 同步 RS 触发器的状态转换图

触发器的逻辑功能也可以用输入、输出波形图直观地表示出来,图 6.2.11 所示为某同步 RS 触发器的波形图。

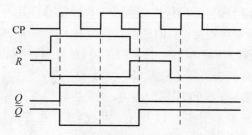

图 6.2.11 同步 RS 触发器的波形图

3. 特点

综上所述,可知同步 RS 触发器的特点为:

(1) 时钟电平控制。在 CP=1 期间接收输入信号,CP=0 时状态保持不变,与基本 RS 触发器相比,对触发器状态的转变增加了时间控制。

(2) R、S 之间有约束。不能允许出现 R 和 S 同时为 1 的情况,否则会使触发器处于不确定的状态。

同步 RS 触发器利用时钟信号解决了触发器状态变化的定时问题,在 CP=1 期间 S 和 R 的变化都将可能引起触发器输出端的输出状态的变化。由于时钟信号有一定宽度,如果在 CP=1 期间,R、S 端的输入信号发生多次变化,则触发器的状态会同样发生多次翻转,这种在一个时钟脉冲作用期间内,触发器输出状态发生多次翻转的现象称为"空翻"。"空翻"有可能造成节拍混乱使系统工作不可靠,降低了电路的抗干扰能力。其原因在于同步 RS 触发器的触发翻转只是控制在一个时间间隔内,而不是在某一时刻进行。因此,使得同步 RS 触发器的应用受到一定限制。

【例 6.2.2】 电路如图 6.2.12(a)、(b)所示,对(a)、(b)电路分别加入如图 6.2.12(c)所示控制信号,画出(a)、(b)电路的输出 Q 的波形(设初态 $Q=0$)。

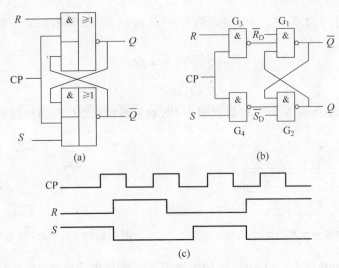

图 6.2.12　例 6.2.2 的逻辑电路图和波形图

解：这是两个由或非门和与非门构成的同步 RS 触发器。其特点是触发器的输出不仅受触发信号 R、S 的控制，而且还受 CP 的控制。只有在 CP=1 期间，控制门开启，触发信号能够触发 RS 触发器；而在 CP=0 期间，控制门关闭，触发信号不起作用。触发信号是高电平有效，由 RS 触发器的真值表可得：$S=1,R=0$ 置 Q 为 1；$S=0,R=1$ 置 Q 为 0；S 和 R 同时为 1，输出状态不能确定；S 和 R 同时为 0，触发器输出维持原态不变。根据以上分析可作出 Q_1 和 Q_2 的输出波形如图 6.2.13 所示。可见，两个电路的输出波形是一致的。

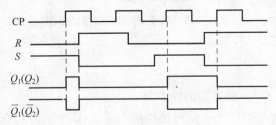

图 6.2.13　例 6.2.2 波形图

6.2.3 主从 RS 触发器

为了提高触发器工作的可靠性，希望触发器的翻转在某一时刻进行，即要求触发器的输出在一个 CP 周期内，输出状态只能改变一次。于是在同步 RS 触发器的基础上出现了主从结构触发器。主从触发器可有效克服空翻。

1. 电路结构

主从 RS 触发器由两个同样的同步 RS 触发器组成。其中一个同步 RS 触发器接收输入信号，其状态直接由输入信号决定，称为"主触发器"，主触发器的输出和另一个同步 RS 触发器的输入连接，该触发器为从触发器，其状态由主触发器的状态决定。两个同步 RS 触发器的时钟信号反相，主从 RS 触发器的逻辑图和逻辑符号如图 6.2.14 所示。

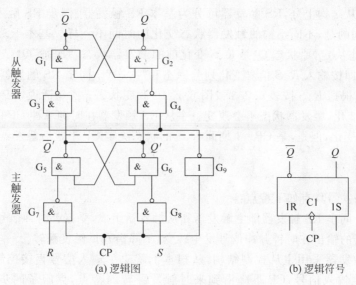

(a) 逻辑图　　　　　　　　(b) 逻辑符号

图 6.2.14　主从 RS 触发器

2. 工作原理及逻辑功能

现根据图 6.2.14 分析主从触发器的工作过程。

1) 主触发器接收输入信号过程

CP=1 期间，主触发器控制门 G_7、G_8 打开，接收输入信号 R、S，主触发器根据 R、S 的状态触发翻转；而从触发器的时钟信号 $\overline{CP}=0$，故从触发器控制门 G_3、G_4 封锁，其状态保持不变。

2) 从触发器输出信号过程

CP 下降沿到来时，主触发器控制门 G_7、G_8 封锁，在 CP=1 期间接收的内容被存储起来。同时，从触发器控制门 G_3、G_4 被打开，主触发器将其接收的内容送入从触发器，输出端随之改变状态。在 CP=0 期间，由于主触发器保持状态不变，因此受其控制的从触发器的状态也即 Q、$\overline{Q}$ 的输出值，当然不可能改变。当 CP 变为低电平时，主触发器被封锁，其输出恒定，不受 R、S 的影响，故从触发器的翻转是在 CP 由 1 变 0 时刻（CP 的下降沿）发生的而且在 CP 的一个变化周期中触发器输出端的状态只可能改变一次。

综上所述，在 CP=0 时，主触发器被封锁、从触发器被打开，主触发器的状态决定从触发器的状态。由于 CP=0，主触发器被封锁，所以 R、S 信号变化不能直接影响到输出。在 CP=1 时，主触发器打开、从触发器被封锁，Q 维持不变，R、S 信号决定主触发器的状态。因此无论 CP 为高还是低，主、从触发器总是一个打开，另一个被封锁，R、S 的状态的改变不能直接影响输出状态，从而解决了空翻现象。

由于触发器输出端的状态变化发生在 CP 信号的下降沿，在主从 RS 触发器的逻辑符号中用 CP 输入端的小圆圈表示。输出端的符号表示延迟输出，即 CP 返回 0 以后输出状态才改变，如图 6.2.14(a) 所示。

由于主从 RS 触发器由两个同样的同步 RS 触发器连接而成，因此其逻辑功能表、特性方程、状态转换图和同步 RS 触发器完全一致，这里不再赘述。

可以看出,从结构上分,RS 触发器可分为基本 RS 触发器、同步 RS 触发器和主从 RS 触发器。所不同的是,不同结构的触发器状态变化的时间不一样。基本 RS 触发器的输出直接由 R、S 状态决定,原状态 Q^n 是 R、S 变化前的触发器状态,"次态"Q^{n+1} 是 R、S 变化后的触发器状态,即按输入 R、S 信号变化划分原态和"次态"。同步 RS 触发器在外接时钟信号 CP=1 期间,根据 R、S 按表 6.2.3 或图 6.2.10 改变状态;换句话说,CP=0 期间,无论输入 R、S 如何变化,触发器状态不会改变。主从 RS 触发器在时钟脉冲 CP 的下降沿(或后沿)触发器状态变化,但是,是 CP=1 期间 R、S 的状态决定 CP 下跳后触发器状态。

3. 特点

主从 RS 触发器具有如下特点:

(1) 由两个同步 RS 触发器即主触发器和从触发器组成,受互补时钟信号控制。

(2) 触发器的输出在时钟脉冲信号发生跳变(下降沿)时,触发翻转。

主从 RS 触发器采用主从控制结构,从根本上解决了输入信号直接控制的问题,具有 CP=1 期间接收输入信号,CP 下降沿到来时触发翻转的特点,克服了同步 RS 触发器在 CP=1 期间输出可能发生"空翻"的缺陷。但由于主触发器本身是同步 RS 触发器,其仍然存在着约束问题,即在 CP=1 期间,输入信号 R 和 S 不能同时为 1。

6.2.4 主从 JK 触发器

1. 电路结构

主从 RS 触发器不允许输入 R、S 同时为 1,这给其应用带来了不便。为了消除这个约束条件,考虑到触发器的输出 Q 和 $\overline{Q}$ 互补的特点,可将输出 Q 和 $\overline{Q}$ 反馈到输入端,通过两个与门使加到 R 和 S 端的信号不能同时为 1,从而满足 RS 触发器要求的约束条件。为区别于原来的 RS 触发器,将对应于原图中的 R 用 K 表示、S 用 J 表示,如图 6.2.15 所示。这种改接后的电路,称为主从 JK 触发器。JK 触发器从电路设计上克服了前面所述 RS 触发器存在的约束问题。

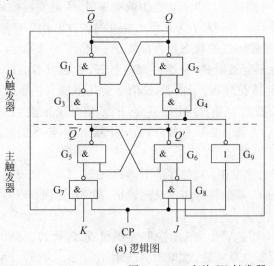

    (a) 逻辑图   (b) 逻辑符号

图 6.2.15　主从 JK 触发器

2. 工作原理及逻辑功能

由图 6.2.15 可知,设主触发器中门 G_7 和 G_8 的总输入信号分别为 J'、K',则 $J'=J\overline{Q^n}$、$K'=KQ^n$。不难看出,由于 Q、$\overline{Q}$ 相反,因此 J'、K' 不可能同时为 1(即使 $J=K=1$),从而利用反馈从根本上解决了主从 RS 触发器存在的约束问题。

为进一步理解主从 JK 触发器的作用原理,以图 6.2.15(a)所示逻辑电路图为准,对主从 JK 触发器电路原理进行分析:

(1) $J=0,K=0$ 时,$J'=0,K'=0$。由于门 G_7 和 G_8 被封锁,CP=1 时主触发器输出保持不变,CP 的下降沿到后,从触发器亦保持原来状态不变。

(2) $J=0,K=1$ 时,$J'=0,K'=0(Q^n=0)$ 或 $1(Q^n=1)$。CP=1 时主触发器置 $0(Q^n=1$ 时置 0,$Q^n=0$ 时保持)。CP 的下降沿到后,从触发器跟着置 0。

(3) $J=1,K=0$ 时,$J'=0(\overline{Q^n}=0)$ 或 $1(\overline{Q^n}=1)$,$K'=0$。CP=1 时主触发器置 $1(Q^n=1$ 时置 0,$Q^n=0$ 时保持)。CP 的下降沿到后,从触发器跟着置 1。

(4) $J=1,K=1$ 时,$J'=\overline{Q^n}$、$K'=Q^n$。当 $Q^n=0$ 时,$J'=1,K'=0$,触发器置位 $Q^n=1$ 时,$J'=0,K'=1$,触发器置 0;由分析可知,当 $J=K=1$ 时,CP 的下降沿到后触发器将翻转到与“现态”相反的状态。称触发器处于翻转计数状态。

根据上述对主从 JK 触发器电路原理的分析,很容易获得主从 JK 触发器的特性表,如表 6.2.4 所示。并根据表 6.2.4 所示的状态关系,可以作出输出信号 Q^{n+1} 的逻辑函数卡诺图如图 6.2.16 所示。

根据表 6.2.4,利用 JK 触发器 Q^{n+1} 的逻辑函数卡诺图,可以写出主从 JK 触发器的特性方程为

$$Q^{n+1}=J\overline{Q^n}+\overline{K}Q^n \tag{6.2.9}$$

表 6.2.4 主从 JK 触发器的特性表

CP	J	K	Q^n	Q^{n+1}	功　　能
0	×	×	×	Q^n	$Q^{n+1}=Q^n$,保持
0	0	0	0	0	$Q^{n+1}=Q^n$,保持
0	0	0	1	1	
0	0	1	0	0	$Q^{n+1}=1$,置 0
0	0	1	1	0	
0	1	0	0	1	$Q^{n+1}=1$,置 1
0	1	0	1	1	
0	1	1	0	1	$Q^{n+1}=\overline{Q^n}$,翻转
0	1	1	1	0	

主从 JK 触发器的状态转换图如图 6.2.17 所示。

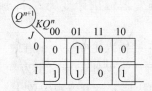

图 6.2.16 JK 触发器 Q^{n+1} 的卡诺图

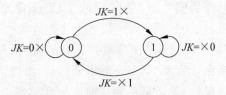

图 6.2.17 JK 触发器的状态转换图

主从型触发器有两个重要的动作特点：一是触发器状态的转换分两步进行，第一步在 CP＝1 期间主触发器接收 R、S 端的输入信号，第二步当 CP 脉冲信号的下降沿到来时，从触发器接收主触发器的输出信号，作为 R、S 端的激励信号进行转换；二是在 CP＝1 期间，输入触发信号都将对主触发器起控制作用，这就要求在 CP＝1 期间输入信号不能发生突变，否则就不能再用通常给出的动作特性的规律来决定触发器的状态。输入信号在 CP＝1 期间的变化统称为干扰，对于这种干扰，若为主从型 RS 触发器，必须考虑在 CP＝1 期间，R、S 端的最后一次可以使主触发器状态发生变化的输入组合后，才能确定触发器状态如何转换，因为在 CP＝1 期间，R、S 端的任何一次输入组合的变化，都可能使主触发器的状态发生变化，而从触发器只能在 CP 由 1 变化为 0 时，随主触发器的变化发生一次变化，这就是所谓的一次变化现象；对于 JK 触发器，一次变化现象同样在主触发器和从触发器中发生，即在 CP＝1 期间，JK 主触发器的输出状态能且只能变化一次，这种变化可以是 J、K 第一次变化引起，也可以是第一个干扰脉冲引起，而从触发器的输出状态能且只能根据主触发器的这一次变化做一次变化。其规律为，若 $Q^n=0$，CP＝1 期间，J 端输入的第一次输入 1 有效，当 CP 下降沿到来时，从触发器输出 $Q^{n+1}=1$；若 $Q^n=1$，CP＝1 期间，K 端第一次输入 1 有效，当 CP 下降沿到来时，从触发器输出 $Q^{n+1}=0$。下面用一个例子来说明主从 JK 触发器的一次变化现象。

【例 6.2.3】 下降沿触发主从 JK 触发器的时钟信号 CP 和输入信号 J、K 的波形如图 6.2.18 所示，设触发器的初始状态为 1，画出 Q 端的输出波形。

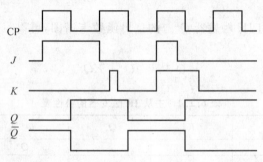

图 6.2.18 例 6.2.3 波形图

解：(1) 第一个 CP 高电平期间始终为 $J=1$，$K=0$，CP 下降沿到达后，触发器置 1。

(2) 第二个 CP 高电平期间，输入信号发生了变化，因此不能简单地以 CP 下降沿到达时 J、K 的状态来决定触发器的输出"次态"，而应考虑 CP＝1 期间输入信号状态变化的过程。在第二个 CP 高电平期间，刚开始输入信号 $J=0$，$K=0$，主触发器输出保持为 1 不变，即 1 状态。接着输入信号变为 $J=0$，$K=1$，主触发器置 0，从触发器输出不变，维持为 1，最后输入信号回至 $J=0$，$K=0$，主触发器又保持输出为 0 不变，即主触发器所保持的输出状态为刚才所置的 0 状态。CP 下降沿到达后，从触发器输出才变为 0，即触发器跟着置 0。

(3) 第三个 CP 下降沿到达时出现 $J=K=1$（$Q^n=0$，J 端输入由 0 变为 1 有效），主触发器输出由 0 变为 1，CP 下降沿到达前，虽然 $J=0$，$K=1$，但从触发器保持输出为 0。主触发器输出保持 CP 下降沿到达前已被 1，所以 CP 下降沿到达后从触发器跟着置 1。

一次变化现象降低了主从JK触发器的可靠性。就主从型JK触发器而言,经分析可按下述方法处理这一类干扰:

(1) 在CP=1期间,若输入信号出现负向干扰,则这一干扰对触发器状态转换不起作用。也就是说,当CP信号下降沿到来时,触发器状态转换由负向干扰之前的输入信号决定。

(2) 在CP=1期间,若$Q^n=0$,输入信号中J信号上出现正向干扰,则这一干扰将起激励作用,在CP信号下降沿到来时,触发器状态转换为1;若$Q^n=1$,输入信号中K信号上出现正向干扰,则这一干扰将起激励作用,在CP信号下降沿到来时,触发器状态转换为0。

3. 特点

归纳起来,主从JK触发器有下面几个特点:

(1) 主从JK触发器采用主从控制结构,从根本上解决了输入信号直接控制的问题,CP=1期间接收输入信号,CP下降沿到来时触发翻转。

(2) 输入信号J、K之间没有约束。

(3) 存在一次变化问题。

主从JK触发器功能完善,并且输入信号J、K之间没有约束,因此得到了广泛应用。但主从JK触发器还存在着一次变化问题,因此其抗干扰能力尚需进一步提高。要解决一次变化问题,仍应从电路结构上入手,让触发器只接收CP触发沿到来前一瞬间的输入信号。这种触发器称为边沿触发器。边沿触发器可有效克服一次变化问题。

【**例6.2.4**】 设主从JK触发器的初始状态为0,已知输入信号J、K的波形图如图6.2.19所示,画出输出信号Q的波形图。

解: 由于在CP=1期间触发信号J和K无变化,故可直接由J、K的组合决定触发器的输出状态,如图6.2.20所示。

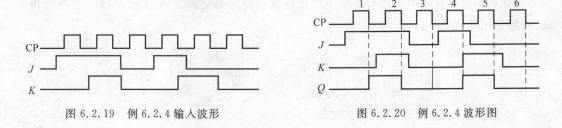

图 6.2.19 例 6.2.4 输入波形 　　　　　 图 6.2.20 例 6.2.4 波形图

4. 集成 TTL 主从 JK 触发器 74LS72

集成JK触发器产品很多,以下介绍一种较典型的多输入端的单JK触发器74LS72,图6.2.21所示是其逻辑符号及封装图,它有3个J端和3个K端,3个J端之间是与逻辑关系,3个K端之间也是与逻辑关系。使用中如有多余的输入端,应将其接高电平。该触发器带有直接置0端R_D和直接置1端S_D,都为低电平有效,不用时应接高电平。74LS72为主从型触发器,CP下跳沿触发。74LS72的功能表如表6.2.5所示。

(a) 逻辑符号　　(b) 引脚排列图

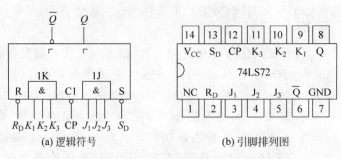

图 6.2.21　TTL 主从 JK 触发器 74LS72

表 6.2.5　74LS72 的功能表

输入					输出	
R_D	S_D	CP	1J	1K	Q	$\overline{Q}$
0	1	×	×	×	0	1
1	0	×	×	×	1	0
1	1	↓	0	0	Q^n	$\overline{Q}^n$
1	1	↓	0	1	0	1
1	1	↓	1	0	1	0
1	1	↓	1	1	$\overline{Q}^n$	Q^n

6.2.5 主从 D 触发器

JK 触发器功能完善,使用方便。若在输入信号 K 前面加上一反相器后和 J 相连,使主从 JK 触发器两输入信号互补,则构成所谓的主从 D 触发器。主从 D 触发器输入端只有一个,在某些场合用这种电路进行逻辑设计可使电路得到简化。主从 D 触发器的逻辑图和逻辑符号如图 6.2.22 所示。

(a)　　(b)

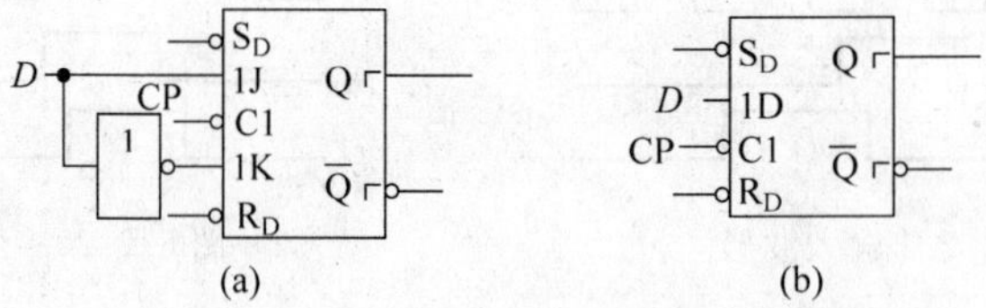

图 6.2.22　主从 D 触发器的逻辑图和逻辑符号

设 $J=D, K=\overline{D}$,代入 JK 触发器的特性方程即得到主从 D 触发器的特性方程,即

$$Q^{n+1}=J\overline{Q^n}+\overline{K}Q^n=D\overline{Q^n}+\overline{\overline{D}}Q^n=D \tag{6.2.10}$$

主从 D 触发器的功能表(如表 6.2.6 所示)和状态转换图(如图 6.2.23 所示)也可相应得到。

表 6.2.6 主从 D 触发器的功能表

D	Q^n	Q^{n+1}	功　　能
0	0	0	$Q^{n+1}=0$，置 0
0	1	0	
1	0	1	$Q^{n+1}=1$，置 1
1	1	1	

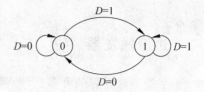

图 6.2.23　主从 D 触发器状态转换图

6.2.6 主从 T 触发器和 T′ 触发器

对 JK 触发器，若将输入信号 J 和 K 连在一起，即 $J=K=T$，则构成 T 触发器，T 触发器并没有独立的产品，由 JK 触发器或 D 触发器转换而来，如图 6.2.24 所示。

T 触发器的特性方程为

$$Q^{n+1} = J\overline{Q^n} + \overline{K}Q^n = T\overline{Q^n} + \overline{T}Q^n \tag{6.2.11}$$

T 触发器的特点很明显：当 $T=0$ 时，$Q^{n+1}=Q^n$，触发器保持状态；当 $T=1$ 时，$Q^{n+1}=\overline{Q^n}$，触发器翻转计数，即该触发器每收到一个 CP 脉冲，状态就翻转一次。T 触发器又称受控翻转型触发器。

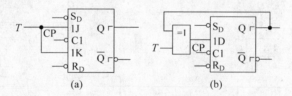

图 6.2.24　T 触发器的逻辑图

$T=1$ 时的 T 触发器也叫 T′ 触发器。T′ 触发器还可称为翻转型（计数型）触发器。

T 触发器的功能表如表 6.2.7 所示，后边沿型 T 触发器的逻辑符号和状态转换图如图 6.2.25 和图 6.2.26 所示。

表 6.2.7　T 触发器的功能表

T	Q^n	Q^{n+1}	功　　能
0	0	0	$Q^{n+1}=Q^n$，保持
0	1	1	
1	0	1	$Q^{n+1}=\overline{Q^n}$，翻转
1	1	0	

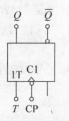

图 6.2.25　T 触发器逻辑符号

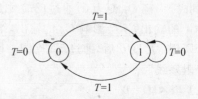

图 6.2.26　T 触发器状态转换图

6.2.7
边沿触发器

为了提高触发器的可靠性,增强触发器的抗干扰能力,希望触发器的次态仅仅取决于 CP 信号下降沿(或上升沿)到达时刻输入信号的状态,而与其前后输入状态的变化无关。为了达到这一目的,人们相继开发了各种边沿触发器。主要有维持-阻塞触发器、利用门电路传输延迟时间的边沿触发器、利用 CMOS 传输门的边沿触发器等几种。边沿触发器既没有空翻现象、也没有一次变化问题,从而大大提高了触发器工作的可靠性和抗干扰能力。

1. 维持-阻塞边沿 D 触发器

在图 6.2.8(a)所示的同步 RS 触发器的基础上,再加两个门 G_5、G_6,将输入信号 D 变成相反的两个信号分别送给 R、S 端,即 $R=\overline{D},S=D$,如图 6.2.27(a)所示,就构成了同步 D 触发器。容易验证,该电路满足 D 触发器的逻辑功能,但有同步触发器的空翻现象。

为了克服空翻,并具有边沿触发器的特性,在图 6.2.27(a)电路的基础上引入 3 根反馈线 L_1、L_2、L_3,就构成了维持-阻塞 D 边沿触发器。维持-阻塞 D 边沿触发器的逻辑图如图 6.2.27(b)所示,其工作原理从以下两种情况分析。

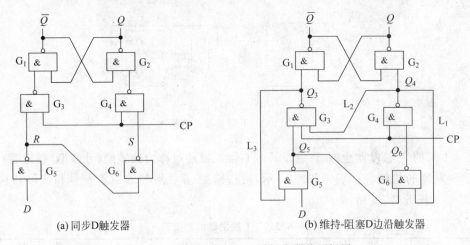

(a) 同步D触发器　　　　　　(b) 维持-阻塞D边沿触发器

图 6.2.27　维持-阻塞 D 边沿触发器的逻辑图

1) 输入 $D=1$

在 CP=0 时,G_3、G_4 被封锁,$Q_3=1$,$Q_4=1$,G_1、G_2 组成的基本 RS 触发器保持原状态不变。因 $D=1$,G_5 输入全 1,输出 $Q_5=0$,它使 $Q_3=1$,$Q_6=1$。当 CP 由 0 变 1 时,G_4 输入全 1,输出 Q_4 变为 0。继而,Q 翻转为 1,$\overline{Q}$ 翻转为 0,完成了使触发器翻转为 1 状态的全过程。同时,一旦 Q_4 变为 0,通过反馈线 L_1 封锁了 G_6 门,这时如果 D 信号由 1 变为 0,只会影响 G_5 的输出,不会影响 G_6 的输出,维持了触发器的 1 状态。因此,称 L_1 线为"置 1 维持线"。同理,Q_4 变 0 后,通过反馈线 L_2 也封锁了 G_3 门,从而阻塞了置 0 通路,故称 L_2 线为"置 0 阻塞线"。

2) 输入 $D=0$

在 CP=0 时,G_3、G_4 被封锁,$Q_3=1$、$Q_4=1$,G_1、G_2 组成的基本 RS 触发器保持原状态

不变。因 $D=0$,$Q_5=1$,G_6 输入全 1,输出 $Q_6=0$。当 CP 由 0 变 1 时,G_3 输入全 1,输出 Q_3 变为 0。继而,$\overline{Q}$ 翻转为 1,Q 翻转为 0,完成了使触发器翻转为 0 状态的全过程。同时,一旦 Q_3 变为 0,通过反馈线 L_3 封锁了 G_5 门,这时无论 D 信号再怎么变化,也不会影响 G_5 的输出,从而维持了触发器的 0 状态。因此,称 L_3 线为"置 0 维持线"。

可见,维持-阻塞触发器是利用了维持线和阻塞线,将触发器的触发翻转控制在 CP 脉冲信号的上升沿到来的一瞬间,并接收 CP 脉冲信号上升沿到来前夕的一瞬间 D 端的输入信号。维持-阻塞触发器因此而得名。该触发器在 CP 脉冲信号的上升沿到来前夕接收输入信号,脉冲信号的上升沿到来时触发翻转,上升沿后输入即被封锁,为边沿触发器。其在抗干扰能力和速度方面较主从触发器有较大提高。

图 6.2.28 为带直接置 0 端 R_D 和直接置 1 端 S_D 的维持-阻塞 D 边沿触发器的逻辑图和逻辑符号。R_D 和 S_D 端都为低电平有效,不受时钟信号 CP 的制约,具有最高的优先级。R_D 和 S_D 的作用主要是用来给触发器设置初始状态,或对触发器的状态进行特殊的控制。在使用时要注意,任何时刻只能一个信号有效,不能同时有效,即两信号必须互补。

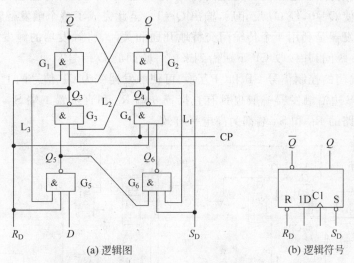

图 6.2.28　带有 R_D 端和 S_D 端的维持-阻塞 D 触发器

2. 利用 CMOS 传输门的边沿 D 触发器

1) 电路结构

图 6.2.29 所示是用 CMOS 逻辑门和 CMOS 传输门组成的主从 D 触发器。图中,G_1、G_2 和 TG_1、TG_2 组成主触发器,G_3、G_4 和 TG_3、TG_4 组成从触发器,CP 和 $\overline{CP}$ 为互补的时钟脉冲。由于引入了传输门,该电路虽为主从结构,却没有一次变化问题,具有边沿触发器的特性。

2) 工作原理

触发器的触发翻转分为两个过程:

(1) 当 CP 变为 1 时,则 $\overline{CP}$ 变为 0。这时 TG_1 开通,TG_2 关闭,主触发器接收输入端的信号 D。设 $D=1$,经 TG_1 传到 G_1 的输入端,使 $\overline{Q'}=0$,$Q'=1$。同时,TG_3 关闭,切断了主、从两个触发器间的联系,TG_4 开通,从触发器保持原状态不变。

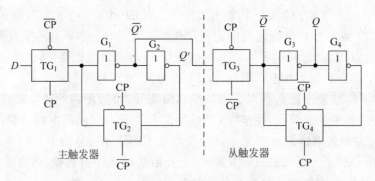

图 6.2.29　CMOS 主从结构的边沿触发器

（2）当 CP 由 1 变为 0 时，则 $\overline{CP}$ 变为 1。这时 TG_1 关闭，切断了 D 信号与主触发器的联系，使 D 信号不再影响触发器的状态，而 TG_2 开通，将 G_1 门的输入端和 G_2 门的输出端连通，使主触发器保持原状态不变。与此同时，TG_3 开通，TG_4 关闭，将主触发器的状态 $\overline{Q'}=0$ 送入从触发器，使 $\overline{Q}=0$，经 G_3 反相后，输出 $Q=1$。至此完成了整个触发翻转过程。

可见，该触发器是利用 4 个传输门交替地开通和关闭，将触发器的触发翻转控制在 CP 下跳沿到来的一瞬间，并接收 CP 下跳沿到来前一瞬间的 D 信号。

如果将传输门的控制信号 CP 和 $\overline{CP}$ 互换，可使触发器变为 CP 信号的上升沿触发。

集成 CMOS 边沿触发器一般也具有直接置 0 端 R_D 和直接置 1 端 S_D，如图 6.2.30 所示。注意，该电路的 R_D 和 S_D 端都为高电平有效。

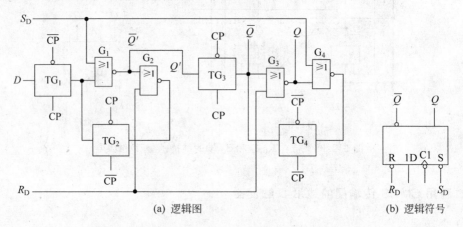

(a) 逻辑图　　　　　　　　　　(b) 逻辑符号

图 6.2.30　带有 R_D 和 S_D 端的 CMOS 边沿触发器

【例 6.2.5】 图 6.2.31 所示是 3 种不同类型的 D 触发器符号及其输入波形。设触发器的初态为 0，分别画出输出 Q_1、Q_2、Q_3 的波形。

解：画触发器的时序图时要特别注意触发器中有边沿触发器和非边沿触发器之分。对于边沿触发器，如 TTL 维持-阻塞 D 触发器和 CMOS 主从 D 触发器等，其"次态"仅仅取决于 CP 脉冲到达时刻的输入状态。对于非边沿触发器，如 TTL 主从 JK 触发器，其"次态"与整个 CP=1 期间的输入状态有关，存在着"一次变化"现象。题中 FF_1 为用主从 JK 触发器转换的主从 D 触发器，存在一次变化问题，第一个 CP=1 时，$Q^n=0$，CP 的上升沿，$D=1$，即 J 端输入的第一次输入 1 有效，当 CP 下降沿到来时，从触发器输出 $Q^{n+1}=1$；第二个 CP=1

时,$Q^n=1$,CP 的上升沿,$D=0$,K 端第一次输入 1 有效,当 CP 下降沿到来时,从触发器输出 $Q^{n+1}=0$。FF$_2$ 为边沿 D 触发器,CP 上升沿触发。FF$_3$ 也为边沿 D 触发器,但是 CP 下跳沿触发。

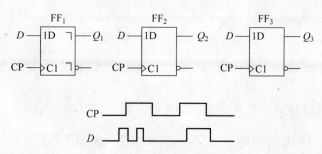

图 6.2.31 例 6.2.5 的 3 种不同类型的 D 触发器符号及其输入波形

各触发器输出信号波形如图 6.2.32 所示,其中将 FF$_1$ 作为 TTL 和 CMOS 电路分别予以考虑。

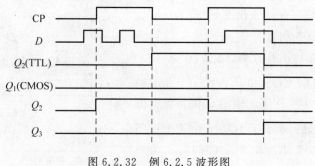

图 6.2.32 例 6.2.5 波形图

3. 高速 CMOS 边沿 D 触发器 74HC74

74HC74 为单输入端的双 D 触发器。一块芯片包含两个相同的 D 触发器,每个触发器只有一个 D 端,它们都带有直接置 0 端 R$_D$ 和直接置 1 端 S$_D$,为低电平有效。CP 上升沿触发。74HC74 的逻辑符号和引脚排列分别如图 6.2.33(a)和(b)所示,其功能表如表 6.2.8 所示。

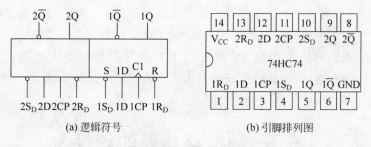

(a) 逻辑符号   (b) 引脚排列图

图 6.2.33 高速 CMOS 边沿 D 触发器 74HC74

表 6.2.8 74HC74 的功能表

输　　　入				输　　出	
R_D	S_D	CP	D	Q	$\overline{Q}$
0	1	×	×	0	1
1	0	×	×	1	0
1	1	↑	0	0	1
1	1	↑	1	1	0

4. 利用门电路传输延迟时间的边沿 JK 触发器

利用门电路传输延迟时间的边沿 JK 触发器的逻辑图和逻辑符号如图 6.2.34 所示,其工作原理介绍如下。

1) CP＝0 时,触发器不翻转

CP＝0 时,门 A、B′、G_3、G_4 全部被封锁,J、K 无法使触发器的状态改变;门 G_3、G_4 输出高电平,触发器通过门 B、A′保持原状态,假设 $Q^n = 0$。

2) CP＝1 时,准备翻转

CP 脉冲信号的上升沿时刻,门 A、B′、G_3、G_4 封锁立即被解除,这时因 $\overline{Q^n} = 1$,CP＝1,门 A 的输入立即全部变为高电平 1,因此输出 Q 仍将保持低电平 0,触发器不翻转。但是,因 $\overline{Q^n} = 1$,CP＝1,门 G_3 被打开,如果 $J = 1$,$K = 0$,则 J 端的输入信号经 G_3 门反相使门 B 输入端变为低电平 0,准备翻转。

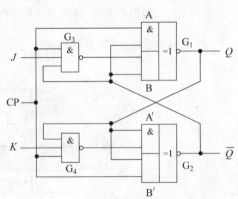

图 6.2.34　边沿 JK 触发器逻辑图

3) CP 下降沿时刻,触发器翻转

CP 的上升沿时刻,门 A、B′、G_3、G_4 立即被封锁,这时,门 A 和门 B′的输入端同时变为低电平,触发器翻转,即 $Q^{n+1} = 1$。这是因为,在 CP 下降沿到来之前,信号 $J = 1$ 使门 C 输出的低电平 0 早已传到门 B 输入端,即使 CP 下降沿时刻,将使门 G_3 输出变为高电平,但由于此信号须经 G_3 门的 $1t_{pd}$ 的传输延迟,就在 CP 下降沿到达之后、门 G_3 输出改变状态之前的短暂瞬间,门 A 和门 B′输入端同时出现低电平,故触发器翻转。显然,这是下降沿触发的 JK 触发器,为了工作可靠,常将门 G_3、G_4 的延迟时间做得大一些。电路的逻辑功能同主从 JK 触发器。

这种利用门延迟的边沿触发 JK 触发器主要用于双极型集成电路,比较典型的有74LS73A(双 JK 触发器、负边沿触发、清 0)、SN74276(四 JK 触发器、负边沿触发、公共清 0、置位)、SN74111(双 JK 触发器、正边沿触发、清 0、置位)等。

6.3　触发器功能的转换

触发器按功能分有 RS、JK、D、T、T′ 5 种类型,但最常见的集成触发器是 JK 触发器和D 触发器。T、T′ 触发器没有集成产品,如需要时,可用其他触发器转换成 T 或 T′ 触发器。JK 触发器与 D 触发器之间的功能也是可以互相转换的。转换的方法一般是通过比对特性方程,从一种触发器转换为另一种触发器。RS 触发器属于基本型,就不用其他触发器转换。

1. 用 JK 触发器转换成其他功能的触发器

1) 从 JK 触发器转换到 D 触发器

写出 JK 触发器的特性方程为

$$Q^{n+1} = J\,\overline{Q^n} + \overline{K}Q^n$$

再写出 D 触发器的特性方程并变换为

$$Q^{n+1} = D = D(\overline{Q^n} + Q^n) = D\,\overline{Q^n} + DQ^n$$

比较以上两式得: $J = D, K = \overline{D}$。

画出用 JK 触发器转换成 D 触发器的逻辑图如图 6.3.1(a)所示。

2) 从 JK 触发器转换到 T (T') 触发器

写出 T 触发器的特性方程为

$$Q^{n+1} = T\,\overline{Q^n} + \overline{T}Q^n$$

与 JK 触发器的特性方程并与 T 触发器的特性方程比较得: $J = T, K = T$。

画出用 JK 触发器转换成 T 触发器的逻辑图如图 6.3.1(b)所示。

令 $T = 1$,即可得 T' 触发器,如图 6.3.1(c)所示。

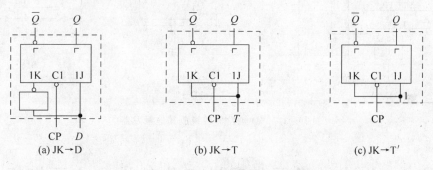

(a) JK→D　　　　(b) JK→T　　　　(c) JK→T'

图 6.3.1　JK 触发器转换成其他触发器

2. 用 D 触发器转换成其他功能的触发器

1) 从 D 触发器转换到 JK 触发器

写出 D 触发器和 JK 触发器的特性方程为

$$Q^{n+1} = D$$

$$Q^{n+1} = J\,\overline{Q^n} + \overline{K}Q^n$$

联立两式,得

$$D = J\,\overline{Q^n} + \overline{K}Q^n$$

画出用 D 触发器转换成 JK 触发器的逻辑图如图 6.3.2(a)所示。

2) 从 D 触发器转换到 T 触发器

写出 D 触发器和 T 触发器的特性方程为

$$Q^{n+1} = D$$

$$Q^{n+1} = T\overline{Q^n} + \overline{T}Q^n$$

联立两式,得

$$D = T\overline{Q^n} + \overline{T}Q^n = T \oplus Q^n$$

画出用 D 触发器转换成 T 触发器的逻辑图如图 6.3.2(b)所示。

3) 从 D 触发器转换到 T' 触发器

写出 D 触发器和 T' 触发器的特性方程为

$$Q^{n+1} = D$$

$$Q^{n+1} = \overline{Q^n}$$

联立两式,得

$$D = \overline{Q^n}$$

画出用 D 触发器转换成 T' 触发器的逻辑图如图 6.3.2(c)所示。

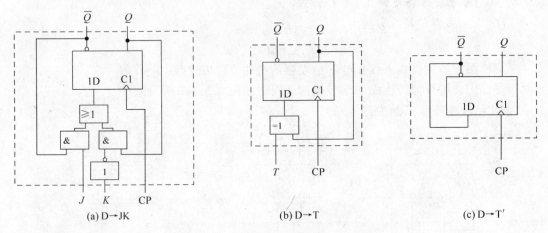

图 6.3.2　D 触发器转换成其他触发器

6.4　集成触发器的脉冲工作特性和主要指标

6.4.1　触发器的脉冲工作特性

触发器的脉冲工作特性是指触发器对时钟脉冲、输入信号以及它们之间相互配合的时间关系的要求。掌握这种工作特性对触发器的应用非常重要。

1. 维持-阻塞 D 触发器的脉冲工作特性

由图 6.2.27(b),在 CP 上升沿到来时,G_3、G_4 门将根据 G_5、G_6 门的输出状态控制触发器翻转。因此在 CP 上升沿到达之前,G_5、G_6 门必须要有稳定的输出状态。而从信号加到 D 端时刻开始到 G_5、G_6 门的输出稳定下来,需要经过一段时间,我们把这段时间称为触发

器的建立时间 t_{set}，即输入信号必须比 CP 脉冲要早 t_{set} 时间到达。由图 6.2.27(b) 可以看出，该电路的建立时间为两级与非门的延迟时间，即 $t_{set}=2t_{pd}$（一个 t_{pd} 时间一般指一个与非门电路的平均延时时间）。

其次，为使触发器可靠翻转，信号 D 还必须维持一段时间，我们把在 CP 触发沿到来后输入信号需要维持的时间称为触发器的保持时间 t_H。当 $D=0$ 时，这个 0 信号必须维持到 Q_3 由 1 变 0 后将 G_5 封锁为止，如果在此之前 D 变为 1，则 Q_5 变为 0，将引起触发器误触发。所以 $D=0$ 的保持时间 $t_H=1t_{pd}$。当 $D=1$ 时，CP 上升沿到达后，经过 t_{pd} 时间 Q_4 变为 0，将 G_6 封锁。但若 D 信号变化，传到 G_6 的输入端也同样需要 t_{pd} 的时间，所以 $D=1$ 时的保持时间 $t_H=0$。综合以上两种情况，取 $t_H=1t_{pd}$。

另外，为保证触发器可靠翻转，CP=1 的状态也必须保持一段时间，直到触发器的 Q、$\overline{Q}$ 端电平稳定，这段时间称为触发器的维持时间 t_{CPH}。我们把从时钟脉冲触发沿时刻开始到一个输出端由 0 变 1 所需的时间称为 t_{CPLH}；把从时钟脉冲触发沿时刻开始到另一个输出端由 1 变 0 所需的时间称为 t_{CPHL}。由图 6.2.27(b) 可以看出，该电路的 $t_{CPLH}=2t_{pd}$，$t_{CPHL}=3t_{pd}$，所以触发器的 $t_{CPH}\geqslant t_{CPHL}=3t_{pd}$。

图 6.4.1 示出了上述几个时间参数的相互关系。

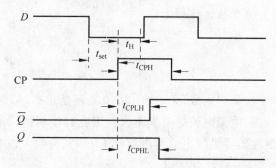

图 6.4.1　维持-阻塞 D 触发器的脉冲工作特性

2. 主从 JK 触发器的脉冲工作特性

在图 6.2.15(a) 所示的主从 JK 触发器电路中，当时钟脉冲 CP 上升沿到达时，输入信号 J、K 进入主触发器，由于 J、K 和 CP 同时接到 G_7、G_8 门，所以 J、K 信号只要不迟于 CP 的上升沿到来时刻即可，所以，$t_{set}=0$。

由图 6.2.15(a) 可知，在 CP 上升沿到达后，要经过三级与非门的延迟时间，主触发器才翻转完毕，所以 $t_{CPH}\geqslant 3t_{pd}$。

等 CP 下跳沿到达后，从触发器翻转，主触发器立即被封锁，所以，输入信号 J、K 可以不再保持，即 $t_H=0$。

从 CP 下跳沿到达到触发器输出状态稳定，也需要一定的传输时间，即 CP=0 的状态也必须保持一段时间，这段时间称为 t_{CPL}。由图 6.2.15 可以看出，该电路的 $t_{CPLH}=2t_{pd}$，$t_{CPHL}=3t_{pd}$，所以触发器的 $t_{CPL}\geqslant t_{CPHL}=3t_{pd}$。

综上所述，主从 JK 触发器要求 CP 的最小工作周期 $T_{min}=t_{CPH}+t_{CPL}$。图 6.4.2 示出了上述几个时间参数的相互关系。

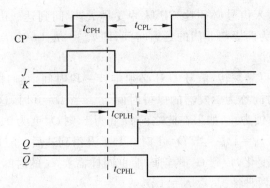

图 6.4.2　主从 JK 触发器的脉冲工作特性

6.4.2
TTL 集成触发器的主要参数

集成触发器的参数可以分为直流参数和开关参数两大类。下面以 TTL 集成 JK 触发器为例来简单介绍这两大类参数。

1. 直流参数

1）电源电流 I_{cc}

一个触发器由许多个逻辑门组成，无论输出在 0 态还是 1 态，总是有一部分处于饱和状态，另一部分处于截止状态，电源电流的差别不大。因此有些制造厂家规定，所有输入端和输出端悬空时，电源向触发器提供的电流为电源电流 I_{cc}，它反映了该电路的空载功耗。

2）低电平输入电流（输入短路电流）I_{IL}

某输入端接地，其他各输入、输出端悬空时，从该输入端流向地的电流为低电平输入电流 I_{IL}，它表明对驱动电路输出为低电平时的加载情况。JK 触发器包括各 J、K 端、CP 端，以及直接置 0、置 1 端的低电平输入电流。

3）高电平输入电流 I_{IH}

将各输入端（R_D、S_D、J、K、CP 等）分别接 V_{cc} 时，测得的电流就是其高电平输入电流 I_{IH}，它表明对驱动电路输出为高电平时的加载情况。

4）输出高电平 V_{OH} 和输出低电平 V_{OL}

Q 或 $\overline{Q}$ 端输出高电平时的对地电压值为 V_{OH}，输出低电平时的对地电压值为 V_{OL}。

2. 开关参数

1）最高时钟频率 f_{max}

f_{max} 就是触发器在计数状态下能正常工作的最高工作频率，是表明触发器工作速度的一个指标。可由时钟信号允许高、低电平宽度算出该时钟脉冲信号的最高频率。在测试 f_{max} 时，Q 和 $\overline{Q}$ 端应带上额定的电流负载和电容负载，这在制造厂家的产品手册中均有明确的规定。

2）对时钟信号的延迟时间（t_{CPLH}和t_{CPHL}）

从时钟脉冲的触发沿时刻到触发器输出端由 0 态变到 1 态的延迟时间为 t_{CPLH}，从时钟脉冲的触发沿时刻到触发器输出端由 1 态变到 0 态的延迟时间为 t_{CPHL}。一般 t_{CPHL} 比 t_{CPLH} 约大一级门的延迟时间，该参数反映了对时钟 CP 的要求。

本章小结

双稳态触发器一般有两个基本性质：①在一定条件下，触发器可维持在两种稳定状态（0 或 1 状态）之一而保持不变；②在一定的外加信号作用下，触发器可从一个稳定状态转变到另一个稳定状态。这就使得触发器能够记忆二进制信息 0 和 1，常被用作二进制存储单元，一般的储存时间为一个时钟脉冲周期时间。

触发器的逻辑功能是指触发器输出的"次态"与输出的"现态"及输入信号之间的逻辑关系。描写触发器逻辑功能的方法主要有功能表、特性方程、状态转换图和波形图等。

按照结构不同，触发器可分为基本 RS 触发器、同步触发器、主从触发器和边沿触发器。根据逻辑功能的不同，触发器又可分为 RS 触发器、JK 触发器、D 触发器、T 触发器和 T′ 触发器。

触发器是时序工作的逻辑器件，除了基本 RS 触发器之外，只有在时序脉冲 CP 信号的有效时间，触发器的输入信号才有效。对于同步触发器，在 CP 信号的有效时间内，输入信号的每一次不同的组合都将引起输出的改变；主从触发器之主触发器情况与同步触发器一样，从触发器则只在 CP 脉冲的下降沿时刻接受主触发器在此之前的最终状态，所以主从 RS 触发器、D 触发器 Q^{n+1} 的状态，应判断主触发器在 CP 信号的有效时间内，由输入信号（R、S、D 端）的组合确定最终的输出；而主从 JK 触发器，由于存在从触发器输出的反馈信号，则具有一次输入有效的特点。边沿触发器则只要判断上升沿（前边沿触发器）或下降沿（后边沿触发器）之前的输入组合确定触发器 Q^{n+1} 的状态。

同一电路结构的触发器可以做成不同的逻辑功能；同一逻辑功能的触发器可以用不同的电路结构来实现；不同结构的触发器具有不同的触发条件和动作特点，触发器逻辑符号中 CP 端有小圆圈的为 CP 信号的下降沿时刻触发，没有小圆圈的为上升沿触发。利用特性方程可实现不同功能触发器间逻辑功能的相互转换。

本章习题

题 6.1 分析图 P6.1 所示电路的功能，列出功能表。

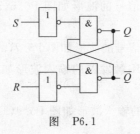

图 P6.1

题 6.2　同步 RS 触发器与基本 RS 触发器的主要区别是什么？

题 6.3　如图 P6.3(a)所示电路的初始状态为 $Q=1$，R、S 端和 CP 端的信号如图 P6.3(b)所示，画出该同步 RS 触发器相应的 Q 和 $\overline{Q}$ 端的波形。

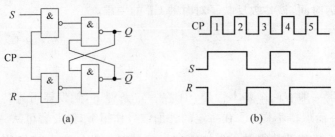

图　P6.3

题 6.4　由与或非门组成的同步 RS 触发器如图 P6.4 所示，试分析其工作原理并列出功能表。

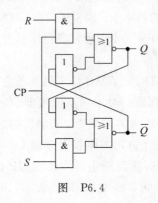

图　P6.4

题 6.5　主从 RS 触发器输入信号的波形如图 P6.5(a)、(b)所示。已知触发器的初态 $Q=1$，试画出 Q 端的波形。

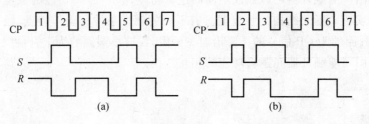

图　P6.5

题 6.6　主从 JK 触发器输入信号的波形如图 P6.6(a)、(b)所示。已知触发器的初态 $Q=1$，试画出 Q 端的波形。

题 6.7　主从 JK 触发器输入信号的波形如图 P6.7(a)、(b)所示。试画出 Q 端的波形。

题 6.8　下降沿触发的边沿 JK 触发器的输入波形如图 P6.8(a)、(b)所示。试画出 Q 端的波形。

题 6.9　维持-阻塞 D 触发器的输入波形如图 P6.9(a)、(b)所示。试画出 Q 端的波形。

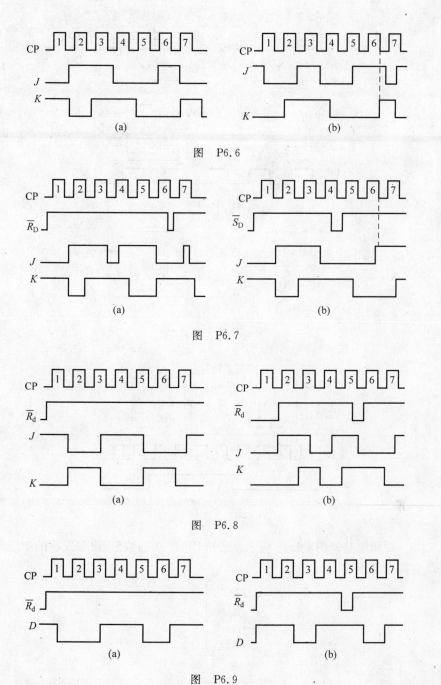

图 P6.6

图 P6.7

图 P6.8

图 P6.9

题 6.10 电路如图 P6.10 所示,设各触发器的初态为 0,画出在 CP 脉冲作用下 Q 端波形。

题 6.11 试分析图 P6.11(a)、(b)所示的两个触发器电路,分别写出它们的次态方程表达式,说明其能完成的逻辑功能。

题 6.12 逻辑电路如图 P6.12 所示,已知 CP 和 X 的波形,设触发器的初态均为 0,试画出 Q_1 和 Q_2 端的波形。

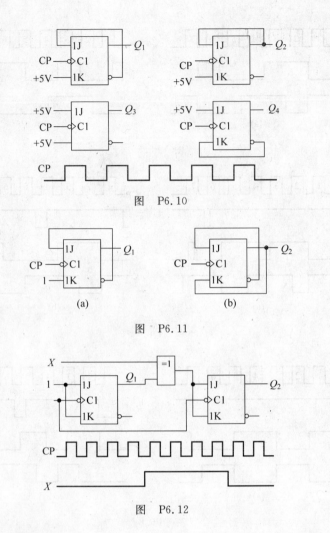

图 P6.10

图 P6.11

图 P6.12

题 6.13 逻辑电路如图 P6.13 所示。已知 CP 和 A 的波形，设触发器的初态为 0，试画出触发器 Q 端的波形。

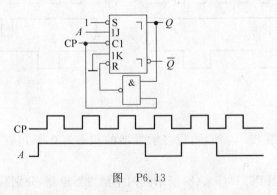

图 P6.13

题 6.14 边沿 JK 触发器构成的电路如图 P6.14 所示。要求：

(1) 分析电路的功能，画出 CP 与 V_O 的波形。

(2) 若已知门的延迟时间 $t_{pd} = 10ns$，JK 触发器的延迟时间 $t_{pd} = 30ns$，要想得到脉冲宽

度 $t_w = 70\text{ns}$ 的正脉冲,电路应该作何改动?

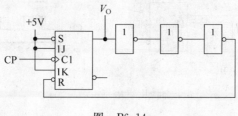

图　P6.14

题 6.15　3 种不同触发方式的 D 触发器的逻辑符号、时钟 CP 和信号 D 的波形如图 P6.15 所示,画出各触发器 Q 端的波形图。各触发器的初始状态为 0。

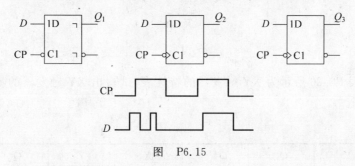

图　P6.15

题 6.16　维持-阻塞 D 触发器组成的电路如图 P6.16 所示。画出在时钟脉冲 CP 作用下,Q_1、Q_2 端的波形。

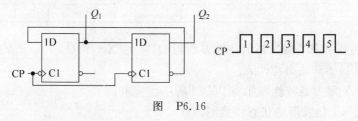

图　P6.16

题 6.17　维持-阻塞 D 触发器组成的电路如图 P6.17(a)所示。输入波形如图 P6.17(b)所示。设触发器的初始状态 $Q_2Q_1 = 00$,画出 Q_1、Q_2 端的波形。

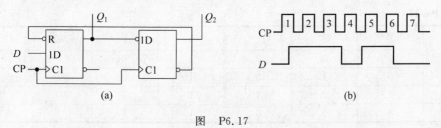

图　P6.17

题 6.18　触发器电路和输入波形如图 P6.18 所示,试写出 Q_1、Q_2 的状态方程并画出输出端 Q_1、Q_2 的波形。

题 6.19　图 P6.19 所示为 XY 触发器的状态转换图。根据状态图中状态及其次态间的激励条件,写出 XY 触发器的特性方程,并写出其功能表。

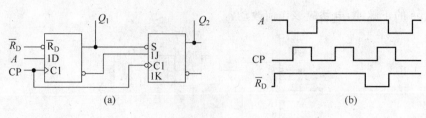

图 P6.18

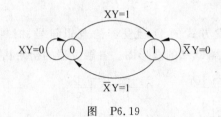

图 P6.19

题 6.20 表 P6.20 所示为 XY 触发器的特性表,试写出 XY 触发器的特性方程,并画出其状态转换图。

表 **P6.20**

X	Y	Q^n	Q^{n+1}	X	Y	Q^n	Q^{n+1}
0	0	0	0	1	0	0	1
0	0	1	1	1	0	1	1
0	1	0	0	1	1	0	0
0	1	1	1	1	1	1	0

题 6.21 若已知 XY 触发器的特性方程为 $Q^{n+1}=(\overline{X}+\overline{Y})\overline{Q}^n+(X+Y)Q^n$,画出这个触发器的状态转换图和输出特性表。

题 6.22 XY 触发器特性表如表 P6.22 所示。要求:

(1) 画出此 XY 触发器的状态转换图。

(2) 分别用 D 触发器,JK 触发器和 RS 触发器转换成 XY 触发器,写出转换电路的表达式。

表 **P6.22**

X	Y	Q^n	Q^{n+1}	X	Y	Q^n	Q^{n+1}
0	0	0	0	1	0	0	0
0	0	1	0	1	0	1	1
0	1	0	1	1	1	0	1
0	1	1	0	1	1	1	1

题 6.23 T 触发器组成电路如图 P6.23 所示。分析电路功能,写出电路的状态方程,并画出状态转换图。

题 6.24 RS 触发器组成电路如图 P6.24 所示。分析电路功能,写出电路的状态方程,并画出状态转换图。

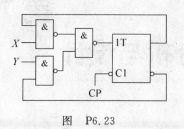

图 P6.23

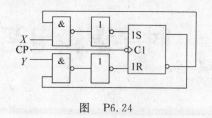

图 P6.24

题 6.25 JK 触发器组成电路如图 P6.25 所示。分析电路功能,画出状态转换图。

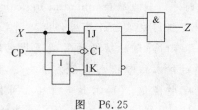

图 P6.25

题 6.26 一个下降沿触发的 JK 触发器,设初始状态为 0,如给定 CP、J、K 的波形如图 P6.26 所示,试画出相应的输出 Q 和 $\overline{Q}$ 的波形图。

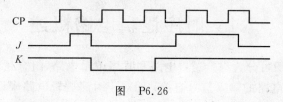

图 P6.26

第7章

时序逻辑电路的分析与设计

主要内容：一个数字信号的处理系统，除了前述的组合逻辑电路（combination logical circuit）之外，另一类主要就是时序逻辑电路（sequential logical circuit）。

时序逻辑电路除了用各种逻辑门电路组成外组合电路外，还用具有存储功能的触发器构成存储电路，用于实现某种具有时序逻辑功能的复杂逻辑电路。与组合逻辑电路的区别是电路的输出状态不仅由电路的输入信号状态组合关系决定，同时与该电路现态有关。因此时序逻辑电路在电路结构上的特点是：（1）输出与输入之间有反馈回路；（2）电路中有记忆单元，记忆时间一般为一个脉冲周期时间；（3）当输入信号的状态组合改变时，输出状态随着时间的改变受时序脉冲信号的控制。本章主要介绍利用这些特点对时序逻辑电路进行分析和设计的要点和方法。

7.1 时序逻辑电路概述

数字逻辑电路一般可分为组合逻辑电路和时序逻辑电路，组合逻辑电路的特点是当时输出状态仅与该时刻电路的输入信号有关；而对于时序逻辑电路来说，当时的输出状态不仅与该时刻的输入信号有关，而且还与电路原来的状态有关。因此，在时序逻辑电路中，必须具有能够记忆过去状态的存储电路。如图 7.1.1 所示是一个典型的时序逻辑电路的基本结构框图。

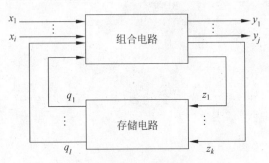

图 7.1.1 时序逻辑电路结构框图

从图 7.1.1 中可以看出，基本的时序逻辑电路由组合电路和存储电路两大部分构成。图中的 $X(x_1, x_2, \cdots, x_i)$ 表示整个电路的输入信号；$Y(y_1, y_2, \cdots, y_j)$ 表示整个电路的输出信号；$Z(z_1, z_2, \cdots, z_k)$ 表示存储电路的输入信号；$Q(q_1, q_2, \cdots, q_l)$ 表示存储电路的输出信号。从图中各信号的关系可以看出，输出信号 Y 由 X 及 Q 来决定；存储电路的输入信号 Z 由 X 及 Q 来决定；存储电路的输出信号 Q 由 Z 来决定。因此，可以用下面 3 个向量函数来描述时序逻辑电路。

输出方程 $$Y = F[X, Q]$$
驱动方程 $$Z = G[X, Q]$$
状态方程 $$Q^{n+1} = H[X, Q^n]$$

其中,Q^n表示存储电路中各个触发器的"现态";Q^{n+1}表示存储电路中各个触发器的"次态";输出方程和驱动方程中的变量 Q 未加上标的,表示输出信号状态随存储器的输出即时发生变化,这样 Y 和 Z 也将按 Q 的输出有时序地变化。

图 7.1.1 描述的是时序逻辑电路的典型结构,以后所接触到的时序逻辑电路可能并不具有这样的完整结构,可能会缺少其中的某些部分,但它们都具有时序电路的基本特点:

(1) 具有记忆功能的元件(本书中最常用的是触发器);

(2) 具有反馈通道,使记忆下来的状态能在下一时刻影响电路。

时序电路根据触发器动作方式的不同可分为同步时序电路和异步时序电路两大类。同步时序电路里存在的各个触发器都统一在一个时钟脉冲作用下工作;异步时序电路里的各个触发器可以在不同的时钟脉冲下动作。因而,同步时序电路的触发器的状态改变是同时的,而异步时序电路的触发器的状态改变是有先后顺序的。

除了根据触发器动作方式进行分类外,还可以根据输出信号的特点进行分类,分为米利(Mealy)型和摩尔(Moore)型。在米利型电路中,输出信号由存储电路的状态和输入信号决定;在摩尔型电路中,输出信号仅取决于存储电路的状态。因此,可以将摩尔型电路看成米利型电路的一个特例。

7.2 同步时序逻辑电路的分析和设计

7.2.1 同步时序逻辑电路的分析

对时序逻辑电路和组合逻辑电路分析的目的都是要找出逻辑电路的逻辑功能。但对于时序逻辑电路,由于它存在状态变量,因此还需要分析电路状态的变化规律,以及在输入信号和时钟信号作用下的输出情况。

本节所讨论的同步时序电路的所有触发器都在同一时钟作用下进行动作,不需要对每个触发器的时钟进行详细分析,因此分析起来比异步时序电路要简单。

1. 时序电路的描述方法

根据 7.1 节的描述,输出方程、驱动方程和状态方程可以完整地描述时序电路的逻辑功能,但光凭这 3 个方程难以直观地了解电路的具体逻辑功能。为了便于直观地描述电路,还须掌握图表方式的描述方法。

(1) 逻辑方程

对于同步时序电路而言,输出方程、驱动方程和状态方程已经可以唯一确定电路的逻辑功能;对于异步时序电路,往往还要写出各触发器的时钟方程。

(2) 状态转换表(状态表)

状态转换表采用表格形式来描述状态转换规律及输出变化情况。通过逻辑方程,将各种输入和电路状态的组合代入输出方程和状态方程,就可以得到相应的"次态"及输出的状态,从而可列出电路的状态表。

（3）状态转换图（状态图）

为了更加直观地观察电路的状态转换关系和输出变化情况,可以将状态表用状态图的形式表示出来。状态图的画法和触发器状态图的画法基本一样。

（4）时序图（波形图）

为了便于观察输入、输出及电路状态的时序关系,并且便于和实验观测波形进行对比,还可以画出时序图。时序图是在一系列时钟脉冲作用下,输出、电路状态随输入及时钟的变化的波形图。

上述的 4 种描述方法都可以用来描述同一个时序电路的逻辑功能,它们之间是可以互相转换的。这里针对时序电路的描述方法进行了简要的介绍,具体实现将在后面的例子中进行仔细的介绍。

2. 同步时序电路分析步骤

（1）根据电路图,列出驱动方程,即各触发器输入端的逻辑表达式。

（2）根据电路图,列出所有输出端的逻辑表达式（输出方程）。

（3）将触发器的特性方程代入驱动方程,得到各触发器的"次态"表达式,即状态方程（次态方程）。

（4）将输入和触发器状态的所有组合代入输出方程和状态方程,得到相应的输出和存储电路的"次态",从而列出电路的状态转换表。

（5）利用状态转换表画出状态转换图,分析电路状态转换和输出变化规律,判断电路功能。

（6）如果需要,还可以进一步画出电路时序图,以帮助实验验证。

3. 同步时序电路实例分析

【例 7.2.1】 分析图 7.2.1 所示同步时序电路,写出电路的驱动方程和状态方程,并画出状态转换表、状态转换图和时序图。

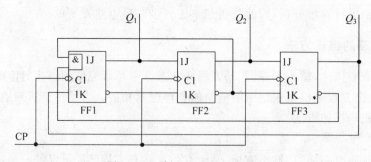

图 7.2.1　例 7.2.1 逻辑电路图

解: 从图 7.2.1 中可以看出,各触发器为脉冲信号的下降沿触发的主从型 JK 触发器,电路中不存在外部输入,没有外部输出,因此该电路为摩尔型电路。

（1）写出驱动方程。

$$\begin{cases} J_1 = \bar{Q}_2 \cdot \bar{Q}_3 \\ K_1 = Q_3 \end{cases} \begin{cases} J_2 = Q_1 \\ K_2 = \bar{Q}_1 \end{cases} \begin{cases} J_3 = Q_2 \\ K_3 = \bar{Q}_2 \end{cases}$$

（2）根据 JK 触发器的特性方程 $Q^{n+1} = J \cdot \bar{Q}^n + \bar{K} \cdot Q^n$ 写出电路状态方程。将上面驱动方程分别代入特性方程，可得下列状态方程：

$$\begin{cases} Q_1^{n+1} = \bar{Q}_2 \cdot \bar{Q}_3 + Q_1 \cdot \bar{Q}_3 \\ Q_2^{n+1} = Q_1 \\ Q_3^{n+1} = Q_2 \end{cases}$$

（3）列出电路的状态转换表。

为了列出电路的状态转换表，需要列出所有电路状态的可能组合并将其代入状态方程，得到对应的新的"次态"（如果有输出，还要代入输出方程得到新的输出），将输出状态变换情况列出表格。

表 7.2.1 为电路的状态转换表的一种，表的左边为电路的"现态"，右边为在时钟作用下的新的"次态"，由于有 3 个触发器，因此必须列出 8 种状态组合下的新的"次态"。

表 7.2.1　状态转换表（一）

Q_3^n	Q_2^n	Q_1^n	Q_3^{n+1}	Q_2^{n+1}	Q_1^{n+1}
0	0	0	0	0	1
0	0	1	0	1	1
0	1	1	1	1	1
1	1	1	1	1	0
1	1	0	1	0	0
1	0	0	0	0	0
1	0	1	0	1	0
0	1	0	1	0	0

根据表 7.2.1 中"现态"与"次态"的转换关系，经整理得到电路的另一种状态转换表，如表 7.2.2 所示，表示电路在时钟作用下电路状态的变化顺序。

表 7.2.2　状态转换表（二）

时钟脉冲	Q_3	Q_2	Q_1
0	0	0	0
1	0	0	1
2	0	1	1
3	1	1	1
4	1	1	0
5	1	0	0
6	0	0	0
0	1	0	1
1	0	1	0
2	1	0	0

表 7.2.3 所画的状态转换表采用了类似组合电路卡诺图的方式，将"现态"和输入看作输入信号，将"次态"和输出看作输出信号。表 7.2.3 也可称为输出"次态卡诺图"。

表 7.2.3　状态转换表（三）

$Q_3^{n+1}Q_2^{n+1}Q_1^{n+1}$　　$Q_2^nQ_1^n$ Q_3^n	00	01	11	10
0	001	011	111	100
1	000	010	110	100

（4）根据状态表画出状态图。

为了更直观地通过电路状态的变化情况来判断电路的功能，可以将输出状态转换表变换成为状态转换图。在状态转换图中，圆圈表示电路的状态，箭头表示状态的转换方向；如果有输入、输出可以用箭头旁的数据表示输入取值和输出结果。如图 7.2.2 所示为本例的状态转换图。

从图中可以看出，000、001、011、111、110、100 等 6 种状态构成了一个循环，电路始终在这 6 个状态中循环往复，因此称为六进制计数器。这 6 个状态为有效状态，它们构成的循环为有效循环，将触发器清零后，可以进入该循环。101、010 这两个状态不在工作状态中，称为无效状态。如果无效状态组成自循环，称为无效循环。如图 7.2.3 所示为图 7.2.1 电路存在无效循环的状态转换图示例。

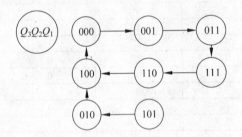

图 7.2.2　状态转换图

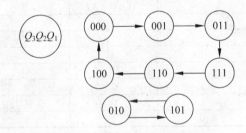

图 7.2.3　存在无效循环的状态转换图示例

如果电路中存在无效循环，在开始工作或工作中由于某种原因进入到无效状态后，电路不能自动进入到工作状态，需要人工干预，此时电路不能自启动，如图 7.2.2 所示的状态转换图；不存在无效循环的电路就不会有这种情况，或者存在无效循环但无效循环可以自动进入主循环，此时电路可以自启动。因此，检验一个存在无效输出状态的时序逻辑电路是否能够自启动，必须将所有的无效输出状态代入到输出状态方程进行验算，检验经历一定个数的"次态"（如果这些次态也是无效的状态）后是否进入主循环，都能最终进入有效循环的，确定电路能够自启动；否则，不能自启动。

（5）进一步画出电路时序图。

为了便于实验验证，还可以画出电路的时序图，也就是电路在系列时钟的作用下各触发器和输出的波形图，如图 7.2.4 所示为本例时序图。

【例 7.2.2】　分析图 7.2.5 所示的同步时序电路，写出电路的驱动方程和状态方程，并画出状态转换表和状态转换图。

解：从图中可以看出，各触发器为上升沿触发的 JK 触发器，电路中存在输入 X 和输出 Z，因此该电路为米利型电路。

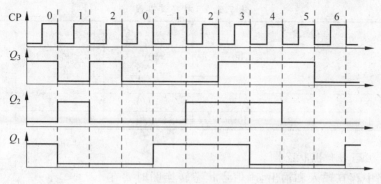

图 7.2.4 时序图

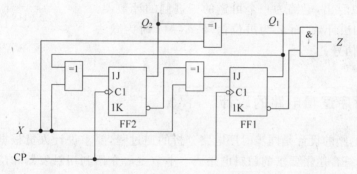

图 7.2.5 例 7.2.2 逻辑电路图

（1）写出输出方程。

根据电路的组合结构编写输出方程：

$$Z = (X \oplus Q_2) \cdot \overline{Q}_1 = \overline{X}Q_2\overline{Q}_1 + X\overline{Q}_2\overline{Q}_1$$

（2）写出驱动方程。

电路的驱动方程是根据时序逻辑电路中各个触发器驱动信号输入端的输入信号的组合关系编写的。

$$\begin{cases} J_2 = X \oplus Q_1 \\ K_2 = 1 \end{cases} \qquad \begin{cases} J_1 = X \oplus \overline{Q}_2 \\ K_1 = 1 \end{cases}$$

（3）写出触发器的状态方程。

在图 7.2.5 所示的时序逻辑电路中，使用的触发器是 JK 触发器，应将 JK 端的驱动方程代入到 JK 触发器的特性方程 $Q^{n+1} = J \cdot \overline{Q}^n + \overline{K} \cdot Q^n$，从而写出时序逻辑电路的状态方程。

$$\begin{cases} Q_2^{n+1} = (X \oplus Q_1) \cdot \overline{Q}_2 = \overline{X}Q_1\overline{Q}_2 + XQ_1\overline{Q}_2 \\ Q_1^{n+1} = (X \oplus \overline{Q}_2) \cdot \overline{Q}_1 = \overline{X}Q_2\overline{Q}_1 + X\overline{Q}_2\overline{Q}_1 \end{cases}$$

（4）编写时序逻辑电路的状态转换表。

因为存在输入和输出，在列出信号状态表时，将输入和触发器"现态"作为自变量，将输出和触发器输出的"次态"看成因变量。表 7.2.4 列出了本例的状态转换表，其中 Z 的输出状态是将所有"现态"和输入信号状态代入到输出方程和状态方程进行逐组计算得到的。

表 7.2.4　状态转换表

$Q_2^{n+1}Q_1^{n+1}/Z$　$Q_2^nQ_1^n$ X	00	01	11	10
0	01/0	10/0	00/0	00/1
1	10/1	00/1	00/0	01/0

（5）根据状态表画出状态图。

由于电路中存在输入和输出，画信号状态转换图时要在箭头旁标注状态转换前的输入值及输出值，如图 7.2.6 所示。从图中可以看出，电路为一个可逆的三进制的计数器。当 $X=0$ 时为加法计数，而 Z 为进位信号；$X=1$ 时为减法计数，Z 为借位信号。

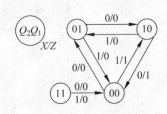

图 7.2.6　例 7.2.2 状态转换图

7.2.2 同步时序逻辑电路的设计

同步时序电路的设计是同步时序电路分析的逆过程，要求设计人员根据所需解决的逻辑问题，设计出符合逻辑要求的逻辑电路。本小节主要介绍利用触发器和门电路来设计同步时序电路。在电路设计过程中，设计人员应该采用最简单的电路来满足设计要求，一般要求所使用的触发器、门电路等元器件种类和数量尽可能最少，元器件之间的连线也尽可能最少。

1. 同步时序电路设计步骤

1）逻辑抽象

所谓逻辑抽象是指对给定问题进行分析，得到所需的原始状态转换表或状态转换图。

为了能使用时序电路解决给定问题，就必须将给定问题的逻辑关系提炼出来，写出相应的原始的状态转换图或状态转换表。首先，分析给定问题，确定输入变量和输出变量，定义输入变量和输出变量逻辑状态的含义；其次，确定电路状态需要哪些状态，并对电路的状态进行简单编号（一般为 S0、S1、S2、…）；最后，根据问题要求将所有输入变量和状态组合进行分析，得到相应的"次态"和输出，并且画出原始状态转换图或状态转换表。这一步是确保整个电路正确的关键，因此要保证状态转换的正确和逻辑关系的完整，而不必过多地关心状态数目的多少。

2）状态化简

逻辑抽象所得到的原始状态转换图，可能并不是最简单的，通常会包括一些多余的状态。电路的状态数目越多，相应所需用的触发器就越多。为了减少触发器的数目，就必须消去多余的状态。

如果存在这样两个状态，它们在相同的输入条件下可以转换到同一"次态"并且有同样的输出，则称它们为等价状态。等价状态是重复的，需要被合并成一个状态，这种合并称为状态化简或状态合并。在将所有等价状态合并后就可以得到最简单的状态转换图，从而可以用最少的触发器实现电路。

3）状态编码

状态化简得到的状态个数为 M，根据编码的规则，可以确定需要多少个触发器数目来存储（区分）这些不同的状态，并给每个状态赋予确定的触发器状态组合。

在得到最简单的状态转换图后就可以确定触发器的数目。如果设 n 为所需触发器数目，M 为所要设计逻辑电路的状态数目，由于一个触发器可以有两个稳定状态，因此，触发器数目的确定必须满足关系：

$$2^{n-1} < M \leqslant 2^n$$

在确定触发器数目后，就需要进行状态编码（状态分配）。状态编码就是为电路的每个状态确定一种触发器状态的组合。不同的状态编码方案所得到的电路的结构不同，采用一个好的编码方案能够简化电路的设计。在实际设计中，状态编码的方案一般采用便于记忆和理解的方案。方案确定后，编写编码表，也就是时序电路的状态表。

4）确定触发器类型

不同触发器的特性方程不同，由不同触发器设计出的同一逻辑电路也不同，因此需要根据题意和实际情况选择合适的触发器类型，但应该尽量减少触发器的种类。根据所选取的触发器和状态转换图写出电路的状态方程、输出方程和驱动方程。

一般不能由逻辑电路的状态表直接获得驱动方程，而是通过触发器的特性方程获得。

5）画出电路逻辑图，检查电路自启动情况

由驱动方程和输出方程画出逻辑电路图。根据需要，检查电路的自启动情况。如果不能自启动，可以更改电路以保证自启动能力。

2. 同步时序电路设计实例

【例 7.2.3】 试用上升沿触发的 D 触发器设计一个能够检测"1110"串行序列的检测电路。

解：由题意可知，电路存在一个输入信号 X 和一个输出信号 Z。输入信号 X 端为串行序列数据的输入端；输出信号 Y 端为检测输出端，这里设检测到"1110"序列信号时输出信号 Z 为"1"，否则 Z 为"0"。

（1）画出原始状态转换图。

① 设电路初始状态为 S_0（未输入一个"1"的情况）。

② S_0 状态下若输入一个"1"，则转换到新状态 S_1（电路输入一个"1"）；否则，输入"0"，维持原状态 S_0，两种情况下均输出"0"。

③ S_1 状态下若输入一个"1"，则转换到新状态 S_2（电路连续输入两个"1"）；输入"0"，返回 S_0 状态，两种情况下均输出"0"。

④ S_2 状态下若输入一个"1"，则转换到新状态 S_3（电路连续输入三个"1"）；输入"0"，返回 S_0 状态，两种情况下均输出"0"。

⑤ S_3 状态下若输入一个"1"，则维持原状态并输出"0"（电路对连续三个"1"以上的情况，只需考虑三个"1"的情况）；输入"0"，则转换到新状态 S_4 状态（电路接收到"1110"的需检测序列），电路输出"1"。

⑥ S_4 状态下，若输入一个"1"，则状态转换到 S_1（电路重新计数）；输入"0"，返回到 S_0

状态,两种情况下均输出"0"。

通过上述分析可列出原始状态转换表,如表7.2.5所示,以及原始状态转换图,如图7.2.7所示。

表 7.2.5　原始状态转换表

S^{n+1}/Z　　S^n X	S_0	S_1	S_2	S_3	S_4
0	$S_0/0$	$S_0/0$	$S_0/0$	$S_4/1$	$S_0/0$
1	$S_1/0$	$S_2/0$	$S_3/0$	$S_3/0$	$S_1/0$

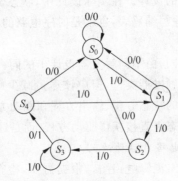

图 7.2.7　原始状态转换图

（2）进行状态化简。

观察原始状态转换表,对比各个状态下在输入作用下的状态转换情况和输出,可以看出,S_0 和 S_4 在同样输入情况下的状态转换是一样的,同时在同样输入时的输出也一样,因此这两种状态为等价状态,从而可以合并为一个状态 S_0。将原始状态表中的所有 S_4 状态都换成 S_0 状态,并且删去最后一列就是状态化简后的状态转换表,如表7.2.6所示。当然也可以列出简化后的状态转换图。

表 7.2.6　化简后的状态转换表

S^{n+1}/Z　　S^n X	S_0	S_1	S_2	S_3
0	$S_0/0$	$S_0/0$	$S_0/0$	$S_0/1$
1	$S_1/0$	$S_2/0$	$S_3/0$	$S_3/0$

（3）确定触发器数目,进行状态编码。

电路的状态数目为4个,就需要两个触发器来构成电路。设两个触发器的状态表示为 Q_2、Q_1,选定"00"、"01"、"10"、"11"分别表示 S_0、S_1、S_2、S_3,经编码后的状态转换如表7.2.7所示。

表 7.2.7 编码后的状态转换表

$Q_2^{n+1}Q_1^{n+1}/Z$ $\quad$ $Q_2^nQ_1^n$ $\quad$ X	00	01	11	10
0	00/0	00/0	00/1	00/0
1	01/0	10/0	11/0	11/0

（4）得出状态方程和输出方程。

① 分别画出输出 Z、触发器输出"次态"Q_2^{n+1} 和 Q_1^{n+1} 分解后的逻辑函数卡诺图,如图 7.2.8 所示。

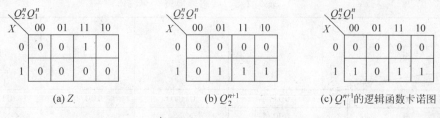

(a) Z (b) Q_2^{n+1} (c) Q_1^{n+1} 的逻辑函数卡诺图

图 7.2.8 分解后的卡诺图

② 写出输出方程和状态方程。根据图 7.2.8 合并相邻项,得出输出方程和状态方程如下:

$$Z = XQ_2Q_1$$
$$\begin{cases} Q_2^{n+1} = X \cdot (Q_2 + Q_1) \\ Q_1^{n+1} = X \cdot (Q_2 + \bar{Q}_1) \end{cases}$$

（5）得出驱动方程。

根据选用的触发器的特性状态方程,将输出方程和状态方程与 D 触发器的特性方程相比较,可以得出选用触发器的驱动方程。

由于 D 触发器的特性方程为 $Q^{n+1}=D$,可得驱动方程为

$$\begin{cases} D_2 = X \cdot (Q_2 + Q_1) \\ D_1 = X \cdot (Q_2 + \bar{Q}_1) \end{cases}$$

（6）画出逻辑电路图。

根据触发器的驱动方程和输出方程画出所要设计的逻辑电路图,如图 7.2.9 所示。

【例 7.2.4】 用下降沿触发的 JK 触发器设计一个可逆的自然序列的同步五进制计数器。

解: 由题意可知,电路需要一个计数控制信号 X 控制计数方向,设 $X=0$ 时进行加法计数,$X=1$ 时进行减法计数;输出信号 Z 为进位/借位标志。由于要求自然序列,计数有效状态为 000～100 这 5 个状态,即 $2^2 < M = 5 < 2^3$。

（1）列出电路的状态转换表。

由上述分析可知,本例需要 3 个触发器,它们为 FF3、FF2、FF1,状态分别用 Q_3、Q_2、Q_1 表示,写出状态转换表,如表 7.2.8 所示。其中,$X=0$ 时,按加法计数转换;$X=1$ 时,按减法计数转换。

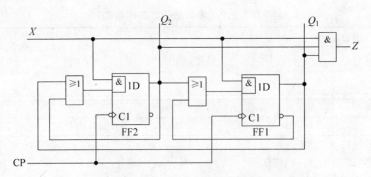

图 7.2.9　例 7.2.3 逻辑电路图

表 7.2.8　状态转换表

$Q_3^{n+1}Q_2^{n+1}Q_1^{n+1}/Z$ ＼ $Q_2^n Q_1^n$ ＼ XQ_3^n	00	01	11	10
00	001/0	010/0	100/0	011/0
01	000/1	×××/×	×××/×	×××/×
11	011/0	×××/×	×××/×	×××/×
10	100/1	000/0	010/0	001/0

（2）确定输出方程及驱动方程。

根据表 7.2.8 的状态转换表和 JK 触发器的特性表，可以列出输出信号及驱动信号的真值表，如表 7.2.9 所示。

表 7.2.9　输入及驱动信号真值表

输入	现态			次态			输出	驱动信号					
X	Q_3^n	Q_2^n	Q_1^n	Q_3^{n+1}	Q_2^{n+1}	Q_1^{n+1}	Z	J_3	K_3	J_2	K_2	J_1	K_1
0	0	0	0	0	0	1	0	0	×	0	×	1	×
0	0	0	1	0	1	0	0	0	×	1	×	×	1
0	0	1	0	0	1	1	0	0	×	×	0	1	×
0	0	1	1	1	0	0	0	1	×	×	1	×	1
0	1	0	0	0	0	0	1	×	1	0	×	0	×
1	0	0	0	1	0	0	1	1	×	0	×	0	×
1	0	0	1	0	0	0	0	0	×	0	×	×	1
1	0	1	0	0	0	1	0	0	×	×	1	1	×
1	0	1	1	0	1	0	0	0	×	×	0	×	1
1	1	0	0	0	1	1	0	×	1	1	×	1	×

根据表 7.2.9 的状态关系，可以列出输出信号及各个触发器驱动信号的逻辑函数卡诺图，如图 7.2.10 所示。根据图 7.2.10 所示的逻辑函数卡诺图，为得出输出方程和驱动方程的最简表达式而进行相邻项合并时，所有无效状态作为无关项处理。尽可能利用这些无关项合并逻辑函数卡诺图的相邻项，就可以得到触发器的驱动信号逻辑函数表达式和输出信

号的逻辑函数表达式。

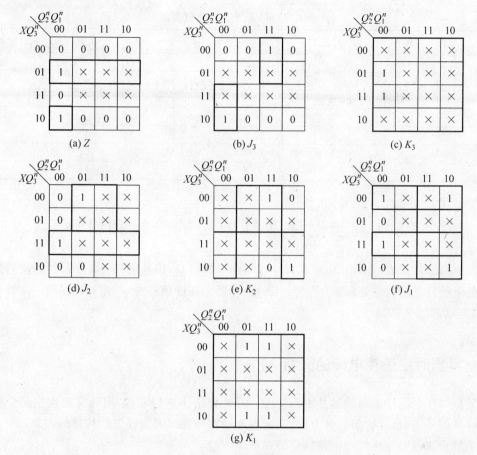

图 7.2.10 输出信号及驱动信号的卡诺图

根据输出信号函数卡诺图和触发器驱动信号函数卡诺图,合并函数卡诺图的相邻项,可以得出输出方程和触发器的驱动方程:

$$Z = \overline{X}Q_3 + X\overline{Q}_3\overline{Q}_2\overline{Q}_1$$

$$\begin{cases} J_3 = \overline{X}Q_2Q_1 + X\overline{Q}_2\overline{Q}_1 \\ K_3 = 1 \end{cases}$$

$$\begin{cases} J_2 = \overline{X}Q_1 + XQ_3 \\ K_2 = \overline{X}Q_1 + X\overline{Q}_1 \end{cases}$$

$$\begin{cases} J_1 = \overline{X\overline{Q}_3} + XQ_3 + Q_2 \\ K_1 = 1 \end{cases}$$

根据以上各式就可以画出电路图。

(3) 检查电路的自启动能力。

由输出方程和驱动方程可以得到在 101、110 和 111 这 3 种无效状态下的次态及输出的转换情况,如表 7.2.10 所示。可以看出,电路中的无效状态不能构成无效循环,因此电路可以自启动。

表 7.2.10 输出次态真值表

输入	现态			驱动信号						次态			输出
X	Q_3^n	Q_2^n	Q_1^n	J_3	K_3	J_2	K_2	J_1	K_1	Q_3^{n+1}	Q_2^{n+1}	Q_1^{n+1}	Z
0	1	0	1	0	1	1	1	0	1	0	1	0	1
0	1	1	0	0	1	0	0	1	1	0	1	1	1
0	1	1	1	1	1	1	1	1	1	0	0	0	1
1	1	0	1	0	1	1	1	0	1	0	0	0	0
1	1	1	0	0	1	1	1	1	1	0	0	1	0
1	1	1	1	0	1	1	0	1	1	0	1	0	0

7.3 异步时序逻辑电路的分析和设计

在异步时序逻辑电路中,由于不存在统一的时钟信号,因此进行分析和设计时就特别要注意各个触发器的状态变化时序关系。另外,在输入新的信号前,一定要确保前一次输入的响应完全结束。

7.3.1 异步时序逻辑电路的分析

异步时序电路中的触发器并不都在同一时钟作用下进行动作,因此需要确定每个触发器的时钟信号,列出相应的时钟方程,判断各个触发器在何时能够进行状态的改变。下面通过一个例子来说明异步时序电路的分析过程。

【例 7.3.1】 分析图 7.3.1 所示的异步时序电路,说明时序电路的逻辑功能,列出时序电路的状态转换表,并且画出其时序图。

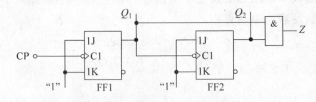

图 7.3.1 例 7.3.1 逻辑电路图

解:从图中可以看出,各触发器为下降沿触发的 JK 触发器,电路中不存在外部输入,有一个外部输出。

(1)写出时钟方程(时钟脉冲 CP 的下降沿触发 FF1,Q_1 下降沿触发 FF2)。

$$\begin{cases} CP_1 = CP \downarrow \\ CP_2 = Q_1 \downarrow \end{cases}$$

(2)写出驱动方程。

方法和同步时序逻辑电路一样,根据异步时序逻辑电路的组合结构进行编写(FF1 和

FF2 都接成 T′ 触发器)。

$$\begin{cases} J_1 = 1 \\ K_1 = 1 \end{cases} \qquad \begin{cases} J_2 = 1 \\ K_2 = 1 \end{cases}$$

(3) 编写触发器的状态方程。

将触发器的驱动方程代入到触发器的特性方程 $Q^{n+1} = J \cdot \bar{Q}^n + \bar{K} \cdot Q^n$，然后进行整理，即可得出触发器的输出状态方程($Q_1$ 在 CP 下降沿到来时发生状态翻转，Q_2 在 Q_1 产生下降沿时发生翻转，Q_2 的状态变化总在 Q_1 之后)：

$$\begin{cases} Q_1^{n+1} = \bar{Q}_1 \\ Q_2^{n+1} = \bar{Q}_2 \end{cases}$$

(4) 写出输出方程。

输出方程也是根据时序逻辑电路的组合关系进行编写的：

$$Z = Q_1 Q_2$$

(5) 列出电路的状态表。

异步时序电路状态转换表的编写方法和同步时序电路状态转换表的编写方法基本一样，但需要注意触发器的状态转换顺序。表 7.3.1 列出了本例的状态转换表。在这里，当 CP 的下降沿到来时，Q_1 首先发生翻转，若 Q_1 此时由"1"变成"0"则产生了下降沿，从而触发 Q_2 翻转，否则 Q_2 不发生变化。因此 Q_2 的状态改变总比 Q_1 要滞后一个触发器的传输延迟时间 t_{pd}，整个电路状态的稳定需要经过两个触发器的传输延迟时间。

表 7.3.1　例 7.3.1 状态转换表

Q_2^n	Q_1^n	$CP_1 = CP \downarrow$	$CP_2 = Q_1^n \downarrow$	Q_2^{n+1}	Q_1^{n+1}	Z
0	0	↓	0	0	1	0
0	1	↓	↓	1	0	0
1	0	↓	0	1	1	0
1	1	↓	↓	0	0	1

(6) 画出电路时序图。

画电路时序图时，根据状态转换表，逐个时序脉冲信号进行。如图 7.3.2 所示的时序图是图 7.3.1 异步时序逻辑电路的时序图，注意 Q_2 输出的改变比 Q_1 要滞后一个 t_{pd}。

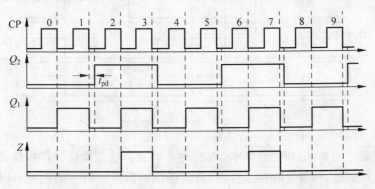

图 7.3.2　例 7.3.1 时序图

(7) 分析电路功能。

通过上面分析可知：电路为一个模数为 4(四进制)的加法计数器，Z 为计数器的进位输出信号。

7.3.2 异步时序逻辑电路的设计

异步时序电路设计和同步时序电路设计的最大不同也在于，异步时序电路需要为每个触发器设计相应的时钟输入。

【例 7.3.2】 利用下降沿触发的 JK 触发器设计一个自然序列的五进制计数器。

解： 由题意可知，电路中的状态转换情况已经确定了，因此可以列出状态转换表。

(1) 列出状态转换表。

本例状态转换表如表 7.3.2 所示。

表 7.3.2 例 7.3.1 状态转换表

时钟脉冲	Q_3	Q_2	Q_1	Z
0	0	0	0	0
1	0	0	1	0
2	0	1	0	0
3	0	1	1	0
4	1	0	0	1
5	0	0	0	0

(2) 选择时钟。

为了更好地观察电路的时序情况，可以画出电路时序图，这里根据题意选定时钟脉冲信号的下降沿触发的触发器，如图 7.3.3 所示。

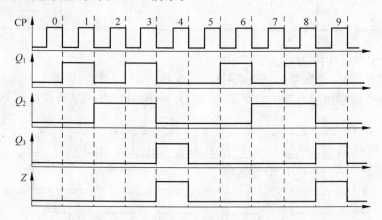

图 7.3.3 例 7.3.2 时序图

选取时钟信号的基本原则为：首先，保证每个触发器状态翻转时存在触发时钟；其次，在触发器不进行翻转时，触发时钟越少越好，最低位的触发时钟一般用外部时钟 CP 信号，高位的时钟通常用低位的输出，条件是高位的每次翻转出现在低位输出的每个下降沿(选用下降沿触发的触发器）。从电路时序图和状态表可以看出，Q_1 翻转最为频繁，在 5 个时钟脉冲信号的下降沿，有 4 次发生了翻转，因而外部时钟 CP 作为 Q_1 的触发时钟脉冲；在输出信号 Q_1 的下降沿，Q_2 总是发生了翻转，从而选取 Q_1 作为 Q_2 的触发脉冲；Q_3 的翻转未能出现在 Q_2 的每一次翻转，选取外部时钟 CP 作为 Q_3 的触发脉冲。

（3）得到状态方程和输出方程。

为了得到电路的状态方程和输出方程，必须画出电路的输出信号逻辑函数的"次态卡诺图"，如图 7.3.4 所示。其中不包含在有效状态中的"次态"输出作任意项处理。

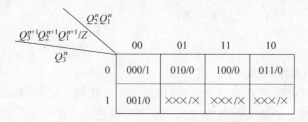

图 7.3.4 例 7.3.2 的输出"次态"逻辑函数卡诺图

接下来，画出 Q_3、Q_2、Q_1 和 Z 等信号逻辑函数的分解卡诺图。进行分解时需要注意，对于任何一个触发器来说，若在某次状态转换过程中，该触发器无时钟信号触发，其对应的"次态"以任意项处理。以 Q_2 为例，当电路状态为 000、010、100 时，Q_2 的时钟信号 Q_1 没有产生下降沿，其输入为任何值时对该触发器无影响，因而在这 3 种状态下的"次态"可以作为任意项处理，结果如图 7.3.5 所示。

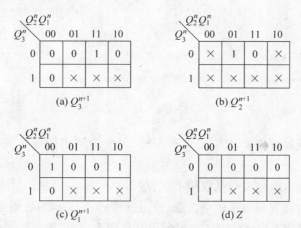

图 7.3.5 例 7.3.2 分解的逻辑电路输出"次态"逻辑函数卡诺图

根据图 7.3.5 的"次态"逻辑函数卡诺图，合并相邻项，并加以整理得到状态方程和输出方程为

$$Z = Q_3$$
$$\begin{cases} Q_3^{n+1} = Q_2 Q_1 \cdot \bar{Q}_3 \\ Q_2^{n+1} = \bar{Q}_2 \\ Q_1^{n+1} = \bar{Q}_3 \cdot \bar{Q}_1 \end{cases}$$

（4）得到驱动方程。

利用触发器的输出方程，将输出状态方程与 JK 触发器的 $Q^{n+1}=J \cdot \bar{Q}^n + \bar{K} \cdot Q^n$ 特性方程相比较，推导出触发器的驱动方程：

$$\begin{cases} J_3 = Q_2 Q_1 \\ K_3 = 1 \end{cases}$$

$$\begin{cases} J_2 = 1 \\ K_2 = 1 \end{cases}$$

$$\begin{cases} J_1 = \bar{Q}_3 \\ K_1 = 1 \end{cases}$$

（5）画出完整的状态转换图。

将触发器每一种可能的输出组合当成"现态"，代入状态方程和输出方程，检验工作主循环及 101、110、111 这 3 种无效状态的"次态"是否能够进入主循环。同时也可以得到电路完整的状态转换图，如图 7.3.6 所示，从中判断电路能够自启动。

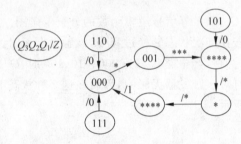

图 7.3.6　例 7.3.2 状态转换图

本章小结

时序逻辑电路根据触发器动作方式的不同，可分为同步时序电路和异步时序电路两大类。

时序电路的描述方法主要包括逻辑方程、状态转换表（状态表）、状态转换图（状态图）和时序图（波形图）。逻辑方程包括驱动方程、输出方程和状态方程，它们是分析时序逻辑电路的基础；将这些方程代入输入状态和触发器所有可能组合的"现态"，可以列出状态转换表，利用状态转换表的结果，可以画出状态转换图及时序图。推算状态转换表时，同步时序电路可以直接计算，而异步时序电路还要注意触发时钟脉冲的有效性。

时序逻辑电路的主要功能是计数器功能（n 进制、加法、减法计数）、序列脉冲检测功能和序列脉冲产生等。

按输出信号与输入信号关系区分时序电路，有米利（Mealy）型和摩尔（Moore）型两种。在米利型电路中，输出信号由存储电路的状态和输入信号来决定；在摩尔型电路中，输出信号仅取决于存储电路的状态。

时序逻辑电路的设计是时序逻辑电路分析的反向过程。逻辑抽象做出初始状态转换图、状态化简、状态编码、确定触发器类型、画出电路逻辑图是时序逻辑电路设计的主要步骤。逻辑抽象做出初始状态转换图,是解决问题的切入点;状态化简是技巧问题,只有两个输入一致输出一致且相同"次态"转换的状态才能合并;状态编码所需要数码的位数 n 就是所需要触发器的个数,并按 $2^{n-1} < M < 2^n$ 的原则确定;确定触发器类型之后,就可以根据状态编码(状态转换表)推导出驱动方程和输出方程;最后根据得到的驱动方程和输出方程画出所设计的逻辑电路。

对于异步时序电路,除了了解一般的设计原则之外,与同步电路设计的主要区别是时钟信号的确定。确定时钟脉冲的方法是,低位触发器的输出的每个下降沿(选用下降沿触发的触发器,反之若选用上升沿触发器,则为每个触发器输出的上升沿,如果采用 $\overline{Q}$ 端的输出,则情况正好相反)都引起高位触发器发生翻转,则可以将低位触发器的输出用作高位触发器的时钟脉冲信号;否则,只能用外来时钟脉冲信号作为触发器的时钟信号;最低位触发器的时钟脉冲信号通常用外来时钟脉冲信号。

本章习题

题 7.1 某时序电路的状态转换表如表 P7.1 所示,电路中所用触发器为上升沿触发。若输入信号波形如图 P7.1 所示,设电路初始状态为 00,请画出输出 Z 的波形。

表 P7.1

$Q_2^{n+1}Q_1^{n+1}/Z$ \\ $Q_2^n Q_1^n$ X	00	01	11	10
0	01/0	10/1	00/0	00/1
1	00/1	11/0	01/1	00/1

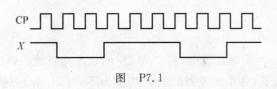

图 P7.1

题 7.2 异步时序电路如图 P7.2。试分析此电路,写出时钟方程、驱动方程和状态方程,并画出状态转换表和状态转换图。

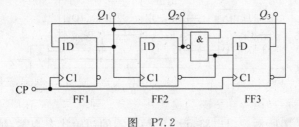

图 P7.2

题 7.3 逻辑电路如图 P7.3 所示。请写出此电路的驱动方程和状态方程,并画出状态转换表和状态转换图,最后分析该电路功能。

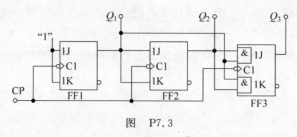

图 P7.3

题 7.4 电路如图 P7.4 所示。请写出此电路的输出方程、驱动方程和状态方程,并画出状态转换表和状态转换图。

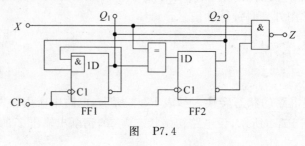

图 P7.4

题 7.5 分析图 P7.5 所示电路,写出驱动方程、状态方程和输出方程,并画出输出 Y 和 Z 在一系列时钟作用下的时序图。

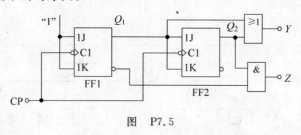

图 P7.5

题 7.6 如图 P7.6 所示计数器中,若 $Q_3Q_2Q_1$ 的状态按自然二进制数编码,分析该电路的逻辑功能是什么计数器(各个触发器的初始状态为零,写出驱动方程、状态方程和输出方程,并画出状态转换图)?

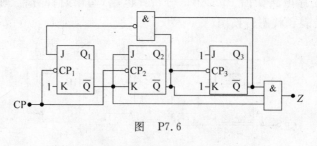

图 P7.6

题 7.7 如图 P7.7 所示逻辑电路,设 JK 触发器的初始状态为零,画出在 8 个 CP 脉冲信号作用下 Z 端输出信号的波形,并对电路各部分的功能作必要的说明。

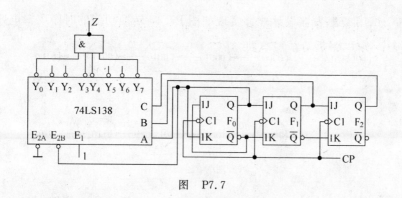

图 P7.7

题 7.8 边沿 JK 触发器和边沿 D 触发器构成的时序电路和对应的时钟脉冲 CP 波形图如图 P7.8 所示,画出 Q_1 和 Q_0 的波形。其中,R_D 是异步复位输入端。

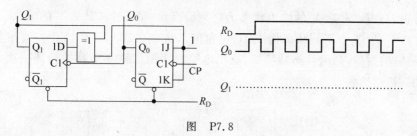

图 P7.8

题 7.9 试用 JK 触发器设计一个自然序列的同步十一进制计数器。

题 7.10 试用 D 触发器设计一个同步的五进制计数器。

题 7.11 设计一个满足图 P7.11 所示的状态转换图的同步时序电路。

题 7.12 试用 JK 触发器设计一个检测串行序列"1101"的时序电路。

题 7.13 试用 JK 触发器设计一个自然序列的异步七进制计数器。

题 7.14 试用 D 触发器设计一个自然序列的异步六进制计数器。

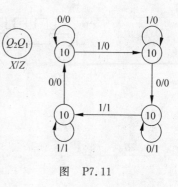

图 P7.11

题 7.15 试用 JK 触发器设计能够实现如图 P7.15 所示的转换功能的时序逻辑电路。

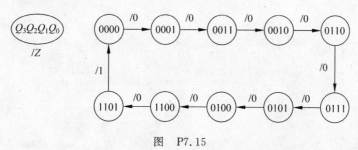

图 P7.15

题 7.16 试用 D 触发器设计能够实现如图 P7.16 转换功能的时序逻辑电路。

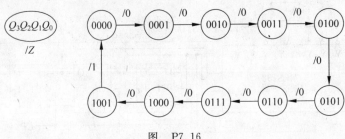

图 P7.16

题 7.17 逻辑电路如图 P7.17(a)所示,试分析其逻辑功能。若 X 端输入的串行码序列为 $(3B59)_H = \{0011,1011,0101,1001\}_B$,其时序图如图 P7.17(b)所示,那么 Y 端输出序列 $\{\ \}_H$ 是什么?

[{注:第 16 个 CP 后 Y 的输出状态为序列最高位,第 1 个 CP 后 Y 的输出状态为序列最低位,这样 Y 的 16 个不同状态构成 16 位自然二进制数序列 $\}_B = \{\ \}_H$]。写出驱动方程、状态方程和输出方程,列出状态转换表,画出电路时序图(每 16 个脉冲循环一次,触发器为主从型触发器,初始状态为 0)。

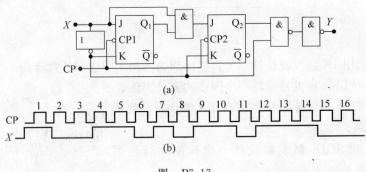

图 P7.17

第8章

常用时序集成器件

主要内容：本章主要介绍在计算机和其他数字系统中广泛应用的两种时序集成器件——计数器、寄存器和移位寄存器及其相关的集成芯片。计数器的基本功能是统计时钟脉冲的个数，即对脉冲实现计数操作，也可以作为对脉冲信号实现分频、定时、脉冲节拍产生器使用。寄存器的逻辑功能是存储或传输数据信息或相类似的其他信息，也就是完成二进制数码的寄存、移位、传输的操作。

8.1 计 数 器

计数器是数字系统中使用较多的一种时序逻辑器件。计数器的基本功能是统计时钟脉冲的个数，即对脉冲实现计数操作。计数器也可以作为分频、定时、脉冲节拍产生器和脉冲序列产生器使用。计算机中的时序发生器、分频器、指令计数器等都是采用计数器构成的。

计数器的种类可以根据不同的方式进行划分。

(1) 根据触发器的 CP 时序，可以分为同步计数器和异步计数器。

- 同步计数器：构成计数器的所有触发器的时钟脉冲信号采用同一个外加的时钟脉冲。属于第 7 章所述的同步时序电路。因此，分析方法与第 7 章所述的同步时序电路分析方法相同。

- 异步计数器：构成计数器的触发器时钟脉冲信号部分采用构成计数器触发器的输出，部分采用外加的时钟脉冲。属于第 7 章所述的异步时序电路。因此，分析方法与第 7 章所述的异步时序电路相同。

(2) 根据计数器的进位和计数过程的编码方式不同，可以分为二进制计数器、十进制进制计数器、十六进制计数器，以及 BCD 码计数器、循环码计数器等。

(3) 根据计数过程是递增还是递减的情况，可分为加法计数器和减法计数器。若一个计数器既能实现递增也能实现递减计数，这种计数器称为可逆计数器。

- 递增计数器：也称加法计数器，计数过程从小到大，每个脉冲加 1 递增计数。例如 4 位自然二进制加法计数器，计数过程为 0000→0001→0010→…→1111→0000。

- 递减计数器：也称减法计数器，计数过程从大到小，每个脉冲减 1 递减计数。例如 4 位自然二进制减法计数器，计数过程为 0000→1111→1110→…→0001→0000。

- 可逆计数器：具有能够实现递增过程计数功能也可以实现递减过程计数功能的计数器。

1. 二进制异步计数器

1）二进制异步加法计数器

用 JK 触发器构成的 3 位二进制异步加法计数器的逻辑电路如图 8.1.1 所示。分析逻辑电路的电路连接可以看出，每个触发器的驱动端的输入信号为其自身的输出信号，即 $K = Q, J = \bar{Q}$。根据 JK 触发器的特性方程，可以导出每个触发器的状态方程为

$$Q_i^{n+1} = \bar{Q}_i^n$$

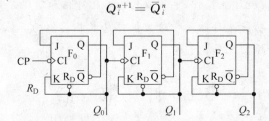

图 8.1.1　3 位二进制异步加法计数器的逻辑电路

该表达式说明，每个触发器驱动端的电路连接实现计数工作状态，即触发器的每一个输入时钟脉冲，都使触发器发生一次翻转；低 1 位的 Q 输出信号是高 1 位的时钟脉冲 CP 信号。只有在低 1 位 Q 端输出由"1"跳变为"0"时，高 1 位才产生翻转。最低位的时钟脉冲信号 $CP_0 = CP$（外部时钟脉冲信号），所以最低位触发器每个外加 CP 脉冲翻转一次。故这种计数器的计数过程时序图如图 8.1.2 所示，图中虚线部分考虑了触发器动作的延时。从虚线部分可以看出，Q_0、Q_1、Q_2 的脉冲时序不是同步翻转的。例如，在第二脉冲中，Q_0 首先由"1"变为"0"，延时一个触发器的平均延迟时间，即 $1t_{pd}$，而后 Q_1 延迟 $2t_{pd}$ 翻转。又如在第四个 CP 脉冲中，Q_0 延迟 $1t_{pd}$ 翻转，Q_1 延迟 $2t_{pd}$ 翻转，Q_2 延迟 $3t_{pd}$ 翻转。由于各个触发器的状态变化不在同一时刻发生，因此称该计数器为异步计数器。这种计数器的最高位状态变化延迟时间等于计数器的位数 n 乘以触发器的传输延迟时间 t_{pd}，即 $T_{total} = n \cdot t_{pd}$。这样，对于 n 位计数器，时钟脉冲低电平脉冲宽度大于 $n \cdot t_{pd}$ 才可以达到工作要求，所以计数速度随着计数器位数的增加而下降。

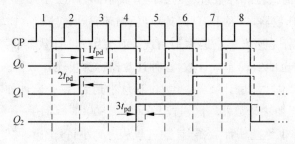

图 8.1.2　图 8.1.1 逻辑电路的时序图

按照低位触发器的输出用作高位的时钟脉冲信号这一思维方式连接，可以构成 n 位二进制异步加法计数器。

根据电路的时序图可以画出电路的状态转换图,如图 8.1.3 所示。从图中可以看出,该计数器的计数过程是递增的,而且经历过 8 个时钟脉冲之后,又从"000"开始,故也可以称为八进制计数器。电路中未画出进位信号的输出,若要将图 8.1.1 所示的 3 位二进制计数器用作八进制计数器使用,进位信号:$C_o = Q_2 Q_1 Q_0$,只要增加一个与门实现 $C_o = Q_2 Q_1 Q_0$ 与逻辑运算的进位输出即可。

2)二进制异步减法计数器

用 JK 触发器构成的 3 位二进制异步减法计数器逻辑电路如图 8.1.4 所示。电路中的每个触发器驱动端的输入信号连接与图 8.1.1 的电路连接相同。所以,每个触发器的状态方程为

$$Q_i^{n+1} = \bar{Q}_i^n$$

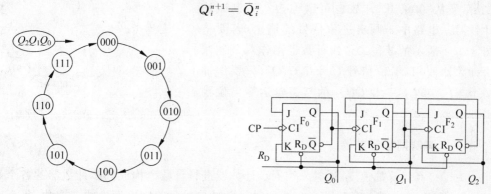

图 8.1.3　3 位二进制减法计数器的状态图　　　图 8.1.4　3 位二进制减法异步计数器逻辑电路

同异步加法计数器一样,该表达式说明,每个触发器驱动端的电路连接实现计数工作状态,即触发器的每一个输入时钟脉冲,都使触发器发生一次翻转;低 1 位的 $\bar{Q}$ 输出信号是高 1 位的时钟脉冲 CP 信号。只有在低 1 位 $\bar{Q}$ 端输出由"1"跳变为"0"时,高 1 位才产生翻转。因为最低位的时钟脉冲信号 $CP_0 = CP$(外部时钟脉冲信号),所以该触发器将每个 CP 脉冲翻转一次。因此这种计数器的计数过程时序图如图 8.1.5 所示,图中虚线部分考虑了触发器动作的延时。与加法计数器不同的是,在第一个外加时钟脉冲中,由于所有的触发器的 Q 端输出的初始"现态"均为"0",但 $\bar{Q}$ 端输出为"1",因此在外加 CP 脉冲作用下,首先是 Q_0 跳变"1",同时 $\bar{Q}_0$ 由"1"跳变为 0,"$\bar{Q}_0$"端的输出跳变使 Q_1 跳变为"1",同样,触发器 FF_1 的 $\bar{Q}_1$ 端的跳变使 Q_2 的输出跳变为"1",所以第一个外加时钟脉冲的作用下,输出结果为"111"。可以看出,与加法异步计数器相同,Q_0、Q_1、Q_2 的脉冲时序不是同步翻转。在第一个脉冲中,Q_0 首先由"1"变为"0",延时一个触发器的平均延迟时间,即 $1t_{pd}$,而后 Q_1 延迟 $2t_{pd}$ 翻转,

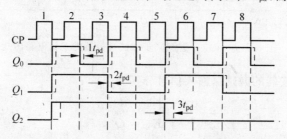

图 8.1.5　用 JK 触发器构成的 3 位二进制减法器的时序图

同理 Q_2 延迟 $3t_{pd}$ 翻转。显然,这种计数器的最高位触发器状态变化延迟的时间等于计数器的位数 n 乘以触发器的传输延迟时间 t_{pd},即 $T_{total} = n \cdot t_{pd}$。这就要求计算器的时钟脉冲(低电平)宽度要大于 $n \cdot t_{pd}$ 才可以达到工作要求,所以计数速度随着计数器位数的增加而下降。

按照低位触发器的输出作为高位的时钟脉冲信号这一思维方式连接,可以构成 n 位二进制异步减法计数器。

根据电路的时序图可以画出电路的状态转换图,如图 8.1.6 所示。从图中可以看出,该计数器的计数过程是递减的,而且经历过 8 个时钟脉冲之后,又从"000"开始,故也可以称为八进制减法计数器。电路中未画出进位信号的输出,若要将图 8.1.4 所示的 3 位二进制计数器用作八进制减法计数器使用,借位信号 $C_o = \bar{Q}_2 \bar{Q}_1 \bar{Q}_0$,只要增加一个与门实现 $C_o = \bar{Q}_2 \bar{Q}_1 \bar{Q}_0$ 的与逻辑运算借位输出即可。

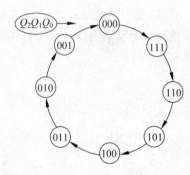

图 8.1.6　3 位二进制减法计数器的状态图

2. 二进制同步计数器

为了提高运算的速度,通常采用同步计数器进行计数。构成同步计数器的各个触发器时钟脉冲 CP 输入端并联到同一个外加时钟脉冲信号。若输出发生状态变化,每个触发器将根据输入的组合和逻辑要求在同一时刻发生翻转,不存在延时情况。同步计数器也称为并行计数器。

1) 二进制加法计数器

如图 8.1.7 所示是用 JK 触发器构成的 4 位二进制同步加法计数器的逻辑电路图。该电路也可以构成一个 1 位十六进制加法计数器的基本单元电路。当将图 8.1.7 所示的时序逻辑电路作为 1 位十六进制加法计数器单元电路时,应该增加进位信号的产生电路,进位信号 $C_o = Q_3 Q_2 Q_1 Q_0$。

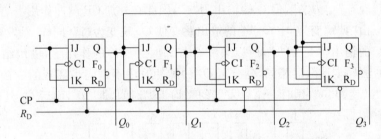

图 8.1.7　4 位二进制同步加法计数器的逻辑电路图

图中各个 JK 触发器的激励端输入信号分别为

$$J_0 = K_0 = 1$$
$$J_1 = K_1 = Q_0^n,$$
$$J_2 = K_2 = Q_0^n Q_1^n$$

$$J_3 = K_3 = Q_0^n Q_1^n Q_2^n$$

将这些输入驱动信号的逻辑函数关系代入 JK 触发器的特性方程可以导出触发器的状态方程：

$$
\begin{cases}
Q_0^{n+1} = \bar{Q}_0^n \\
Q_1^{n+1} = Q_0^n \oplus Q_1^n \\
Q_2^{n+1} = (Q_0^n Q_1^n) \oplus Q_2^n \\
Q_2^{n+1} = (Q_0^n Q_1^n Q_2^n) \oplus Q_3^n
\end{cases}
$$

根据触发器的状态方程可以列出电路的状态转换表，如表 8.1.1 所示。

表 8.1.1　4 位加法计数器的状态转换表

时钟	现　　态				次　　态			
CP	Q_3^n	Q_2^n	Q_1^n	Q_0^n	Q_3^{n+1}	Q_2^{n+1}	Q_1^{n+1}	Q_0^{n+1}
0	0	0	0	0	0	0	0	1
1	0	0	0	1	0	0	1	0
2	0	0	1	0	0	0	1	1
3	0	0	1	1	0	1	0	0
4	0	1	0	0	0	1	0	1
5	0	1	0	1	0	1	1	0
6	0	1	1	0	0	1	1	1
7	0	1	1	1	1	0	0	0
8	1	0	0	0	1	0	0	1
9	1	0	0	1	1	0	1	0
10	1	0	1	0	1	0	1	1
11	1	0	1	1	1	1	0	0
12	1	1	0	0	1	1	0	1
13	1	1	0	1	1	1	1	0
14	1	1	1	0	1	1	1	1
15	1	1	1	1	0	0	0	0

状态转换表也可以根据 JK 触发器的逻辑功能获得。由于各个触发器的 JK 端输入信号相同，并且只有等于"1"时，触发器才发生翻转；否则，将保持原来的状态。因此，对于第一个触发器 Q_0^n 输出，每 1 个触发脉冲将产生一次翻转，即发生 0→1→0→1…变化。对于第二个触发器，$Q_0^n = 1$ 时将产生一次翻转，即每 2 个 CP 脉冲产生一次翻转。对于第三个触发器，Q_0^n、Q_1^n 输出 1 时将产生一次翻转，即每 4 个触发脉冲将产生一次翻转。对于第四个触发器，Q_0^n、Q_1^n、Q_2^n 输出 1 时将产生一次翻转，即每 8 个触发脉冲将产生一次翻转。从表 8.1.1 中可以得到，这种计数器的计数过程为

$$0000 \rightarrow 0001 \rightarrow 0010 \rightarrow 0011 \rightarrow 0100 \rightarrow 0101 \rightarrow 0110 \rightarrow 0111 \rightarrow 1000$$
$$\rightarrow 1001 \rightarrow 1010 \rightarrow 1011 \rightarrow 1100 \rightarrow 1101 \rightarrow 1110 \rightarrow 1111 \rightarrow 0000$$

显然计数过程为递增过程，即加法计数过程。

4 位同步加法计数器的时序图如图 8.1.8 所示。从图中可以看出,每个触发器的状态变化都是在时钟脉冲下降沿发生的。时钟脉冲低电平脉冲宽度大于 $1t_{pd}$ 就可以达到工作要求,所以计数速度可以得到提高。

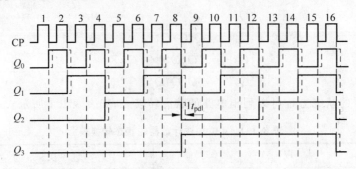

图 8.1.8　4 位同步加法计数器的时序图

2) 二进制减法计数器

如图 8.1.9 所示是用 JK 触发器构成的 4 位二进制同步减法计数器的逻辑电路图,该电路也可以构成一个 1 位十六进制减法计数器的基本单元电路。当将其作为 1 位十六进制减法计数器单元电路时,应增加借位信号的产生电路,借位信号 $C_o = \bar{Q}_3\bar{Q}_2\bar{Q}_1\bar{Q}_0$,所以只要增加一个与门就可以实现。

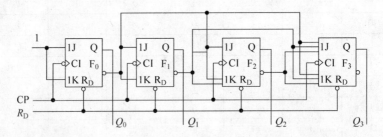

图 8.1.9　4 位二进制同步减法计数器的逻辑电路图

图中各个 JK 触发器的激励端输入信号分别为

$$J_0 = K_0 = 1$$
$$J_1 = K_1 = \bar{Q}_0^n$$
$$J_2 = K_2 = \bar{Q}_0^n\bar{Q}_1^n$$
$$J_3 = K_3 = \bar{Q}_0^n\bar{Q}_1^n\bar{Q}_2^n$$

将这些驱动端输入信的逻辑函数关系代入 JK 触发器的特性方程可以导出触发器的状态方程为

$$\begin{cases} Q_0^{n+1} = \bar{Q}_0^n \\ Q_1^{n+1} = \bar{Q}_0^n \oplus Q_1^n \\ Q_2^{n+1} = (\bar{Q}_0^n\bar{Q}_1^n) \oplus Q_2^n \\ Q_3^{n+1} = (\bar{Q}_0^n\bar{Q}_1^n\bar{Q}_2^n) \oplus Q_3^n \end{cases}$$

根据触发器的状态方程可以列出电路的状态转换表,如表 8.1.2 所示。

表 8.1.2 4位减法计数器的状态转换表

时钟	现 态				次 态			
CP	Q_3^n	Q_2^n	Q_1^n	Q_0^n	Q_3^{n+1}	Q_2^{n+1}	Q_1^{n+1}	Q_0^{n+1}
0	0	0	0	0	1	1	1	1
1	1	1	1	1	1	1	1	0
2	1	1	1	0	1	1	0	1
3	1	1	0	1	1	1	0	0
4	1	1	0	0	1	0	1	1
5	1	0	1	1	1	0	1	0
6	1	0	1	0	1	0	0	1
7	1	0	0	1	1	0	0	0
8	1	0	0	0	0	1	1	1
9	0	1	1	1	0	1	1	0
10	0	1	1	0	0	1	0	1
11	0	1	0	1	0	1	0	0
12	0	1	0	0	0	0	1	1
13	0	0	1	1	0	0	1	0
14	0	0	1	0	0	0	0	1
15	0	0	0	1	0	0	0	0

同样,状态转换表也可以根据 JK 触发器的逻辑功能得到。从表 8.1.2 得到,这种计数器的计数过程为

$$0000 \rightarrow 1111 \rightarrow 1110 \rightarrow 1101 \rightarrow 1100 \rightarrow 1011 \rightarrow 1010 \rightarrow 1001 \rightarrow 1000$$
$$\rightarrow 0111 \rightarrow 0110 \rightarrow 0101 \rightarrow 0100 \rightarrow 0011 \rightarrow 0010 \rightarrow 0001 \rightarrow 0000$$

显然计数过程为递减过程,即减法计数过程。

4 位同步减法计数器的时序图如图 8.1.10 所示。从图中可以看出,每个触发器的状态变化都在时钟脉冲信号的下降沿发生。

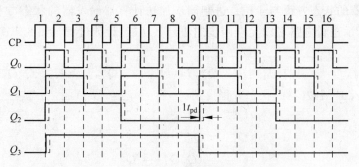

图 8.1.10 4位同步减法计数器的时序图

3) 二进制同步可逆计数器

4 位二进制同步可逆计数器的逻辑电路图如图 8.1.11 所示,它利用加、减控制信号 X 的不同输入状态,实现同步加法计数器和同步减法计数器两种功能。当 $X=1$ 时,实现加法计数过程;当 $X=0$ 时,实现减法计数过程。

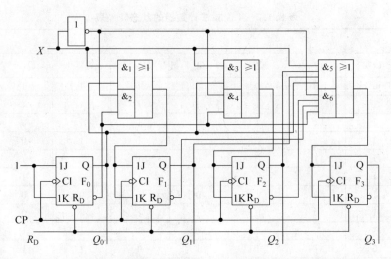

图 8.1.11　4 位二进制同步可逆(加法或减法)计数器的逻辑电路图

各个触发器的驱动端输入信号分别为

$$
\begin{cases}
J_0 = K_0 = 1 \\
J_1 = K_1 = X Q_0^n + \bar{X} \cdot \bar{Q}_0^n \\
J_2 = K_2 = X Q_0^n Q_1^n + \bar{X} \cdot \bar{Q}_0^n \bar{Q}_1^n \\
J_3 = K_3 = X Q_0^n Q_1^n Q_2^n + \bar{X} \cdot \bar{Q}_0^n \bar{Q}_1^n \bar{Q}_2^n
\end{cases}
$$

当 $X=1$ 时，$J_0 = K_0 = 1$，$J_1 = K_1 = Q_0^n$，$J_2 = K_2 = Q_0^n Q_1^n$，$J_3 = K_3 = Q_0^n Q_1^n Q_2^n$。将这些驱动端输入信的逻辑函数关系代入 JK 触发器的特性方程可以导出触发器的状态方程：

$$
\begin{cases}
Q_0^{n+1} = \bar{Q}_0^n \\
Q_1^{n+1} = Q_0^n \oplus Q_1^n \\
Q_2^{n+1} = (Q_0^n Q_1^n) \oplus Q_2^n \\
Q_2^{n+1} = (Q_0^n Q_1^n Q_2^n) \oplus Q_3^n
\end{cases}
$$

此时触发器的状态方程与 4 位二进制同步加法计算器触发器的状态方程完全相同，说明图 8.1.11 所示逻辑电路可以实现同步加法计数功能，计数过程与图 8.1.7 所示的 4 位加法计数器一样。

当 $X=0$ 时，$J_0 = K_0 = 1$，$J_1 = K_1 = \bar{Q}_0^n$，$J_2 = K_2 = \bar{Q}_0^n \bar{Q}_1^n$，$J_3 = K_3 = \bar{Q}_0^n \bar{Q}_1^n \bar{Q}_2^n$。将这些输入函数关系代入 JK 触发器的状态方程得到：

$$
\begin{cases}
Q_0^{n+1} = \bar{Q}_0^n \\
Q_1^{n+1} = \bar{Q}_0^n \oplus Q_1^n \\
Q_2^{n+1} = (\bar{Q}_0^n \bar{Q}_1^n) \oplus Q_2^n \\
Q_2^{n+1} = (\bar{Q}_0^n \bar{Q}_1^n \bar{Q}_2^n) \oplus Q_3^n
\end{cases}
$$

同样地，图 8.1.11 所示逻辑电路也可以实现同步减法计数功能。计数过程与图 8.1.9 所示的 4 位减法计数器完全一样。

由于图 8.1.11 所示逻辑电路，既可以实现加法计数，也可以实现减法计数逻辑功能，因此称其为可逆计数器。

8.1.2 非二进制计数器

非二进制计数器可以实现各种不同进制的计数过程。所谓 N 进制计数器,是指一个计数器的计数过程中,在经历 CP 脉冲信号的个数为 N 之后,各个触发器的输出状态又重新回到起始的状态。通常讲的 N 进制计数器包括八进制计数器、十六进制计数器、十进制计数器,以及与十进制相关联的五进制计数器。

1. 十进制计数器

用 D 触发器及门电路组合构成的 1 位十进制计数器的逻辑电路图如图 8.1.12 所示,R_D 为清零输入端,输入低电平时进行清零操作。

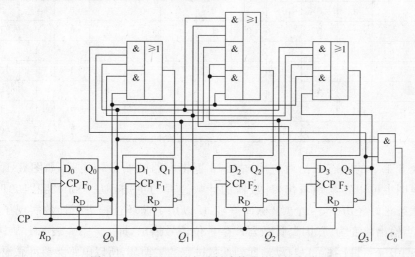

图 8.1.12 BCD 码十进制计数器的逻辑电路图

各个触发器的输入驱动信号分别为

$$\begin{cases} D_0 = \bar{Q}_0^n \\ D_1 = Q_1^n \bar{Q}_0^n + \bar{Q}_3^n \bar{Q}_1^n Q_0^n \\ D_2 = Q_2^n \bar{Q}_1^n + Q_2^n \bar{Q}_0^n + \bar{Q}_2^n Q_1^n Q_0^n \\ D_3 = Q_3^n \bar{Q}_0^n + Q_2^n Q_1^n Q_0^n \end{cases}$$

计数器的进位信号 $C_o = Q_3 Q_0$。

将驱动端输入信的逻辑函数关系代入 D 触发器的特性方程可以导出触发器的状态方程:

$$\begin{cases} Q_0^{n+1} = \bar{Q}_0^n \\ Q_1^{n+1} = Q_1^n \bar{Q}_0^n + \bar{Q}_3^n \bar{Q}_1^n Q_0^n \\ Q_2^{n+1} = Q_2^n \bar{Q}_1^n + Q_2^n \bar{Q}_0^n + \bar{Q}_2^n Q_1^n Q_0^n \\ Q_3^{n+1} = Q_3^n \bar{Q}_0^n + Q_2^n Q_1^n Q_0^n \end{cases}$$

根据计数器的状态方程可以列出图 8.1.12 所示逻辑电路的激励输入状态和触发器的状态转换表,如表 8.1.3 所示。表中有 6 个状态 1010～1111 是无用的组合。

表 8.1.3　BCD 码十进制计数器状态转换表

计数脉冲 CP 顺序	触发器的现态输出				触发器的次态输出				激励输入信号			
	Q_3^n	Q_2^n	Q_1^n	Q_0^n	Q_3^{n+1}	Q_2^{n+1}	Q_1^{n+1}	Q_0^{n+1}	D_3	D_2	D_1	D_0
1	0	0	0	0	0	0	0	1	0	0	0	1
2	0	0	0	1	0	0	1	0	0	0	1	0
3	0	0	1	0	0	0	1	1	0	0	1	1
4	0	0	1	1	0	1	0	0	0	1	0	0
5	0	1	0	0	0	1	0	1	0	1	0	1
6	0	1	0	1	0	1	1	0	0	1	1	0
7	0	1	1	0	0	1	1	1	0	1	1	1
8	0	1	1	1	1	0	0	0	1	0	0	0
9	1	0	0	0	1	0	0	1	1	0	0	1
10	1	0	0	1	0	0	0	0	0	0	0	0
1	1	0	1	0	1	0	1	1	1	0	1	1
2	1	0	1	1	0	1	0	0	0	1	0	0
1	1	1	0	0	1	1	0	1	1	1	0	1
2	1	1	0	1	0	1	0	0	0	1	0	0
1	1	1	1	0	1	1	1	1	1	1	1	1
2	1	1	1	1	1	0	0	0	1	0	0	0

　　根据表 8.1.3 的状态画出对应图 8.1.12 逻辑电路的状态转换图，如图 8.1.13 所示。从状态转换图中可以容易地看出，计数器的计数过程的主循环从"0000"到"1001"，再回到"0000"的状态正好经历了 10 个 CP 脉冲信号，所以用主循环过程进行计数实现了十进制的计数功能，当输出跳变为"1001"，计数器产生进位信号输出，即 $C_o=1$。表 8.1.3 中的 6 个无用组合状态 1010~1111 都可以自动地回到计数过程的主循环，所以电路能够可靠地工作。

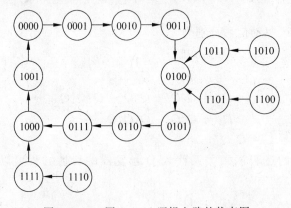

图 8.1.13　图 8.1.12 逻辑电路的状态图

　　对于非二进制计数器，如果模数用 M 表示，构成计数器的触发器个数用 n 表示，由于模数 $M < N = 2^n$，因此必定存在无用的无关状态，且个数为 $N-M$。检验计数器能否自启动或可否正常工作，必须将所有这些无关的状态都进行检验，看其能否进入主循环状态，若能，则电路能够进行自启动或能正常工作；否则就不能。

如果进行逻辑电路设计,可以将这些无用的无关状态,当成无关项处理。因此,根据表 8.1.3 对驱动方程进行化简时,化简用的逻辑函数卡诺图如图 8.1.14 所示。

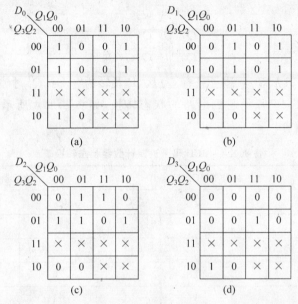

图 8.1.14 逻辑设计时对驱动方程进行化简卡诺图

合并逻辑函数卡诺图中的相邻项,从而化简逻辑函数,可得

$$\begin{cases} D_0 = \bar{Q}_0^n \\ D_1 = Q_1^n\bar{Q}_0^n + \bar{Q}_3^n\bar{Q}_1^nQ_0^n \\ D_2 = Q_2^n\bar{Q}_1^n + Q_2^n\bar{Q}_0^n + \bar{Q}_2^nQ_1^nQ_0^n \\ D_3 = Q_3^n\bar{Q}_0^n + Q_2^nQ_1^nQ_0^n \end{cases}$$

在第 10 章中,使用可编程逻辑器件 PLD 芯片配置十进制计数器时,就需要这种逆向的思维方式。

2.五进制计数器

用后边沿 JK 触发器构成的异步五进制计数器的逻辑电路图如图 8.1.15 所示。其中,R_D 为清零输入端,输入低电平时进行清零操作;CP 为计数脉冲输入信号;FF₀ 与 FF₂ 的出发脉冲使用外加的计数脉冲信号,属于同步工作情况;FF₁ 的出发脉冲使用 FF₀ 的输出信号 Q_0,属于异步工作情况。

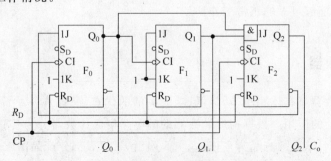

图 8.1.15 异步五进制计数器的逻辑电路图

各个触发器的激励信号分别为 $J_0=\bar{Q}_2^n,K_0=1$；$J_1=K_1=1$；$J_2=Q_0^nQ_1^n,K_2=1$。将驱动信号的逻辑函数式代入 JK 触发器的特性方程，可以得到状态方程：

$$\begin{cases} Q_0^{n+1}=\bar{Q}_2^n\bar{Q}_0^n \\ Q_1^{n+1}=\bar{Q}_1^n \\ Q_2^{n+1}=\bar{Q}_2^nQ_1^nQ_0^n \end{cases}$$

根据触发器的状态方程，并注意只有 Q_0 从"1"跳转为"0"时，Q_1 才发生变化的异步工作特点，可以列出图 8.1.15 所示逻辑电路的状态转换，如表 8.1.4 所示。表中有 3 个状态 101~111 是无用的组合。

表 8.1.4　BCD 码十进制计数器状态转换表

计数脉冲 CP 顺序	触发器的现态输出			触发器的次态输出		
	Q_2^n	Q_1^n	Q_0^n	Q_2^{n+1}	Q_1^{n+1}	Q_0^{n+1}
1	0	0	0	0	0	1
2	0	0	1	0	1	0
3	0	1	0	0	1	1
4	0	1	1	1	0	0
5	1	0	0	0	0	0
	1	0	1	0	1	0
	1	1	0	0	1	0
	1	1	1	0	0	0

根据表 8.1.4 的状态画出对应图 8.1.15 逻辑电路的状态转换，如图 8.1.16 所示。从图中可以看出，计数器的计数过程的主循环从"000"到"100"，再回到"000"的状态正好经历了 5 个 CP 脉冲信号，所以用这一循环过程进行计数，实现了五进制的计数，当输出跳变为"100"，计数器产生进位信号输出，进位信号 $C_0=Q_2$。表 8.1.4 中的 3 个无用组合状态 101~111，都可以自动地回到技术过程的主循环计数过程，所以电路能够可靠的正常工作。

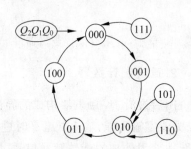

图 8.1.16　异步五进制计数器的状态图

8.1.3　集成计数器

因为集成计数器具有体积小、功耗低、功能灵活的优点，所以在一些简单的小型数字系统中仍然有着广泛的应用。根据构成计数器的门电路集成计数器分为 TTL 型和 CMOS 型两大类，TTL 以 74LS 系列产品为主，表 8.1.5 列出了 TTL 部分产品的工作模式；表 8.1.6 列出了 CMOS 型的部分产品的工作模式。

表 8.1.5 74LS 部分产品的工作模式

CP脉冲的引入方式	型号	计数模式	清零方式	预置数的方式
同步	74LS161	4 位二进制加法	异步(低电平)	同步
	74LS191	单时钟 4 位二进制可逆	无	异步
	74LS193	双时钟 4 位二进制可逆	异步(高电平)	异步
	74LS160	十进制加法	异步(低电平)	同步
	74LS190	十进制可逆	无	异步
	74LS192	双时钟十进制可逆	异步(高电平)	异步
异步	74LS293	双时钟 4 位二进制加法	异步(低电平)	无
	74LS290(90)	二-五-十进制加法	异步(低电平)	异步

表 8.1.6 CMOS 部分产品的工作模式

CP脉冲的引入方式	型号	计数模式	清零方式	预置数的方式
同步	40192	双时钟十进制可逆	异步(高电平)	异步(低电平)
	40193	双时钟 4 位二进制可逆	异步(高电平)	异步(低电平)
	4510	单时钟十进制可逆	异步(高电平)	异步(低电平)
异步	4534	实时五-十进制计数		

1. 集成计数器芯片 74LS161 的功能

集成 74LS161 是 4 位二进制同步加法计数器,为 16 脚双列直插式标准封装,如图 8.1.17 所示。其中,R_D 端为异步清零端,低电平有效;L_D 输入端为同步预置数控制端,低电平有效;预置数数据输入端包括 D_3、D_2、D_1 和 D_0,D_3 为最高位,D_0 为最低位;EP 和 ET 为使能(高电平有效)输入端;进位输出端(高电平有效)$C_o = ETQ_3Q_2Q_1Q_0$;计数结果从 Q_3、Q_2、Q_1、Q_0 等端输出,Q_3 为最高位,Q_0 为最低位。C_o 输出信号可以作为高 4 位计数器的 CP 脉冲使用,以实现多位数的计数过程。其逻辑功能如表 8.1.7 所示。表中"↑"表示时钟脉冲的上升沿,即计数时钟脉冲上升沿触发。

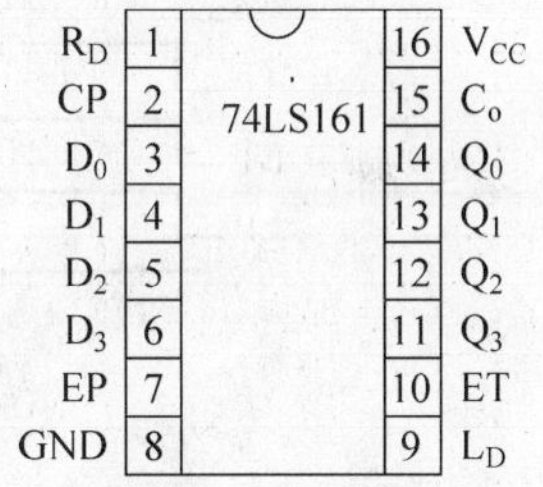

图 8.1.17 74LS161 集成计数器的引脚图

表 8.1.7 74LS161 集成计数器的逻辑功能表

清零	预置	使能		时钟	预置数据输入				数据输出			
R_D	L_D	EP	ET	CP	D_3	D_2	D_1	D_0	Q_3	Q_2	Q_1	Q_0
L	×	×	×	×	×	×	×	×	L	L	L	L
H	L	×	×	↑	D	C	B	A	D	C	B	A
H	H	L	×	×	×	×	×	×	保			持
H	H	×	L	×	×	×	×	×	保			持
H	H	H	H	↑	×	×	×	×	计			数

关于 74LS161 芯片逻辑功能表的说明如下。

（1）异步清零：当 $R_D = 0$ 时，不管其他输入端的状态如何，C_o、Q_3、Q_2、Q_1 和 Q_0 均为低电平，即 0。

（2）同步预置数：当 $R_D = 1$，$L_D = 0$ 时，在 CP 的上升沿置入数据 $D_3 D_2 D_1 D_0$，预置数的结果 $Q_3 = D_3$，$Q_2 = D_2$，$Q_1 = D_1$，$Q_0 = D_0$。

（3）保持：当 $R_D = 1$，$L_D = 1$ 时，使能输入 $ET \cdot EP = 0$，不管其他各个输入端的状态如何，输出状态保持不变。要特别指出的是，$ET = 1$，$EP = 0$，C_o 保持不变；$ET = 0$，$EP = 1$，$C_o = 0$。

（4）计数工作状态：当 $R_D = L_D = ET = EP = 1$ 时，74LS161 处于计数状态，其状态为 4 位自然二进制数的计数过程。计数状态达到"1111"输出状态时，进位输出 $C_o = 1$，产生进位信号输出，所以也可以将 74LS161 认为是十六进制计数器。

从表 8.1.7 可以看出，不管是加法计数过程还是预置数，都是在计数时钟脉冲上升沿触发的。

如图 8.1.18 所示是 74LS161 正常计数的时序图。当进行正常计数时，该计数器以 4 位自然二进制数进行计数。

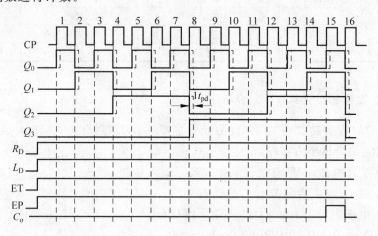

图 8.1.18　74LS161 正常计数的时序图

计数前进行清零。R_D 端加一个清零负脉冲信号，使各个触发器的输出均为"0"。计数器在计数脉冲的作用下，从"0000"开始递增计数，至输出为"1111"，即发生第十五个计数脉冲时，计数器产生进位信号输出，C_o 由"0"跳变为"1"，维持一个计数脉冲周期时间，所以进位信号是提前一个脉冲周期产生的。发生第十六个计数脉冲后，计数器的输出又回到"0000"输出状态。

根据需要，在清零后，可以对计数器进行预置数操作。对各个触发器的初始状态进行预置数可以改变计数器的计数进制。如图 8.1.19(b) 所示，用计数器最高位的输出 Q_3 作为预置数控制端 L_D 的输入信号，对预置数输入端进行预置，使 $D_3 D_2 D_1 D_0 = 1011$，则在触发时钟脉冲的作用下，计数器的计数过程为

$$0000 \rightarrow 1011 \rightarrow 1100 \rightarrow 1101 \rightarrow 1110 \rightarrow 1111(C_o = 1) \rightarrow 0000(L_D = 0)$$

此时，计数器将以六进制进行计数。显然，可以用预置数方式改变集成计数器的计数进制（模数 M）。集成计数器 74LS161 的逻辑电路符号如图 8.1.19(a) 所示。

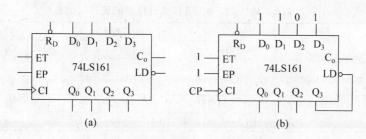

图 8.1.19 74LS161 集成计数器的逻辑电路符号图及用预置数接成六进制计数器的电路图

2. 集成芯片 40192 和 40193 集成计数器的逻辑功能

集成计数器 40192 和 40193 的外部封装形式相同,为 16 脚双列直插式标准封装,如图 8.1.20 所示。两种集成芯片都具有可逆计数功能,40192 是十进制计数器,40193 是 4 位二进制计数器。40192 和 40193 的集成计数器的逻辑符号如图 8.1.21 所示。图中,R_D 端是异步清零端,高电平有效;L_D 输入端是异步预置数控制端,低电平有效;预置数数据输入端包括 D_3、D_2、D_1 和 D_0,D_3 为最高位,D_0 为最低位;C_o 端是进位输出端(低电平有效)(40192:$\overline{C}_o = Q_3 Q_0 CP_U$;40193:

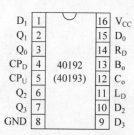

图 8.1.20 40192 和 40193 集成计数器的引脚图

$\overline{C}_o = Q_3 Q_2 Q_1 Q_0 CP_U$);借位输出端(低电平有效)输出信号 $\overline{B}_o = \overline{Q}_3^n \overline{Q}_2^n \overline{Q}_1^n \overline{Q}_0^n CP_D$;计数结果从 Q_3、Q_2、Q_1 和 Q_0 端输出,Q_3 为最高位,Q_0 为最低位。B_o、C_o 输出信号可以作为高 4 位计数器的 CP 脉冲使用,以实现多位数的计数过程。当计数时钟脉冲从 CP_U 输入时,集成芯片实现加法计数过程,计数过程为 $0000 \sim 1001 \to 0000$(40192)和 $0000 \sim 1111 \to 0000$(40193);当计数时钟脉冲从 CP_D 输入时,集成芯片实现减法计数过程,计数过程为 $0000 \to 1001 \sim 0001 \to 0000$(40192)和 $0000 \to 1111 \sim 0001 \to 0000$(40193)。

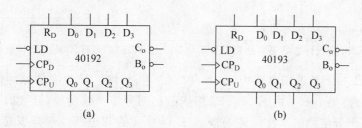

图 8.1.21 40192 和 40193 集成计数器的逻辑符号

40192 和 40193 集成计数器的逻辑功能如表 8.1.8 所示。表中"↑"表示时钟脉冲的上升沿。从表中可以看出,不管是加法计数过程,还是减法计数过程,都是在计数时钟脉冲上升沿触发的。

表 8.1.8　40192 和 40193 集成计数器的逻辑功能表

清零	预置	使能		预置数据输入				数据输出			
R_D	L_D	CP_U	CP_D	D_3	D_2	D_1	D_0	Q_3	Q_2	Q_1	Q_0
H	×	×	×	×	×	×	×	L	L	L	L
L	L	×	×	D	C	B	A	D	C	B	A
L	H	↑	H	×	×	×	×	加法计数			
L	H	H	↑	×	×	×	×	减法计数			

3. 集成计数器 74LS290 的逻辑功能

集成计数器 74LS290 的内部逻辑电路如图 8.1.22 所示。集成芯片的封装采用双列直插式 14 脚标准封装,如图 8.1.23 所示。集成计数器 74LS290 的逻辑符号如图 8.1.24 所示。

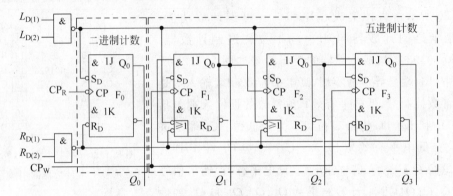

图 8.1.22　异步二-五-十进制计数器 74LS290 逻辑电路图

图 8.1.23　74LS290 集成计数器引脚分布图

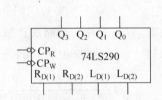

图 8.1.24　74LS290 集成计数器的逻辑符号

在图 8.1.22 所示的逻辑电路中,由 F_0 构成二进制计数,计数时钟脉冲信号由 CP_R 端输入,计数过程为 0→1→0;由 F_1、F_2、F_3 构成五进制异步计数功能,计数时钟脉冲信号从 CP_W 端输入,这部分电路的工作原理与图 8.1.15 所示逻辑电路——异步五进制计数器完全一样,计数过程为 000→001～100→000。若将图 8.1.22 中的 Q_0 输出端接到 CP_W 时钟信号输入端,外加计数时钟脉冲信号从 CP_R 端输入,则整个电路构成 BCD 码十进制异步计数器,计数过程为 0000→0001～1001→0000,输出 Q_3 为最高位,Q_0 为最低位。所以电路称为二-五-十进制计数器。由于触发器采用后边沿 JK 触发器,因此计数过程在时钟脉冲的下降沿触发。

$R_{D(1)}$ 和 $R_{D(2)}$ 为异步清零信号输入端,当两端同时输入为高电平($L_{D(1)}$ 和 $L_{D(2)}$ 端必须有一端输入低电平)时,进行清零操作;两端中只要有一端输入低电平时,可进行计数操作。

$L_{D(1)}$ 和 $L_{D(2)}$ 为异步预置数控制信号输入端,当两端同时输入为高电平($R_{D(1)}$ 和 $R_{D(2)}$ 端必须有一端输入低电平)时,进行预置数操作,预置数 $Q_3Q_2Q_1Q_0 = 1001$。$L_{D(1)}$ 和 $L_{D(2)}$ 两端中只要有一端输入低电平时,就可进行计数操作。

若进行扩展时,低位的进位信号 $C_o = Q_3Q_0$ 可以作为高位计数器的时钟脉冲信号。

表 8.1.9 列出了 74LS290 集成计数器的逻辑功能表。表中"↓"表示时钟脉冲的下降沿。从表中可以看出,74LS290 进行计数操作时,应该使输入信号 $L_{D(1)} \cdot L_{D(2)} = 0$,$R_{D(1)} \cdot R_{D(2)} = 0$。

表 8.1.9　74LS290 集成计数器的功能

复位输入		置位输入		时钟 CP	数据输出			
$R_{D(1)}$	$R_{D(2)}$	$L_{D(1)}$	$L_{D(2)}$		Q_3	Q_2	Q_1	Q_0
H	H	L	×	×	L	L	L	L
H	H	×	L	×	L	L	L	L
×	L	H	H	×	H	L	L	H
L	×	H	H	×	H	L	L	H
L	×	L	×	↓	计			数
L	×	×	L	↓	计			数
×	L	L	×	↓	计			数
×	L	×	L	↓	计			数

8.1.4　集成计数器的应用

集成计数器主要作为分频、定时、计时和脉冲节拍产生器等使用。

1. 用集成计数器构成任意进制计数器

用集成计数器构成任意进制的计数器,具体方法包括反馈清零法、反馈"置数法"和反馈"置零法"。

1) 反馈清零法

由于大部分集成计数器的清零端具有异步清零功能,因此可以用反馈清零设计任意进制(M 进制)计数器。若为加法计数过程,只要在第"M"个计数时钟脉冲作用后,将计数器输出 Q 端等于"1"的各个输出量相与(高电平清零)或相与非(低电平清零)的输出作为清零的控制信号反馈到清零输入端 R_D 端,就可以实现清零;若为减法计数过程,则计数器输出 Q 端等于"1"输出变量用原变量表示,输出为"0"的输出变量用反变量表示,用相与(高电平清零)或相与非(低电平清零)的输出作为清零的控制信号反馈到清零输入端 R_D 端,就可以实现清零。

4 位二进制集成计数器的第"M"个计数时钟脉冲作用后的输出状态,在加法计数过程中等于 M,在减法计数过程中等于 $(1111-M)+1$。例如,4 位二进制集成计数器第六个时钟脉冲作用后的输出 (Q_3, Q_2, Q_1, Q_0) 为 0110,减法计数过程第六个时钟脉冲作用后的输出为 $1111-0110+1=1010$。用 4 位二进制集成计数器构成六进制计数器时,清零端的输入信号 $R_D = Q_2Q_1$(加法计数,清零信号高电平有效)或 $R_D = \overline{Q_2Q_1}$(加法计数,清零信号低电平有效)和 $R_D = Q_3\bar{Q_2}Q_1\bar{Q_0}$(减法计数,清零信号高电平有效)或 $R_D = \overline{Q_3\bar{Q_2}Q_1\bar{Q_0}}$(减法计数,清零信号低电平有效)。

2) 反馈"置零法"

对于具有异步控制功能的集成计数器,用反馈预置数法,可以构成任意进制(M 进制)计数器。加入到预制数控制端 L_D 端的信号与反馈清零法相同,数据输入端 $D_3D_2D_1D_0$ 的输入预置数等于"0000"。若集成计数器的预置数控制端的控制功能是同步控制,控制信号必须提前一个时钟脉冲产生,所以输出的状态应采用第($M-1$)个时钟脉冲作用下的输出,信号的处理与反馈清零法相同。

3) 反馈"预置数法"

反馈预置数法的 L_D 端控制信号由计数器的进位端 C_o 端(加法),或 B_o 端(减法输出"0000"时产生借位信号)产生。预置数从 $D_3D_2D_1D_0$ 输入,同步预置功能的预置数为($1111-M$)$+1$(加法) 或($M-1$)(减法);异步预置数据为($1111-M$)(加法)或 M(减法)。如九进制加法计数,同步预置控制功能的预置数据为 $D_3D_2D_1D_0 = 0111$,即第八个 CP 作用后,产生预置数信号,第九个 CP 时预置数为 0111;异步预置数据为 0110。又如九进制减法计数,同步预置控制功能的预置数据为 $1001-1=1000$,计数过程为 $1000 \rightarrow 0111_1 \rightarrow 0110_2 \rightarrow 0101_3 \rightarrow 0100_4 \rightarrow 0011_5 \rightarrow 0010_6 \rightarrow 0001_7 \rightarrow 0000_8 \rightarrow 1000_9$;异步预置数据为 1001,计数过程为 $1001 \rightarrow 1000_1 \rightarrow 0111_2 \rightarrow 0110_3 \rightarrow 0101_4 \rightarrow 0100_5 \rightarrow 0011_6 \rightarrow 0010_7 \rightarrow 0001_8 \rightarrow (0000)1000_9$,下标数字表示第几个时钟脉冲作用后的输出情况。若 L_D 端输入控制信号不用 C_o 或 B_o 端的输出信号,而改用计数器 $Q_3 \sim Q_0$ 端输出信号进行组合(相与、与非、或、或非等)后的信号,则应按计数过程推算得出结论。

【例 8.1.1】 试用 40193 芯片组成 12 进制加法计数器。

解:(1)反馈清零法

集成计数器 40193 为双向 4 位二进制计数器,具有异步清零控制和异步预置数控制功能。采用反馈清零法,在第十二个计数时钟脉冲作用后,计数器的输出状态应该回到初始计数状态,即"0000"。从"0000"开始采用加法计数,第十二脉冲作用后计数器的输出状态应为"1100",所以清零端的输入信号 $R_D = Q_3Q_2$。进位信号应提前一个时钟脉冲产生,即第十一个时钟脉冲作用后的输出状态为"1011",所以 $C_o = Q_3Q_1Q_0$。这样,用 40193 构成 12 进制加法计数器的逻辑电路如图 8.1.25 所示,其主循环状态转换图如图 8.1.26 所示。

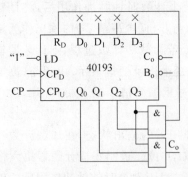

图 8.1.25　40193 芯片用反馈清零构成十二
进制计数器的逻辑电路图

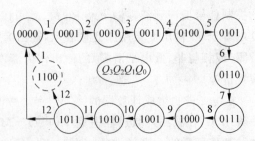

图 8.1.26　用反馈清零法将 40193 接成十二
进制计数器的主循环状态转换图

如图 8.1.27 所示是用 40193 构成十二进制计数器的时序图。从时序图中可以看出，"1100"的状态只是瞬间出现，由于与非门的延时很短，因此"1100"输出状态的维持时间约为触发器的 $1t_{pd}$ 时间，清零信号也只维持触发器的 $1t_{pd}$ 时间。第十二个计数时钟脉冲作用后，计数器的输出状态应回到初始计数状态，所以计数过程是十二进制计数。其次，进位端的输出每隔 12 个计数时钟脉冲变化一次，所以，变化频率是时钟脉冲的十二分之一，即 12 分频。

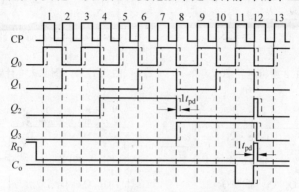

图 8.1.27　用 40193 构成十二进制计数器的时序图

（2）反馈预置数法

用反馈预置数法将 40193 接成十二进制计数器的逻辑电路如图 8.1.28 所示，置入的数据等于 1111－1100＝0011。电路的计数过程状态转换图如图 8.1.29 所示。

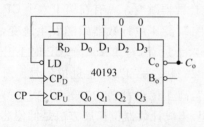

图 8.1.28　用反馈预置数法将 40193 接成
十二进制计数器的逻辑电路图

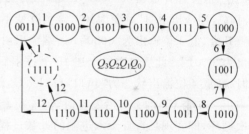

图 8.1.29　用 40193 芯片组成十二进制计数器
的状态转换图（反馈置数）

【例 8.1.2】　试用 74LS161 芯片构成 M 进制加法计数器，逻辑电路如图 8.1.30 所示，试分析 M 值大小。

解：集成计数器 74LS161 的逻辑功能包括加法计数器、异步清零和同步预置数。在图 8.1.30 中，预置数为"0010"。电路在计数脉冲的作用下，计数过程如图 8.1.31 所示。计数到输出状态为"1100"时，输出预置数控制信号（低电平有效）。由于集成计数器 74LS16为同步预置数，预置数控制信号必须在下一个时钟脉冲才产生效用。电路的计数过程，从"0010"到"1100"再回到"0010"的状态，一共经历 11 个时钟脉冲，所以图 8.1.30 所示逻辑电路为十一进制计数器，即 $M＝11$。

【例 8.1.3】　使用两片 40193 芯片构成二百五十六进制计数器（4 位计数器扩展 8 位数计数器）。

解：用两片 40193 芯片构成二百五十六进制计数器的逻辑电路如图 8.1.32 所示。由于 40193 集成芯片没有使能控制输入端，只能采用异步形式连接。计数时钟脉冲从低 4 位

计数器的 CP_U 端输入,高 4 位的计数时钟脉冲使用低 4 位计数器 C_o 端输出的进位信号。

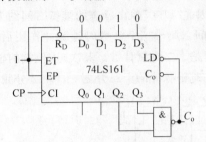

图 8.1.30 例 8.1.2 逻辑电路图

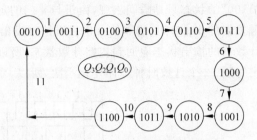

图 8.1.31 例 8.1.2 计数器的状态转换图

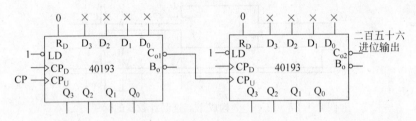

图 8.1.32 例 8.1.2 的逻辑电路

电路工作前先进行清零操作,使计数器输出为"0000,0000"状态。在计数时钟脉冲的作用下,低 4 位计数器从"0000"开始计数。到第十五个时钟脉冲作用后,低 4 位计数到"1111"时,C_{o1} 端输出由"1"跳变为"0",该负跳变不会使高 4 位计数器跳变。只有在第十六个 CP 的上升沿,低 4 位输出为"0000",C_{o1} 端输出由"0"跳变为"1",高 4 位计数器跟随发生跳变,输出为"0001"。此后又重复上述 15 个过程后,进入第十六个过程,至第 255 个 CP 时上升沿时,高低 4 位输出状态为"1111,1111",C_{o2} 端的输出由"1"跳变为"0",产生进位信号。所以当第 256 个 CP 的上升沿发生时,低 4 位翻转为"0000",高 4 位也翻转为"0000",实现第一次循环,即实现二百五十六进制的计数过程。本例说明,集成计数器位扩展方法是低位芯片的进位输出作为高一位芯片的时钟脉冲信号使用。

2. 分频、定时和计时使用

1) 分频

分频就是将计数输入时钟脉冲信号的频率分成其他频率时钟信号。按二进制计数的计数器,从低位到高位的 Q 端输出,可以实现对计数时钟信号的频率按 2^n 分频,周期为 $2^n T_{CP}$。对于 N 进制的计数过程,通过进位信号可以实现对计数时钟信号的频率按 N 分频。例如,将 10MHz 的高频时钟脉冲信号,通过计数器对其进行 10^4 分频后,可以得到 1ms 周期的时钟脉冲,这一频率信号可以作为毫秒级的计时时钟脉冲信号。以此类推,1ms 周期的时钟脉冲,经过 10^3 分频,可以得到 1s 周期的时钟脉冲等,这些是数字计时器的基本频率信号的获得方法。

2) 定时

在控制系统中,经常需要进行定时控制,利用计数器的分频功能,定时控制是容易做到的。例如,将控制对象的采样信号用作计数器的时钟脉冲信号,若信号周期为 T_{CP},对于 N 进制的计数器,可以获得 $N \cdot T_{CP}$ 时间长度的定时信号。

3）计时

对高频时钟信号逐次分频,将 1s 周期的时钟脉冲信号进行 60 分频,得到 1min 周期的时钟脉冲信号。再经过 60 分频,得到 1h 周期的时钟脉冲信号。用单位时间 ms、s、min、h 的周期信号做计数器的时钟脉冲信号,增加译码显示器,就构成了一个完整的计时器。

【例 8.1.4】　使用两片 74LS192 芯片及译码显示器芯片构成 24 小时计时显示电路。

解：连接的逻辑电路如图 8.1.33 所示。两片十进制计数器 74LS192 芯片接成二十四进制计数器,计数器的时钟脉冲信号周期为 1h。两片七段显示译码器芯片 7448 与七段数字显示器组成译码显示电路。BCD 码七段显示器采用共阴极连接。

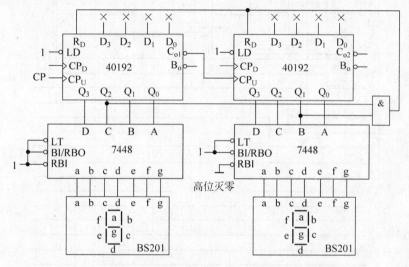

图 8.1.33　数字电子钟的计数、译码和显示电路

3. 顺序脉冲产生器

顺序脉冲产生器,就是能够依次产生同样脉冲宽度信号输出的逻辑电路。利用计数器与译码器组合能够产生顺序脉冲。如图 8.1.34 所示逻辑电路是用 4 位集成计数器 40193 和译码器 74LS138 构成的顺序脉冲产生器逻辑电路。

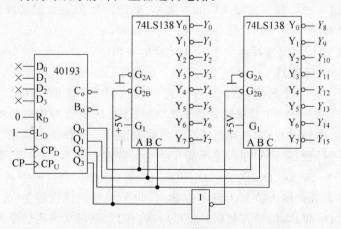

图 8.1.34　顺序脉冲发生的器的逻辑电路

在图 8.1.34 中,计数器 40193 的 R_D 端输入低电平,L_D 端输入高电平,外加时钟脉冲信号从 CP_U 端输入,实现计数过程按 4 位二进制加法计数进行,输出 $Q_3Q_2Q_1Q_0$ 从"0000"到"1111"循环变化。用两片 74LS138 扩展成 4 输入 16 输出的译码电路,对 $Q_3Q_2Q_1Q_0$ 的输出状态译码。当计数器输出 $Q_3Q_2Q_1Q_0$ 从"0000"到"1111"变化时,译码电路依次从 $Y_0 \sim Y_{15}$ 输出一个脉宽为一个计数时钟脉冲周期的低电平信号,实现顺序脉冲的产生。输出时序图如图 8.1.35 所示。

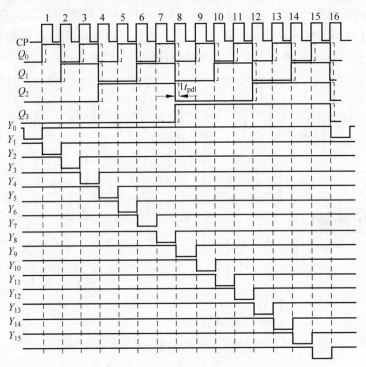

图 8.1.35　顺序脉冲产生器的时序图

4. 序列信号发生器

数字系统中,某一组特定的串行数字信号,通常称为序列信号,能够产生序列信号的逻辑电路称为序列信号产生器。比较简单的方法是,采用计数器与数据选择器构成序列信号产生器。例如,希望产生一个 16 位的系列信号"0000,1011,0110,0111",用 4 位计数器 40193 型芯片和 8 选 1 数据选择器 74LS151 构成的逻辑电路如图 8.1.36 所示。

在图 8.1.36 中,计数器 40193 的 R_D 端输入低电平,L_D 端输入高电平,外加时钟脉冲信号从 CP_U 端输入,实现计数过程按 4 位二进制加法计数,输出 $Q_3Q_2Q_1Q_0$ 从"0000"到"1111"循环变化。两片 8 选 1 数据选择器 74LS151 组成 16 选 1 数据选择器,其中(Ⅰ)的芯片实现低 8 位数据选择,(Ⅱ)的芯片完成高 8 位数据选择。选择的结果由 Y 端输出。当计数器从"0000"开始计数到"1000"时,选择低 8 位输入数据送到 Y 端输出,即 Y 端输出依次等于(Ⅰ)芯片的 D_0、D_1、D_2、D_3、D_4、D_5、D_6 和 D_7 的输入数据。当计数器从"1000"开始计数到"1111"时,选择高 8 位输入数据送到 Y 端输出,即 Y 端输出依次等于(Ⅱ)芯片的 D_8、D_9、D_{10}、D_{11}、D_{12}、D_{13}、D_{14} 和 D_{15} 的输入数据。将最后输出的数据定义为高位序列数据,最初输出的数据定义为最低位数据,根据图 8.1.36 的电路连接,输出系列为"0000,1011,0110,

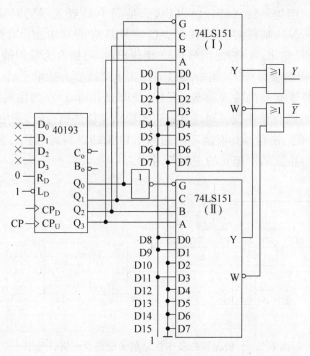

图 8.1.36　顺序脉冲发生器的逻辑电路

0111"。若计数器的输入时钟脉冲信号是连续的信号,则输出序列信号每隔 16 个计数时钟脉冲信号循环一次。

8.2　锁存器和移位寄存器

　　锁存器也称寄存器,通常是计算机和数字电子系统中用于存储二进制代码等运算数据的一种逻辑器件。仅有并行输入、输出数据功能的寄存器习惯称为锁存器;具有串行输入、输出数据功能的,或者同时具有串行和并行输入、输出数据功能的寄存器称为移位寄存器。移位寄存器也称串行输入寄存器,这种寄存器根据存入数据的移动方向,又分为右移位寄存器和左移位寄存器。同时具有右移位和左移位存入功能的寄存器称为双向移位寄存器或可逆寄存器。移位寄存器根据输出方式不同,有串行输出移位寄存器和并行输出移位寄存器。

8.2.1　锁存器

1. 集成锁存器的基本单元电路

　　锁存器是仅用于存储二进制代码的逻辑部件。若在 CP 信号作用下,其存储数码的存储时间是一个时钟脉冲周期。触发器是构成存储器的主要逻辑部件,每个触发器可以存储一位二进制数码。因此,要存储 n 位二进制数码,必须用触发器个数为 n 的存储器。

　　集成锁存器的基本存储单元电路是同步 D 触发器,如图 8.2.1 所示。其中,D 端是数据输入端；G 端是使能信号输入端，也可以认为是同步 D 触发器的时钟脉冲信号输入端；R_D 端是清零信号输入端，集成锁存器只有少量型号具有清零功能。存储的数据可以从 Q 端输出，也可以从 $\overline{Q}$ 端输出。当输出信号从 $\overline{Q}$ 端输出时，习惯称为反相输出。在使能 G 端输入高电平的情况下，输出端 $Q=D$。在 G 端输入由高电平跳变为低电平后，Q 端输出状态将保持在 G 端输入状态跳变前 D 的输入状态。所以，实际操作时，D 端的输入数据应在使能 G 端输入高电平时，输入状态保持不变。对于具有三态输出功能的锁存器，采用三态或门构成。

图 8.2.1(b)所示是锁存器具有清零功能基本单元的逻辑符号图。图 8.2.1(c)所示是锁存器具有三态输出功能基本单元的逻辑符号图。

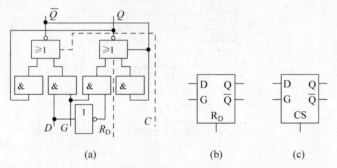

图 8.2.1 锁存器的基本存储单元电路及逻辑符号图

2. 集成锁存器

表 8.2.1 列出了几种集成锁存器(寄存器)的基本逻辑功能，可供实际应用选择。G 端电平是指其输入有效状态，当该端输入有效状态时，允许数据输入端输入数据进行寄存；反之，锁存器处于保存状态。

表 8.2.1 几种集成锁存器的基本逻辑功能

型号	基本逻辑功能	清零方式	G 端(有效电平)控制存入方式
74HLS75	4 位双稳态 D 型锁存器	无	同步(高电平)
74LS100	8 位双稳态 D 型锁存器	无	同步(高电平)
74LS116	双 4 位双稳态 D 型锁存器	异步(低电平)	同步(低电平)
74LS363	8 位锁存器(三态输出)	无	同步(高电平)
74LS373	8 位锁存器(三态输出)	无	同步(高电平)
74LS375	4 位双稳态 D 型锁存器	无	同步(高电平)
74LS533	8 位锁存器(三态输出,反相)	无	同步(高电平)
74LS563	8 位锁存器(三态输出,反相)	无	同步(高电平)
74LS573	8 位锁存器(三态输出)	无	同步(高电平)

74LS363、74LS373、74LS563、74LS533 和 74LS573 的输出控制端输入高电平时，输出状态为"高阻"状态；输出控制端输入低电平时，双稳态输出。具有三态输出功能的锁存器适用于数据总线结构的连接。

由于集成锁存器的内部电路和功能基本相同，在这里只介绍其中一种型号的内部电路和封装形式。

集成锁存器 $774\times\times573$ 是单片机与 A/D 转换器常用的中间接口电路，作为转换数据的暂存。其内部逻辑电路和封装如图 8.2.2 所示,属于双列直插式标准封装,逻辑符号如图 8.2.3 所示。图中,$+V_{CC}$ 通常采用 $+5V$ 电源;GND 为电源公共端;$D_0 \sim D_7$ 是存储数据输入端;$Q_0 \sim Q_7$ 是数据输出端,具有三态输出功能;CS 端是三态输出控制信号输入端,CS端输入低电平时,$Q_0 \sim Q_7$ 输出端数据输出状态为,"0"或"1",CS 端输入高电平时,$Q_0 \sim Q_7$ 输出端呈高阻输出状态;G 端是存储数据控制信号输入端。G 端输入高电平时,$D_0 \sim D_7$ 端输入的存储数据存入到锁存器,$Q_0 \sim Q_7$ 输出状态等于对应 $D_0 \sim D_7$ 输入状态。G 端输入低电平时,$D_0 \sim D_7$ 端输入的存储数据不能存入到锁存器,$Q_0 \sim Q_7$ 输出状态处于保持状态,即保持 G 端输入高电平时,数据输入端的输入状态。所有锁存器的数据存入都是并行输入,数据的输出也都是并行输出。

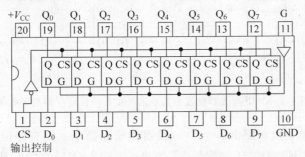

图 8.2.2 集成锁存器 $74 \times \times 573$ 的内部逻辑电路及其封装图

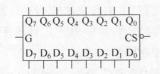

图 8.2.3 集成锁存器 $74 \times \times 573$ 逻辑符号

表 8.2.2 列出了集成锁存器 $74 \times \times 573$ 的逻辑功能表。表 8.2.3 列出了集成锁存器 $74 \times \times 563$ 和 $74 \times \times 533$ 的逻辑功能表。集成锁存器 $74 \times \times 563$ 的封装与 $74 \times \times 373$ 和 $774 \times \times 573$ 相同。使用时应注意它们共同点与区别。

表 8.2.2 集成锁存器 $74 \times \times 573$ 的逻辑功能表

输出控制 CS	允许 G	数据输入 D ($D_0 \sim D_7$)	输出 Q ($Q_0 \sim Q_7$)
L	H	H	H
L	H	L	L
L	L	$\times$	Q^n(保持)
H	$\times$	$\times$	Z

表 8.2.3 集成锁存器 $74 \times \times 563$ 和 $74 \times \times 533$ 的逻辑功能表

输出控制 CS	允许 G	数据输入 D ($D_0 \sim D_7$)	输出 Q ($Q_0 \sim Q_7$)
L	H	H	L
L	H	L	H
L	L	$\times$	$\overline{Q}^n$(保持)
H	$\times$	X	Z

8.2.2 移位寄存器

寄存器在每个时钟脉冲 CP 移位控制信号的作用下,存储的数据依次由左向右(或低位向高位)移动 1 位称为左移位寄存器,依次从右向左(由高位向低位)移动 1 位的称为右移位

寄存器;这两种寄存器统称为移位寄存器。

1.右移位寄存器的工作原理

用边沿 D 触发器构成的 4 位右移位寄存器的逻辑电路如图 8.2.4 所示。习惯上,右边表示数字的低位,左边表示数字的高位。但对于移位寄存器,左右方向仅表明数据在寄存器的移动过程,一般不再采用这一习惯。所以,在图 8.2.4 中,输出的下标采用英文字母表示。

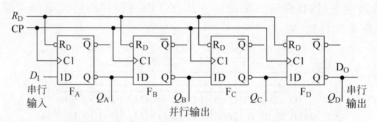

图 8.2.4　用边沿 D 触发器构成的 4 位右移位寄存器逻辑电路

如图 8.2.4 所示逻辑电路由 4 个 D 触发器构成存储单元的右移位寄存器。串行输入数据从触发器 F_A 的 1D 端输入,触发器 F_A 的状态方程为 $Q_A^{n+1}=D_i^n$。其他各个触发器的状态方程为 $Q_B^{n+1}=Q_A^n,Q_C^{n+1}=Q_B^n,Q_D^{n+1}=Q_C^n$。可见,右移位寄存器的特点是右边触发器的"次态"等于相邻左边触发器的"现态"。串行输出数据从触发器 F_D 的 Q_D 端输出,并行数据输出从各个触发器的 $Q_A \sim Q_D$ 端输出,两种输出方式都属于同相输出。触发器的时钟脉冲信号采用同一信号,所以它们工作在同步状态。

假定各个触发器的初始状态为"0000",现将数码 $D_3D_2D_1D_0=1011$ 存入到寄存器。在第一个 CP 脉冲前,将 D_D 送到 D_1 端,第一个脉冲(上升沿)后,$Q_A=D_0$,以后依次将 D_1、D_2、D_3 送到 D_1 端。这样,从第二到第四个脉冲(上升沿)后,输出的状态依次为:第二个脉冲 $Q_A=D_1$,$Q_B=D_0$ 其他为零;第三个脉冲 $Q_A=D_2$,$Q_B=D_1$,$Q_C=D_0$,其他为零;第四个脉冲 $Q_A=D_3$,$Q_B=D_2$,$Q_C=D_1$,$Q_D=D_0$。可见经历 4 个 CP 脉冲后,才能将所要存入的数据存储到寄存器。寄存过程的时序图如图 8.2.5 所示,状态表如表 8.2.4 所示。从时序图可以看出,经历 8 个脉冲之后,所有的数据都移出寄存器。

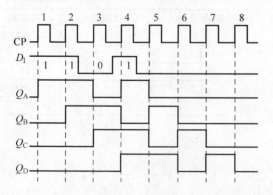

图 8.2.5　图 8.2.4 所示电路存入数据"1011"的时序图

表 8.2.4　图 8.2.4 电路的状态表

CP	Q_A	Q_B	Q_C	Q_D
0	0	0	0	0
1	D_0	0	0	0
2	D_1	D_0	0	0
3	D_2	D_1	D_0	0
4	D_3	D_2	D_1	D_0

2. 双向移位寄存器

将单向移位寄存器电路中的各个触发器的连接顺序调换一下,让右边的触发器输出作为左边触发器的数据输入信号,就可以构成左移位寄存器。在此基础上,保留原有的连接,并增加一定的控制门电路对这两种移位工作方式实现控制,就可以构成双向移位寄存器。双向移位寄存器的逻辑电路如图 8.2.6 所示。根据电路的连接,各个触发器的 D 端输入激励方程为 $D_A = G\overline{D_{IR}} + \overline{G} \cdot \overline{Q_B}, D_B = \overline{G} \cdot \overline{Q_A} + G \cdot \overline{Q_C}, D_C = \overline{G} \cdot \overline{Q_D} + G \cdot \overline{Q_B}, D_D = \overline{G} \cdot \overline{D_{IL}} + G \cdot \overline{Q_C}$。

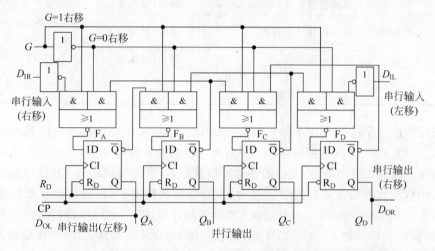

图 8.2.6 用边沿 D 触发器构成的 4 位双向移位寄存器逻辑电路图

图 8.2.6 中,G 端是控制移位方向的信号输入端。当 G 端输入高电平时,各个触发器的输出状态方程为 $Q_A^{n+1} = D_A^n = D_{IR}^n, Q_B^{n+1} = D_B^n = Q_A^n, Q_C^{n+1} = D_C^n = Q_B^n, Q_D^{n+1} = D_D^n = Q_C^n$。逻辑电路为右移位寄存器,$D_{IR}$ 端为串行数据从输入端,D_{OR} 端为串行数据输出端。当 G 端输入低电平时,各个触发器的输出状态方程为 $Q_A^{n+1} = D_A^n = Q_B^n, Q_B^{n+1} = D_B^n = Q_C^n, Q_C^{n+1} = D_C^n = Q_D^n, Q_D^{n+1} = D_D^n = D_{IL}$。逻辑电路为左移位寄存器,$D_{IL}$ 端为串行数据从输入端,D_{OL} 端为串行数据输出端。

图 8.2.6 所示逻辑电路具有串行输入、串行输出、并行输入和并行输出的功能,$Q_A \sim Q_D$ 端为并行数据输出端。所有输出方式都属于同相输出。

3. 集成移位寄存器

表 8.2.5 列出了几种集成移位寄存器的基本逻辑功能,可供实际应用选择。G 端电平是指其输入有效状态,当该端输入有效状态时,允许数据输入端输入数据进行寄存;反之,锁存器处于保存状态。

74LS674 具有 R/W 控制和模式控制 S 两个功能控制输入端,控制移位和写入($R/W = 0$,串行输入)、移位和读($R/W = 1, S = 0$,串行输出)、并行预置数($R/W = 1, S = 1$)等。74LS164 实际无使能控制端,但具有双数据输入端 A、B 端,可以利用其中一端作为使能端使用。74LS165、74LS166 和 74LS199 还具有时钟脉冲信号允许控制端,该端加高电平时,时钟脉冲信号被禁止,加低电平时,时钟脉冲信号允许输入。表 8.2.5 列举的集成芯片基本工作原理是相近的,所以选择 74LS199 对其逻辑功能进行分析。

图 8.2.5　几种集成移位寄存器的基本逻辑功能

	型号	基本逻辑功能	清零方式	G 端(有效电平) 控制存入方式
移位 寄存器	74LS164	8 位右移位寄存器(串入并出)	异步(低电平)	(高)右移位
	74LS165	8 位右移位寄存器(串并入反相 串出)	无	(高)右移位,(低)置数
	74LS166	8 位移位寄存器(串、并入串出)	异步(低电平)	(高)右移位,(低)置数
	74LS198	8 位双向移位寄存器	异步(低电平)	双 G 端(高、低)移位,(全 高)置数
	74LS199	8 位移位寄存器	异步(低电平)	(高)右移位,(低)置数
	74LS674	16 位串(I/O 口)、并入串(I/O 口)右移位寄存器	无	(高)保持,(低)移位

集成片移位寄存器 74LS199 的逻辑电路如图 8.2.7 所示。图中,A～H 端是并行数据输入端,$Q_A \sim Q_H$ 端是并行数据输出端。所有触发器的时钟脉冲采用同一信号,当 CP_{of} 时钟脉冲禁止输入端输入低电平时,允许时钟脉冲信号输入,触发器同步在 CP 信号的上升沿触发。Y/L_D 移位/置数端是功能控制信号输入端,当输入低电平时,移位寄存器同步并行数据输入;当输入高电平时,移位寄存器在 CP 时钟脉冲作用下,实现串行数据输入右移位寄存,输入数据从 J、K 端输入。CLEAR 即 R_D 输入端,是清零信号输入端,当该端输入低电平时,异步清零。

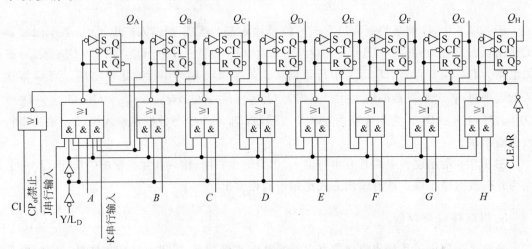

图 8.2.7　集成移位寄存器 74LS199 逻辑电路图

在 74LS199 的逻辑电路中,后边沿 RS 触发器,激励端的输入信号处于相反状态,所以状态方程为 $Q^{n+1}=S$。当"移位/置数"端功能控制输入端输入高电平时,$S_A^n = \overline{\overline{J\overline{Q_A^n} + KQ_A^n}} = J\overline{Q_A^n} + KQ_A^n$,$S_B^n = \overline{\overline{Q_A^n}} = Q_A^n$,其他各个触发器的 S 端输入信号与 S_B^n 相同,所以 $Q_A^{n+1} = J\overline{Q_A^n} + KQ_A^n$,$Q_B^{n+1} = Q_A^n$,$Q_C^{n+1} = Q_B^n$,$Q_D^{n+1} = Q_C^n$,$Q_E^{n+1} = Q_D^n$,$Q_F^{n+1} = Q_E^n$,$Q_G^{n+1} = Q_F^n$,$Q_H^{n+1} = Q_G^n$。这些状态方程表明,逻辑电路实现右移位寄存工作过程中,电路的串行输入数据从 J、K 端输

入。当 $J=K=0$ 时,输入数据为 0;当 $J=K=1$ 时,输入数据为 1;当 $J=0,K=1$ 时,输入数据为 Q_A^n;当 $J=1,K=0$ 时,输入数据为 $\overline{Q}_A^n$。根据分析,总结出图 8.2.7 所示逻辑电路的逻辑功能,如表 8.2.6 所示。

表 8.2.6 移位寄存器 74LS199 逻辑功能表

				输	入				输	出		
清零	移位/置数	时钟禁止	时钟脉冲	串行		并行	Q_A^{n+1}	Q_B^{n+1}	Q_C^{n+1}	$\cdots$	Q_H^{n+1}
				J	K	$A\sim H$					
L	$\times$	$\times$	$\times$	$\times$	$\times$	$\times$	L	L	L	$\cdots$	L
H	$\times$	L	L	$\times$	$\times$	$\times$	Q_A^n	Q_B^n	Q_C^n	$\cdots$	Q_H^n
H	L	L	$\uparrow$	$\times$	$\times$	$a\sim h$	a	b	c	$\cdots$	h
H	H	L	$\uparrow$	L	L	$\times$	Q_A^n	Q_A^n	Q_B^n	$\cdots$	Q_G^n
H	H	L	$\uparrow$	L	L	$\times$	L	Q_A^n	Q_B^n	$\cdots$	Q_G^n
H	H	L	$\uparrow$	H	H	$\times$	H	Q_A^n	Q_B^n	$\cdots$	Q_G^n
H	H	L	$\uparrow$	H	L	$\times$	$\overline{Q}_A^n$	Q_A^n	Q_B^n	$\cdots$	Q_G^n
H	$\times$	H	$\uparrow$	$\times$	$\times$	$\times$	Q_A^n	Q_B^n	Q_C^n	$\cdots$	Q_H^n

移位寄存器集成芯片 74LS199 的封装图如图 8.2.8 所示,逻辑逻辑符号如图 8.2.9 所示。

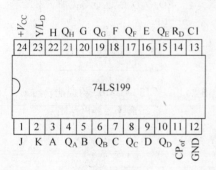

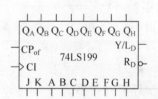

图 8.2.8 集成移位寄存器 74LS199 封装图　　图 8.2.9 集成移位寄存器 74LS199 逻辑符号

8.2.3 移位寄存器的应用

移位寄存器具有存储二进制代码的功能,而且具有将存储在寄存器内的数据进行左右移动的功能,移位寄存器除了实现数据串行——并行转换之外,还可以实现数值算术运算和数据处理;也可以构成环形计数器、扭环形计数器、序列脉冲发生器和顺序脉冲发生器等。

1. 环形计数器

如果将 74LS199 的最右边触发器的输出端,连接到 JK 输入端,如图 8.2.10 所示,就可以构成环形计数器。若寄存器的移位/置数输入端先输入低电平,将移位寄存器预先输入某一数据,然后输入高电平,让移位寄存器工作于右移位寄存器状态,则根据 74LS199 的逻辑功能,当 $J=K=0$ 时,输入数据为 0,当 $J=K=1$ 时,输入数据为 1,可得 $Q_A^{n+1}=Q_H^n$。这样,在时钟脉冲的作用下,存入到移位寄存器的数据将不断地循环右移。如果 A~H 端是并行数据输入端,输入数据为"1000,0000",预先置入的数据为 $Q_A \sim Q_H = 1000,0000$,则在移位时钟脉冲的作用下,输出端 $Q_A \sim Q_H$ 的输出状态将按下述过程循环变化:

$$1000,0000 \rightarrow 0100,0000 \rightarrow 0010,0000 \rightarrow 0001,0000 \rightarrow 0000,$$

$$1000 \rightarrow 0000,0100 \rightarrow 0000,0010 \rightarrow 0000,0001 \rightarrow 1000,0000$$

从这一过程中可以看出,8 位移位寄存器可以构成八进制计数器,计数过程的每一个输出状态,仅有一位输出为"1",其他都为"0"。这样,计数器的状态译码可用光电二极管直接显示,使得译码电路简化。为了实现电路能够自行启动计数,从计数过程可以看出,第七个时钟脉冲作用后出现的状态 $Q_B \sim Q_G = 000000$ 时,若使:

$$J = K = \overline{Q_B^n} \overline{Q_C^n} \overline{Q_D^n} \overline{Q_E^n} \overline{Q_F^n} \overline{Q_G^n} = \overline{Q_B^n + Q_C^n + Q_D^n + Q_E^n + Q_F^n + Q_G^n} = 1$$

在第八个时钟脉冲作用后,可以使 $Q_A = 1$,电路就可以自行启动。根据这一结论,改动后逻辑电路如图 8.2.11 所示。若将输出端 $Q_A \sim Q_H$ 的输出状态作为脉冲信号使用,图 8.2.11 逻辑电路也是一个顺序脉冲发生器。

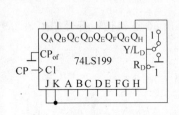

图 8.2.10 用 74LS199 构成环形
计数器电路图

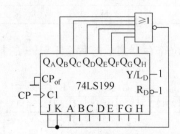

图 8.2.11 用 74LS199 构成能自启动
环形计数器电路图

2. 扭环形计数器

利用移位寄存器构成扭环形计数器,就是通过一定的门电路组合将并行输出信号的一部分,反馈到电路的串行输入端,以增加计数器的进位模数。环形计数器只能构成等于移位寄存器位数 n 进制计数器,用移位寄存器构成扭环形计数器则可以构成 $2n$ 进制计数器。如图 8.2.12 所示逻辑电路是扭环形计数器的一种形式。计数之前,先对电路清零。移位寄存器将在时钟脉冲的作用下循环计数,计数过程的有效循环为(输出端 $Q_A \sim Q_H$ 的输出状态)$0000,0000 \rightarrow 1000,0000 \rightarrow 1100,0000 \rightarrow$

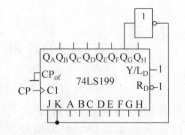

图 8.2.12 用 74LS199 构成扭环形
计数器电路图

$1110,0000 \rightarrow 1111,0000 \rightarrow 1111,1000 \rightarrow 1111,1100 \rightarrow 1111,$
$1110 \rightarrow 1111,1111 \rightarrow 0111,1111 \rightarrow 0011,1111 \rightarrow 0001,1111 \rightarrow$
$0000,1111 \rightarrow 0000,0111 \rightarrow 0000,0011 \rightarrow 0000,0001 \rightarrow 0000,0000$。一共 16 个不同的输出状态,所以是十六进制计数器。

若计数之前未进行清零,计数器可能会进入另外 15 个无效的循环过程,实际使用中要加以注意。

3.序列脉冲发生器

用移位寄存器构成序列脉冲发生器主要是利用了移位寄存器的移位功能。如图8.2.13所示逻辑电路是利用十进制计数器40192和右移位寄存器74LS199构成的序列脉冲发生器。十进制计数器40192起着对移位寄存器74LS199功能的控制作用。在其控制下,移位寄存器74LS199在每10个时钟脉冲信号作用下,Q_H端输出一组脉冲序列信号。电路的脉冲工作时序如图8.2.14所示。例如,在A～H端输入"10011101",在时钟脉冲的作用下,Q_H端的输出的脉冲序列信号依次为1→0→1→1→1→0→0→1(保持3个脉冲时间)。在实际应用中,通过改变A～H端的输入就可以改变输出的脉冲序列。

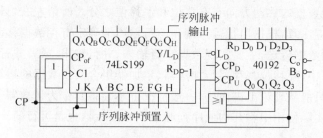

图8.2.13 用74LS199构成序列脉冲发生器电路图

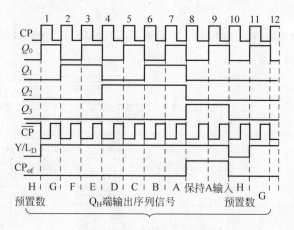

图8.2.14 顺序脉冲产生器的时序图

本章小结

集成计数器和移位寄存器是目前小型数字系统中常用的时序逻辑器件。本章主要介绍这两种集成逻辑器件的逻辑功能和应用方法。

计数器的功能是将时钟脉冲信号的个数以二进制数码的形式记录下来。如果采用递增的方式记录,即在每个时钟脉冲作用后,计数器的输出数据增加1,称为加法计数器。如果以递减的方式记录,即在每个时钟脉冲作用后,计数器的输出数据减少1,称为减法计数器。同时能够实现递增和递减方式计数的计数器称为双向可逆计数器。

通常集成计数器都是 4 位输出的计数器,按进位数的模 M 定义,包括十六进制计数器 (4 位二进制计数)、十进制计数器和二-五-十进制计数器。每个集成模块芯片可以构成1位十六进制、1 位二进制、1 位五进制、1 位十进制计数器。当计数器位数多于 1 位时,必须进行扩展,方法是将低位芯片的进位输出作为高 1 位芯片的时钟脉冲信号使用。

用集成计数器芯片构成任意进制计数器时,有 3 种方法,即反馈预置数法、反馈"置零法"和反馈清零法。使用这些方法时,注意反馈信号的产生、预置入数据的大小、进位信号的产生等要领。

寄存器也称锁存器,在数字系统和计算机中,用于寄存一组二进制数码。存储时间等于使能控制输入端输入信号的一个脉冲周期。

移位寄存器中数据的移动方向有右移位和左移位之分。所谓左右,只是一种称谓,作为集成器件,使用时应注意,根据串行输入端和串行输出端确定寄存数据移动方向。

移位寄存器的数据传送,主要实现数据串行输入、并行输出,或者并行输入、串行输出的转换。在算术运算中,要移位寄存器与加法器、累加器组合实现数据的运算。将移位寄存器作为计数器使用,只能从理论上讲而已,一般情况下不会将其作为计数器使用。利用移位寄存器的移位功能,实际使用中将其构成序列脉冲信号发生器也是可行的。

本章习题

题 8.1 用 D 触发器构成的时序逻辑电路如图 P8.1 所示,Y_1 的输入信号频率为 60kHz 的方波信号,画出 Y_3、Y_4、Y_2'、Y_4' 的波形。

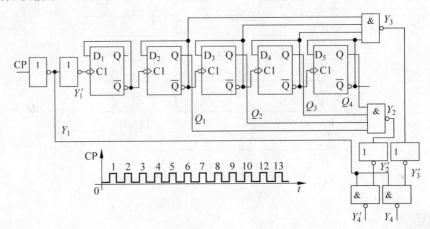

图 P8.1

题 8.2 用 JK 触发器和 8 选 1 数据选择器 74LS152 构成的时序逻辑电路如图 P8.2(a) 所示。

(1) 若 $Q_2 Q_1 Q_0$(Q_2 为最高位,Q_0 为最低位)的状态按自然二进制数编码,分析电路的逻辑功能,并画出 $\overline{Y}$ 输出端的波形(时钟脉冲波形如图 P8.2(b)所示)。

(2) 试用同步十进制加法计数器 74LS160 和 8 选 1 数据选择器 74LS152 构成与图 P8.2(a)所示逻辑电路功能一样的电路。同步十进制加法集成计数器 74LS160 芯片的逻辑功能如表 P8.2 所示。

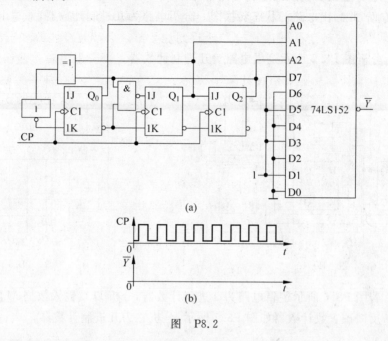

图 P8.2

表 **P8.2**

CP	$\overline{R}_D$	$\overline{L}_D$	EP	ET	工作状态
×	0	×	×	×	置零
↑	1	1	×	×	预置数
×	1	1	0	1	保持
×	1	1	×	0	保持,但 $C=0$
↑	1	1	1	1	计数

题 8.3 如图 P8.3 所示是一个用 4 位二进制加法计数器 74LS161 和 4 位二进制数码比较器 74LS85 组成的逻辑电路,试画出其状态转换图,判断电路的功能。

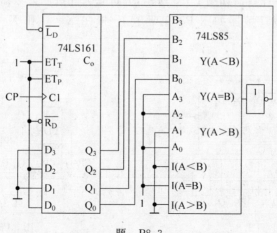

题 P8.3

题 8.4　用 D 触发器构成的逻辑电路,如图 P8.4 所示,试写出各个触发器的驱动方程和输出状态方程,并画出电路的状态转换图。分析电路为几进制计数器,并写出进位脉冲的函数表达式。

题 8.5　分析图 P8.5 所示逻辑电路为几进制计数器。

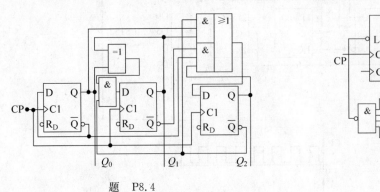

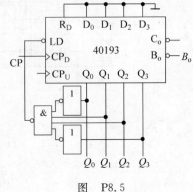

题　P8.4　　　　　　　　　　　　　　　　图　P8.5

题 8.6　若图 P8.6 所示逻辑电路为 9 进制计数器,分析 D 端输入数据 M 应为多少。

题 8.7　反馈预置数计数器如图 P8.7 所示,分析它为几进制计数器。

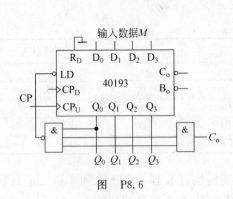

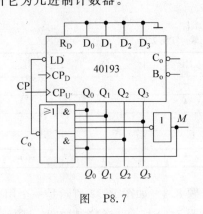

图　P8.6　　　　　　　　　　　　　　　　图　P8.7

题 8.8　反馈清零计数器如图 P8.8 所示,分析它为几进制计数器。

题 8.9　可控进制计数器如图 P8.9 所示,分析在 $X=0$ 和 $X=1$ 时,各为几进制计数器。

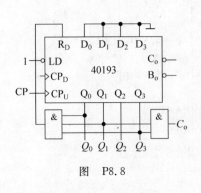

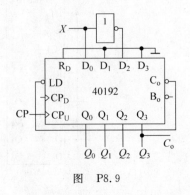

图　P8.8　　　　　　　　　　　　　　　　图　P8.9

题 8.10 集成计数器 40192 芯片构成的逻辑电路如图 P8.10 所示,分析电路为几进制计数器。

题 8.11 集成计数器 74LS290 芯片构成的逻辑电路如图 P8.11 所示,分析电路为几进制计数器。

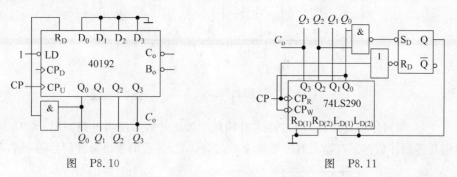

图 P8.10　　　　　　　　　图 P8.11

题 8.12 用两片集成计数器 40192 芯片构成的可控进制计数器逻辑电路如图 P8.12 所示,分析在 $X=0$ 和 $X=1$ 时,电路各为几进制计数器。

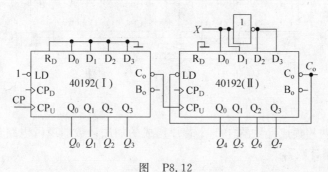

图 P8.12

题 8.13 用两片集成计数器 40193 芯片构成的加法计数器逻辑电路如图 P8.13 所示,分析在 $X=0$ 和 $X=1$ 时,电路各为几进制计数器。若输入时钟频率为 10MHz,C_o 进位端输出脉冲信号的频率为多少?

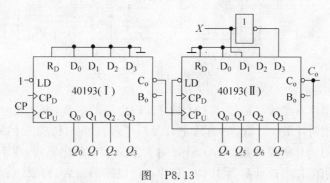

图 P8.13

题 8.14 用两片集成计数器 40193 芯片构成的减法计数器逻辑电路如图 P8.14 所示,分析在 $X=0$ 和 $X=1$ 时,电路各为几进制计数器。若输入时钟频率为 1MHz,C_o 进位端输出脉冲信号的频率为多少?

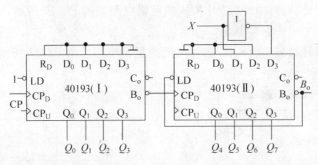

图　P8.14

题 8.15　用两片集成计数器 40193 芯片构成的加法计数器逻辑电路如图 P8.15 所示，分析电路为几进制计数器。若输入时钟频率为 100MHz，C_o 进位端输出脉冲信号的频率为多少？

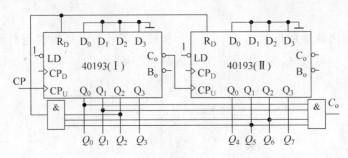

图　P8.15

题 8.16　用两片集成计数器 40192 芯片构成的加法计数器逻辑电路如图 P8.16 所示，分析电路为几进制计数器。

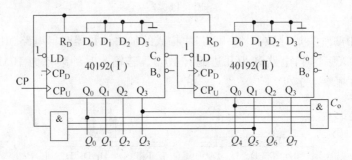

图　P8.16

题 8.17　试用两片集成计数器 40192 芯片及门电路的组合，构成九十进制的计数器。

题 8.18　试用两片集成计数器 40192 芯片及门电路的组合，构成二十四进制的计数器。

题 8.19　试用两片集成计数器 74LS161 芯片及适当的门电路，构成十九进制计数器。

题 8.20　试用两片集成计数器 40193 芯片及门电路的组合，构成一百九十九进制的计数器。

题 8.21　用集成计数器 40193 芯片及门电路的组合，设计一个可控计数器，当输入控制量为 0 时，电路为六十进制计数器；当输入控制量为 1 时，电路为一百进制计数器。

题 8.22　用集成计数器和数据选择器及门电路组合，设计一个在时钟作用下周期性的输出"11011011100"序列脉冲发生器。

题 8.23 试用集成计数器 40192 芯片和优先编码器 74LS147 芯片及集成门电路芯片组合设计一个可控分频器,输出脉冲信号的频率为计数器时钟频率 1/10～1 范围内可控。

题 8.24 试用集成计数器 40192 芯片和集成显示译码器 CD4511 芯片七段显示器设计一个 60min 计时显示器。

题 8.25 试用集成计数器 40192 芯片和集成显示译码器 CD4511 芯片及七段显示器设计一个一天时间的计时器。七段显示器能够显示 0:0:0 到 23:59:59 任意时刻。

题 8.26 试用集成计数器 40192 芯片设计一个分频电路,将频率为 1MHz 脉冲信号分频得到 1s 周期的脉冲信号。

题 8.27 试用移位寄存器芯片 74LS199 设计一个序列脉冲发生器,该电路能在时钟作用下周期性的输出"10011001100"序列脉冲。

题 8.28 试用两片 74LS194 及门电路构成八进制的扭环形计数器,并说明计数过程。

题 8.29 试用两片 74LS194 集成移位寄存器构成 8 位双向移位寄存器,若将构成的双向移位寄存器置入初始值十六进制数 65,并将最右输出端接到最左的数据输入端,进行右移位操作,试分析电路实现的功能,写出移位操作的状态转换过程。

题 8.30 用移位寄存器 74LS199 和加法器 74LS283 构成的逻辑电路如图 P8.30 所示。试分析第四个时钟脉冲作用后,加法器输出数据与置入数据 M、N 的数值关系。图 P8.30 中,加法器输出 S_7 为二进制数的最高位,S_0 为二进制数的最低位。

题 8.31 如图 P8.31 所示线性序列信号发生器,序列信号从 Q_2 端输出。分析输出序列信号的数值和循环长度。

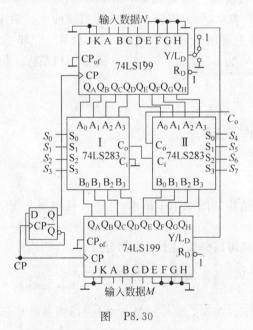

图 P8.30

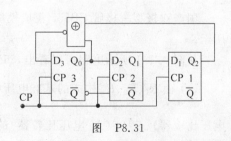

图 P8.31

题 8.32 试用移位寄存器 74LS199 芯片,设计一个 8 种原色灯光闪烁控制电路,能够在 8 个时钟脉冲周期时间内循环一次,任何时刻都有两种原色灯光闪亮,每种原色灯光每次闪烁时间维持 2 个时钟脉冲周期时间。

第 9 章

高等院校电子信息与电气学科特色教材

555定时器及多谐振荡器

主要内容：多谐振荡器电路是一种产生脉冲信号的电路。由于任何一个脉冲信号都包含很多个正弦分量，因此将能够产生脉冲信号的振荡器称为多谐振荡器。

555 集成电路可以用作多谐振荡器产生矩形脉冲信号，定时电路可以作为延时器使用，也可以作为单稳态触发器使用，还可以构成施密特双稳态触发器。因此，555 集成电路广泛应用于脉冲信号产生电路、测量电路、控制电路、家用电器和电子玩具等领域中。

单稳态触发器是一种只有一个稳定状态的触发器；施密特触发器是一种具有两个门限电压的触发器，这些集成电路模块都可以作为多谐振荡器信号产生电路。

本章首先介绍 555 定时器的电路结构，然后介绍 555 定时器的应用，并以此为基础介绍其他简单实用的多谐振荡器，简略地介绍集成施密特触发器和单稳态触发器。

9.1　555 定时器

555 集成电路是由集成运算放大器组成的单门限电压比较器、基本 RS 触发器（双极型三极管型或 CMOS 型）及工作于开关状态的双极型三极管或 MOS 管集成在一起的电路模块，双极型三极管的产品后 3 位数字用 555 表示，如 CB555；MOS 管组成的产品后 4 位数字用 7555 表示，由于早期的 555 集成模块主要用于定时器使用，因此也称为 555 定时器。而后开发的具有双定时功能新产品型号为 556，如 CB556（双极型三极管型）和 7556（CMOS 型）。

9.1.1　555 定时器的内部电路结构及工作原理

1. 555 定时电路的结构

国产双极型三极管 CB555 集成模块的电路结构如图 9.1.1 所示，电路符号如图 9.1.2 所示。

从图 9.1.1 所示电路可以看出，555 集成电路可以分为以下几个部分组成。

（1）由 R_1、R_2、R_3 构成的基准电压电路。在 V_{CO} 端未加外加信号时，分别产生 $\frac{1}{3}V_{CC}$（A_2 电压比较器）、$\frac{2}{3}V_{CC}$（A_1 电压比较器）的基准电压。在 V_{CO} 端外加基准电压时，则基准电压未外加信号电压值为 V_{REF}（A_1 电压比较器）和 $\frac{1}{2}V_{REF}$（A_2 电压比较器）。

（2）集成运算放大器 A_1、A_2 构成单门限电压比较器。

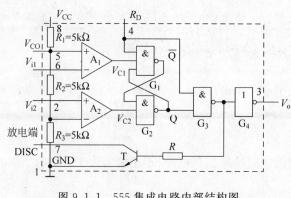

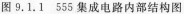

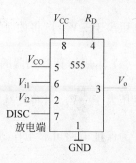

图 9.1.1　555 集成电路内部结构图　　　图 9.1.2　555 集成电路符号图

（3）G_1、G_2 构成具有置"0"输入端（4 端）的基本 RS 触发器；G_3、G_4 为该触发器的缓冲输出级，电路的输出逻辑状态与 Q 端输出相同。增加缓冲级是为了提高 555 集成电路模块的带负载能力。

（4）双极型三极管 T 构成放电开关电路。当 Q 端输出低电平时三极管导通；当 Q 端输出高电平时三极管截止。

2.555 定时电路的工作原理

图 9.1.1 所示电路中，R_D 端输入低电平时，基本 RS 触发器置"0"，三极管导通；R_D 端输入高电平时，基本 RS 触发器处于正常工作状态，其输出状态取决于 A_1、A_2 输出状态的组合。当 Q 端输出高电平 G_3 输出低电平时，晶体管 T 截止；当 Q 端输出低电平 G_3 输出高电平时，晶体管 T 导通。

在 V_{CO} 端开路或者未外加基准电压，R_D 端外加高电平时，A_1、A_2 运算放大器构成的电压比较器的基准电压分别为 $\frac{2}{3}V_{CC}$ 和 $\frac{1}{3}V_{CC}$。若 2 端的输入信号电压小于 $\frac{1}{3}V_{CC}$，则 A_2 运算放大器构成的电压比较器输出电压 V_{c2} 很低，接近于零点几伏电压（定义为低电平），对基本 RS 触发器置"1"；若 2 端的输入信号电压大于 $\frac{1}{3}V_{CC}$，则 A_2 运算放大器输出电压 V_{c2} 接近于电源电压（定义为高电平）。若 6 端的输入信号电压小于 $\frac{2}{3}V_{CC}$，则 A_1 运算放大器构成的电压比较器输出电压 V_{c1} 接近于电源电压（定义为高电平）；若 6 端的输入信号电压大于 $\frac{2}{3}V_{CC}$，则其输出电压 V_{c1} 很低，接近于零点几伏电压（定义为低电平），对基本 RS 触发器置"0"。

因此，集成运算放大器的工作状态如下：

（1）同时输出高电平 $\left(6\ 端输入小于\ \frac{2}{3}V_{CC}，2\ 端的输入电压大于\ \frac{1}{3}V_{CC}\right)$，将使基本 RS 触发器处于保持工作状态。

（2）同时输出低电平 $\left(6\ 端输入大于\ \frac{2}{3}V_{CC}，2\ 端的输入电压小于\ \frac{1}{3}V_{CC}\right)$，将使基本 RS 触发器处于不定工作状态。这种情况下基本 RS 触发器的两个输出端同时输出高电平，晶体管截止。

（3）集成运算放大器的 A_1 输出高电平、A_2 输出低电平$\left(6\text{ 端输入小于}\dfrac{2}{3}V_{CC}\text{，}2\text{ 端的输}\right.$ 入电压小于$\left.\dfrac{1}{3}V_{CC}\right)$，将使基本 RS 触发器处于置"1"工作状态，晶体管截止。

（4）集成运算放大器的 A_1 输出低电平、A_2 输出高电平$\left(6\text{ 端输入大于}\dfrac{2}{3}V_{CC}\text{，}2\text{ 端的输}\right.$ 入电压大于$\left.\dfrac{1}{3}V_{CC}\right)$，将使基本 RS 触发器处于置"0"工作状态，晶体管导通。

为保证电路可靠工作，通常应该避免出现同时输出低电平$\left(6\text{ 端输入大于}\dfrac{2}{3}V_{CC}\text{，}2\text{ 端的}\right.$ 输入电压小于$\left.\dfrac{1}{3}V_{CC}\right)$的工作状态。

若 V_{CO} 端外加信号电压，只是使电压比较器的基准电压值发生变化，而其他的工作原理仍然保持上述的基本形式。

555 集成电路的逻辑功能如表 9.1.1 表示。

表 9.1.1　555 集成电路的逻辑功能

输入信号组合			输出及三极管的状态	
R_D	V_{i1}（6 端输入信号）	V_{i2}（6 端输入信号）	V_o（输出电压）	T 的状态
0	×	×	低电平	导通
1	$<\dfrac{2}{3}V_{CC}$	$>\dfrac{1}{3}V_{CC}$	不变	不变
1	$>\dfrac{2}{3}V_{CC}$	$<\dfrac{1}{3}V_{CC}$	高电平（不定）	截止
1	$<\dfrac{2}{3}V_{CC}$	$<\dfrac{1}{3}V_{CC}$	高电平	截止
1	$>\dfrac{2}{3}V_{CC}$	$>\dfrac{1}{3}V_{CC}$	低电平	导通

555 定时器一般情况下具有较强的带负载能力。双极型三极管构成的 555 定时器输出电流可以达到 20mA。CMOS 管构成的定时器负载电流在 4mA 以下。电源电压范围也较宽，在 5～16V 之间都可以安全工作。因此，555 定时器使用比较灵活，应用范围较广。

9.1.2　用 555 定时器构成的施密特触发器

1. 施密特触发器

施密特触发器（Schmitt trigger）是脉冲波形变换电路中经常使用的一种电路结构。施密特触发器在性能上有两个主要的特点。

（1）具有两个门限电压，即输入电压信号从足够低的低电平向足够高的高电平变化过程中，输出端的输出状态发生转换（从高电平转换为低电平；反之亦然）时，所对应的输入信号电压值 V_{th1}，以及输入信号从足够高的高电平向低电平变化过程中引起输出信号状态发生变化时，所对应的输入信号电压值 V_{th2}，两者的大小不一样。也就是说，具有"回差电压"值。

（2）不管输入信号的变化速度多大，输出信号电压的转换具有突变性。也就是说，在任何输入信号下，施密特触发器的输出波形都可以接近于理想的矩形脉冲信号，电压波形的边沿都变得很陡。

由于施密特触发器具有这样两个特点，在实际应用中，不仅可以将边沿变化缓慢的信号电压波形整形为接近于理想的矩形波形，也可以将夹杂在信号中的干扰噪声电压信号有效地消除。

2. 用555定时器构成施密特触发器

将555定时器的两个输入端2和6并联连接后作为电路的输入端，如图9.1.3所示，就可以构成施密特触发器。图中增加电容 C 是为了提高比较电压的稳定性，消除工作过程中由输出信号突变引起的干扰而设置的退耦合电容。图9.1.4(a)所示为反相型施密特触发器符号；图9.1.4(b)所示为同相型施密特触发器符号。图9.1.5(a)所示为反相型施密特触发器的电压传输特性，图9.1.5(b)所示为同相型施密特触发器的电压传输特性。所谓同相型施密特触发器，是指输出电压的高电平、低电平与输入触发信号的高电平、低电平相对应；反相型施密特触发器是指输出电压的高电平、低电平与输入触发信号的高电平、低电平相反。

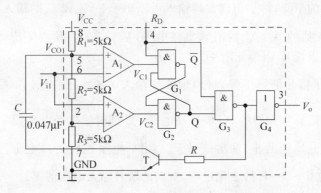

图9.1.3 用555定时器构成施密特触发器

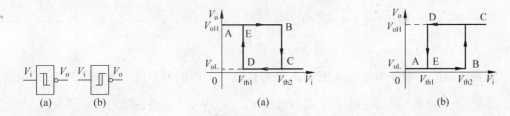

图9.1.4 电路符号 　　　　　　图9.1.5 电路的电压传输特性

3. 电路的工作原理

由于555集成电路的2端和6端连接在一起作为输入端，因此这两端的输入信号电压相同。

当输入信号从足够小到足够大变化时，开始必定出现6端输入电压小于 $\frac{2}{3}V_{CC}$，2端的

输入电压小于 $\frac{1}{3}V_{CC}$，集成运算放大器的输出值为 A_1 输出高电平、A_2 输出低电平，将使基本 RS 触发器处于置"1"工作状态，晶体管截止，输出信号 V_o 为高电平。

随着输入电压的升高，将会出现 6 端输入电压小于 $\frac{2}{3}V_{CC}$，2 端的输入电压大于 $\frac{1}{3}V_{CC}$ 的情况，集成运算放大器的 A_1、A_2 同时输出高电平，基本 RS 触发器保持之前的置"1"工作状态，晶体管截止，输出信号 V_o 为高电平。

此后，输入电压信号继续上升，将出现 6 端输入电压大于 $\frac{2}{3}V_{CC}$，2 端的输入电压大于 $\frac{1}{3}V_{CC}$ 的情况，集成运算放大器的 A_1 输出低电平、A_2 输出高电平，基本 RS 触发器出现清零的工作状态，晶体管导通，输出信号 V_o 为由高电平跳转为低电平。电压传输特性电压传输特性如图 9.1.5(a) 所示的 A→B→C 的变化过程，对应的跳转输入电压值 $V_{th2}=\frac{2}{3}V_{CC}$。

若输入电压从足够高到低的变化过程，则电路信号的变化与上述过程相反，开始必定出现 6 端输入电压大于 $\frac{2}{3}V_{CC}$，2 端的输入电压大于 $\frac{1}{3}V_{CC}$，集成运算放大器的 A_1 输出低电平、A_2 输出高电平，将使基本 RS 触发器处于清零工作状态，晶体管导通，输出信号 V_o 为低电平。

随着输入电压的下降，将会出现 6 端输入电压小于 $\frac{2}{3}V_{CC}$，2 端的输入电压大于 $\frac{1}{3}V_{CC}$ 的情况，集成运算放大器的 A_1、A_2 同时输出高电平，基本 RS 触发器保持之前的清零工作状态，晶体管导通，输出信号 V_o 为低电平。

此后，输入电压信号继续下降，将出现 6 端输入电压小于 $\frac{2}{3}V_{CC}$，2 端的输入电压小于 $\frac{1}{3}V_{CC}$ 的情况，集成运算放大器的 A_1 输出高电平、A_2 同时输出低电平，基本 RS 触发器出现置"1"的工作状态，晶体管截止，输出信号 V_o 为由低电平跳转为高电平。电压传输特性如图 9.1.5(a) 所示的 C→D→E 的变化过程，对应的跳转输入电压值 $V_{th1}=\frac{1}{3}V_{CC}$。

4. 电路的"回差电压"

经上述分析，电路的"回差电压"为

$$\Delta V_{th} = V_{th2} - V_{th1} = \frac{2}{3}V_{CC} - \frac{1}{3}V_{CC} = \frac{1}{3}V_{CC}$$

若在电路的 5 端外加控制电压 V_{OC}，则可以改变上门限与下门限电压值和"回差电压"值。此时，上门限电压 $V_{th2}=V_{OC}$，下门限电压 $V_{th1}=\frac{1}{2}V_{OC}$。电路的"回差电压"为

$$\Delta V_{th} = V_{th2} - V_{th1} = V_{OC} - \frac{1}{2}V_{OC} = \frac{1}{2}V_{OC}$$

只要改变外加控制电压，门限、"回差电压"也随之改变。由于 555 定时器具有较宽的工作电压范围，可以在 5～16V 范围内变动，因此 V_{OC} 电压值也可以在该范围内变化。

5. 施密特触发器在波形整形的应用

施密特触发器可以用作波形整形电路使用，如图 9.1.6 所示是利用反相施密特触发器

将三角波形转换成为矩形脉冲波的输入和输出波形图。图9.1.5(a)所示的电压传输特性，是对应图9.1.3所示电路的。当输入三角波形电压信号 V_i 从 0 开始上升时，输出为高电平。只有输入信号电压上升到数值上为 V_{th2} 时，输出电压才从输出高电平转换为低电平。此后，电压继续上升直到最大值，然后转为下降，在下降到数值大于 V_{th1} 之前，保持输出低电平不变，直到小于 V_{th1} 之后，输出电压才从输出低电平转换为高电平。此后重复上述过程，达到将三角波形转换为矩形波形的目的。如图9.1.7所示是利用反相施密特触发器将不十分规则的正弦波形转换成为矩形脉冲波的输入和输出波形图。其转换过程和将三角波转换成矩形波形相同。

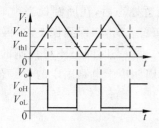

图9.1.6 用施密特触发器将三角波
转换成矩形波的波形图

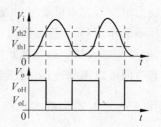

图9.1.7 用施密特触发器将正弦波
转换成矩形波的波形图

如图9.1.8所示是利用单门限触发器将具有干扰信号的脉冲波形转换成为矩形脉冲波的输入和输出波形图。从图中可以看出，单门限触发器无法将叠加在脉冲波中的干扰信号完全消除。转换后的输出矩形波中存在干扰脉冲信号。而图9.1.9所示是利用反相施密特触发器将具有干扰信号的脉冲波形转换成为矩形脉冲波的输入和输出波形图。从图中可以看出，转换后的矩形脉冲波形不存在干扰脉冲波，可以达到消除干扰的目的。实际使用中为了提高抗干扰能力，可在555定时器的5端外加控制电压 V_{OC} 提高电路的"回差电压"值。

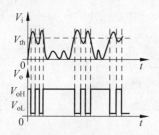

图9.1.8 用单门限触发器将具有干扰正弦波
转换成矩形波的波形图

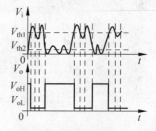

图9.1.9 用施密特触发器将具有干扰正弦波
转换成矩形波的波形图

9.1.3
用555定时器构成的单稳态触发器

1. 单稳态触发器

所谓单稳态触发器，是指电路达到稳定之后，只有一个稳定状态的触发器。一般具有以下3个特点。

(1) 电路的输出可以是高电平，也可以是低电平，但稳定的输出状态是唯一的。

（2）在外界触发信号的作用下，电路的输出状态将进入暂时的工作状态，称为暂稳态。暂稳态输出与稳态输出一定是相反的状态。暂稳态是暂时的，经历一定时间后电路的输出一定会自动回到其稳定输出状态。

（3）暂稳态的维持时间取决于电路的参数，与外界的触发信号脉冲宽度和幅度大小无关。只要触发信号的幅度足够高（正脉冲触发）或足够低（负脉冲触发信号），就能够使电路进入暂稳态工作。

由于具备上述特点，单稳态触发器被广泛应用于将尖脉冲转换成矩形脉冲信号、延时脉冲产生电路（产生滞后与触发脉冲的输出脉冲信号）、定时电路等。

单稳态触发器有不可重复触发的单稳态触发器（进入暂稳态后，在回到稳态前，再外加触发信号不起作用）和可重复触发的单稳态触发器（进入暂稳态后，在回到稳态前，再外加触发信号，电路又进入暂稳态的起始时间）两种情况。前者的暂稳态时间是不可控制的；后者的暂稳态时间可以用脉冲信号控制，只要控制脉冲信号的周期小于电路固定的暂稳态时间。

2. 用 555 定时器构成的单稳态触发器

用 555 定时器构成单稳态触发器的电路如图 9.1.10 所示，图 9.1.11 所示的符号是集成单稳态触发器的逻辑符号。这种触发器具有两个触发信号输入端，可以用高电平触发，也可以用低电平触发。555 定时器的 2 端为触发信号的输入端，6 端和 7 端并联后，连接到电阻电容充放电电路的串联点，构成电容、电阻充放电定时电路结构。

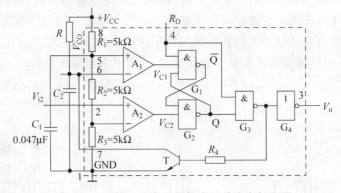

图 9.1.10　用 555 定时器构成的单稳态触发器

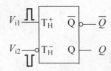

图 9.1.11　集成单稳态触发器的逻辑符号

3. 用 555 定时器构成的单稳态触发器的工作原理

当电源接通时，2 端输入一个大于 $\frac{1}{3}V_{CC}$ 的电压。由于电路中电容 C_2 两端尚未充电，其两端的电压值接近于零，将会出现 6 端输入电压小于 $\frac{2}{3}V_{CC}$，2 端的输入电压大于 $\frac{1}{3}V_{CC}$ 的情

况,集成运算放大器的 A_1、A_2 同时输出高电平,基本 RS 触发器保持接通电源之前的工作状态,可以为零输出,也可以为"1"的输出。

若输出为"0",则三极管导通,使电容 C_2 保持放电,其两端的电压保持小于 $\frac{2}{3}V_{CC}$,555 定时电路的 2、6 端输入电平不变,输出保持为"0"。

若输出为"1",则三极管截止,使电容 C_2 充电,其两端的电压上升,使 555 定时电路的 6 端输入电压大于 $\frac{2}{3}V_{CC}$。由于 555 定时电路的 2 端输入保持高电平,出现 6 端输入电压大于 $\frac{2}{3}V_{CC}$,2 端的输入电压大于 $\frac{1}{3}V_{CC}$,集成运算放大器的 A_1 输出低电平、A_2 输出高电平,将使基本 RS 触发器处于清零工作状态,输出信号 V_o 为低电平,晶体管导通,使电容 C_2 由充电转换为放电,最终将会出现 6 端输入电压小于 $\frac{2}{3}V_{CC}$,2 端的输入电压大于 $\frac{1}{3}V_{CC}$ 的情况,集成运算放大器的 A_1、A_2 同时输出高电平,基本 RS 触发器保持接通电源之前的工作状态——低电平输出状态。可见,电路的稳定输出为低电平 0 态。稳态输出时,555 定时电路的 2、6 端输入的状态为 6 端输入电压小于 $\frac{2}{3}V_{CC}$,2 端的输入电压大于 $\frac{1}{3}V_{CC}$。

稳态输出时,若在输入端外加一个低于 $\frac{1}{3}V_{CC}$ 作用时间很短的负脉冲信号,瞬间将会出现 6 端输入电压小于 $\frac{2}{3}V_{CC}$,2 端的输入电压小于 $\frac{1}{3}V_{CC}$ 的情况,集成运算放大器的 A_1 输出高电平,A_2 输出低电平,基本 RS 触发器置"1"工作状态,输出信号 V_o 为高电平。电路在外加负脉冲的瞬间,进入暂稳态,晶体管由导通转换为截止,电源 V_{CC} 经 R,C_2 到公共端对电容 C_2 充电。此后,输入 2 端的外加负脉冲信号被撤销,2 端的外加电压信号高于 $\frac{1}{3}V_{CC}$,在电容电压未达到大于 $\frac{2}{3}V_{CC}$ 之前,出现 555 定时器的 6 端输入电压小于 $\frac{2}{3}V_{CC}$,2 端的输入电压大于 $\frac{1}{3}V_{CC}$ 的情况,集成运算放大器的 A_1、A_2 同时输出高电平,基本 RS 触发器保持接通电源之前的工作状态——高电平暂稳态输出状态。期间即使在 2 端再重复外加低电平触发信号,也只是对基本 RS 触发器反复置"1",不能中断电容充电的连续过程,所以这一电路是不能重复触发的单稳态触发器。

随着电容充电,电容两端电压升高,至数值略大于 $\frac{2}{3}V_{CC}$,将会出现 6 端输入电压大于 $\frac{2}{3}V_{CC}$,2 端的输入电压大于 $\frac{1}{3}V_{CC}$ 的情况,集成运算放大器的 A_1 输出低电平、A_2 输出高电平,基本 RS 触发器处于清零工作状态,输出信号 V_o 为低电平,暂稳态结束,晶体管导通,电容由充电转换为放电。最终将会出现 6 端输入电压小于 $\frac{2}{3}V_{CC}$,2 端的输入电压大于 $\frac{1}{3}V_{CC}$ 的情况,集成运算放大器的 A_1、A_2 同时输出高电平,基本 RS 触发器保持接通电源之前的工作状态——低电平输出状态。

4. 电路的工作波形

如图 9.1.12 所示的波形图是图 9.1.10 所示电路输入信号的波形图,触发负脉冲信号的触发时间很短就可以满足要求。从电容两端的电压变化过程中可以看出,其放电过程是很短的,因为暂稳态结束后,输出从高电平转换为低电平,555 定时器的三极管 T 导通,导通电流较大,电容放电很快完成。电容的充电过程为电路的暂稳态过程,输出为高电平。

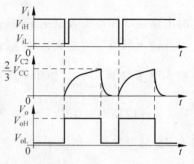

图 9.1.12　电路的电压波形

5. 暂稳态过程经历的时间

暂稳态的时间可以从工作原理进行分析计算得到。进入暂稳态瞬间,电容 C_2 两端的电压接近于零,因此可以认为电容的初始状态为"0"。电容两端电压上升,至数值略大于 $\frac{2}{3}V_{CC}$ 时,暂稳态结束,终止电压值为 $\frac{2}{3}V_{CC}$,电容充电的稳态值为 V_{CC},充电的时间常数 $\tau = RC_2$。利用电容充电过程的三要素法可得

$$V_{C2}(t) = V_{C2}(\infty) + [V_{C2}(0^+) - V_{C2}(\infty)]e^{-\frac{t}{RC_2}}$$

将初始状态、稳态、终态代入得到

$$\frac{2}{3}V_{CC} = V_{CC} + [0 - V_{CC}]e^{-\frac{t}{RC_2}},$$

整理上述表达式得到

$$\frac{1}{3} = e^{-\frac{t}{RC_2}},$$

因此可以得到暂稳态经历的时间为 $t = RC_2\ln3 = 1.1RC_2$。可见,要延长暂稳态的时间,只要增大 R 或 C_2 的值即可。

9.1.4　用 555 定时器构成的多谐振荡器

1. 多谐振荡器

多谐振荡器的电路结构是一种能够产生矩形脉冲信号的电路,产生的脉冲信号具有比较陡的矩形脉冲信号的上升沿和下降沿。一个理想的矩形脉冲信号电压波形,可以用傅里叶级数展开成为具有基波正弦分量和基波频率整倍数各次谐波分量,所以矩形脉冲波是一种多谐波,从而把能够产生矩形脉冲波的电路结构称为多谐振荡器电路或称为多谐振荡器。

矩形脉冲信号是数字逻辑电路的工作信号,所有的数字形式都是靠矩形脉冲信号进行传送的,同时在数字电路中常用矩形脉冲信号时间周期作为定时脉冲和计时脉冲信号。所以设计简单实用的多谐振荡器也是从事电子电路工作者的一个首要任务。目前矩形脉冲信号的频率已经达到几个吉赫,是一般电路难以达到的。尤其是 555 定时器组成的多谐振荡器,其工作频率不会很高。本节将在其基础上介绍一些其他多谐振荡器。

用 555 定时器构成的多谐振荡器电路如图 9.1.13 所示。从电路的连接来讲,也是将

555 定时器接成施密特触发器的结构,即将 2、6 端并联,再与 RC 构成的充放电电路的串联点连接,将 7 端接到放电点。

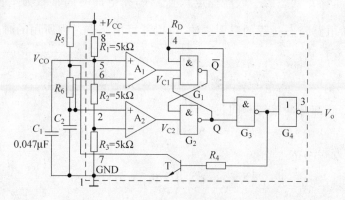

图 9.1.13　用 555 定时器构成多谐振荡器

因此,如果将电容 C_2 两端的电压作为施密特触发器的输入信号,电路的电压传输特性仍然与图 9.1.5(a)所示的情况相同。

2. 电路的工作原理

当电路与电源接通瞬间,C_2 两端没有存储电荷,两端的电压为零,555 定时器的 2、6 端输入电压为 0,即出现 6 端输入电压小于 $\frac{2}{3}V_{CC}$,2 端的输入电压小于 $\frac{1}{3}V_{CC}$ 的情况,集成运算放大器的 A_1 输出高电平,A_2 输出低电平,基本 RS 触发器置"1"工作状态,输出信号 V_o 为高电平,使晶体管截止,电源 V_{CC} 经 R_5、R_6、C_2 到公共端对电容 C_2 充电。这种情况一直维持到 C_2 的两端电压略超过 $\frac{2}{3}V_{CC}$。

当 C_2 的两端电压略超过 $\frac{2}{3}V_{CC}$ 时,出现 6 端输入电压大于 $\frac{2}{3}V_{CC}$,2 端的输入电压大于 $\frac{1}{3}V_{CC}$ 的情况,集成运算放大器的 A_1 输出低电平,A_2 输出高电平,基本 RS 触发器清零工作状态,输出信号 V_o 为低电平,使晶体管导通,电容 C_2 经 C_2、R_6、晶体管 T 到公共端放电。这种情况一直维持到 C_2 的两端电压略低于 $\frac{1}{3}V_{CC}$。此后又从新回到上述的充电过程,如此周而复始,形成振荡,产生矩形脉冲波输出。电路的工作波形如图 9.1.14 所示。

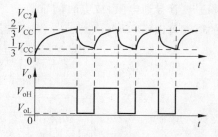

图 9.1.14　电路的电压波形

3. 电路的振荡频率

从图 9.1.14 所示的工作波形图可以看出,电容充电过程的初始状态为 $\frac{1}{3}V_{CC}$,终止状态为 $\frac{2}{3}V_{CC}$,稳定状态为 V_{CC},充电的时间常数为 $\tau_1=(R_5+R_6)C_2$。电容放电过程中,由于晶体管基本处于饱和导通状态,两端的电压很低,因此供电电源对放电电路影响很小,放电时的初始状态为 $\frac{2}{3}V_{CC}$,终止状态为 $\frac{1}{3}V_{CC}$,稳定状态为 0,充电的时间常数为 $\tau_1 = R_6 C_2$。根据这些条件,结合一阶电路暂态过程的三要素法,可以计算出充电过程所用的时间。

充电过程的方程式:

$$\frac{2}{3}V_{CC} = V_{CC} + \left(\frac{1}{3}V_{CC} - V_{CC}\right)e^{\frac{t_1}{RC_2}}$$

充电所用时间,即脉冲维持时间:

$$t_1 = (R_5 + R_6)C_2\ln2 = 0.7(R_5 + R_6)C_2$$

放电过程的方程式:

$$\frac{1}{3}V_{CC} = 0 + \left(\frac{2}{3}V_{CC} - 0\right)e^{\frac{t_2}{RC_2}}$$

放电所用时间,即脉冲低电平时间:

$$t_2 = R_6 C_2\ln2 = 0.7R_6 C_2$$

所以,脉冲周期时间为

$$t = t_1 + t_2 = 0.7(R_5 + R_6)C_2 + 0.7R_6 C_2 = 0.7(R_5 + 2R_6)C_2$$

脉冲频率为

$$f = \frac{1}{t} = \frac{1}{0.7(R_5 + 2R_6)C_2} = \frac{1.43}{(R_5 + 2R_6)C_2}$$

由于 t_1 大于 t_2,因此这种振荡器产生的脉冲信号的"占空比"q 大于 0.5。由 CB555 构成的振荡器最高频率约为 500kHz,由 CB7555 构成的振荡器最高频率约为 1MHz。

为了获得脉冲信号"占空比"q 接近于 0.5,应使电容 C_2 的充电、放电时间基本相同。从上述的计算过程可以看出,只要两者的时间常数相同,就可以满足要求。可以采用如图 9.1.15 所示的电路结构实现。图中利用二极管的单向导电性,电容充电时将经历 $V_{CC} \to R_5 \to R_W$ 的上半部 $(R_{W1}) \to D_1 \to C_2 \to$ 公共端。忽略二极管的导通电阻,充电时间常数 $\tau_1 = (R_5 + R_{W1})C_2$。电容放电时将经历 $C_2 \to D_2 \to R_6 \to R_W$ 的下半部 $(R_{W2}) \to$ 三极管 T $\to$ 公共端。忽略二极管的和三极管导通电阻,放电时间常数 $\tau_2 = (R_6 + R_{W2})C_2$。取 $R_5 = R_6$,调节 R_W 改变 R_{W1} 和 R_{W2} 的值就可以了。

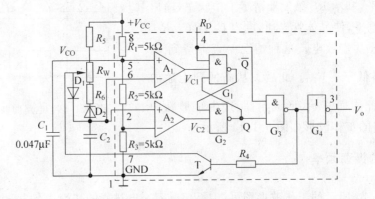

图 9.1.15   用 555 定时器构成"占空比"为 0.5 的多谐振荡器

4. 其他形式的多谐振荡器

1) 对称式多谐振荡器

对称式多谐振荡器的电路如图 9.1.16 所示，它是两种形式的对称式多谐振荡器，集成非门可以用 TTL 型，也可以用 CMOS 型集成逻辑门电路。如果非门电路采用 TTL 型，电阻 $R_1 = R_2$，其阻值不宜过大，一般取 $0.5 \sim 1.5 \text{k}\Omega$。

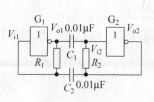

图 9.1.16　对称式多谐振荡器的电路

当电源接通时，由于外界的变动，假定使 V_{i1} 有微小的负向跳变，将会引起下面的正反馈的变化过程：

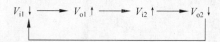

结果 V_{i1} 跳变为最低值，G_1 输出电压 V_{o1} 为高电平，使 G_2 输入电压 V_{i2} 跳变为最高值，G_2 输出电压 V_{o2} 为低电平，电路进入一个暂态。此时，电源通过 G_1 的输出端、电容 C_1 到 R_2，G_2 输出端再到公共端对 C_1 进行充电，另一路电源通过 G_1 的输出端、电路 C_2 到 R_1，G_2 输出端再到公共端对 C_2 进行充电。此时，由于 C_2 连接的输入端输入的电压 V_{i1} 为低电平，其输入电流更大，并且是流出输入信号端的，也起着对 C_2 的充电作用，将使 V_{i1} 的电位上升，V_{i2} 的电位下降。所以，当 V_{i1} 电位上升至接近于 G_1 门的开启电压 V_{th} 时，V_{i2} 的电位不会下降至接近于 G_2 门的开启电压 V_{th}，但此时 G_1 门输出电压将开始出现下降，又将引起下述的正反馈过程：

结果引起 G_1 输出低电平，V_{i2} 跳变为最低值，G_2 输出高电平，使 G_1 输入电压 V_{i1} 跳变为最高值，电路进入另一个暂态过程。电源通过 G_2 的输出端 C_1 到 R_2，G_1 输出端再到公共端对 C_1 进行反向充电（放电），另一路电源通过 G_2 的输出端 C_2 到 R_1，G_1 输出端再到公共端对 C_2 进行反向充电（放电），将使 V_{i1} 的电位下降，V_{i2} 的电位上升，同样 V_{i2} 的电位将更快上升至接近于 G_2 门的开启电压 V_{th} 时，但 V_{i1} 的电位不会下降至接近于 G_1 门的开启电压 V_{th}，当 V_{i2} 的电位上升至接近于 G_2 门的开启电压 V_{th} 时，又将引起前述第一种情况的正反馈过程，如此反复，形成振荡。电路的输入和输出波形如图 9.1.17 所示。

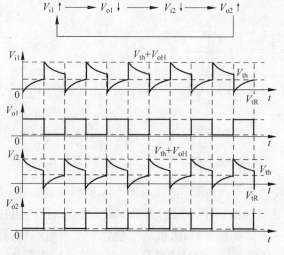

图 9.1.17　图 9.1.16 电路的输入输出波形图

从波形图中可以看出，V_{o1} 跳变为低电平时，V_{i2} 跳变为负值 V_{tR}。这是因为在此之前电容 C_1 的充电电压已经达到 V_{th}，靠 G_1 输出端一侧的电压极性为正，靠 G_2 输入端一侧的电压极性为负，在发生跳变的瞬间，使 $V_{i2tR}=V_{o1L}-V_{th}$（电容 C_1 此时的电压值）。若 $V_{o1L}=0.1V,V_{th}=1.1V$，则 $V_{i2tR}=-1V$。同样，V_{o2} 跳变为低电平时，V_{i1} 跳变为负值 V_{tR}。因此电路的周期可以以此为依据进行计算。由于 $R_1=R_2$，$C_1=C_2$，因此时间常数一样 $\tau_1=R_2C_1=\tau_2=R_1C_2=RC$，初始状态也一样为 V_{tR}，终止状态为 V_{th}，稳定状态为 $V_{oH}-V_{oL}$。

可以得到电路脉冲信号的周期为

$$T=2RC\ln\frac{V_{oH}-V_{oL}-V_{tR}}{V_{oH}-V_{oL}-V_{th}}$$

通常对于 TTL 系列产品，$V_{tR}=-1\sim-0.8V,V_{th}=1.1V,V_{oH}=3.4V,V_{oL}=0.1\sim0.3V$。

2）环形多谐振荡器

由个数为奇数（一般是 3 个）的非门串联起来，并将总的输出反馈到总的输入端，就可以构成环形多谐振荡器，如图 9.1.18 所示。

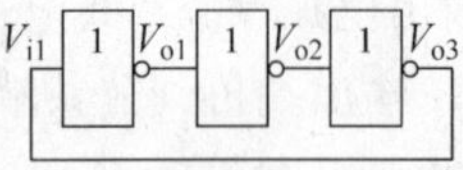

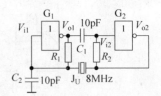

从反馈的角度来讲，这种连接属于负反馈性质。但由于非门电路在信号电平足够强的情况下，工作于开关状态，而且输

图 9.1.18　环形多谐振荡器

出信号落后于输入信号，因此只要返回的输入与开始的输入总是相反的，就可以获得开、关动作状态的波形输出，即矩形脉冲波。因此只有负反馈才能实现这种要求。

图 9.1.18 环形多谐振荡器的输出波形如图 9.1.19 所示。从波形图中可以看出，用 3 级非门电路串联构成的环形多谐振荡器，其振荡周期是由非门电路的平均延迟时间确定的，即 $T=2\times3t_{pd}=6t_{pd}$。

由于非门电路的平均延迟时间很短，因此环形多谐振荡器可以获得很高的振荡频率。

3）石英晶体多谐振荡器

石英晶体多谐振荡器的电路结构如图 9.1.20 所示，图中的电容 C_2 可以省略掉，此时电路一样可以产生矩形波振荡，其振荡频率为 8MHz。实际中，C_1 与晶体在电路中的位置可以互换。

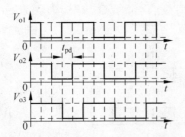

图 9.1.19　图 9.1.18 电路的输出波形图

图 9.1.20　石英晶体多谐振荡器

从石英晶体的电抗频率特性可知，它具有两个不同的振荡频率，即串联谐振频率 f_s 和并联谐振频率 f_p。在谐振频率等于串联谐振频率时，石英晶体的阻抗最小，电路最容易形成正反馈。而在等于并联谐振频率时，阻抗从电感性突变为电容性。因此用石英晶体构成的振荡器的振荡频率一般等于 f_s，而且十分稳定，与电路中的电阻电容无关，其频率稳定度

$\Delta f_s / f_s$可达10^{-7}以上。所以是目前应用比较广的一种多谐振荡器,产生 1MHz 到几十MHz 的振荡频率。

此外,构成多谐振荡器的电路形式还有很多,例如用施密特触发器构成的多谐振荡器电路如图 9.1.21 所示,用单个 CMOS 非门构成多谐振荡器电路如图 9.1.22 所示,这些电路形式在实际中都可以加以引用。

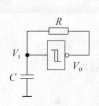

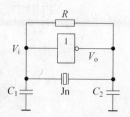

图 9.1.21　用施密特触发器构成
的多谐振荡器电路

图 9.1.22　用单个 CMOS 非门构成
的多谐振荡器电路

图 9.1.21 所示电路的输入电压 V_i 与输出电压 V_o 的波形图与图 9.1.14 所示的波形一致,但电容充电的稳定状态位是 V_{oH},不是 V_{cc},电容放电的稳定状态位是 V_{oL},而不是零。所以电路的脉冲周期为

$$T = RC\ln\left(\frac{V_{oH} - V_{thL}}{V_{oH} - V_{thH}} + \frac{V_{oL} - V_{thH}}{V_{oL} - V_{thL}}\right)$$

其中 V_{thH}、V_{thL} 分别为施密特触发器的高电平门限和低电平门限电压,V_{oH}、V_{oL} 分别为施密特触发器的高电平输出电压和低电平输出电压值。

图 9.1.22 所示电路的振荡频率等于石英晶体的固有振荡频率 f_s,因为只有这一频率,石英晶体的接入电阻最小,最能满足幅值的要求,容易引起振荡。

9.2　集成施密特触发器

双稳态触发器和单稳态触发器除了采用 555 定时器构成外,还包括其他集成施密特触发器和集成单稳态触发器。TTL 和 CMOS 电路中均有相应的集成施密特触发器和单稳态触发器,这些集成电路模块都可以作为定时器和波形整形电路,还可以构成多谐振荡器等。

1. TTL 逻辑门电路构成的施密特触发器

如图 9.2.1 所示为 74LS14 反相施密特触发器电路图。电源电压值为 5V,图中 D_1 和 D_2 构成输入端电路,其输出作为施密特触发器的输入信号;T_1 和 T_2 构成施密特触发器的双门限电压产生电路;D_3 和 R_6 构成电平偏移电路,因为 T_2 截止时,其集电极输出电平较高,而 T_4、T_6 饱和导通时,T_4 基极电位只能保持为 1.4V 左右,所以 T_2 集电极的输出不能直接加到 T_4 管的基极;T_4、T_5、T_6 构成推拉式输出电路,其高电平输出电压为 3.6V(空载),低电平输出为 0.3V。

74LS13 的 4 输入施密特触发器与 74LS14 相似,电路图如图 9.2.2 所示,由 1 个输入端改为 4 个输入端,此外 74LS13 增加 T_3 三极管,将 T_2 集电极的输出直接加到 T_3 的基极端,T_3 的发射极与图中的 D_3 二极管的正极端相连,电路其他部分相同。当 T_1 基极输入高电平时，T_2 输出高电平，D_3 导通，T_4、T_5 饱和导通，T_6 截止，输出低电平，所以电路是反相施密特触发电路。

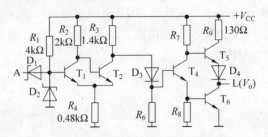

图 9.2.1　74LS14 反相施密特触发器电路图

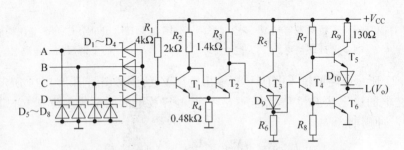

图 9.2.2　74LS13 的 4 输入反相施密特触发器电路图

2. 双门限产生电路

当 74LS13 的输入电压足够低时，T_1 管截止，T_2 管导通，V_{oT2} 输出低电平，V_E 取决于 R_3 与 R_4 的分压值：

$$V_{E1} = \frac{V_{CC} - V_{ces}}{R_4 + R_3} R_4$$

若此时输入电压从足够小向足够大上升，门限电压值为 $V_{th1} = V_{E1} + V_{BE1}$；当输入电压足够高时，$T_2$ 管截止，T_1 管导通，V_{oT2} 输出高电平，V_E 取决 R_2 与 R_4 的分压值：

$$V_{E2} = \frac{V_{CC} - V_{ces}}{R_4 + R_2} R_4$$

若此时输入电压从足够大向足够小改变时，其门限电压值 $V_{th2} = V_{E2} + V_{BE}$。由于 R_2、R_3 的数值不同，因此可以产生两个不同的门限电压值。

根据上述分析，若电源电压为 5V，三极管的饱和电压为 0.3V，可以算得门限电压值的上门限为 1.2V，下门限电压值为 0.91V。可见这种施密特触发器的"回差电压值"不大。电路的电压传输特性与图 9.1.5(a)相同，只是门限电压发生改变而已。

除了使用双极型三极管构成的施密特触发器外，还可以用 MOS 管组成施密特触发器，内部电路结构如图 9.2.3 所示，该电路图是 CC40106 集成模块的内部电路结构。图中 T_1、T_2、T_3、T_4、T_5 和 T_6 构成施密特触发器的双门限产生电路；T_7、T_8、T_9 和 T_{10} 组成两个背靠背相连的非门构成整形电路，使输出信号的突变性更好，即电压传输特性的转折特性曲线的斜率更小（更陡）；T_{11} 和 T_{12} 构成反相器。输入电压由足够低向足够高变化并达到高门限时，施密特触发器输出由高电平最终转变为低电平，整形电路 T_7 和 T_{10} 由导通转为截止，T_8

和 T_9 由截止转为导通,使输出由高电平转为低电平。输入电压由足够大向足够小减小,并达到低门限时,施密特触发器输出由低电平最终转变为高电平,整形电路 T_7 和 T_{10} 由截止转为导通,T_8 和 T_9 由导通转为截止,使输出由低电平转为高电平。所以该集成电路也是反相型施密特触发器。电路的电压传输特性与图 9.1.5(a) 相同,只是门限电压发生改变而已。

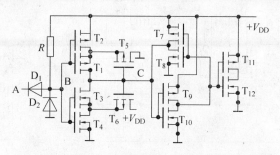

图 9.2.3　用 CMOS 结构构成的施密特触发器电路

电路的门限电压与电源电压有关,假定图中的 N 沟道场效应管的开启电压相同,都为 V_{th},P 沟道场效应管的开启电压相同,都为 $-V_{th}$。当 B 端电压足够低时,T_1 和 T_2,导通,T_3 和 T_4 截止,C 端输出高电平,T_5 截止,T_6 导通,此后随着输入电压的上升,至大于 V_{th} 时,T_4 由截止转入导通,使其"漏极"电位下降。在 T_3 导通前,由于 C 电电位较高,T_6 导通栅极、"漏极"之间的电压也较高,T_4 的"漏极"电位可以下降至 $V_{DD}/2$。输入电压继续上升至大于 $V_{DD}/2+V_{th}$ 时,T_3 导通,一旦 T_3 开始导通,将形成正反馈过程:C 点电位降低→管 T_6 的导通电流减小→沟道电阻增大→T_4 管的"漏极"电位下降→管 T_3 的导通电流增大→沟道电阻下降→C 点电位降低,迅速使 C 点输出电位由高电平转入低电平,促使 T_5 转入导通,T_1 转入截止。所以电路的上门限电压为 $V_{DD}/2+V_{th}$。同理,可以分析得出电路的下门限电压等于 $V_{DD}/2-V_{th}$。当电源电压为 10V 时,若 $V_{th}=2V$,高电平门限电压为 7V,低电平门限电压为 3V。"回差电压值"比 74LS13 和 74LS14 高。

9.3　集成单稳态触发器

在 TTL 和 CMOS 系列集成电路的产品中,都有单稳态触发器的专用模块。集成单稳态触发器从功能来讲,具有两种不同的形式,即前述的可从重复单稳态触发器和不可重复触发的单稳态触发器。

常用的 TTL 集成单稳态触发器不可重复触发的系列产品有 CT54121、CT74121、CT54221 和 CT74221 等型号;可重复触发的系列产品有 CT54122、CT74122、CT54123 和 CT74123 等型号。CMOS 集成单稳态触发器不可重复触发的系列产品有 CC74123 等型号;可重复触发的系列产品有 CC14528 和 CC14538 等型号。

1. 不可重复触发的集成单稳态触发器

图 9.3.1 为 CT74121 不可重复触发的单稳态集成触发器电路图及符号。图中 G_1、G_2、G_3 和 G_4 构成触发器的输入电路,G_2 和 G_3 构成基本 RS 触发器;G_4 的输出 Q_4 作为微分型单稳态触发器的输入触发信号;G_5、G_6 和 G_9 门电路与集成模块的外接电阻 R_{of} 外接电容

C_{of} 构成微分型单稳态触发电路；G_7 和 G_8 构成输出缓冲器。电路的输出脉冲宽度取决于外接电阻 R_{of} 和外接电容 C_{of} 所决定的微分时间常数的大小。改变外接电阻 R_{of} 和外接电容 C_{of} 的大小可以改变触发器的输出高电平时间。

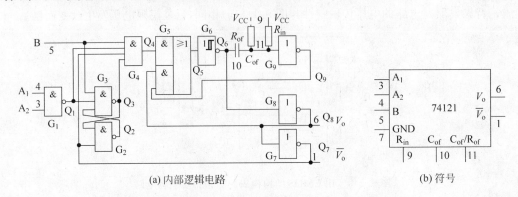

(a) 内部逻辑电路　　　　　　　(b) 符号

图 9.3.1　不可重复触发的单稳态触发器电路图及符号

无触发信号输入的情况下，Q_4 输出低电平。电路稳定时，外接电容的充电或放电电流必定为 0，流过外接电阻的电流很小，使 G_9 的输入为高电平，Q_9 输出必定为低电平。由于 $Q_5 = Q_4 + Q_9 Q_8$，因此 G_6 门输入为低电平，Q_6 输出为高电平（保证 G_9 和 G_8 的输入为高电平），所以稳态的输出 $V_o = V_{oL}$，即电路的稳定状态为低电平输出。同时由于 Q_6 输出为高电平，因此外接电容两端的电压很小 $V_C = V_{CC} - V_{oH}$。

当有触发信号输入时，Q_4 输出端的输出从低电平跳转为高电平，Q_5 也随着跳转为高电平，G_6 门输入由低电平跳转为高电平，Q_6 输出转换为低电平输出。由于稳态时外接电容两端的电压很小，且不能突变，因此在 Q_6 转换为低电平输出开始，G_9 和 G_8 的输入为低电平，Q_8 和 Q_9 的输出全为高电平输出，保证 Q_5 输出高电平，Q_6 输出低电平，电源电压通过外接电阻 R_{of} 对外接电容 C_{of} 充电，电路进入暂稳态过程，暂稳态的输出为高电平。在这一过程中，即使 Q_4 的状态反复发生变化，也不影响暂稳态的输出，Q_8 和 Q_9 全为高电平输出锁定了 Q_5 的高电平输出状态。所以电路是不可重复触发的。

电源电压通过外接电阻 R_{of} 对外接电容 C_{of} 充电，初始电压为 $V_C(0^+) = V_{CC} - V_{oH}$，终止电压为 $V_C(t_w) = V_{th} - V_{oL}$。$V_{th}$ 为 G_9 的门限电压，电容 C_{of} 充电稳定电压为 V_{CC}。当 $V_C(t) = V_{th} - V_{oL}$ 时，G_9 门的输出电压开始下降，促使 Q_5 输出高电平下降，Q_6 输出低电平上升，G_9 门的输出电压加速下降的正反馈过程，使暂稳态过程结束，电路输出低电平。所以电路的暂稳态时间为

$$t_w = R_{of} C_{of} \ln \frac{V_{oH}}{V_{CC} + V_{oL} - V_{th}}$$

触发脉冲信号由 A_1、A_2 和 B 的任何一端输入。无输入触发信号，即 A_1 和 A_2 输入保持相反，$B = 1$，或者 A_1 和 A_2 输入全为 1，$B = 0$ 时，这 3 个输入端的输入组合状态应保证 G_4 门的输入中至少有一端为低电平，Q_4 输出为低电平。由于 $Q_4 = B Q_3 Q_1 Q_7$，稳态时 Q_7 输出高电平，B、Q_3、Q_1 3 个输入信号中，只要有一端输入信号为低电平就可以满足上述条件。反之，要产生触发信号，必须使 Q_4 输出从低电平跳变为高电平。显然，Q_4 输出产生触发脉冲的高电平信号时，B、Q_3、Q_1 和 Q_7 4 个端输入应全为高电平。

稳定状态时，Q_7 输出高电平，若 A_1 和 A_2 输入保持相反，B 端输入低电平。此时由于 $Q_1 = \overline{A_1 A_2}$，Q_1 一定保持输出高电平，Q_1 输出与 B 端的输入信号都是 Q_3 的置"1"信号输入，而 B 端输入低电平使 Q_3 输出高电平，电路保持稳定。在这种组合输入的情况下，只要 B 端从输入为低电平跳变为高电平就可以产生触发脉冲。

反之，若 B 端保持高电平输入，而 A_1 和 A_2 输入同为高电平，则 Q_1 输出为低电平，Q_3 输出为高电平，电路保持稳态。此时，若 A_1 和 A_2 有一端的输入发生从高电平跳转为低电平，则 Q_1 输出由低电平转为高电平，这一跳变不影响 Q_3 的输出高电平，同样使 B、Q_3、Q_1 和 Q_7 的输入组合全为高电平而产生触发信号。

当触发信号输入时，Q_4（正跳变）→Q_5（正跳变）→Q_6（负跳变）→Q_8（正跳变）→Q_7（负跳变）→Q_3 清零，触发脉冲作用失效。所以触发脉冲的有效作用时间是很短的，约为 $6 \sim 7 t_{pd}$。所以，即使触发脉冲信号作用的时间和暂稳态过程所用的时间相比，时间更长时，也不影响暂稳态的过程。

实际使用中，若将外接电容直接接在 10 端和 11 端之间，通过调节电容的大小，同样也可以改变 t_w 的时间。

表 9.3.1 为集成 CT54/74121 模块的逻辑功能表。从表中可以看出，当 A_1 和 A_2 输入保持相反，B=1，或者 A_1 和 A_2 输入全为 1，B=0 时，电路处于稳定工作状态。当 B=1 时，A_1 和 A_2 从输入全 1 状态的情况下，有一端或两端同时发生"负跳变"，可以使电路进入暂稳态。当 A_1 和 A_2 输入保持相反，B 端从 0 状态发生"正跳变"也可以使电路进入暂稳态。

表 9.3.1 CT54/74121 的逻辑功能表

输入			输出		功能
A_1	A_2	B	V_o	$\overline{V_o}$	
L	×	H	L	H	稳态
×	L	H	L	H	
×	×	L	L	H	
H	H	×	L	H	
H	↓	H	⊓	⊔	暂稳态过程
↓	H	H	⊓	⊔	
↓	↓	H	⊓	⊔	
0	×	↑	⊓	⊔	
×	0	↑	⊓	⊔	

2. 可重复触发的集成单稳态触发器

由 CMOS 门组成的可重复单稳态触发器 CC14528 集成模块的电路如图 9.3.2 所示。电路中，R_{of}、C_{of} 为外接电阻和电容。G_9、G_{10}、G_{11}、T_1 和 T_2 构成清零控制电路，控制信号从 $\overline{R}$ 输入，当 $\overline{R}$ 输入为高电平时，G_{11} 门输出高电平，T_2 管截止，电路处于单稳态工作状态；$\overline{R}$ 输入低电平时，G_{11} 门输出低电平，管 T_2 导通，电源 V_{DD} 通过管 T_2 对外接电容迅速充电，使 G_{12} 输入高电平，V_o 输出低电平，使得电路输出实现清零。G_{14}、G_{15} 和 G_{16} 构成输出缓冲电路；

G_1、G_2、G_3、G_4、G_5、G_6、G_7、G_8 和 G_{13} 构成输入控制电路。触发信号从 A_1 和 A_2 输入，A_1 为负跳变时刻产生触发信号（针对 G_3、G_4、G_7 和 G_8 门电路组成的触发器而言），A_2 输入出现"正跳变"时刻产生触发信号（针对 G_3、G_4、G_7 和 G_8 门电路组成的触发器而言）。

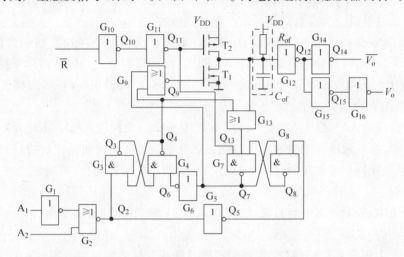

图 9.3.2　集成 MC14528 可重复触发的单稳态触发器电路

无触发输入时 $A_1=1$，$A_2=0$，$\overline{R}$ 输入为高电平，$Q_{11}=1$，T_2 管截止，电路处于稳定状态。此时，G_2 的输出一定是高电平，导致 G_5 输出为低电平，G_8 输出为高电平，G_7 的输出取决于 Q_{13} 的输出，Q_{13} 的状态又决定于 Q_4 的输出。

若 Q_4 输出为低电平，则 Q_6 的输出必为高电平，Q_7 的输出一定是低电平，Q_9 和 Q_{13} 的输出必为高电平，T_1 导通，C_{of} 放电。这种情况下将导致 Q_{13} 的输出转为低电平，使 Q_7 的输出由低电平跳变为高电平，这一跳转将引起 G_6 输出由高电平跳变为低电平，G_4 输出转为高电平，Q_9 输出为低电平，致使 T_1 截止，C_{of} 转为充电，到 G_{12} 的门限电压时，V_o 输出为低平。

若 Q_4 的输出为高电平，Q_9 的输出必为低电平，T_1 截止，电源通过 R_{of} 对 C_{of} 充电。稳定时 Q_{13} 的输出高电平，保证 Q_7 输出必定是低电平，Q_6 的输出必为高电平，G_4 输出不变，V_o 输出为低电平，所以电路的稳定状态为输出低电平。

稳定时，电路的输出状态为 $Q_4=1$，$Q_7=0$，$Q_{11}=1$，$Q_{13}=1$，$Q_9=0$，T_1 和 T_2 处于截止状态，V_o 输出为低电平。

当有触发信号输入时，即发生 A_1 为负跳变或 A_2 输入为"正跳变"，这一变化开始瞬间将引起 G_2 门输出"负跳变"信号，G_3 和 G_4 组成的双稳态触发器被置"0"，$Q_4=0$，Q_7 保持为"0"，Q_9 跳变为"1"，T_1 由截止转为导通，外接电容 C_{of} 先放电。到 G_{12} 和 G_{13} 的低电平输入电压（时间极短）时，V_o 输出为高电平，暂稳态开始。G_{13} 输出为低电平，Q_7 由低电平跳变为高电平，这一跳转同时引起 Q_9 输出低电平，致使 T_1 截止，C_{of} 转为充电，直到 G_{12} 的上门限电压 V_{th12}，V_o 输出为低平，暂稳态结束。

在 Q_7 由低电平跳变为高电平时，G_6 输出由高电平跳变为低电平，G_4 输出转为高电平，保证 G_9 输出低电平，准备接受触发信号。

重复触发的过程，在触发脉冲作用下从 Q_9 跳变为"1"开始，T_1 将经历截止→导通→截止，外接电容 C_{of} 将经历放电→充电的过程。期间，若外接电容 C_{of} 放电到 G_{13} 低电平输入电压时,触发脉冲信号已经恢复,将使 G_8 重新恢复输出为"1"。在 $Q_{13}=0$ 前, G_7 仍然输出高电平,此时若加入重复触发信号,由于 G_7 输出的高电平锁定 Q_9 输出低电平及 T_1 截止,触发信号引起 G_4 输出的"负跳变"不起作用,所以这种重复触发信号是无用的。如若设计电路时,能够使 V_{th13} 低于 V_{th12},则可以做到暂稳态过程结束前, Q_{13} 提前恢复输出为高电平,恢复 G_7 输出低电平,此时若加入重复触发的信号,而引起 G_4 的"负跳变"将起作用, Q_9 输出高电平,而 T_1 将经历截止→导通→截止,外接电容 C_{of} 将经历放电→充电的过程,这就是重复触发的工作过程。重复触发单稳态触发器的工作波形如图9.3.3所示。

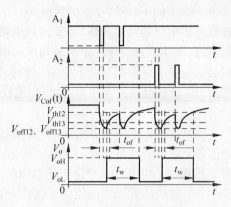

图 9.3.3　电路的电压波形

在图9.3.3所示的波形图中, t_{of} 为重复触发脉冲信号作用无效的时间; T_w 为在重复脉冲作用下的暂稳态时间, $t_w = n \times T_n + R_{of} C_{of} \ln \dfrac{V_{DD} - V_{of}}{V_{DD} - V_{th12}}$; T_n 为有效触发脉冲的周期, n 为连续有效触发脉冲的个数。

表9.3.2列出了集成CC14528模块的逻辑功能表。从表中可以看出, $\bar{R}=0$ 时,电路处于清零状态;当 $\bar{R}=1$ 时,若输入保持 $A_1=1$ 和 $A_2=0$ 的组合状态,电路将处于稳定工作状态。当输入从 $A_1=1$ 和 $A_2=0$ 的组合状态下, A_1 发生"负跳变"或 A_2 发生"正跳变"都可以使电路进入暂稳态。当 $\bar{R}=1$ 时, A_1、 A_2 的其他组合状态电路均保持稳定,在触发脉冲作用后,均可以对电路进行清零操作。这种操作,在暂态过程中终止暂态过程,在稳定状态时阻止触发脉冲的作用。

表 9.3.2　CC14528 的逻辑功能表

输入			输出		功能
A_1	A_2	$\bar{R}$	V_o	$\bar{V}_o$	
H	L	L	L	H	清零
H	L	H	L	H	稳态
H	↑	H	⊓	⊔	暂稳态过程
↓	L	H	⊓	⊔	

本章小结

数字电路中是以脉冲信号作为工作信号的。而脉冲信号可以由多种电路产生,尤其是目前电子计算机的工作速度达到几个 $G(10^9)$ 的脉冲频率的情况下,设计简单可用的振荡器是电子电路设计人员的一种必须掌握的技能。由单个非门电路或两个非门电路组成的多谐振荡器,是构成较高工作频率脉冲信号产生电路的可取形式。

555定时器是构成多谐振荡器的一种应用形式,但不是其唯一的使用形式,更多用于定时和整形电路。不管作何种使用,应注意555芯片一般具有两个门限值。在5端未加任何电压时,两个门限电压值为 1/3 及 2/3 电源电压;在 5 端外加任何电压 V_{oE} 时,两个门限电压值为 1/2 的 V_{oE} 和 V_{oE}。当使用 555 定时器芯片构成多谐振荡器使用时,主要是利用其具有双门限电压的特点构成"施密特触发器"的电路结构。使用集成"施密特触发器"组成多谐振荡器,电路原理与 555 定时器构成多谐振荡器的电路原理是一样的,计算电路的振荡频率的公式也具有相似的形式。分析多谐振荡器电路的步骤如下:

(1) 分析电路的工作原理,画出电路中触发输入信号和输出电压的波形,注意两者之间的时间关系。

(2) 画出电路中电容的充电、放电电路,确定电路的时间常数。

(3) 确定电路中电容的充放电初始电压、终止电压(与施密特及 555 定时电路的上下门限电压相关),以及达到稳定时的电压值。

(4) 利用电容充放电的暂态过程三要素法列出电路的电压时间方程,求出电路的暂态时间,确定电路的振荡周期和频率。

整形电路是本章介绍的集成电路使用的一个方面。整形,实际上是将不规则变化的电压信号整形成边沿比较陡的脉冲信号,或者将正弦波、三角波转换成矩形波信号。本章介绍的 3 种集成电路均可以构成整形电路。从输出波形的抗干扰情况来看,555 定时器和施密特触发器的效果更好。但如果输入信号是单一频率的三角波形或正弦波形,采用单稳态触发器也是很好的选择。

单稳态触发器作为定时器使用时,可重复触发和不可重复触发集成电路具有不同的定时意义。当电路的外接电容和外接电阻参数确定后,不可重复触发的单稳态触发器的定时时间是固定的。而可重复触发的单稳态触发器的定时时间还可以通过触发信号控制,也可以利用清零信号终止定时过程。

单稳态触发器、施密特触发器、555 定时电路作为定时器使用时,计算定时时间的方法与多谐振荡器计算周期时间的方法相同。

本章习题

题 9.1 将 555 定时器接成如图 P9.1 所示电路时,属于什么样的触发器? 试求出当 V_{CC} 电压值分别为 9V、12V、6V 三种情况下,该触发器的门限电压?

题 9.2 对于图 P9.1 所示电路,若输入电压为正弦波形,正弦波的幅值为 8V,试画出电源电压分别为 6V 和 12V 两种情况时,输出电压的波形。

题 9.3 对于图 P9.1 所示电路,若输入电压为三角波形,三角波的幅值为 10V,试画出电源电压为 12V 时,输出电压的波形。

题 9.4 对于图 P9.1 所示电路,若输入电压的波形如图 P9.4 所示,试画出电压的波形。

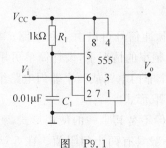

图 P9.1

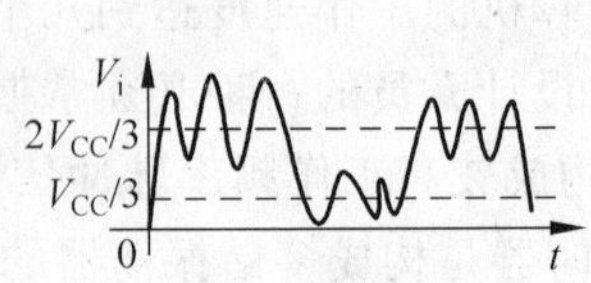

图 P9.4

题9.5 将555定时器连接成如图P9.5所示的电路,试问该触发器属于什么形式的触发器,试求出当 V_{CC} 电压值分别为9V、6V、5V三种情况下,该触发器的门限电压?

题9.6 图P9.5中 V_{CC} 电压值为5V,输入端外加一个电压值足够低的输入尖脉冲信号,计算在尖脉冲电压信号作用下,输出电压维持高电平的时间。

题9.7 若图P9.5中 V_{CC} 电压值为9V,要求在输入端外加一个电压值足够低的输入尖脉冲信号作用下,输出电压维持高电平的时间为3s,若维持电路中的电阻组织不变,计算 C_1 的大小应为多少?

题9.8 图P9.5所示电路中 V_{CC} 电压值为5V,输入电压为一个幅值为3V的正弦交流电压信号,试画出电路的输出电压波形。

题9.9 若图P9.5所示电路中, R_1 的值为 $1\text{k}\Omega$, C_1 的值为 $0.001\mu\text{F}$,输入电压的波形如图P9.9所示,锯齿波的周期 $t_1 = 0.2\text{ms}$, $t_2 = 0.4\text{ms}$, $t_3 = 0.2\text{ms}$, $t_4 = 0.2\text{ms}$, V_{CC} 为5V。试画出该电路的输出电压波形。

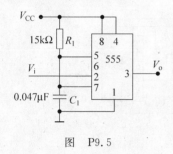

图 P9.5

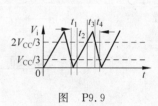

图 P9.9

题9.10 电路如图P9.10所示,若电源电压为12V,试计算电路的输出信号电压的频率变化范围。

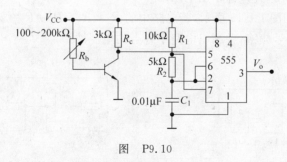

图 P9.10

题9.11 555定时器构成的多谐振荡器如图P9.11所示,试计算该电路输出电压的频率,并画出输出电压的波形。图中 $V_{CC} = 12\text{V}$。

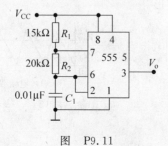

图 P9.11

题 9.12 电路如图 P9.12 所示,已知电源电压的值为 12V,其他电路元件的参数如图所示。试计算输出电压的高频频率和低频频率,以及其维持时间。

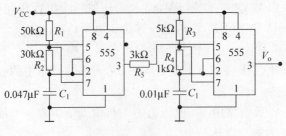

图 P9.12

题 9.13 电路如图 P9.13 所示,已知电源电压的值为 12V,其他电路元件的参数如图所示。试计算开关后,输出电压的高频频率和低频频率,以及其维持时间。

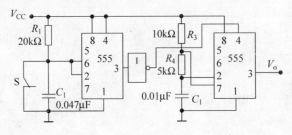

图 P9.13

题 9.14 电路如图 P9.14 所示,若电路中的非门平均延时时间 $t_{pd}=5\text{ns}$,试画出各个门电路的输出电压时序图,并计算输出电压的频率。

题 9.15 电路如图 P9.15 所示,若电路中的 $R_1=R_2=R_3=R_4=2\text{k}\Omega$,$C_1=C_2=500\text{pF}$,试计算电路的振荡信号频率,并画出电路中各点的电压波形。

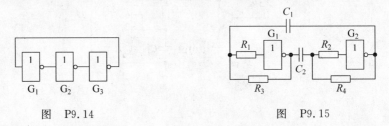

图 P9.14   图 P9.15

题 9.16 若将反相施密特触发器作为整形电路使用,当输入电压的波形如图 P9.16 所示时,试画出电路输出电压的波形。

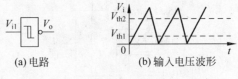

(a) 电路   (b) 输入电压波形

图 P9.16

题9.17 用单稳态触发器74121构成的电路如图P9.17所示,若输入信号为5kHz的正弦信号,其幅值电压值为3V。设G_6门的输出高电平为3V,输出低电平为0.4V,G_9门的开启电压$V_{th9}=1.5V$。A_1、A_2和B的门限电压$V_{iH}=1.4V$,$V_{iL}=0.4V$,电源电压为5V,试画出输出电压的波形,并计算输出电压的脉冲宽度。

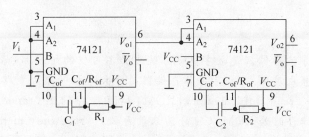

图 P9.17

题9.18 试用单稳态触发器74121设计一个脉冲宽度变换电路,要求在尖脉冲信号的下降沿作用下,能够产生脉冲宽度为200ns的负脉冲宽度的输出信号,试画出电路图,并计算电路元件参数。

题9.19 利用上门限电压为3V,下门限电压为0.5V的施密特触发器设计一个输出脉冲宽度在0.1～5s范围内可调的电路,电容的容量为$0.01\mu F$,电路的电源电压值为5V,计算电路元件参数的变化范围。

题9.20 利用555定时器设计一个报警电路,当电路中报警开关由闭合转变为断开时,电路能够产生2000Hz频率的报警信号,画出电路图,并计算电路的相关元件参数,定时器的外接电源电压为6V。

第10章

半导体存储器和可编程器件

主要内容：半导体存储器是数字电子系统中必不可少的组成部分，常用于存储大量的二进制数码。按照集成度来划分，半导体存储器属于大规模的集成电路。根据其功能可以分为只读存储器件（read only memory，ROM）和随机存储器（random access memory，RAM）两大类。只读存储器 ROM 又可分为只读存储器（read only memory，ROM）和可擦除可编程存储器（programmable read only memory，PROM）。只读存储器 ROM 的存储内容（某一段控制程序）只能一次性地进行程序编写，完成后将不可再行改动。可擦除可编程存储器 PROM 的存储内容可以进行多次写入和擦除。例如 MP(3、4)系列产品中使用的存储芯片。根据擦除的方式不同 PROM 还可以分为电擦除 E^2PROM（electrically erasable programmable read only memory）和紫外光擦除 EPROM（ultra-violet erasable programmable read only memory）两种基本系列产品。此外 E^2PROM 还可分为"浮栅"电擦除和快闪电可擦除两种。

随机存储器可分为静态 SRAM（static random access memory）和动态 DRAM（dynamic random access memory）两种类型。前者每次读出或写入时，存储的内容都不需要进行更新；后者每次读出时，存储的内容需要进行更新。这是两者的主要区别。

另一类存储器件是 20 世纪 70 年代发展起来的可编程存储器件，这种新型的存储器件，与半导体存储器件相比，具有低功耗、性能好、价格低等优点。以 FPLA、PAL、GAL、CPLD、FPGA 等各类型可编程逻辑器件为代表，这些逻辑器件具有应用灵活、集成度高、处理速度快的特点。因此，是目前数字电子系统应用较为广泛的器件。本章将介绍上述器件的构成、主要工作原理和应用原理等。

10.1　随机存取存储器

半导体存储器是数字电子系统中必不可少的组成部分，常用于存储大量的二进制数码。按照集成度来划分，半导体存储器属于大规模的集成电路。目前，单片半导体存储器的存储容量可达 4GB 以上，两片组装扩展后达到 8GB 的存储容量，即是计算机市场可以买到的8GB 内存条。相信，随着纳米技术的发展，更大存储容量的集成半导体存储器将会出现。

10.1.1　随机存取存储器的结构

1. RAM 的基本结构

RAM 的基本结构包括存储矩阵，行、列地址译码器，输入、输出控制电路等几个主要电路模块组成，如图 10.1.1 所示。

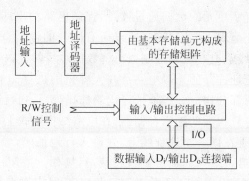

图 10.1.1 RAM 电路的基本结构

1) 存储矩阵

RAM 存储矩阵是由静态或动态存储单元组成一定字长的字存储单元(简称字单元)构成矩阵结构形式,如图 10.1.2 所示。每个随机存储单元由多管或单管组成,只能存储 1 位二进制数,在存储矩阵中称为一个存储单元。所以存储矩阵的每个字单元应由一个以上的随机存储单元组成,每个字单元所包含的存储单元个数(一个二进制代码的位数)称为字长。存储矩阵所包含的字单元个数称为字数,字数和字长的乘积称为存储矩阵的存储容量。一个 RAM 器件的存储容量就是指其存储矩阵的存储容量。例如一个 RAM 的存储容量为 $256MB \times 16$,表示该 RAM 器件具有 256MB 字存储单元,每个字单元包含 16 位字长,存储单元个数为 $256MB \times 16$ 个。

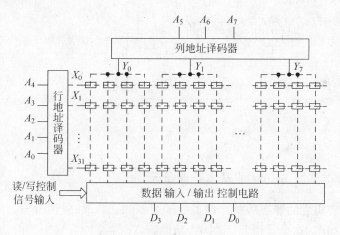

图 10.1.2 256×4 RAM 存储矩阵电路的基本结构

2) 地址译码器

地址译码器的功能是将 RAM 输入地址码译成相对应"行线"和"列线"的输入信号,以便读出期望存储字单元的数据,或者将数据线上的输入数据存入到期望的对应存储单元。

RAM 通常以字长为单位进行读出和写入,这样与 RAM 连接的地址线根数 n 和存储器的字数 N 关系为 $2^n = N$。对于图 10.1.2 所示的存储器,其存储字数为 $256 = 2^8$,所以与该 RAM 器件连接的地址线根数为 8。译码器的原理与 5.2 节介绍的译码器一样。

如图 10.1.2 所示,每个字长组成一组,并赋予一个地址号,称为一个地址。进行读/写操作时,可以按不同的地址选择不同的地址字单元,所以字单元称为地址单元。每次读/写一个字单元的数据。所有字单元的数据通过读/写控制电路输出或输入到数据总线上。因为未被选中的字单元对外呈现高电阻状态,所以所有同位的输出、输入可以并联在一起,称为数据总线,每根数据总线输出一位二进制数码。数据总线的根数等于字长。

地址译码器是实现地址选择的译码电路。在大容量随机存储器的译码电路中,译码器通常由行地址和列地址两部分构成。行地址译码器选择行号,列地址选择列号,两者确定了选择字单元。对于存储容量很大的随机存储器,在电路结构形式上,地址码的输入还可以采用分时输入的方式,即就是在同一组地址线上,先输入行地址码,经行地址译码器译码会保存在行地址存储器上,然后再输入列地址码进行读/写操作。采用这种输入方式,最多可以节省一半的地址外引连接线,这对于大容量的 RAM 是很有必要的结构形式。例如动态RAM 芯片 μPD41256 就是采用行、列地址码分时输入方式的。

3) 输入/输出控制电路

输入/输出控制电路如图 10.1.3 所示。该电路可以实现 1 位二进制码的输入/输出控制。图中,R/$\overline{W}$ 为输入/输出控制信号输入端;C_S 为片选控制信号端;D 和 $\overline{D}$ 为存储矩阵的数据总线;I/O 为数据的输入/输出线。

(1) 当 R/$\overline{W}$=0,C_S=0 时,进行写入操作。此时 G_4 输出为"1",G_5 输出为"0",三态输出缓冲器 G_1 和 G_2 导通,G_3 处于高电阻,I/O 数据输入到 D 和 $\overline{D}$。

(2) 当 R/$\overline{W}$=1,C_S=0 时,进行读出操作。此时三态输出缓冲器 G_4 输出为"0",G_5 输出为"1",三态输出缓冲器 G_1 和 G_2 处于高电阻状态,G_3 导通,D 数据输出到 I/O 口。

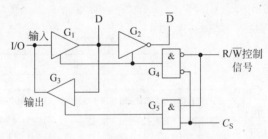

图 10.1.3 输入/输出控制电路

2. 静态随机存储器 SRAM 的基本存储单元

由 6 个晶体管构成的静态随机存储器(static random access memory,SRAM)的一个存储单元内部电路如图 10.1.4 所示。图中,晶体管 T_1、T_2、T_3 和 T_4 构成基本存储单元;晶体管 T_5、T_6、T_7 和 T_8 构成输入/输出开关电路,用"列线"和"行线"的高电平控制其开关状态。

T_1、T_2、T_3 和 T_4 构成的最基本存储单元的电路结构是由两个 CMOS 非门交叉连接而构成的基本 RS 触发器,T_5 和 T_6 是其输入/输出开关。只有在行线 X_i 处于高电平时,T_5 和 T_6 才处于导通状态,基本 RS 触发器的状态才能够输出到位线上。在行线 X_i 处于低电平时,T_5 和 T_6 处于截止状态,基本 RS 触发器的输出与位线的连接处于

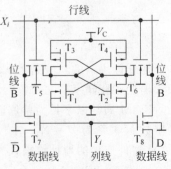

图 10.1.4 六管静态存储单元

断开情况,在通电的情况下,RS 触发器存储的数据不变。所以静态的 RAM 是由基本 RS 触发器的自保功能存储 1 位二进制数据的。当系统断电时,存储的数据自然消失。

晶体管 T_7 和 T_8 构成由列线控制的输入/输出开关电路,这部分电路是一列存储单元共用的控制开关,所以每个 SRAM 独立的存储单元只是由 $T_1 \sim T_6$ 组成。通过地址译码器译出的结果,使得 Y_i 处于高电平时,T_7 和 T_8 同时导通,位线 B 与数据线 D 连通,位线 $\overline{B}$ 与数据线 $\overline{D}$ 连通。若此时行线 X_i 也处于高电平,T_5 和 T_6 处于导通状态,则可以将该存储单元基本 RS 触发器存储的数据传送到数据线上,或者将数据线上的数据存入到该存储单元的基本 RS 触发器上;若此时行线 X_i 处于低电平,T_5 和 T_6 处于截止状态,基本 RS 触发器的输出与位线 B 和位线 $\overline{B}$ 的连接处于断开情况,则该存储单元的存储数据保持不变。

可见,要读出 RAM 存储单元的数据或将数据存入存储单元,基本条件是"行线"和"列线"同时加上高电平,否则存储单元的输出端,对外处于高电阻状态,其存储的数据保持不变。

采用 CMOS 管组成基本 RS 存储单元,可以带来功耗低和适应电源电压波动范围宽的优点。这是由于在工作状态下,总有一个 MOS 管处于截止工作状态,所以具有很低的功耗,在大规模的存储单元中,都采用这种电路形式。其次,当工作电压比额定电压低时,还能够保持数据不变。目前使用的 Intel 等公司生产的低功耗 SRAM 在 5V 电源工作时,静态功耗为 1μW 左右;在 3V 电源工作时,静态功耗为 0.3μW 左右。而且,两种电源情况下,都可以正常工作。

综上所述,随机存储器可以随时将数据存入存储单元,也可以随时从存储单元读出数据,其特点是使用灵活,读出、写入数据方便,所以广泛用作个人计算机内存器。但是一旦电源断开,将会将存储的数据丢失。所以,在实际使用中,应将 RAM 的存储数据及时转移到可以长期保存数据的存储器,如计算机中的硬盘等。

3. 动态 DRAM 的基本存储单元

1) 多管动态随机存储单元

由 3 个晶体管组成存储单元的动态 DRAM(dynamic random access memory)电路如图 10.1.5 所示。其中,C 和 T_1 为基本存储单元,用来存储 1 位二进制数据,存储的数据是以电容 C 是否充电体现的,当 C 充电达到高电平时,T_1 处于导通状态,存储数据为"0",当 C 放电达到低电平时,T_1 处于截止状态,存储数据为"1"。T_4 和 T_5 为列数据输入/输出控制开关。T_2 和 T_3 为行数据输入/输出控制开关。当"行线"X_i 和"列线"Y_i 的输入信号全为高电平时,T_2、T_3、T_4 和 T_5 控制开关导通,存储单元的数据可以输出到数据线 D_o 端上,数据线上的数据 D_i 也可以传输到存储单元。

与门 G_1、G_2 和或非门 G_3 组成读出刷新控制电路。读出和写入控制由 R/$\overline{W}$ 端"读/写"输入信号控制。当 R/$\overline{W}$ 端输入高电平时,进行读出操作;当 R/$\overline{W}$ 端输入低电平时,进行写入操作。

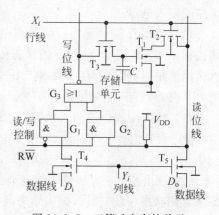

图 10.1.5 三管动态存储单元

（1）写入过程

当"行线"X_i和"列线"Y_i的输入信号全为高电平时，T_2、T_3、T_4和T_5全部导通，而$R/\overline{W}$端输入低电平，G_2门被$R/\overline{W}$端输入低电平封闭，输出为"0"，G_1门打开，输入数据D_i通过T_4管传送到G_1门输出，若$D_i=1$，G_1门的输出为"1"；$D_i=0$，G_1门的输出为"0"。由于G_2门输出为"0"，G_3的输出取决于G_1门的输出。当$D_i=1$，G_1门的输出为"1"，则G_3的输出为"0"，存储单元的电容通过T_3管、G_3门放电至低电平（G_3门的低电平约为$0.3V$），使T_1管截止，相当于存入数据"1"；当$D_i=0$，G_1门的输出为"0"，则G_3的输出为"1"，存储单元的电容通过T_3管、G_3门充电至高电平（G_3门的高电平约为$2V$以上），使T_1管导通，相当于存入数据"0"。

（2）读出过程

当"行线"X_i和"列线"Y_i的输入信号全为高电平时，T_2、T_3、T_4和T_5全部导通，输入数据D_i仍然通过T_4管传送到G_1门的输入端，G_1门被$R/\overline{W}$端输入高电平封闭，输出为"0"，D_i输入数据不影响其输出。G_2门打开，若$D_o=1$（T_1管处于截止状态，电容两端的电压为低电平），G_2门的输出"1"，若$D_o=0$，G_2门的输出为"0"。由于G_1门输出为"0"，G_3的输出取决于G_2门的输出，当$D_o=1$，G_2门的输出为"1"，则G_3的输出为"0"，存储单元的电容C通过T_3管、G_3门放电至低电平（G_3门的低电平约为$0.3V$），对存储状态"1"进行刷新，使T_1管截止；当$D_o=0$（T_1管处于导通状态，电容两端的电压为高电平），G_2门的输出为"0"，则G_3的输出为"1"，存储单元的电容C通过T_3管、G_3门充电至高电平（G_3门的高电平约为$2V$以上），对存储状态"0"进行刷新，使T_1管导通。同时，由于读出过程中，T_2和T_5全部导通，T_1的状态（存储的数据）通过T_2和T_5传送到D_o端，实现数据输出。

可见，不管存储单元的存储状态如何，每一个读出过程，都将对原来的存储状态进行一次刷新。这一点正是动态随机存储器DRAM与静态随机存储器SRAM的主要区别。而写入时，本身就是一次刷新的过程，所以，严格地讲，动态随机存储器RAM的每次读出、写入都进行一次刷新。

2）单管动态随机存储单元

最简单的动态随机存储器DRAM是单管存储单元，电路结构如图10.1.6所示。图中，电容C_B是位线外接逻辑门电路的输入电容。

单管动态存储单元的行线为高电平时，C_M的存储状态传送到位线C_B，或者位线C_B的状态传送到C_M。C_M充电且达到高电平时，相当于存入数据于"1"，反之，C_M放电且达到低电平时，相当于存入数据于"0"。

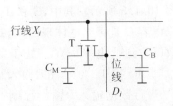

图10.1.6 单管动态存储器

（1）写操作。位线输入数据，行线输入高电平，晶体管T导通，位线输入数据"1"时，对C_M进行充电；位线输入数据"0"时，对C_M进行放电，这样将输入数据存储到存储单元中。

（2）读出操作。行线输入高电平，晶体管T导通，C_M的存储电荷传送到位线。如果C_M原来存储状态为数据"1"，则V_{CM}为高电平电压值，而位线连接的负载电容C_B两端的电压$V_{CB}=0$。这样，进行读出操作时，读出前存储在C_M的电荷要与C_B进行重新分配，使$V_{CB读出}=$

$V_{CM读出}$,实际的电压值,可用下式计算:

$$V_{CB读出} = \frac{C_M}{C_M + C_B} V_{CM读出前}$$

由于位线端接有较多的连接门电路,CMOS 效应管的栅极存在输入电容,使得实际上 $C_B \gg C_M$,所以读出的电压值很低。例如,设 $V_{CM读出前}$ 的值为 5V,$C_B/C_M = 10/1$,则存储数据"1"时的实际读出电压值只有 0.5V。所以,单管动态随机存储器 DRAM 的位线读出端应设置灵敏的读出放大器,一方面对读出信号进行放大,另一方面对存储单元的存储状态在读出操作时进行刷新,这也体现随机存储器本身应有的特点。

4. RAM 的读、写操作时序

1) 读出操作时序

(1) 将对应所要读出存储字单元的地址码加到存储器的地址输入端。

(2) 加入有效的片选信号,若片选信号为低电平有效 $C_S = 0$;反之,$C_S = 1$。

(3) 读/写输入信号线 R/$\overline{W}$ 上加高电平,经历两个 t_{pd} 后(相当于图 10.1.7 中的 t_{ACS}),选中字单元的数据出现在 I/O 口上。

(4) 让片选信号无效(若片选信号为低电平有效,$C_S = 1$;反之,$C_S = 0$),读/写控制三态输出缓冲器处于高电阻状态,本次读出结束。

读出操作所需要的时间称为读周期,用 T_{RC} 表示,如图 10.1.7 所示。

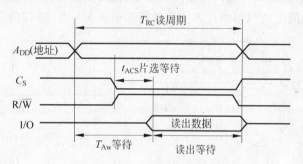

图 10.1.7　读出操作时序图

2) 写入操作时序

(1) 将对应所要写入存储字单元的地址码加到存储器的地址输入端。

(2) 加入有效的片选信号,若片选信号为低电平有效,$C_S = 0$;反之,$C_S = 1$。

(3) 将写入数据加到 I/O 输入口,提前于读/写输入信号线 R/$\overline{W}$ 的输入信号,这是唯一与读出操作不同的地方。

(4) 在读/写输入信号线 R/$\overline{W}$ 加上写入信号,即低电平,进入写入操作状态。经历 $3t_{pd}$(相当于图 10.1.8 中的 t_{ACS})以后基本完成写入操作。一个 t_{pd} 等于一个与非门的动作时间。

(5) 让片选信号无效(若片选信号为低电平有效,$C_S = 1$;反之,$C_S = 0$),读写控制三态输出缓冲器处于高电阻状态,本次写入结束。

写入操作所需要的时间称为写入周期,用 T_{WC} 表示,如图 10.1.8 所示。

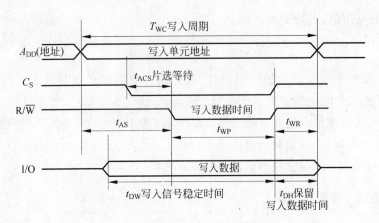

图 10.1.8　写入操作时序图

10.1.2
RAM 存储容量的扩展

1. 存储字长的扩展

存储字长的扩展方法是将各个芯片编号相同地址线并联,如图 10.1.9 所示。各片数据线单独输出。输出数据的高位数码可以任意确定,或者根据习惯和需要确定,没有严格的定义。图 10.1.9 所示的电路利用两片 8 位存储器扩展成为一片 16 位的存储器。

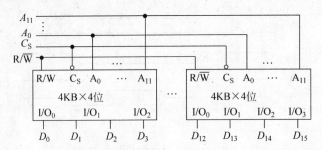

图 10.1.9　用 4KB×4 位的 RAM 芯片构成 16KB×16 位的存储系统

2. 存储字数的扩展(存储容量的扩展)

在目前计算机硬件中的内存条,存储字数的扩展是一种常用技术,如利用两片存储字数为 4GB 的存储器,扩展为 8GB 存储字数的存储器等。扩展的特点是增加地址连接线。

字数扩展的方法是将各芯片的数据线(字长不变)并联(排列位置相同的),数据输出总线的根数不变,选用的各芯片的地址线编号相同的地址端并联,各芯片的读写控制线并联。增加的地址线用地址译码器实现片选控制信号选择。

如图 10.1.10 所示电路是将 256MB×32(存储字数为 256MB,字长为 32 位,硬件存储单元个数为 8192MB)扩展为 4×256MB×32(存储字数为 1GB,字长为 32 位,硬件存储单元个数为 32GB)的硬件连接电路。由于存储的字数增加 4 倍,必须选用用 4 片 256MB×32 的 RAM。由于增加 4 块芯片,地址选择线的增加根数可用不等式 $2^{n-1}<M<2^n$ 确定,其中 n

为增加的地址线数,M 为选用的存储芯片数。例如,选用 4 片 256MB×32 的 RAM 进行增加字数扩展,将增加两根地址线。这样可以采用 74139 译码器作为新增的地址输入信号和译码片选信号。

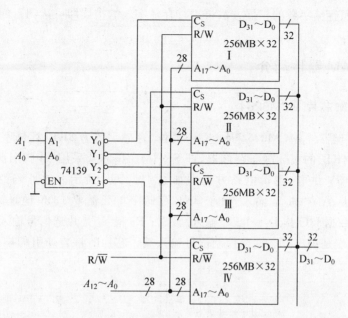

图 10.1.10　用 256MB×32 位的 RAM 芯片构成 1GB×32 位的存储器

表 10.1.1 列出了进行存储字数扩展后的地址码分配的情况,新增地址线是地址码的高位输入端。

表 10.1.1　256MB×32 位位存储器系统的地址分配表

各 RAM 芯片	译码器有效输出	扩展的地址输入 A_{29} A_{28}		256MB×32 位 RAM 芯片的地址输入 $A_{27} \sim A_0$	对应的十六进制地址码
Ⅰ	Y_0	0	0	$0 \sim 0$ … $1 \sim 1$	00000000H … 0FFFFFFFH
Ⅱ	Y_1	0	1	$0 \sim 0$ … $1 \sim 1$	10000000H … 1FFFFFFFH
Ⅲ	Y_2	1	0	$0 \sim 0$ … $1 \sim 1$	20000000H … 2FFFFFFFH
Ⅳ	Y_3	1	1	$0 \sim 0$ … $1 \sim 1$	30000000H … 3FFFFFFFH

3. 同时进行存储字长、存储字数的扩展

方法与前述过程相似,首先进行存储字长的扩展,将进行字长扩展后的结果当做一个芯片看待,然后按照存储字数的扩展方法再进行存储字数的扩展即可达到目的。

10.1.3 集成 RAM 器件简介

1. 静态 RAM 芯片 MCM6264

静态随机存储器件 MCM6264 是 8KB×8 位(存储字数为 8KB,存储字长为 8 位,硬件存储单元数为 64KB)的实际静态存储器,即 SRAM。该芯片采用 28 脚引脚塑料双列直插封装。单电源+5V 供电,逻辑电路方框图如图 10.1.11 所示。地址码的输入方式采用同时输入方式,从 $A_{12} \sim A_0$ 端输入,由于 8KB 存储字单元需要 13 位地址码,因此使用 13 根地址线;8 位数据 I/O 从 $D_7 \sim D_0$ 端输入/输出;E_1 和 E_2 是片选信号输入端;W 是读/写信号输入端;G 端是读出三态输出控制信号输入端。芯片的封装外引脚排列如图 10.1.12 所示。

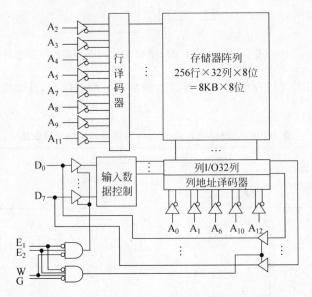

图 10.1.11　MCM6264 SRAM 的逻辑结构图

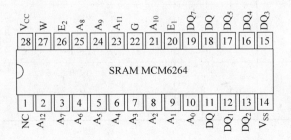

图 10.1.12　MCM6264 引脚排列图

表10.1.2列出了 MCM6264 芯片的逻辑功能,表明 E_1、E_2、W 和 G 端输入信号的不同组合与芯片实现的逻辑功能关系。从 E_1、E_2、G 的组合输入与芯片的功能关系可以看出,MCM6264 芯片可以作为片选信号功能控制端,实现存储字数增加的扩展。

表 10.1.2 MCM6264 的逻辑功能表

E_1 E_2 G W	工作方式	I/O	周期
H × × ×	无选择	高电阻状态	—
× L × ×	无选择	高电阻状态	—
L H H H	输出禁止	高电阻状态	—
L H L H	读	D_O 数据输出	读
L H × L	写	D_I 数据输入	写

2. 集成动态 RAM 的 μPD41256 简介

μPD41256 是 256MB×1 位的 DRAM 芯片。由于 DRAM 的集成度比较高,存储容量大,因此需要较多的地址线,使引线数目增加,为了解决这一矛盾,DRAM 大都采用行、列地址信号分时送入的方法。

μPD41256 的逻辑结构如图 10.1.13 所示。它具有独立的数据输入/输出线。9 根地址线,将 18 位地址信号分两次输入。芯片内部设有行、列两个地址锁存器,分别用于锁存行、列地址输入信号。图中,R_{AS} 端输入信号是行地址码输入控制信号;C_{AS} 端输入信号是列地址码输入控制信号。地址码从 $A_8 \sim A_0$ 输入,先输入行地址码,然后再输入列地址码。经译码后输出,存储在地址行、列存储器上。

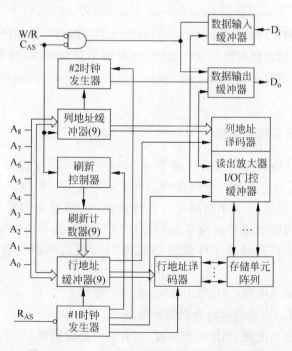

图 10.1.13 μPD41256 集成 DRAM 的方框图

μPD41256 没有专用的片选信号输入端,需要进行扩展时一般使用 R_{AS} 端作为片选信号输入端。

芯片内部还设有时钟发生器,用于产生时钟脉冲信号,控制芯片的读/写操作和读出时的数据刷新等操作。时钟发生器受 R_{AS} 端和 C_{AS} 端输入信号的控制。

μPD41256 芯片的读/写操作,刷新操作有多种方式,结构框图如图 10.1.13 所示,集成电路模块的引脚如图 10.1.14 所示。

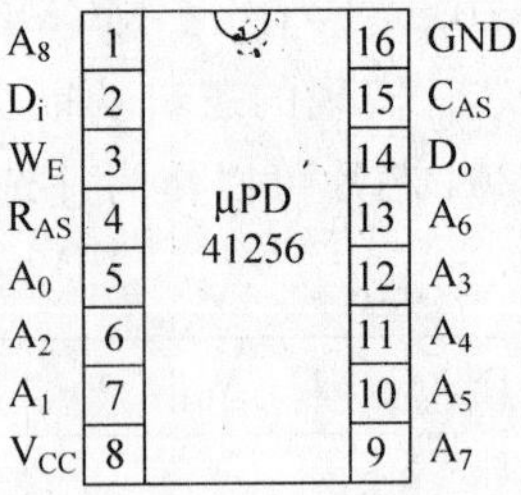

图 10.1.14 μPD41256 DRAM 的引脚图

10.2 只读存储器

RAM 存储的数据具有易失性,即一旦失电,RAM 的数据会全部丢失。在需要长期存储数据的场所,如计算机系统中的最基本的操作程序和某些控制系统的固定控制程序,都希望在系统断电后能够得到保存,在系统重新得电后又能自动将原有程序恢复。完成上述功能的存储器称为 PROM(programmable read-only memory,可编程只读存储器)。

与 RAM 不同,ROM 一般要用专用的程序写入器写入数据。数据一旦写入到存储器,不做特定的处理,不管集成块处于通电还是断电状态,存入的数据就长时间保留。根据制作工艺不同,ROM 具有一次性写入和可擦除重复写入之分。可擦除重复写入可编程存储器又可分为光可擦除 EPROM(erasable programmable read-only memory)、电可擦除 E^2PROM(electrical erasable programmable read-only memory)和快闪存储器(flash memory),这些器件的区别只是构成 ROM 存储单元的晶体管不同而已。

构成 ROM 的存储器件可以采用二极管、双极型晶体管和 MOS 管。可擦除 ROM 是由 N 沟道叠栅 MOS 管(stacked gate avalanche injection metal oxide semiconductor,SIMOS)组成。

1. 一次性使用的只读存储器 ROM

一次性使用的只读存储器 ROM 通常由二极管和可编程熔断的熔丝组成存储单元。如图 10.2.1 所示电路是一次性使用 ROM 编程前的逻辑电路图,所有的熔丝都处于连接状态。如图 10.2.2 所示电路是一次性使用 ROM 编程后的逻辑电路图,熔丝被熔断的部位和不被熔断的部位取决于编写程序的要求。每个二极管可以存储 1 位二进制数。熔丝接通代表该存储单元存储的数据为"1",熔丝熔断代表该存储单元存储的数据为"0"。

对于图 10.2.1 所示电路,当连接电源时,输出数据均为"1111",即不管地址线 A_1 和 A_0 输入任何数据,$D_3 D_2 D_1 D_0$ 输出端的数据均为"1111"。

对于图 10.2.2 所示电路,当连接电源时,具有不同的输出数据。按图中的所示情况,输出的数据为"0111"、"1101"、"1010"、"1011"。

图中的电阻是起着限制输出为"1"时流经二极管的电流,并产生高电平输出。

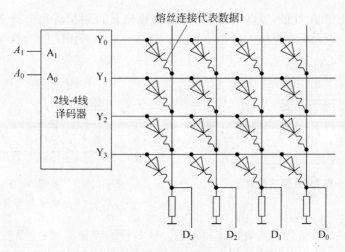

图 10.2.1 编程后的 PROM 结构示意图

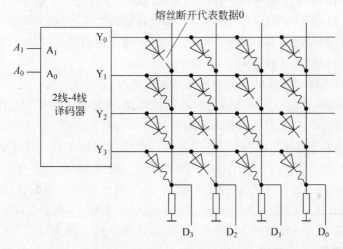

图 10.2.2 编程后的 PROM 结构示意图
(存储的数据：0111,1101,1010,1011)

一次性使用的 ROM 器件，由于使用的单一性和不灵活性，进入 21 世纪后，已经被可编程器件所代替。

2. 可擦除的 ROM

组成可擦除 ROM 存储器件的存储单元是 N 沟道叠栅 MOS 管、隧道 MOS 管和快闪 MOS 管中的一种。

1) N 沟道叠栅 MOS 管

N 沟道叠栅 MOS 管的结构示意图如图 10.2.3 所示。

N 沟道叠栅 MOS 管的电压转移特性如图 10.2.4 所示。浮栅带有负电荷时，衬底表面感应的是正电荷，这将使 N 沟道 MOS 管的开启电压变高，如图 10.2.4 中的 V_{T2}。此时，如果给控制极加上同样的控制电压，MOS 管处于截止状态，这种情况类似一次性 ROM 中存储单元的熔丝被熔断状态。反之，则处于导通状态，这种情况类似一次性 ROM 中存储单元的熔丝连接状态。由此可见，可以利用 MOS 管的浮栅是否累积有负电荷来存储 1 位二进制数值。

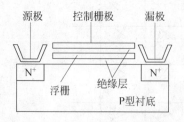

图 10.2.3　叠栅 MOS 管结构示意图

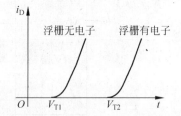

图 10.2.4　叠栅 MOS 管浮栅积累
电子与开启电压的关系

接下来介绍 MOS 管的写入方法。写入前，MOS 管的浮栅不带电，要使浮栅带负电荷，必须在 MOS 管的浮栅和漏极极之间加上足够大的电压（使用专用编程器产生 25V 电压），使漏极与衬底之间的 PN 结击穿，击穿所产生的高能电子，将穿过浮栅与衬底之间的结缘层堆积在浮栅上，从而使浮栅带有负电荷。当外加电压撤离之后，浮栅上的电子由于不存在放电回路所以能够长期保存。当采用紫外线照射时，浮栅上的电子可以形成光电流释放掉，实现擦除的目的。照射时间一般需要 15～20min。

为了便于进行擦除，MOS 的外壳一般封装有石英。

EPROM 的擦除，是指全部写入的内容都被擦除掉，重新写入必须用专用的编程器。

2）N 沟道隧道 MOS 管和快闪存 MOS 管

N 沟道隧道 MOS 管和快闪存 MOS 管是围绕可编程存储单元制作工艺的另一个结构形式，其结构示意图如图 10.2.5 和图 10.2.6 所示。与叠栅 MOS 管相比，不同之处是浮栅的延长区与漏极（源极）之间的交叠处有很薄（如 80Å）的绝缘层。当漏极（源极）接地，栅极加上正电压时，交叠区会产生一个强电场，在此强电场的作用下，电子通过绝缘层达到浮栅，使浮栅带上负电荷。这一现象称为隧道效应，故称这种存储器件为隧道 MOS 管。相反，若栅极接地，漏极（源极）外加正电压，则产生与上述相反的结果，使浮栅放电，达到擦除的目的。用这类 MOS 管组成存储单元的 ROM 器件称为电可擦除只读存储器 E^2PROM。N 沟道隧道 MOS 管的电气特性与 N 沟道叠栅 MOS 管相同。由于这种器件采用在栅极与漏极（源极）之间外加一个相对较高的电压值，擦除存储的数据，所以称为电可擦除可编程存储器。这种可擦除可编程存储器与 EPROM 相似，都是利用浮栅是否带负电荷来存储 1 位二进制数。但其擦除的速度却比 EPROM 快。一般仅需几十秒或更短（几毫秒，快闪存 MOS 管能够达到的时间）的时间，所以使用起来更为方便。

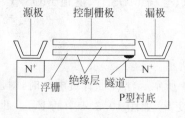

图 10.2.5　隧道 MOS 管的结构示意图

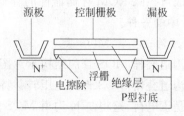

图 10.2.6　快闪存 MOS 管的结构示意图

E^2PROM 的电擦除过程也是改写的过程,改写过程是以字为单位进行的。因此 E^2PROM 既具有 ROM 的非易失性,也具有 RAM 的容易进行改写的特点。其擦除写入可以重复一万次以上。存储在浮栅的电荷可以保留 20 年左右。大多数的 E^2PROM 芯片具有内部升压电路,所以,只需具备单电源供电就可以实现读、擦除和写入的操作。

3. 可擦除 ROM 的电路结构

利用 MOS 管组成的可编程 ROM 的电路结构如图 10.2.7 所示,它是一个 16×16 的 1 位存储矩阵。CE 端为片选控制端。输入地址码的高 4 位加到列地址输入端,低 4 位地址加到行地址的输入端(也可以反过来输入)。当 8 位地址码输入任何一个数据时,可以从 16 行和 16 列中选择一个交叉位置的存储单元将数据读出到输出端 D。利用前述 RAM 器件的扩展方法,可以将它扩展成具有 8 位数据输出的只读存储器。

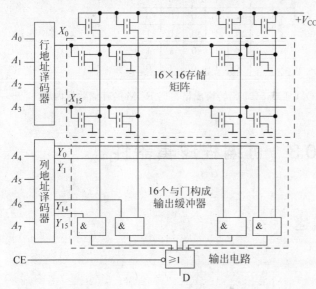

说明:场效应管的浮栅充有负电荷时相当于存储数据1,浮栅无存储负电荷时相当于存储数据0。

图 10.2.7 可编程 ROM 的电路结构

4. ROM 的应用举例

【例 10.2.1】 利用一块 16×8 的 ROM 芯片,实现格雷码(Gray code)与 8421 码的转换。

解: 电路结构如图 10.2.8 所示。CS 是 ROM 的片选端,CE 是 ROM 的使能端,低电平输入有效,连接电路应该使其处于能够进行读出数据的工作状态。需要进行转换的格雷码作为 4 位地址码从地址线输入,ROM 存储单元的低 4 位存储格雷码对应的 8421 码,如图 10.2.9 所示。ROM 数据线上的低 4 位输出作为 8421 码的输出。这样就可以实现两种数码的转换。

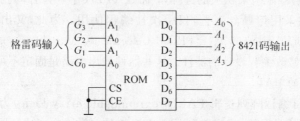

图 10.2.8 用 ROM 显示十进制数

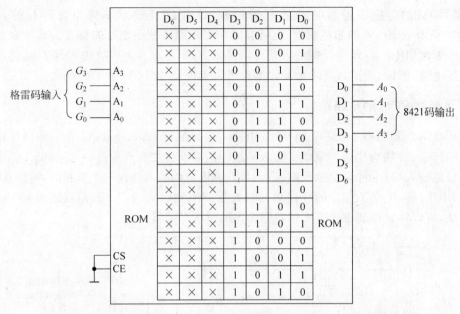

图 10.2.9　用 ROM 实现 8421 码转换成格雷码 ROM 的存储数据内容

左侧标注：格雷码输入 { G_3—A_3, G_2—A_2, G_1—A_1, G_0—A_0 }，ROM，CS，CE

右侧标注：D_0—A_0, D_1—A_1, D_2—A_2, D_3—A_3 } 8421码输出，D_4, D_5, D_6，ROM

D_6	D_5	D_4	D_3	D_2	D_1	D_0
×	×	×	0	0	0	0
×	×	×	0	0	0	1
×	×	×	0	0	1	1
×	×	×	0	0	1	0
×	×	×	0	1	1	1
×	×	×	0	1	1	0
×	×	×	0	1	0	0
×	×	×	0	1	0	1
×	×	×	1	1	1	1
×	×	×	1	1	1	0
×	×	×	1	1	0	0
×	×	×	1	1	0	1
×	×	×	1	0	0	1
×	×	×	1	0	0	0
×	×	×	1	0	1	1
×	×	×	1	0	1	0

10.3　可编程逻辑器件

10.3.1　可编程逻辑器件概述

1. 可编程逻辑器件演变

可编程逻辑器件 PLD(programmable logic device)是 20 世纪 70 年代发展起来的一种新型逻辑器件。这种可编程逻辑器件用编程的方法构成各种逻辑组合电路，或者组成各种逻辑功能器件。器件的编程前，内部电路结构以与门阵列、或门阵列为主要电路结构。可编程逻辑器件发展分为 4 个阶段。

1) 70 年代初期的 PLD

20 世纪 70 年代初期的 PLD 主要是以可编程只读存储器 PROM(programmable read-only memory)和现场可编程逻辑阵列芯片 FPLA(filed programmable logic array)为代表产品。在 PROM 中，与门阵列是固定的(地址译码器的输出相当于一个乘积项)，或门阵列是可编程的(存储单元对地址译码器输出乘积项的选择)；而在 FPLA 中，与门阵列和或门阵列都是可编程的。但这两种器件采用熔断丝工艺，仅一次性编程使用。为此，又出现 EPROM(erasable programmable read-only memory)、E^2PROM(electrically erasable programmable read-only memory)等可以重复修改编程设计的器件。这些器件输出电路是固定不可组态的。

2) 70 年代末期的 PAL

70 年代末期以可编程阵列逻辑 PAL(programmable array logic)为代表产品。在 PAL 器件中，与门阵列是可编程的，或门阵列是固定连接的，输出增加触发器等时序器件使其可以实现多种输出结构和反馈结构,为数字逻辑设计带来了一定的灵活性。但 PAL 仍采用熔断丝工艺,一次性编程后就不能再改写。另外,还要根据不同的需要选择不同输出的器件,仍给用户带来诸多不便。

3) 80 年代初中期的 GAL 器件和 EPLD

80 年代初期到中期阶段,以通用阵列逻辑 GAL(generic array logic)器件和可擦除可编程逻辑器件 EPROM、E^2PROM 为代表产品。GAL 器件是在 PAL 器件基础上发展起来的新一代器件,并取代了 PAL。与 PAL 一样,它的与门阵列是可编程,或门阵列是固定的(个别型号产品的或门阵列也可编程,如 GAL39V18 芯片)。由于采用了高速电可擦 CMOS 工艺,可以重复擦除、编程 100 次以上,很适宜新产品的研制。它具有 CMOS 低功耗特性,并且速度可以与 TTL 可编程器件相比拟。特别是在结构上采用了"输出逻辑宏单元"电路,为用户提供了逻辑设计和使用上的较大灵活性。EPLD(erasable programmable logic device)的基本结构与 GAL 器件没有太大的区别,只是集成程度更高,能在同一块芯片上实现更多的逻辑功能。比较有代表的 EPLD 器件是 Atmel 公司的 ATV750、ATV2500 和 ATV5000 产品。

4) 80 年代中后期的 PLD

80 年代以后的产品,出现多样化演变,以复杂可编程逻辑器件 CPLD(complex programmable logic device)、现场可编程逻辑门阵列 FPGA(field programmable gate array)及在系统可编程逻辑器件 isPLD(in-system programmable logic device)等器件。这些器件采用两种结构:一种是在 PAL 结构基础上加以改进和扩展;另一种是逻辑单元型,逻辑单元之间是互连阵列,可由用户编程实现需要的内部连线连接。

CPLD 器件是 EPLD 器件的改进,增加了内部连线,改进内部结构体系,因此比 EPLD 性能更好,使用更加灵活。常用的器件有 Lattice 公司的 isPLSI 系列、Xilinx 公司的 900 系列和 Altera 公司的 MAX7000 系列等。

现场可编程逻辑门阵列 FPLGA 和 isPLD 属于逻辑单元型。FPGA 可以不受"与一或"结构上的限制,含有触发器个数和 I/O 端个数的数量上的限制,可以利用编程方式,靠内部逻辑单元及连接组成复杂的逻辑电路,实现多级逻辑功能,可以在现场进行在线编程。系统可编程逻辑器件 isPLD 可以在电路板上直接进行编程。这样,可以在电路设计上更加灵活,使用更加方便。

PLD 的发展趋势是高速、高密、灵活和更强的功能、更高的性能。高速产品 ECL PAL 平均传输延时时间 t_{pd} 已经达到 3ns 左右。高密产品的熔丝矩阵已经达到 10^6 个。在灵活性方面,以"与非"结构代替"与或"结构,或者两者共存,使得利用这类器件进行逻辑设计具有更大的灵活性。在提高性能方面,结合门阵列的高集成度和 PLD 器件的开发周期短的特点,可以由用户自由编程。在芯片内部,通过逻辑单元的内部连线的连接,构成各种复杂的多层逻辑功能电路,实现一个较为复杂的小系统逻辑电路。

2. 专用集成模块的分类和 PLD 的优点

在数字系统中,集成电路器件分为小规模集成器件 SSID(small scale integration device)、中规模集成器件 MSID(medium scale integration device)、大规模集成器件 LSID(large scale integration device)和超大规模集成器件 VLSID(very large scale integration device)等。LSID、VLSID 又可分为半定制器件和全定制器件。

1）全定制集成电路

全定制集成电路是指按用户提出的逻辑要求，针对某种应用由制造厂家专门设计和制造的芯片。这类芯片的专用性很强，适应于大批量生产。例如存储器 RAM、单片机芯片、计算机用的中央处理器 CPU 及各类专用集成芯片等。这类芯片的特点是用户无法改变芯片的内部电路结构，只能依据芯片固有的功能使用。

2）半定制集成电路

半定制集成电路是制造厂家制造的半成品，用户可以根据自己的要求，用编程的方法对半成品进行再加工，制成具有特定功能的专用集成电路。可编程逻辑器件 PLD 就是属于这类集成器件。

使用 PLD 实现数字系统，与使用 SSID、MSID 相比，有集成度高、速度快、功耗小和可靠性高的优点。

与使用全定制 LSID 和 VLSID 相比，新产品研制周期短，先期投资少，无风险，修改逻辑设计方便，小批量生产成本低。

因此，PLD 器件作为设计数字系统的一种新型产品，得到日益广泛的使用，尤其对于小批量生产的开发型产品。

3. PLD 的分类

可编程逻辑器件 PLD 的分类通常采用多种方法，如按器件的结构特点划分、按器件集成的密度划分、按可编程和改写方法分。

1）按结构特点划分

按照器件的机构特点划分，可以分为简单型 PLD（PAL、GAL）器件、复杂型的可编程器件（CPLD）、现场可编程型可编程门阵列（FPGA、isPLD）等 3 种类型。

2）按集成密度划分

按照器件集成度（规模的大小）可分为低密度可编程逻辑器件 LDPLD（low density programmable logic device）和高密度可编程逻辑器件 HDPLD（high density programmable logic device）两大类。这两类器件的内部结构特点如表 10.3.1 所示。

表 10.3.1　常用的 PLD 内部结构

	分类	与阵列	或阵列	输出电路
低密度可编程逻辑器件（LDPLD）	PROM	固定	可编程	固定
	PLA	可编程	可编程	固定
	PAL	可编程	固定	固定或可组态
	GAL	可编程	固定或可编程	可组态
高密度可编程逻辑器件（HDPLD）	EPLD	可编程	可编程	可组态
	CPLD	可编程	可编程	可组态
	FPLD	内部逻辑单元（门电路、触发器）连线可编程连接		可组态
	isPLD	内部逻辑单元（门电路、触发器）连线可编程连接		可组态

3）按可编程和改写方法划分

按可编程和改写方法划分，可以大体上分成四代产品，如表 10.3.2 所示。第一代以可编程 PROM、PLA、PAL 器件为代表；第二代以 EPROM 器件为代表；第三代以 GAL、EPLD、CPLD 器件为代表；第四代以 FPLD、isPLD 器件为代表。

表 10.3.2　按可编程和改写方法划分 PLD

PLD	编程方式	改写方法	特点和用途
第一代	编程器（厂家）	不能改写	固定程序、数据、函数表、字符发生器
第二代	编程器	紫外光擦除	先擦除，后编程
第三代	编程器	电擦除	擦除、编程同时进行
第四代	在系统可编程	软件	直接在目标系统或线路板上编程

10.3.2 PLD 电路的表示法

1. PLD 的结构框图

数字电路中有两种基本电路，即组合逻辑电路和时序逻辑电路。组合逻辑电路的输入和输出的基本关系都可以用"与—或运算"关系表示。而时序逻辑电路是由组合逻辑电路加上存储元件触发器组成，除了时序的概念，输出和输入的关系也可以用"与—或运算"关系表示，与组合逻辑不同之处在于存在触发器的输出量反馈的情况。PLD 器件就是按照这种思维方式设计制造的半成品。如图 10.3.1 所示为 PLD 器件的结构框图。

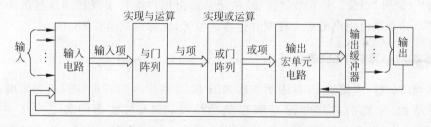

图 10.3.1　PLD 器件的结构框图

"输入项"包括直接从 I 口输入的变量和通过输出宏单元（output macrocell）反馈的变量（包括"与—或"输出项及 I/O 口输入）。输入的形式是互补的，既可以是原变量，也可以是反变量。与门阵列是根据编程的要求，实现输入项的与运算，产生编程要求的"与项"；或门阵列是实现将与的输出进行或运算（有固定和可编程两种类型）。输出宏单元电路的功能是根据编程的要求，对输出口工作方式（寄存器工作方式或组合逻辑工作方式）、输出极性（高电平或低电平有效）、输出端反馈和输出引脚 I/O 进行控制。输出缓冲器采用三态输出门电路，可以用编程控制输出状态。

2. 逻辑结构形式

PLD 电路是由与门和或门两种基本的门阵列组成，基本结构如图 10.3.2 所示，该图是根据美国电子器件工程联合会 JEDEC（Joint Electron Device Engineering Council）标准规定的熔丝图格式做出的,简称为 JEDEC 熔丝图或 JED 图,基本表示含义如图 10.3.3 所示。

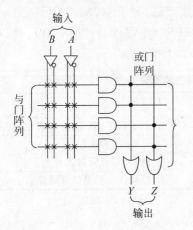

图 10.3.2　PLD 的基本的结构图

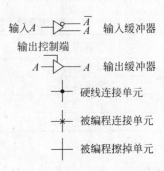

图 10.3.3　PLD 中的表示含义连接符号

图 10.3.3 所示的连接符号中,输入缓冲器在输入变量 A 的情况下,可以实现原变量 A 输出和反变量 $\overline{A}$ 输出,其逻辑真值表如表 10.3.3 所示。输出缓冲器是三态输出缓冲器(传输门),控制输入端输入信号为低电平时,输出为高电阻状态;当输入高电平时,将其输入信号 A 传送到输出端。硬线连接单元是指一种固定的连接单元,不可以通过外部编程的方法改变其连接方式。被编程连接单元可以分为可编程"接通"单元和可编程"断开"单元。可编程"接通"单元是指由用户编程实现接通连接的单元。可编程"断开"单元是指由用户编程实现断开连接的单元,也称为被编程擦除单元。

表 10.3.3　PLD 输入缓冲器真值表

输入	输出	
A	A	$\overline{A}$
0	0	1
1	1	0

3. 基本门电路的 PLD 表示方法

基本与门、或门电路的 PLD 表示方法如图 10.3.4 所示。其中,图(a)为可编程连接的与门电路结构,电路的连接情况是编程前的情况,输入与输出的关系为 $L_1 = ABCD$;图(b)为硬线连接的与门符号,输入与输出的关系为 $L_2 = ABCD$;图(c)为可编程连接的或门符号,电路的连接情况是编程前的情况,输入与输出的关系为 $L_3 = A+B+C+D$;图(d)为硬线连接的或门符号,输入与输出的关系为 $L_4 = A+B+C+D$。

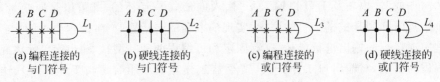

图 10.3.4　PLD 的表示法的图形符号

如图 10.3.5 所示是简化符号与默认符号的区别,其中,图(a)是默认符号;图(b)是等效符号,注意其中的小叉号代表可编程的连接符号。

对于如图 10.3.6 所示的电路,与门 L_1 的输入连接表示输入项 A、$\overline{A}$、B 和 $\overline{B}$ 均被编程接通,所以输出 $L_1 = A\overline{A}B\overline{B} = 0$。同样与门 L_2 的输入连接表示所有的输入均被编程断开,其输出保持悬浮的"1"状态,所以 $L_2=1$。与门 L_3 的输入连接表示输入存在硬线连接,其连接的情况使输出 $L_3=\overline{A}B$。

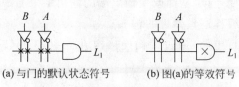

(a) 与门的默认状态符号   (b) 图(a)的等效符号

图 10.3.5   PLD 表示的与门的默认状态

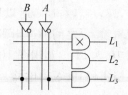

图 10.3.6   PLD 表示的与门阵列

4. PROM 和 PLA 器件

1) PROM 器件

用可编程序只读存储器 PROM 构成可编程逻辑器件 PLD 的电路结构如图 10.3.7 所示。其中,ROM 的地址译码器构成固定的与门阵列;PROM 的存储单元构成可编程或门阵列;是可编程 ROM 的真正可编程部分。

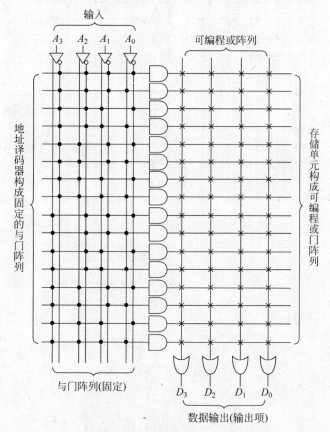

图 10.3.7   PROM 电路的 PLD 的表示法

与门阵列构成 PROM 的存储单元具有固定的硬线连接结构。从上到下,其表示 ROM 的地址码为 0000、0001、0010、0011、0100、0101、0110、0111、1000、1001、1010、1011、1100、1101、1110、1111。实际上是表示地址码 $A_3A_2A_1A_0$ 从"0000"输入至"1111"输入状态下对应

的最小项。若或门阵列的连接保持图中编程前的连接,则输出端 $D_3D_2D_1D_0$ 的输出(将地址码 $A_3A_2A_1A_0$ 作为输出端输出函数的逻辑输入变量)恒等于 $\sum_m (0,1,2,3,4,5,6,7,8,9,10,11,12,13,14,15)$,所以可以通过编程改变连接,从而改变输出端的输出结果与地址输入端(逻辑输入)之间的逻辑函数关系,实现可编程逻辑器件的构成。

【例 10.3.1】 利用图 10.3.8 所示的 PLD 电路,通过编程连接构成将 8421 码转换成循环码(格雷码)的逻辑电路。

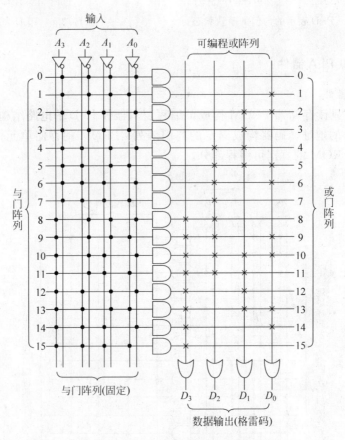

图 10.3.8 用 PROM 实现数码转换的电路

解: 从表 10.3.4 可以看出

$$D_3 = \sum_m (8,9,10,11,12,13,14,15)$$
$$D_2 = \sum_m (4,5,6,7,8,9,10,11)$$
$$D_1 = \sum_m (2,3,4,5,10,11,12,13)$$
$$D_0 = \sum_m (1,2,5,6,9,10,13,14)$$

表 10.3.4 8421 码与循环码之间的对应关系表

8421 码	0000	0001	0010	0011	0100	0101	0110	0111	1000	1001	1010	1011	1100	1101	1110	1111
格雷码	0000	0001	0011	0010	0110	0111	0101	0100	1100	1101	1111	1110	1010	1011	1001	1000

对或门电路编程连接,如图 10.3.8 所示,将地址码输入端 $A_3A_2A_1A_0$ 作为 8421 码的输入端,将输出端 $D_3D_2D_1D_0$ 作为转换后的"格雷码"输出端。

这一结构可以推广到输入 m 个地址码的与门阵列,此时存储单元将增加到 2^m 个,输入项数增加,与门阵列增大,则开关时间增长,速度减慢。因此,只有小规模的可编程存储器 PROM 作为可编程逻辑器件 PLD 使用。而一般的集成度达到 2 百万个元件以上的可编程存储器 PROM 只作为存储器使用。

2) PLA 器件

将 PROM 中的地址译码器改为可编程的与门阵列就是 PLA 器件,如图 10.3.9 所示。这样,与阵列不再是全译码电路,即 n 个输入变量不再产生 2^n 个最小项,而是有多少个与门就可以通过编程产生多少个乘积项。这些与项也不再是最小项,每个乘积项与输入变量相关,由编程结果确定。或阵列的作用是可以通过编程的方法,确定需要进行"或"的是哪些乘积项,以构成"与一或"输出表达式。输出表达式一般为逻辑函数的最简表达式。

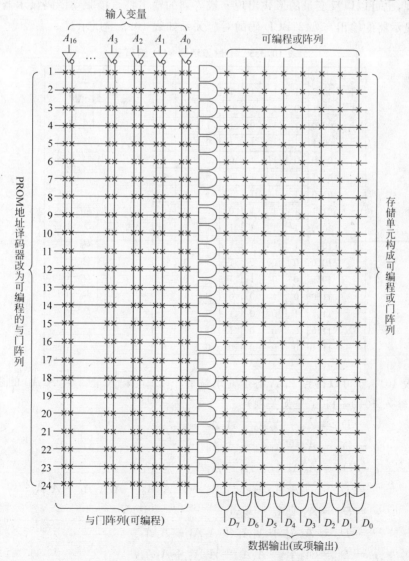

图 10.3.9 PLA 电路的 JEDEC 表示法

【**例 10.3.2**】 利用 PLA 实现 8421BCD 码的七段显示器译码显示电路。

解：电路结构如图 10.3.10 所示。

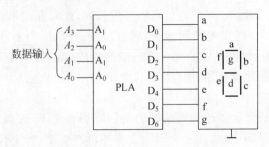

图 10.3.10 用 PLA 实现显示十进制数

对 PLA 的与阵列和或阵列都进行编程。与阵列的输入经过输入缓冲器，可以以原变量的形式出现，也可以以反变量的形式出现。或阵列的输出将直接驱动译码显示器。

七段显示器的输出与 8421BCD 码的对应关系如表 10.3.5 所示。

表 10.3.5 七段显示器 8421 编码表

$A_3A_2A_1A_0$	a	b	c	d	e	f	g
0000	1	1	1	1	1	1	0
0001	0	1	1	0	0	0	0
0010	1	1	0	1	1	0	1
0011	1	1	1	1	0	0	1
0100	0	1	1	0	0	1	1
0101	1	0	1	1	0	1	1
0110	1	0	1	1	1	1	1
0111	1	1	1	0	0	0	0
1000	1	1	1	1	1	1	1
1001	1	1	1	1	0	1	1
1010	0	0	0	0	1	0	0
1011	0	0	0	1	0	0	0
1100	0	1	0	0	0	1	1
1101	1	0	0	1	0	1	1
1110	0	0	0	1	1	1	1
1111	0	0	0	0	0	0	0

七段数字显示器发光段组合图

PLA 的或项输出

$$D_1—a$$
$$D_2—b$$
$$D_3—c$$
$$D_4—d$$
$$D_5—e$$
$$D_6—f$$
$$D_7—g$$

根据表 10.3.5 可以得到 PLA 各个输出端 $D_6 \sim D_0$ 与输入量 $A_3A_2A_1A0$ 的逻辑关系表达式如下（输入 1010～1111 是无关项）：

$$a = D_0 = A_3 + A_2A_0 + \overline{A_2}\overline{A_0} + A_1$$

$$b = D_1 = \overline{A_2} + \overline{A_1}\overline{A_0} + A_1A_0$$

$$c = D_2 = \overline{A_3}A_2 + \overline{A_2}A_1 + \overline{A_3}A_0$$

$$d = D_3 = \overline{A_3}\overline{A_2}A_1 + A_2A_1\overline{A_0} + A_2\overline{A_1}A_0 + A_3\overline{A_1}A_0 + \overline{A_2}\overline{A_0}$$

$$e = D_4 = \overline{A_3}A_1\overline{A_0} + \overline{A_2}\overline{A_0}$$

$$f = D_5 = A_3\overline{A_1} + \overline{A_1}\overline{A_0} + A_2\overline{A_1} + A_2\overline{A_0}$$

$$g = D_6 = A_3\overline{A_1} + A_1\overline{A_0} + A_2\overline{A_1} + \overline{A_2}A_1$$

其中,有三对"与项"相同($\overline{A_1}\overline{A_0}$、$A_3\overline{A_1}$、$A_2\overline{A_1}$),一组三个"与项"相同($\overline{A_2}\overline{A_0}$),所以一共需要产生 20 个"与项"。使用上述表达式作出 PLA 的 JEDEC 熔丝图如图 10.3.11 所示。

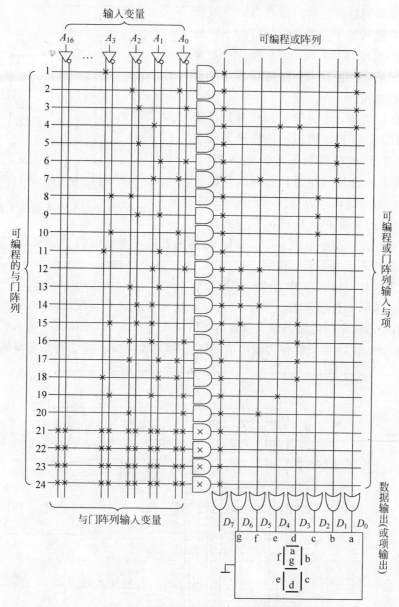

图 10.3.11　用 PLA 器件现实译码显示的 JEDEC 熔丝图表示法

10.3.3 可编程阵列逻辑器件简介

1. 组合输出的 PAL 器件

将 PLA 的与门阵列保持可编程结构,或门阵列改为固定连接,就构成 PAL 的基本电路结构,如图 10.3.12 所示。每个或门的输入可以有若干个与门的输出。通过编程,每个与门的输出代表一个乘积项,简称"与项",所以每个基本电路的输出可以是多个乘积项的或运算。输入量和与门连线的交叉点称为一个编程单元。可编程单元数等于与门数乘以两倍的输入端个数。若输入端个数为 16,与门的个数为 8,则可编程单元为 $16\times2\times8=256$ 个。PAL 器件的编程单元的器件通常采用二极管或双极型三极管的熔丝结构。

如图 10.3.13 所示电路是可编程阵列逻辑器件 PAL16L8 的电路结构图。该集成器件是与门系列可编程、或门阵列固定的电路结构。它具有 32 输入端的与门阵列和 7 输入端的或门阵列。每一组与门和或门产生一个"与一或"项输出,"与项"的项数最多为 7 个,最多可以构

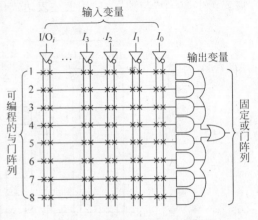

图 10.3.12 PAL 的基本电路结构

成 8 个不同的"与一或"项输出。PAL16L8 的输出是低电平有效的三态输出。三态输出的使能端由相应与阵列的乘积线控制。1~9 及 11 引脚是专用输入端,作为与门阵列的输入端,一共 10 个端口。12~19 作为或门阵列的输出端,一共 8 个端口。其中,13~18 端也可以作为与门的编码变量输入端,一共 6 个端口。这 6 个端只有在三态输出门电路的控制端为低电平时,三态输出门电路的输出呈现高电阻状态的条件下,才能充当输入端,否则只能用做输出端。12 和 19 端只能作为输出端。10 引脚是公共端。20 引脚是电源输入端。

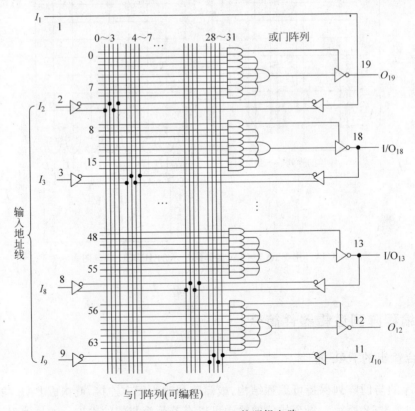

图 10.3.13 PAL16L8 的逻辑电路

型号中的 L 表示低电平输出有效,相应其他字母的含义如图 10.3.14 所示。

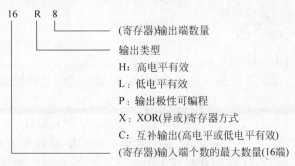

$$16 \quad R \quad 8$$

(寄存器)输出端数量

输出类型

H:高电平有效

L:低电平有效

P:输出极性可编程

X:XOR(异或)寄存器方式

C:互补输出(高电平或低电平有效)

(寄存器)输入端个数的最大数量(16端)

图 10.3.14　PAL 型号含义

PAL 器件的型号给出输入引脚、输出引脚可以灵活配置的相关信息。例如 PAL16L8 引脚中有 10 个只能作为输入端,用“I”表示,如图 10.3.13 中的 $I_1 \sim I_{10}$;有两个引脚只能作为输出端,用“O”表示,如图 10.3.13 中的 O_{12} 和 O_{19};有 6 个既可以作为输入端也可以作为输出端,用“I/O”表示,如图 10.3.13 中的 $I/O_{13} \sim I/O_{18}$,这部分引脚的输出可以反馈回到与门阵列作为其他逻辑函数的输入变量。由于 PAL16L8 输入专用引脚不能够作为输出使用,所以引脚的配置是输入引脚最大值为 16 个(10 个专用输入加上 6 个双向 I/O 引脚),此时输出引脚最少为两个(两个专用输出引脚 O),输出引脚的最大配置数量是 8 个(两个专用输出引脚 6 个加上 2 个双向 I/O 引脚),此时输入引脚为 10 个(10 个专用输入引脚)。这样,输入、输出引脚的配置数量可以在这一范围内任意变动,如配置成 14 输入和 4 输出的结构、12 输入和 6 输出的结构等。如图 10.3.15 所示为可作为输入/输出端和仅作为输出的结构的区别。

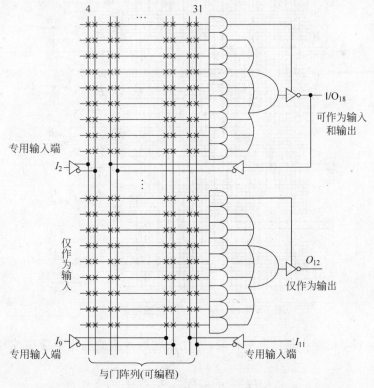

图 10.3.15　PAL16L8 两种输出电路内部结构的区别

【**例 10.3.3**】 画出用一片 PAL16L8 的熔丝逻辑图，能够实现下列功能。

(1) 4 选 1 数据选择器的功能。

(2) $Y_1 = A \oplus B = A\overline{B} + \overline{A}B$。

(3) $Y_2 = \overline{C \oplus D} = CD + \overline{C} \cdot \overline{D}$

解：用 $D_3 D_2 D_1 D_0$ 表示 4 个输入备选数据，$S_0 S_1$ 表示通道选择控制字，则 4 选 1 数据选择器的输入信号与输出信号关系可用逻辑函数表示为

$$Y_0 = S_1 S_0 D_3 + \overline{S}_1 S_0 D_2 + S_1 \overline{S}_0 D_1 + \overline{S}_1 \overline{S}_0 D_0$$

输入逻辑变量只有 $7+4=10$ 个，再加上输出使能控制信号 EN，所以需用 11 个输入端。这样，必须使用一个 I/O 端用作输入端，输出有 3 个变量。资源分配如图 10.3.16 所示。

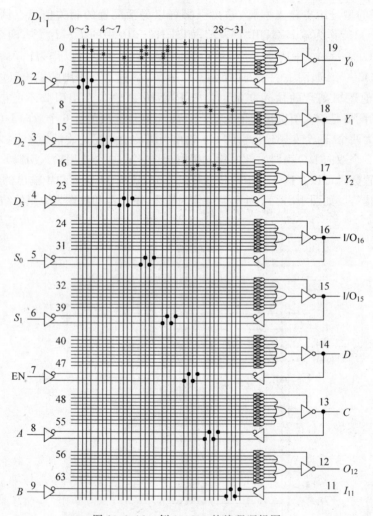

图 10.3.16　例 10.3.3 的编程逻辑图

由于 PAL16L8 的输出是低电平有效，因此命题的各式的输出量应该改写为反变量的格式，即

$$\overline{Y}_0 = S_1 S_0 \overline{D}_3 + \overline{S}_1 S_0 \overline{D}_2 + S_1 \overline{S}_0 \overline{D}_1 + \overline{S}_1 \overline{S}_0 \overline{D}_0$$

$$\overline{Y}_1 = \overline{A \oplus B} = AB + \bar{A} \cdot \bar{B}$$

$$\overline{Y}_2 = \overline{\overline{C \oplus D}} = C \oplus D = C\bar{D} + \bar{C}D$$

根据上述表达式,画出逻辑熔丝图如图 10.3.17 所示。

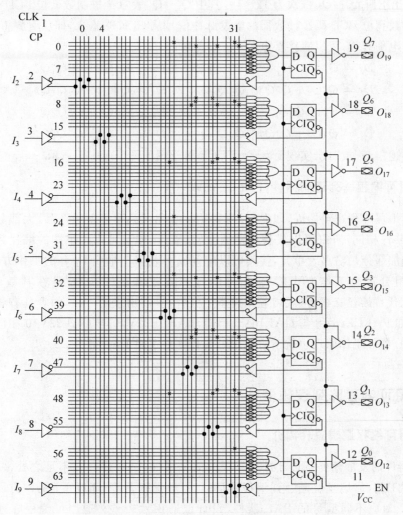

图 10.3.17　PAL16R8 的逻辑电路图

2. 寄存器输出的 PAL 器件

如图 10.3.17 所示电路是具有 8 个寄存器输出的 PAL 器件 PAL16R8 的逻辑电路图。在可编程器件中,寄存器常用 D 触发器充任,以保存输出的数据。触发器既可以用作寄存器使用,也可以当成一般的触发器使用,可以用编程的方式构成寄存器(并行寄存器,移位寄存器),也可以构成多位计数器使用,从而实现第 8 章所介绍的各种时序电路的应用(分频器、序列脉冲发生器等),使得器件使用更为灵活。

PAL16R8 与 PAL16L8 有相同的可编程的"与"熔丝阵列,不同之处是 PAL16R8 具有由 D 触发器构成的寄存器输出方式,其中"与一或"输出逻辑的"与项"多达 8 项。D 触发器的输入触发脉冲采用相同的时钟脉冲(从 1 引脚输入),输出使能也采用相同的控制端(11

引脚输入),第 10 引脚为公共端,第 20 引脚为电源输入端。

【例 10.3.4】 利用 PAL16R8 通过编程构成两位 BCD 码十进制加法计数器,用 JEDCE 熔丝图表示。

解:输出引脚 $Q_0 \sim Q_7$ 依次为 12～19,其中 $Q_0 \sim Q_3$ 表示十进制数低位 BCD 码,$Q_4 \sim Q_7$ 表示十进制数高位 BCD 码。计数器的触发脉冲信号从 CLK 端输入,即从引脚 1 输入,输出使能端为高电平有效,可以直接接电源 V_{CC} 端。则:

$$D_0 = \bar{Q}_0^n \qquad\qquad D_1 = Q_1^n \bar{Q}_0^n + \bar{Q}_3^n \bar{Q}_1^n Q_0^n$$
$$D_2 = Q_2^n \bar{Q}_1^n + Q_2^n \bar{Q}_0^n + \bar{Q}_2^n Q_1^n Q_0^n \qquad D_3 = Q_3^n \bar{Q}_0^n + Q_2^n Q_1^n Q_0^n$$
$$D_4 = C_i = Q_3^n Q_0^n \qquad\qquad D_5 = Q_5^n \bar{Q}_4^n + \bar{Q}_7^n \bar{Q}_5^n Q_4^n$$
$$D_6 = Q_6^n \bar{Q}_5^n + Q_6^n \bar{Q}_4^n + \bar{Q}_6^n Q_5^n Q_4^n \qquad D_7 = Q_7^n \bar{Q}_4^n + Q_6^n Q_5^n Q_4^n$$

根据上述"与一或"式,实现命题的 JEDCE 熔丝图如图 10.3.17 所示。

3. 通用可编程阵列逻辑器件(PALCE16V8)

通用可编程阵列逻辑器件,如 PALCE16V8、20V8、22V8 等型号产品,大部分配置与早期的 PAL 器件相同,所以可以代替早期的 PAL 器件,并且可以用早期的编程数据进行编程。其新增加部分是输出宏单元,使其可以配置成不兼容于早期 PAL 的工作方式(寄存器工作方式、组合逻辑工作方式)。通用可编程阵列逻辑器件 GAL 是在其基础上,采用 CMOS 工艺代替熔丝二极管(或熔丝双极型三极管)研制出来的产品,两者具有相同的逻辑电路结构,如 PALCE16V8 与 GAL16V8 相同,PALCE22V10 与 GAL22V10 相同。所以只要了解 GAL 器件工作原理也就了解通用可编程阵列逻辑 PAL 器件。

10.3.4 通用可编程阵列逻辑器件

1. 通用可编程逻辑器件简介

PAL 器件的发展给路基设计带来了很大的灵活性,但它还存在不足之处,一方面它采用熔丝连接工艺,靠熔丝烧断达到编程的目的,一旦编程,便不能改写;另一方面不同输出结构的 PAL 对应不同型号的 PAL 器件,设计上通用性较差。通用可编程阵列逻辑器件 GAL(general array logic)是 20 世纪 80 年代初期推出的另一种可编程逻辑器件,它的结构除直接继承了通用 PAL 器件的"与一或"阵列结构外,每个输出都配置有一个可以由用户组态的输出逻辑宏单元 OLMC(output logic macrocell),为了逻辑设计提供了极大的灵活性。同时,采用 E^2CMOS(electrically erasable CMOS)工艺,使 GAL 器件具有可擦除、可重新编程和可重新配置结构等功能。最少能够重复擦除 100 次以上(有的可以达到 10000 次),写入的编程内容可以保存 20 年。

GAL 产品可分为普通型、通用型、异步型、FPLA 型和在线可编辑型 5 个系列。普通型有 GAL16V8、GAL20V8、GAL16V8A、GAL20V8A、GA116V8B 和 GAL20V8B。通用型有 GAL18V10、GAL22V10、GAL39V18(与门阵列可编程、或门阵列可编程)和 GAL26CV12 等。GAL20RA10 为异步型。GAL6001 为 FPLA 型,其与阵列和或阵列都可编程。ispGAL16Z8 为在线可编程型。本节将以 GAL16V8、GAL22V10、GAL39V18 三种型号器

件为例介绍 GAL 电路的结构特点和工作原理。

2. GAL16V8 的基本结构

GAL16V8 是一种通用的 GAL 器件,通常为 20 引脚双列标准封装。器件型号中的 16 表示最多有 16 个引脚可作为输入端,器件型号中的 8 表示器件内部含有 8 个 OLMC,最多可有 8 个引脚作为输出端。GAL16V8 的逻辑结构图如图 10.3.18 所示。

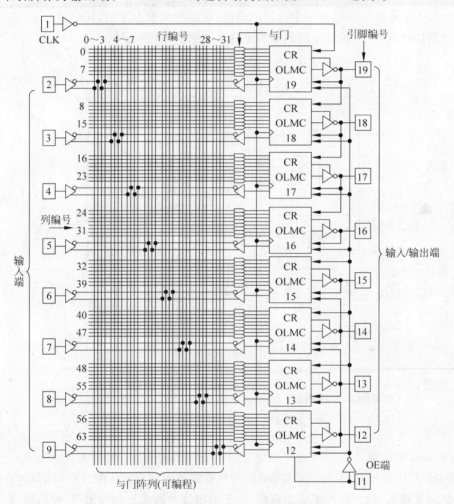

图 10.3.18 GAL16V8 的逻辑结构图

GAL16V8 由 5 个部分组成,即 8 个输入缓冲器(引脚 2~9 作为专用输入端,即 I 端)、8 个反馈缓冲器(逻辑结构图中的中间一列的 8 个缓冲器,这两组缓冲器的作用是将 8 个输入变量和 8 个反馈变量(或 I/O 端输入变量)转变成以原变量或反变量的形式出现在"与门"阵列每个与门的输入端)、8 个输出缓冲器(引脚 12~19 作为输出缓冲器输出,这 8 个引脚具有双向功能,可以作为输出端使用,也可以作为输入端使用,即 I/O 端)、8 个输出逻辑宏单元(OLMC12~19)和可编程与门阵列(由 8×8＝64 个与门构成,最多可形成 64 个"与项"——乘积项,每个与门有 32 个输入端可供编程使用)。除以上的 5 个组成部分外,该器件还有一个系统时钟 CLK 输入端(引脚 1,CLK 输入端不作为时钟信号输入使用时,也可以充当专用输入端)、一个三态输出控制信号输入端 OE(引脚 11,低电平输入有效)、电源端(引脚 20)和公共端(引脚 10,通常电源电压使用正 5V 电源电压)。输出宏单元中 12 和 19 无相邻级引入连接,15 和 16 宏单元只有相邻级引入连接。使用时要注意这一特点。

3. GAL16V8 的输出逻辑宏单元

GAL16V8 的输出宏单元如图 10.3.19 所示。每个输出宏单元中包含一个或门,或门的每一个输入信号是与阵列中一个与门的输出,最多的与项为 8 个,其中第一个与项要经过乘积项数据选择器输入,所以或门的输出是这 8 个乘积项相或。

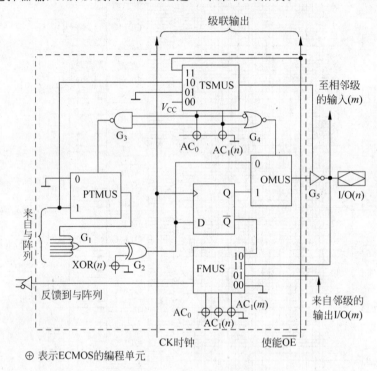

图 10.3.19　输出逻辑宏单元

1) 输出极性控制

"异或门"G_2 是可编程"与一或"项输出极性控制逻辑门,当 $XOR(n)=0$ 时,"与一或"以原变量的形式输出,称为高电平输出有效(由于输出缓冲器是反向输出,到输出端,将为低电平有效);当 $XOR(n)=1$ 时,"与一或"以反变量的形式输出,称为低电平输出有效(由于输出缓冲器是反向输出,到输出端,将为高电平有效)。这一极性的变化,使得实际应用中,可以利用相邻级联及迪·摩根定理,通过输出变量变换实现"与项"个数大于 8 以上"与一或"运算。

2) 数据选择器

输出宏单元中有 4 个数据选择器,分别为 PTMUX(二选一)、TSMUX(四选一)、OMUX(二选一)和 FMUX(四选一)。

(1) PTMUX(二选一)用作乘积项数据选择器。当 $AC_0 \cdot AC_1(n)=1$ 时,选择"0"输出到或门的输入;当 $AC_0 \cdot AC_1(n)=0$ 时,选择每组"与一或"的第一乘积项(pt_1)输出到或门

输入。

(2) OMUX(二选一)用作输出数据选择器。当 $\overline{AC_0}+AC_1(n)=0$ 时，选择寄存器数据输出，即 D 触发器输出；当 $\overline{AC_0}+AC_1(n)=1$ 时，选择组合数据输出，即异或门 G_2 的输出。

(3) TSMUX(四选一)用作三态输出缓冲器控制数据选择器。当 AC_0、$AC_1(n)$ 的取值为"11"时，选择 $\overline{OE}$ 数据用作输出三态输出缓冲器控制信号；当 AC_0、$AC_1(n)$ 的取值为"10"时，选择每组"与一或"的第一乘积项(每组中列号最小的乘积项)数据用作输出三态输出缓冲器控制信号；当 AC_0、$AC_1(n)$ 的取值为"01"时，选择"0"用作输出三态输出缓冲器的控制信号，三态输出缓冲器处于高电阻工作状态，此时的 I/O 端只能作为输入端；当 AC_0、$AC_1(n)$ 的取值为"00"时，选择 V_{CC} 用作输出三态输出缓冲器的控制信号，三态输出缓冲器保持通的状态。

(4) FMUX(四选一)用作反馈数据选择器。当 $AC_0=1$ 时，选择本单元反馈，若 $AC_1(n)=1$，选择本单元的 I/O 端数据反馈；若 $AC_1(n)=0$，选择寄存器的 $\overline{Q}$ 输出反馈。当 $AC_0=0$ 时，选择相邻宏单元或数据"0"反馈，若 $AC_1(n)=1$，选择相邻宏单元的 I/O 端数据反馈；若 $AC_1(n)=0$，选择"0"数据反馈。

输出宏单元的工作方式，除了上述分析外，还受到 SYN 端(图中未画出)编程状态的控制，其总体工作方式可以用表 10.3.6 表示。

表 10.3.6 PAL16V8 输出宏单元工作方式与控制字的关系

SYN	AC_0	$AC_1(n)$	$XOR(n)$	功能配置	输出极性	备 注
1	0	1	—	输入模式	—	1 和 11 脚为数据输入端，三态输出门是高阻态
1	0	0	0	所有输出为组合输出	低电平	1 和 11 脚为数据输入端，三态输出门输出数据
1	0	0	1		高电平	
1	1	1	0	所有输出为组合输出	低电平	1 和 11 脚为数据输入端，三态输出门的选通信号是第一个乘积项
1	1	1	1		高电平	
0	1	1	0	组合输出	低电平	1 脚为时钟脉冲输入，11 脚为使能输入信号，至少另有一个输出宏单元为寄存器输出
0	1	1	1		高电平	
0	1	0	0	寄存器输出	低电平	1 脚为时钟脉冲输入，11 脚为使能输入信号
0	1	0	1		高电平	

3) 行地址分配和结构控制字

GAL16V8 的行地址分配如图 10.3.20 所示。其中行地址 0～31 对应于与门阵列，这部分电路结构如图 10.3.18 的与门阵列部分，每行包含 64 位，相应的"与项"可以由用户编程产生。行地址 32～63 在图 10.3.18 中未画出。其中 32 行用作电子标签，它含有 64 位可重复编程的存储器，这种存储器能容纳用户定义的数据，包括用户的 ID 码、修订号和编目控制。行地址 33～39 由集成芯片的制造商保留使用，用户不能使用。行地址 60 是结构控制字，共有 82 位，其分配情况如图 10.3.21 所示。行地址 61 仅用一位，用于加密，对该位编程后，就不能对行地址 0～31 与门阵列的逻辑构图进行修改和验证。这个加密位仅能在对芯片重新编程时与 0～31 与门阵列的原来编程逻辑构图内容一起被擦除。所以,该位一旦编程,就可以防止对原来设计随意修改。行地址 62 由厂家保留备用。行地址 63 用于整体擦除,也只有一位,在重新编程周期中,对该行寻址并执行清除功能,将实现对用户原来编入的所有信息全部擦除,包括与门阵列的逻辑电路、结构控制字、电子标签字和加密单元的内容,GAL 器件恢复出厂时的状态,仅保留 33～59 行的信息。

GAL16V8 的结构控制字如图 10.3.21 所示。一共使用 84 位,包括电子标签——乘积项禁止位(64位)、XOR(8 位,每个宏单元占有一位)信号、$AC_1(n)$ (8 位,每个宏单元占有一位)、AC_0(仅有一位,所有宏单元公用)和 SYN(仅有一位,所有宏单元公用)。

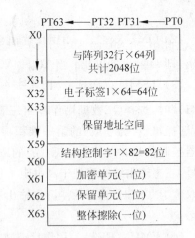

图 10.3.20　GAL16V8 的行地址分配

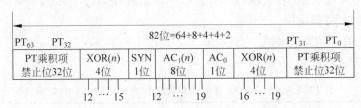

图 10.3.21　GAL16V8 的结构控制字

SYN 的作用是决定输出宏单元是时序电路(D 触发器工作)还是组合逻辑电路(D 触发器不工作)的结构控制字。当 SYN=0 时,输出宏单元为时序电路,此时,输出宏单元中的 D 触发器处于工作状态,能够用它构成时序电路;当 SYN=1 时,输出宏单元为组合电路,此时,输出宏单元中的 D 触发器处于不工作状态。在 GAL16V8 的输出宏单元 OLMC(12) 和 OLMC(19),用 $\overline{SYN}$ 代替 AC_0,用 SYN 代替 $AC_1(m)$,作为反馈数据选择器的通道选择控制信号。

应当指出,当 SYN=0 时,8 个输出宏单元都能够用它构成时序电路,但并不等于一定要构成时序电路,还是可以通过 AC_0 和 $AC_1(n)$ 的取值组合来确定输出宏单元的工作方式,即组合逻辑工作或时序电路工作,表 10.3.6 已经说明这一结果;反之,只要有一个单元需要处于时序电路工作,就必须使 SYN=0,并通过 AC_0 和 $AC_1(n)$ 的取值组合来确定其他输出宏单元的工作方式。

4. GAL16V8 的输出工作方式

GAL18V6 的输出有组合型和寄存器型两种基本工作方式,其中组合型工作方式又可以分为简单型和复杂型两种情况。

1) 组合型简单工作方式

输入控制字的取值为 SYN=1,AC_0=0,$AC_1(n)$=0,若 XOR=0 输出低电平有效;若 XOR=1 输出高电平有效。15、16 号 OLMC 只能构成组合逻辑输出,等效电路如图 10.3.22(a) 所示。而其他输出宏单元都可以构成组合逻辑输出,或相邻级的输入,等效电路如图 10.3.22(b) 所示。

如果输入控制字的取值为 SYN=1,AC_0=0,$AC_1(n)$=1,XOR 端输入为无效输入,输出三态输出缓冲器处于高电阻状态。除 15、16 号 OLMC 外，其他都可以构成相邻宏单元的输入，其中 OLMC12 选择 $\overline{OE}$ 输入信号，OLMC19 选择 CLK 端（引脚 1）的输入信号。等效电路如图 10.3.23 所示。

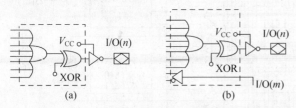

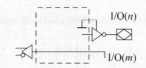

图 10.3.22　组合简单工作方式的等效电路　　　　图 10.3.23　组合简单工作方式仅作为输入的等效电路

2）组合型复杂工作方式

如果输入控制字的取值 SYN=1，$AC_0=1$，$AC_1(n)=1$。若 XOR=0 输出低电平有效，若 XOR=1 输出高电平有效，13～18 号 OLMC 构成组合逻辑输出或输入，由三态输出缓冲器控制，等效电路如图 10.3.24(a)所示；12、19 号 OLMC 只能构成组合逻辑输出，也由三态输出缓冲器控制，等效电路如图 10.3.24(b)所示。

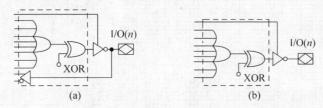

图 10.3.24　组合复杂型工作方式的等效电路

3）寄存器型工作方式

如果输入控制字的取值 SYN=0，$AC_0=1$，$AC_1(n)=0$。若 XOR=0 输出低电平有效，若 XOR=1 输出高电平有效，12～19 号 OLMC 都可以构成寄存器的输出，等效电路如图 10.3.25(a)所示。若输入控制字取值为 SYN=0，$AC_0=1$，$AC_1(n)=1$，则 12～19 号 OLMC 都可以构成组合逻辑的输入或输出，但至少应有一个作为寄存器的输出，即时序电路的输出，等效电路如图 10.3.25(b)所示。

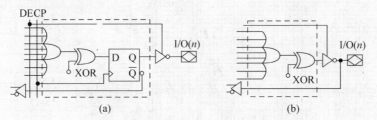

图 10.3.25　组合简单工作方式的等效电路

5. GAL22V10 的基本结构

GAL22V10 的逻辑电路如图 10.3.26 所示。封装形式有两种，如图 10.3.27 所示。与 GAL16V8 相比，它具有更多得的输出引脚（GAL22V10 有 10 个，GAL16V8 有 8 个），更多

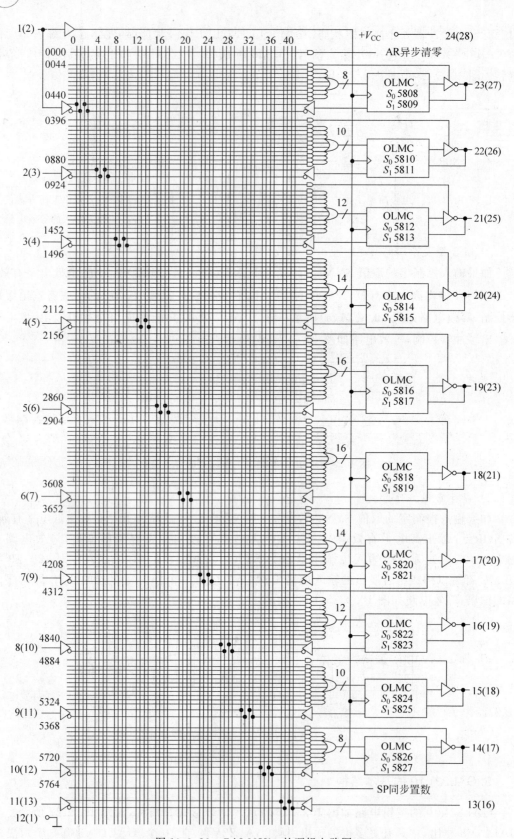

图 10.3.26　GAL22V10 的逻辑电路图

的输入引脚（12 个专用输入，另外还有 10 个 I/O 输入/输出引脚可以作为输入）。因此 GAL22V10 最多可以组成 22 个输入信号，这些输入信号经由输入缓冲器转变成原变量和反变量的形式加到可编程与门阵列，使得与门阵列的每个与项具有 44 位输入信号端。

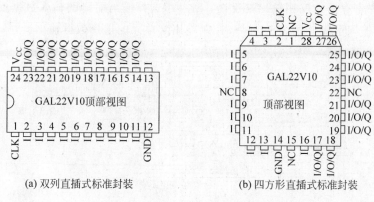

(a) 双列直插式标准封装　　　　　(b) 四方形直插式标准封装

图 10.3.27　GAL22V10 封装图

GAL22V10 的输出逻辑宏单元有几种不同大小的规格，允许把多乘积项的或表达式放到较多乘积项输出的 OLMC 里。GAL22V10 的 OLMC 乘积项数有 8、10、12、14、16 五种，每个规格都有两个 OLMC 单元。这样，使得逻辑设计具有更大的灵活性，尤其在输入变量较多的情况，可以更加合理地配置输出宏单元。

GAL22V10 输出宏单元 OLMC 的配置比较简单，每个宏单元只用两个结构控制字 S_0 和 S_1 选择输出类型。每个宏单元的控制字 S_0 和 S_1 都是独立编程设置的，一共占用 20 位存储单元（5808～5827），所以每个宏单元的工作方式也是可以单独编程设置，使用就更为灵活方便。

GAL22V10 还增设有同步预置（SP）和异步复位（AR）专门的乘积线。SP 有效时，在第一个时钟脉冲后所有触发器均输出高电平，即置位"1"；AR 有效后，所有的触发器均立即输出低电平，即复位"0"。值得注意的是，SP 和 AR 仅仅是置位（D 触发器的 Q 端输出"1"）和复位（D 触发器的 Q 端输出"0"）触发器的 Q 端输出状态，而输出极性控制的输出低电平有效（反变量输出），是指输出端在 Q 的输出与输出引脚之间进行了反相。AR 专门的乘积线占用 44 位存储单元（0000～0044），SP 专门的乘积线占用 44 位存储单元（5764～5807）（如图 10.3.26 所示的与门阵列列编号）。

6. GAL22V10 的加密控制位

GAL22V10 的加密控制位如表 10.3.7 所示。它含有 64 位可重复编程的存储器，这些存储器用于存储用户定义的数据，包括用户的 ID 码、修订号或编目控制，其中包括加密单元（1 位）。

表 10.3.7　GAL22V10 的加密控制位

5828,5829…			一共 64 位			…5890,5891	
A_7	A_6	A_5	A_4	A_3	A_2	A_1	A_0

7. GAL22V10 的输出宏单元及工作方式

GAL22V10 的输出宏单元如图 10.3.28 所示。S_1 控制反馈数据选择器的选择数据输出，$S_1=0$，选择寄存器的反相输出端反馈；$S_1=1$，选择输出引脚的输入数据反馈，此时 I/O 引脚也可作为输入引脚使用。S_1 和 S_0 控制输出宏单元的选择数据输出。

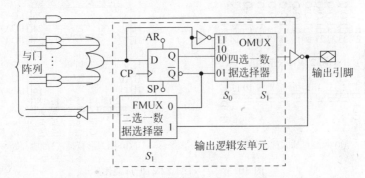

图 10.3.28　GAL22V10 的输出宏单元电路图

当 $S_1S_0=01$ 时，选择寄存器的 $\overline{Q}$ 端输出到输出缓冲器的输入端，输出引脚输出为低电平有效；当 $S_1S_0=00$ 时，选择寄存器的 Q 端出到输出缓冲器的输入端，输出引脚输出为高电平有效。此时，宏单元工作在寄存器工作方式。等效电路如图 10.3.29 所示。

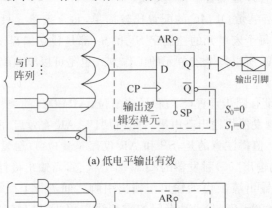

(a) 低电平输出有效

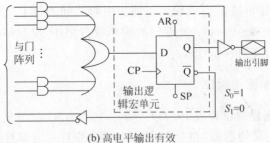

(b) 高电平输出有效

图 10.3.29　寄存器工作方式等效电路

当 $S_1S_0=11$ 时，选择组合逻辑或门输出端的反相输出到输出缓冲器的输入端，输出引脚输出为低电平有效；当 $S_1S_0=10$ 时，选择组合逻辑或门输出端的原变量输出到输出缓冲器的输入端，输出引脚输出为高电平有效。此时的宏单元工作在组合逻辑工作方式。等效电路如图 10.3.30 所示。

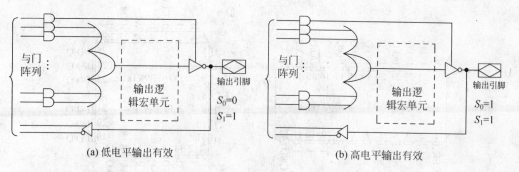

(a) 低电平输出有效　　　　　　　　　(b) 高电平输出有效

图 10.3.30　寄存器工作方式等效电路

8. GAL39V18 简介

1) GAL39V18 的基本结构

GAL39V18 逻辑电路方框图如图 10.3.31 所示,由可编程与门阵列、可编程或门阵列、10 个可编程与门阵列的输入宏单元 ILMC、10 个可编程与门阵列的反馈宏单元 I/OLMC、10 个可编程或门阵列的输出宏单元 OLMC 和 8 个状态宏单元 SLMC 等部分构成。可编程与阵列容量为($78 \times 64 + 78 \times 11$),或门阵列的容量为($64 \times 36$)。

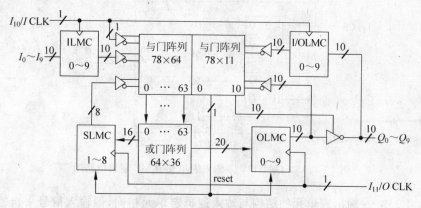

图 10.3.31　GAL39V18 逻辑电路方框图

2) 引脚的功能

GAL39V18 的封装图如图 10.3.32 所示。以双列封装为例,引脚 1 为 $I_{10} I/CLK$ 输入时钟信号,控制输入宏单元的输入方式。引脚 2~11 为输入专用引脚,其中 ILMC 的输入量为 $I_1 \sim I_{10}$。引脚 14~23 I/O 为输入/输出引脚,可作为数据输出使用,也可以作为数据的输入使用。引脚 13 是 $I_{11}/CLCK$ 或门输出宏单元的时钟信号,即输出宏单元的时钟信号输入端。引脚 12 是公共端。引脚 24 是电源端。

3) 宏单元结构

I_{10} LMC 宏单元的结构如图 10.3.33 所示,由内置锁存器、寄存器和多路选择器(多路开关)构成。输入缓冲器的输入方式由两位控制字 INLACT 和 INSYN 控制配置方式,可配

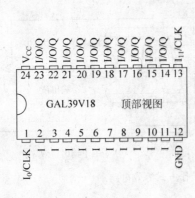
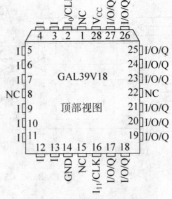

(a) 双列直插式标准封装   (b) 四方形直插式标准封装

图 10.3.32   GAL39V18 封装图

置成异步输入(11)、锁存器型输入(00)和寄存器型输入(10)等形式。I_{10}/ICLK 既是锁存器的选通信号,也是寄存器的触发信号。ILMC 的输出经由输入缓冲器送至可编程逻辑与门阵列,作为与门阵列的输入信号。多路开关 MUX 的通断由两位控制字 ILATCH 和 ISYN 控制。

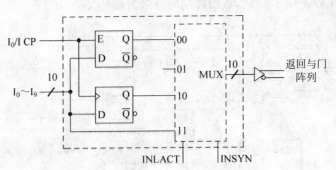

图 10.3.33   GAL39V18 输入宏单元 ILMC 逻辑电路图

I/OLMC 输入/输出宏单元的结构与输入逻辑宏单元相同,但输入信号来自输入/输出脚引线,多路开关 MUX 由两位中控制字 I/OLATCH 和 I/OSYN 控制选通通道,配置方式也和 I_{10}LMC 宏单元的配置方式相同。控制信号的状态可以通过对 GAL39V18 器件的 68 位结构控制字的编程确定。

OLMC 和 SLMC 的结构基本相同,如图 10.3.34 所示。OLMC 的输入来自或门的输出。输出分为两路,一路经由输出缓冲器送到 I/O 引脚输出;一路经由反馈缓冲器反馈到与门阵列。

SLMC 宏单元的输入也是由或门的输出引入,其输出仅作为反馈信号,反馈到与门阵列。这两个宏单元的工作方式控制(XORD, XORE, CKS, OUTSYN)也是通过对 GAL39V18 器件的 68 位结构控制字的编程确定的。

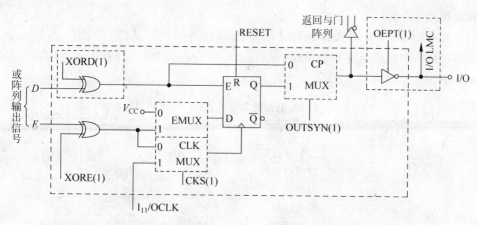

图 10.3.34　GAL39V18 反馈宏单元 SLMC 和输出宏单元 OLMC 逻辑电路图

10.3.5 低密度可编程阵列逻辑器件的编程

低密度可编程逻辑器件是指 PROM、PLA、PAL 和 GAL 等类型的器件。使用这些类型的器件,用编程方法设计数字电路必须具备硬件条件和软件条件。硬件是指计算机、专用编程器和选用的 PLD 器件;软件是指对可编程逻辑器件进行数字电路设计的计算机软件的开发平台,即专用设计软件。

专用的编程器市场的种类很多,国内外的生产厂家也很多。表 10.3.8 罗列了国内部分厂家及其产品的一种型号,可供实际使用时参考。

表 10.3.8　可编程逻辑器件编程器参考厂家及其产品

生产厂家	威龙	台湾力浦	润飞	托普	炜煌	台湾研仪	西尔特
产品名称	VP-68B	LP-10	RF-1800	TOP-2005	WH-500AU	LT-48	SP/680

可编程逻辑器件的设计软件种类很多,各大器件厂家、编程器厂家及一些软件公司都开发了一系列的设计软件,正是有多种软件的开发平台,才推动可编程逻辑器件的快速发展。通用的编程软件和方法将在第 11 章中进行介绍。

通常根据对器件逻辑功能的描述方法,这些软件大体可以分为用硬件语言描述和电路原理图描述两大类。常用的硬件描述语言有 ABEL、VHDL 等,其中 ABEL 是一种简单的硬件描述语言,支持布尔代数方程、真值表、测试访问口 TAP(test access port)等逻辑描述,适用于计数器、译码器、运算电路、比较器等逻辑功能的描述;VHDL 语言是一种行为描述语言,编程结构类似于计算机中的 C 语言,在描述复杂逻辑设计时非常简洁,具有很强的逻辑描述和仿真能力,是硬件设计语言的主流。

常见用 ABEL 语言描述的软件有 DATA I/O 公司的 ABEL 语言、四通公司 ASIC 的用于 GAL 器件的 FM(fast MAP)软件及各个编程器厂家附带提供的软件等。

属于电路图描述或电路图描述相拼的软件有 DATA I/O 公司的 Synario 软件、Orcad 公司的 PLD 软件和 Lattice 公司 ispLEVER 软件等。这些软件多数用于高密度 HDPLD 器件编程设计数字电路。

对于低密度 LDPLD 器件编程则采用 ABEL 语言描述的软件。ABEL—HDL 语言的基本运算可以分为逻辑运算和算术运算。表 10.3.9 列出了这两种基本运算的符号及对应的功能。更加详细的应用见 11.3.1 节描述。

表 10.3.9 ABEL 描述语言的运算的符号及对应的功能

基本运算	运算符	功 能	实 例	实例含义
逻辑运算	!	逻辑非运算	$!(AB)$	$\overline{A \cdot B}$
	&	逻辑与运算	$A\&B$	$A \cdot B$
	#	逻辑或运算	$A\#B$	$A+B$
	$	异或运算	$A\$B$	$A \oplus B$
	!$	同或运算	$A!\$B$	$A \odot B$
	=	赋值	$Q=5$	将数值 5 赋给 Q
	==	数值相等	$Q==10$	用于判断是否等于 10
	!=	数值不等	$Q!=10$	用于判断是否不等于 10
算术运算	+	算术加	$C=A+B$	将 A 与 B 相加,和数赋给 C
	−	算术减	$C=A-B$	将 A 减 B,差数赋给 C
	*	算术乘	$C=A*B$	将 A 与 B 相乘,积数赋给 C
	/	算术除	$C=A/B$	将 A 除以 B,商数赋给 C
	≪	左移位	$A\ll B$	将 A 向左移动 B 位
	≫	右移位	$A\gg B$	将 A 向右移动 B 位

使用 ABEL 语言进行电路设计,在计算机上进行编程主要有以下步骤。

(1) 模块定义,即 MODULE 模块名。

(2) 定义选用的可编程逻辑器件型号名称。

(3) 定义输入变量及使用的对应引脚编号(要与选用的器件一致,可选用专用输入引脚,也可选用 I/O 引脚)。

(4) 定义输出变量及输出变量使用的引脚编号(要与选用的器件一致,可选用专用输出引脚,也可选用 I/O 引脚),以及(GAL)器件输出宏单元输出工作方式,istype'COM'是组合逻辑工作方式,istype 'REG'是寄存器工作方式。

(5) 编写与所设计逻辑命题要求相一致的逻辑函数表达式,逻辑函数表达式为最简逻辑函数式。

(6) 编写测试向量,模拟逻辑功能,包括在输入变量所有的可能取值下,对应的输出变量结果,这实际上就是逻辑函数的真值表的另一种格式。

(7) 程序结束语。

【例 10.3.5】 试用一片 GAL22V10 实现全加器逻辑电路的功能,写出电路设计的 ABEL 源文件。

解:全加器的输入变量为被加数 A,加数 B,低位的进位数 C_i。输出变量有和数 S 和向高一位的进位数 C_o。

全加器的逻辑函数式:

$$S = A \oplus B \oplus C_i, \quad C_o = A \oplus B \cdot C_i + A \cdot B$$

ABEL 源文件如下：

源文件	意义说明
Module FSUM;	模块定义，FSUM 全加器模块，用分号结束
FSUM device 'G22V10'	定义选用器件型号：GAL22V10
A,B,Ci PIN 2,3,4;	定义输入变量、对应的 GAL 器件引脚号
S,Co PIN 15,16 istype'COM';	定义输出变量、对应输出引脚号和工作方式
Equation	引语，表示下面一段为逻辑函数表达式
S = ABCi	$S = A \oplus B \oplus C_i$
Co = A$B#A&Ci#A&Ci;	$C_o = A \oplus B \cdot C_i + A \cdot B$
Test_verctor ([A,B,Ci]->[S,Co])	测试向量定义
[0,0,0] $\Rightarrow$ [0,0]	
[0,0,1] $\Rightarrow$ [1,0]	
[0,1,0] $\Rightarrow$ [1,0]	
[0,1,1] $\Rightarrow$ [0,1]	编写测试向量，模拟逻辑功能。在输入变量的所有
[1,0,0] $\Rightarrow$ [1,0]	取值组合下，输出变量对应的逻辑结果。
[1,0,1] $\Rightarrow$ [0,1]	
[1,1,0] $\Rightarrow$ [0,1]	
[1,1,1] $\Rightarrow$ [1,1]	
End FSUM	FSUM 全加器模块结束

【例 10.3.6】 试用一片 GAL22V10 实现图 10.3.35 所示的所有逻辑门电路的功能，写出电路设计的 ABEL 源文件。

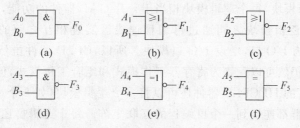

图 10.3.35 例 10.3.6 逻辑电路图

解：写出对应图 10.3.35 所示逻辑电路的各个门电路的逻辑表达式：

$$F_1 = A_1 \cdot B_1 \quad F_2 = A_2 + B_2 \quad F_3 = \overline{A_3 \cdot B_3}$$

$$F_4 = A_4 + B_4 \quad F_5 = A_5 \oplus B_5 \quad F_6 = \overline{A_6 \oplus B_6}$$

编写 ABEL 源文件，如下：

```
MODULE BZSIC_GATES;              模块定义，BZSIC_GATES 基本逻辑门电路。
BZSIC_GATES device 'G22V10'     定义模块选用器件型号名称。
    A₀,B₀,A₁,B₁,A₂,B₂,A₃,B₃,A₄,B₄,A₅,B₅ PIN 2,3,4,5,6,7,8,9,11,13,14,15;
                                 定义输入变量的引脚分配。
    F₁,F₂,F₃,F₄,F₅,F₆  PIN 16,17,18,19; 20,21 istype'COM';
                                 定义输出变量的引脚分配及输出宏单元工作方式。
EQUATIONS                        编写逻辑函数表达式
    F1 = A1&B1;
    F2 = A2 # B2;
```

```
        F3 = ! (A3&B3);
        F4 = ! (A4 ♯ B4);
        F5 = A5 $ B5;
        F6 = A6! $ B6;
TEST_VECTORS                        编写测试向量,测试向量定义
    ([A0,B0,A1,B1,A2,B2,A3,B3,A4,B4,A5,B5] ⟹ [F1,F2,F3,F4,F5,F6])
    [0,0,0,0,0,0,0,0,0,0,0,0] ⟹ [0,0,1,1,0,1]
    [0,1,0,1,0,1,0,1,0,1,0,1] ⟹ [0,1,1,0,1,0]
    [1,0,1,0,1,0,1,0,1,0,1,0] ⟹ [0,1,1,0,1,0]
    [1,1,1,1,1,1,1,1,1,1,1,1] ⟹ [1,1,0,0,0,1]
END BASIC_GATES    BASIC_GATES 基本逻辑门电路模块编程结束。
```

10.4　复杂可编程逻辑器件

复杂可编程逻辑 CPLD 器件一般都是在系统可编程逻辑器件,但在系统可编程逻辑器件就不一定属于 CPLD 器件。如 ispGAL16V8、ispGAL20V10、ispGAL22V10 等都属于在系统可编程逻辑器件。这类器件,除了增设符合 IEEE(Institution of Electrical and Electronic Engineers,电器与电子工程师协会)1149.1 或 IEEE 1532 标准接口协议的接口功能外,其可编程逻辑门阵列和输出逻辑宏单元仍然与 GAL 器件相同。而 CPLD 器件除了在 GAL 基础之上增设符合 IEEE 1149.1 标准接口协议的控制单元外,逻辑门阵列的结构和宏单元的结构都做了改进,输入到每个逻辑宏单元"与门"门数也更多,并用一定数量的宏单元构成一个逻辑模块,每个逻辑模块相当于一片 GAL 器件的功能,每个 CPLD 芯片由多个逻辑模块构成,逻辑模块之间通过可编程连线区实现相互之间的可编程连接,改进 GAL 的专用输入口为 I/O 口,增设 I/O 口模块。所以,CPLD 器件虽然有 GAL 器件的特点,如输出工作模式仍然可以配置为寄存器工作模式和组合工作模式,但不是 GAL 器件的高密度集合。高密度的 HDCPLD 器件还可以将多个逻辑模块(如 8 个逻辑模块)构成一个逻辑群,所有的逻辑群都连接到一个可编程的互联矩阵。每个逻辑群还包含有两个单端口逻辑群存储器模块和一个多端口通信存储器模块。单端口逻辑群存储器模块有 8192b 存储器;多端口通信存储器模块包含 4096b 专用通信存储器,这些存储器可配置成为单端口。多端口或带专用控制逻辑的 FIFO(first in first out),是一种先进先出的数据缓存器,类似于移位寄存器的工作。与普通存储器的区别是没有外部读写地址线,这样使用起来非常简单,但缺点就是只能顺序写入数据和顺序读出数据,其数据地址由内部读写指针自动加 1 完成,不能像普通存储器那样具有地址线和地址译码器以决定读取或写入某个指定的地址。

目前,生产 CPLD 器件的著名公司有 Lattice 公司(产品有 ispLSI1000/2000/5000/8000、MACH4/5、ispMACH4000 等)、Altera 公司(产品有 MAX3000/7000 等)、Xilinx 公司(产品有 XC9500/4000)等。尽管各个公司的器件结构虽有区别,但基本构成是相同的。

CPLD 器件的最大特点是具有"在系统可编程"特性。所谓"在系统可编程"ISP(in-system programmable)器件,是指未编程的逻辑器件 ISP,可以直接焊接在印刷电路板上,然后通过计算机的并行口和专用的编程电缆对焊接在电路板上的 ISP 器件直接多次编程,从而使器件配置为具有所需要的逻辑功能器件。这种编程不需要使用专用的编程器,原来属于编程器的编程电路及升压电路已被集成在 ISP 器件内部了。ISP 技术使得调试过程不

需要反复拔插芯片,从而不会产生引脚弯曲变形现象,提高了可靠性,而且可以随时对焊接在电路板上的 ISP 器件的逻辑功能进行修改,因而加快了数字系统的调试过程。

本节将以 Xilinx 公司的 XC9500 产品为例,介绍 CPLD 器件的电路结构及其工作原理。

10.4.1 复杂可编程逻辑器件的结构

1. CPLD 的结构

复杂可编程逻辑 CPLD 器件是在 GAL 器件基础上进一步改进和扩展,并提高了器件的集成度研制出来的器件。CPLD 器件主要由 I/O 模块、可编程连线区和逻辑模块构成。逻辑模块的最基本是宏单元。宏单元包括一个 D/T 寄存器,使用可组合调用的多个乘积项(可以多达 16 个)输入。这样进行设计时,可以部署较多的组合逻辑,而不用增加额外路径。一般以 16 个以上的宏单元构成一个逻辑模块,每个宏单元都具有组合逻辑工作方式和寄存器工作模式,每个逻辑块就相当于一个 GAL 器件的功能,每个宏单元的输出都可以反馈到可编程连线区。

ispXC95108 型 CPLD 器件的结构框图如图 10.4.1 所示,由逻辑模块(共有 6 个 36V18 逻辑块)、内部可编程全局连线区、I/O 模块(每个芯片可有 63 个以上 I/O 口)、符合 JTAG (joint test action group,联合测试行动小组)协议标准(与 IEEE 1149.1 标准一致)接口控制器、在系统可编程控制器等部分构成。和简单的 PLD 相比,CPLD 允许有更多的输入/输出口、更多的乘积项和更多的宏单元,逻辑块之间可以使用可编程全局连线区的内部连线实现相互连接,具有符合 JTAG 协议接口单元。

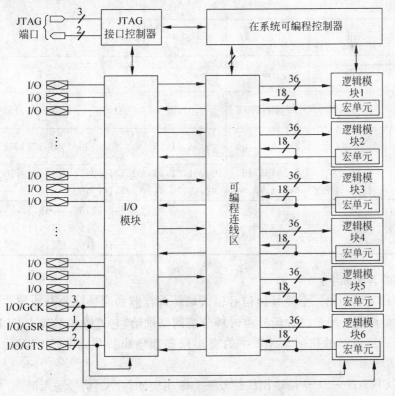

图 10.4.1 ispXC95108 在系统可编程芯片逻辑结构图

2. XC9500 系列产品的引脚分布

XC9500 系列芯片的引脚配置如表 10.4.1 所示。表中未被列出的引脚编号为 I/O 引脚。

表 10.4.1　XC95108 XX xxx 系列器件引脚类型及对应的引脚编号配置

引脚类型	不同封装引脚编号的配置			
	PC84	PQ100	TQ100	PQ160
I/O/GCK1	9	24	22	33
I/O/GCK2	10	25	23	35
I/O/GCK3	12	29	27	42
I/O/GTS1	76	5	3	6
I/O/GTS2	77	6	4	8
I/O/GSR	74	1	99	159
TCK	30	50	48	75
TDI	28	47	45	71
TDO	59	85	83	136
TMS	29	49	47	73
V_{CCINT} 5V	38,73,78	7,59,100	5,57,98	10,46,94,157
V_{CCIO} 3.3/5V	22,64	28,40,53,90	26,38,51,88	1,41,61,81,121,141
GND	8,16,27,42,49,60	2,23,33,46,64,71,77,86	100,21,31,44,62,69,75,84	20,31,40,51,70,80,99,100,110,120,127,137,160
不连接引脚				3,5,7,32,38,39,48,53,55,65,66,67,83,85,93,109,118,119,125,130,131,132,149,150,151

各引脚的含义如下：

（1）I/O/GCK1～3。全局时钟信号输入端。寄存器的时钟信号分为同步时钟信号和异步时钟信号两种。同步时钟信号由时钟分配网络供给，它可以在 CLK1、CLK2 及 CLK3 中选择一个；异步时钟信号由 FB 中的直接乘积项输出提供，用 PTCLK（product term CLK）表示。

（2）I/O/GTS1～2。全局输出极性及三态输出缓冲器控制信号输入端。

（3）TCK。JTAG 协议标准的一个时钟信号输入端，用于同步 JTAG 内部状态机操作。

（4）TMS。JTAG 协议标准的内部状态机模式选择信号输入端。该信号在 TCK 的上升沿输入有效，用来决定状态机的下一个状态。

（5）TDI。JTAG 协议标准的数据输入引脚。内部状态机处于正确状态时，信号在 TCK 的上升沿采样，并被移入器件的测试或编程逻辑。

（6）TDO。JTAG 协议标准的数据输出引脚。内部状态机处于正确状态时，该信号代表从器件测试或编程逻辑移出的数据位。输出数据在 TCK 信号的下降沿时刻输出。

（7）GSR。JTAG 协议标准的异步复位引脚。当置位时，内部状态机立即进入复位状态。由于该引脚是可选的，而通常为器件增加引脚会带来额外的成本，因此很少使用。此外，内部状态机（如标准所定义的）已经明确定义有同步复位机制。

（8）V_{CCINT}。输入缓冲器电源输入引脚。为了保证输入缓冲器兼容标准 5V 的 CMOS、5V 的 TTL 及 3.3V 的信号电平，V_{CCINT} 端应接供电电压为 5V 的电源。

（9）V_{CCIO}。输出寄存器及输出驱动器的电源引脚。为了保证输出驱动器具有能够输出 24mA 的驱动能力，输出驱动器可以构成 TTL 电平 5V 或 CMOS 电平 3.3V 的输出，V_{CCIO} 端应接供电电压为 5V 或 3.3V 的电源。

3. CPLD 的命名含义

如图 10.4.2 所示是 XC9500 系列产品的命名含义。其中，封装形式 PC 为加铅塑料双列封装，TQ 为很薄四方形塑料封装，PQ 为四方形塑料封装。

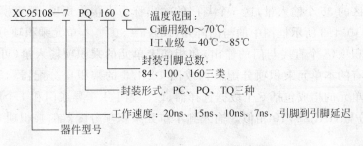

图 10.4.2 ispXC95108 器件型号含义

10.4.2 复杂可编程逻辑器件的逻辑模块

1. 逻辑模块 FB（function block）的构成

逻辑模块的构成如图 10.4.3 所示。每个逻辑模块由 18 个宏单元、乘积项分配器和可编程与门阵列等三部分构成。每个逻辑块可编程与门阵列的输入信号来自连线区的 36 个输入量，每个输入量以原变量和反变量的形式出现，一共 72 个变量信号。可编程与门阵列可以将 36 个输入变量构成 90 个乘积项送到乘积项分配器。乘积项分配器能够按编程要求将其分配到相应的宏单元。从理论上讲，宏单元的最大乘积项输入项数可以达到 90 项。每个宏单元都可以执行组合逻辑工作方式或寄存器工作方式，都能够接收全局复位/置位信号、全局输出使能信号、全局时钟脉冲信号及对应的乘积项控制信号,这些信号是可编程连线区连线开关的驱动信号。

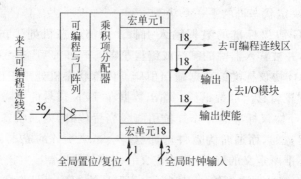

图 10.4.3　逻辑模块的结构框图

逻辑模块具有本地反馈的路径,即反馈到自身可编程与门阵列的信号,包括来自其他逻辑块的输出,而不必路经其他逻辑模块。这一特点,常用作在同一逻辑模块内创建快速计数器、状态机和状态寄存器等。

2. 宏单元

宏单元的逻辑电路图如图 10.4.4 所示,它包括 5 个直接与门(可以产生 5 个直接乘积项)、本单元乘积项分配器和本单元输出宏单元三部分构成。5 个直接与门的输入信号为来自可编程连线区的 36 个输入量,这 5 个与门的输出称为直接乘积项,逻辑模块内的所有直接与门构成图 10.4.3 所示框图中的与门阵列($18 \times 5 = 90$)。本单元乘积项分配器的输入量为 5 个直接乘积项(5 个直接与门的输出)和相邻宏单元的乘积项输入量(可以有多个),逻辑模块内的所有的本单元乘积项分配器构成图 10.4.3 的乘积项分配器($18 \times 1 = 18$ 个)。本单元输出宏单元的构成包括 5 个数据选择器、1 个或门、1 个异或门和 1 个触发器,从电路图看,这一部分与 GAL22V10 相似。输入到本单元乘积项分配器的乘积项一共有 5 项,可

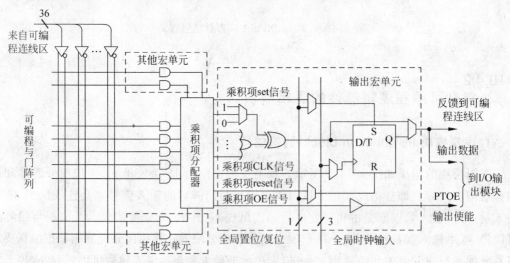

图 10.4.4　XC9500 的输出宏单元与乘积项分配器、可编程与门阵列的连接

直接被送到本输出宏单元的输入(图 10.4.4 中的或门、异或门)执行组合逻辑功能,或者用作乘积项时钟、置位/复位、输出使能 PTOE(product term output enable)等控制信号。这些控制信号同全局信号一样执行着对应的逻辑功能,可对触发器执行置位或清零,置位和复位的操作都是异步的;作为宏单元中触发器的时钟信号;作为输出驱动器的使能控制信号。和 GAL22V10 器件一样,可以通过编程选择宏单元工作于寄存器模式和组合逻辑模式。触发器也可以通过编程选择为 T 型或 D 型触发器。

3. 时钟信号、置位/复位信号

控制信号的分配和控制逻辑电路如图 10.4.5 所示。不管是全局信号还是乘积项控制信号,对于每个独立的宏单元都是有效的,至于使用哪一个,都是通过数据选择器进行选择的。这些信号包括时钟信号、置位/复位信号和输出使能信号。全局时钟输入信号有 3 个 $I/O/GCK_{1\sim3}$,都是来自器件的输入引脚。乘积项时钟信号由 FB 中的直接乘积项输出提供。寄存器的时钟信号分为同步时钟信号和异步时钟信号两种。同步时钟信号由时钟分配网络供给,它可以在 CLK_1、CLK_2 及 CLK_3 中选择一个;异步时钟信号为乘积项输出信号。

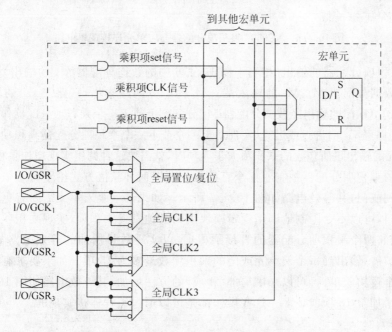

图 10.4.5　XC9500 控制信号分配控制

置位/复位信号也分全局信号和乘积项信号。乘积项置位/复位信号由 FB 中的直接乘积项输出提供。全局置位/复位信号来自器件的输入引脚,并由置位/复位分配器选择。输出使能信号只有乘积项输出信号,由 FB 中的直接乘积项输出提供。

4. 乘积项分配器

乘积项分配器逻辑电路结构如图 10.4.6 所示。5 个直接与项的每个输出数据通过数据分配器($M_4\sim M_8$)分成三路输出,一路送到乘积项分配器的内部或门(G_1)进行"或运算";一路送到宏单元的或门进行"或运算";第三路分别送到宏单元的数据选择器作为输出量的乘积项极性控制信号、乘积项 set(复位)信号、乘积项 reset(清零)信号、乘积项 CLK(时钟)信号和乘积项 OE(使能)信号。

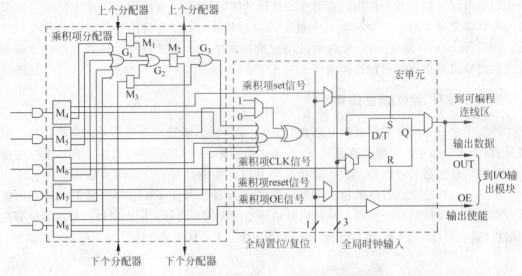

图 10.4.6 XC9500 乘积项分配器与宏单元连接逻辑电路

上、下乘积项分配器的输出(相当于图 10.4.6 中的数据分配器 M_2 的输出)引用到乘积项分配器的数据分配器 M_1、M_3 的输入端。M_1、M_3 分两路输出,一路与 G_1 的输出在或门 G_2 进行或运算,G_2 门的输出经数据分配器 M_2 分配到上或下一个乘积项分配器作为乘积项调用信号;另一路经 G_3 门进行或运算,实现对上一个或下一个乘积项分配器乘积项的调用。当某一个宏单元的输出量所包含的乘积项大于 5 项时,就需要这种调用实现增加乘积项。

本单元的乘积项分配器控制着 5 个直接乘积项以何种赋值方式给予每一个宏单元。可以直接输出到或门,其等效电路如图 10.4.7 所示。如果某一个宏单元需要有更多的乘积项输出到其或门,可以不受限制地调用逻辑模块内的其他直接乘积项,实现乘积项的增加。仅调用上、下相邻两个乘积项分配器的直接乘积项,以实现数量增加的等效电路如图 10.4.8 所示。这种扩展,输出到每个宏单元或门的乘积项数最多为 15 项。如果要求有更多的乘积项输出到一个逻辑宏单元,可以采用局部"相或"的方法增加,其等效电路如图 10.4.9 所示,乘积项数将增加至 18 项或更多。这些操作都是可以通过编程连接实现的。

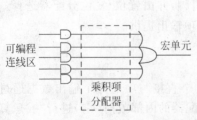

图 10.4.7 仅 5 项"或"等效电路

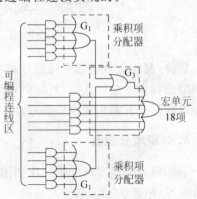

图 10.4.8 调用其他乘积项相或等效电路

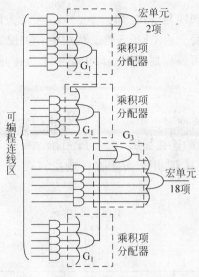

图 10.4.9 调用局部"相或"等效电路

10.4.3 复杂可编程逻辑器件的连线区和 I/O 模块

1. 可编程连线区

XC9500 系列的可编程连线区和逻辑块的连接电路如图 10.4.10 所示。逻辑块的每个宏单元的输出反馈信号(经 2 选 1 数据选择器)、I/O 口的输入信号(经缓冲器输入)都集中输入到该连线区。每个输入信号的输入线及逻辑块输出反馈缓冲器的输出线与逻辑模块输

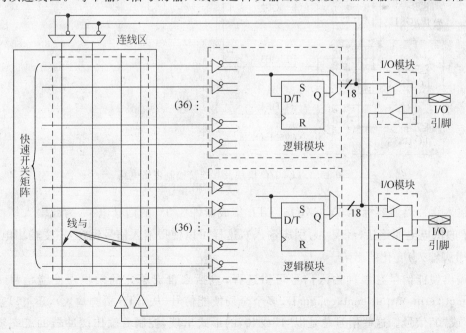

图 10.4.10 连线区的结构图

入缓冲器输入线在交叉处实现线与连接(如图 10.4.10 中箭头所指的交叉点)。每个输入信号是否作为线与的输入变量受到由 CMOS 管所构成的开关控制,这一逻辑功能实现对每个输入变量的编程连接。所以可编程连线区实际上是一个快速开关矩阵。

2. I/O 模块

I/O 模块是 CPLD 器件内部逻辑模块与输入/输出引脚之间的连接界面。每个 I/O 块和输出宏单元、输出使能信号的连接如图 10.4.11 所示。每个 I/O 块包括一个输入缓冲器、输出驱动器、输出使能多路选择器、用户可编程接地控制器、输出数据转换速率控制器和上拉电阻控制器等部分。

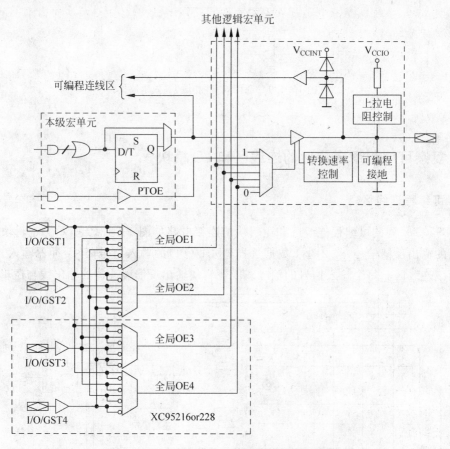

图 10.4.11 I/O 模块及其连接控制逻辑电路

输入缓冲器兼容标准 5V CMOS、TTL 集成器件 3.3V 的信号电平,为此输入缓冲器应与 5V 的供电电源连接(经 V_{CCINT} 引脚输入),这样可以使得输入信号恒定,不受输出电源(从 V_{CCIO} 引脚输入)变化的影响。

输出使能信号有多种输入信号可供选择,包括来自宏单元的乘积项使能信号 PTOE (product term output enable signal)、多个全局使能信号(从 GTS 引脚输入),还可以直接输入"1"或"0"信号。这些信号总是以"1"或"0"的形式出现,控制着输出缓冲器的三态输出状态。对于具有 144 个宏单元的器件,仅有两个全局使能控制信号;对于具有 180 个宏单元的器件(如 XC95216、XC95288 型器件),有 4 个全局使能控制信号。全局使能控制信号也控制输出极性。

输出信号的边沿转换速率可以通过编程减慢,以减少噪声影响(通过增加时间延时)。同时可以通过编程设置成低功耗、慢速率的工作形式和标准功耗快转换速率的工作模式。低功耗模式的工作延迟时间更长,功耗更低。标准功耗工作延迟时间更短,功耗更高。

每个输出 I/O 具有用户可编程的接地功能,允许 I/O 引脚构附加成接地的引脚。通过打捆编程接地构成与器件的内部接地端连接,能够降低系统大量开关器件闭合或断开造成的噪声所带来的影响。

I/O 引脚附加接入的上拉电阻(10kΩ)。用来防止器件非常规使用时产生输出抖动,在对器件编程、系统电源断电和器件擦除操作时起作用,对器件正常执行操作是无效的。这一功能由上拉电阻控制器实现,上拉电阻控制器的控制信号来自 JTAG 标准协议定义的边界扫描寄存器的 JTAG 测试激活。

输出驱动器可以输出 24mA 的驱动能力。输出驱动器可以配置成 TTL 型电平 5V 或 CMOS 型电平 3.3V 两种情况,这取决于电源输入引脚(V_{CCIO})是与 5V 电源还是与 3.3V 电源连接。

10.4.4
JTAG 接口和软件配置

1. 在系统编程

要实现在系统编程的功能,器件必须具有支持 JTAG 标准协议或 IEEE 1149.1 标准的协议连接接口。标准的 JTAG 接口是 4 线的,命名为 TMS、TCK、TDI、TDO,分别为模式选择、时钟、数据输入和数据输出线。CPLD 器件具有支持 JTAG 标准协议或 IEEE 1149.1 标准协议的连接接口。

JTAG 连接接口协议是一种国际标准测试协议(与 IEEE 1149.1 兼容),主要用于芯片内部测试。JTAG 的基本原理是在器件内部定义一个 TAP(test access port,测试访问口)通过专用的 JTAG 测试工具对内部节点进行测试。JTAG 测试允许多个器件通过 JTAG 接口串联在一起,形成一个 JTAG 链,能实现对各个器件分别测试。现在的 JTAG 接口还常用于实现 ISP(in-system programmable,在系统编程),即可以实现对 CPLD 等器件进行在系统编程。

对于 PROM、PAL 和 GAL 等器件是先对芯片进行预编程,然后通过编程器将程序从计算机上下载到器件上,再装到电路板实现设计的改变,这种编程方式称为编程器编程。在系统编程是先将器件固定到电路板上,再用 JTAG 标准接口对芯片进行编程及修改,从而大大加快设计和产品开发进度。JTAG 接口可对 CPLD 芯片内部的所有部件进行编程。

具有 JTAG 接口控制和在系统编程控制的电路框图如图 10.4.12 所示。其中,边界扫描寄存器是根据 JTAG 标准定义了的一个串行的移位寄存器。寄存器的每一个单元分配给 CPLD 芯片的相应引脚,每一个独立的单元称为 BSC(boundary-scan cell)边界扫描单元。这个串联的边界扫描单元 BSC 在 CPLD 内部构成 JTAG 回路,所有的边界扫描寄存器 BSR(boundary-scan register)通过 JTAG 测试激活。如 XC9500 芯片,在编程或擦除工作状态时,接上拉电阻的控制器被激活。此时如果要求某一引脚必须为低电平,应通过电阻接地。平时这些引脚保持正常的 CPLD 功能。

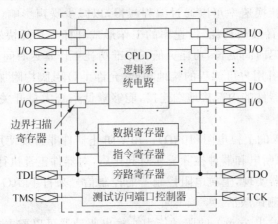

图 10.4.12 具有 JTAG 接口协议的电路构成

在系统编程要求使用标准的四引脚插口连接,TDI 端用于测试数据输入,TDO 端用于测试数据输出,数据寄存器主要用于存储这些数据,执行着数据的移位输入和输出。TMS端为 JTAG 内部状态机模式选择信号输入端,该信号在 TCK 的上升沿输入有效,用来决定状态机的下一个状态。TCK 端为 JTAG 接口的一个时钟信号输入端,用于同步 JTAG 接口电路的内部状态机操作。指令寄存器是基于电路的移动寄存器,通过它可以串行输入执行各种操作的指令。旁路寄存器是一个只有一位的寄存器,用于执行 JTAG 常用指令中的BYPASS 指令,此指令将一个一位寄存器用于边界扫描单元的移位回路中,仅有一个一位寄存器处于 TDI 和 TDO 之间,也就是 TDI 信号直接存入到旁路寄存器并经其同步输出到TDO 端,作为其他连接器件的边界扫描输入信号。操作指令被串行装入由当前的指令所选择的数据寄存器,随着操作的执行,测试结果被移出。

2. 硬件的配置和连接

XC9500 要实现在系统编程必须具备 JTAG 协议的硬件条件。除了个人计算机外,还包括四芯连接电缆、与 JTAG 协议相兼容的试验电路板或与 JTAG 协议相兼容的单片处理器界面等硬件条件。

由 XC9500 器件构成的在系统编程电路连接如图 10.4.13 所示。个人计算机的连接口直接与 CPLD 器件的 JTAG 协议插口相连,图中 CPLD 器件的对应端口引脚号是按 PC84引脚的器件编排的。JTAG 插口连线 TCK、TDI、TMS、TDO 分别接计算机并行口的 2、3、4、11 线上。通过程序将对 JTAG 口的控制指令和目标代码从计算机的并行口经 CPLD 的JTAG 接口控制器写入到 CPLD 中。

SA-1110 器件是 Intel 公司生产的高性能低功耗微处理器,专用于轻便多功能的设备,它是 32 位的芯片,其外扩的程序存储器和数据存储器(图 10.4.13 中的其他闪存器件)也应为 32 位。因此,程序存储器可选用两片 Intel 公司 28F128J3A 型芯片,配置为 32 位形式,或者其他闪存器件,如 SST 公司的 39VF1601/1602、AMD 公司的 29LV160D 和 MXIC 公司的 29LV160BT/BB,配置为 32 位形式。

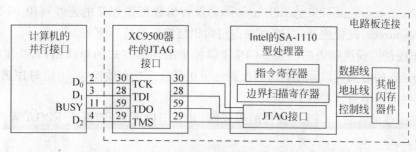

图10.4.13　复杂可编程逻辑器件编程接口电路

由于FLASH的地址总线、数据总线和控制信号线接在SA-1110上,在利用JTAG接口编程FLASH存储器时,与JTAG链上的CPLD芯片无关,需要通过指令将CPLD芯片设为旁通模式,FLASH芯片的控制信号系统如读信号(OE)、写信号(WR)和片选信号(CE)等直接由SA-1110产生。

从图10.4.13中可以看出,使用计算机并行接口的几个数据线输入信号构成JTAG接口引脚信号,只需要一条专用的电缆即可操作JTAG接口,连接方法简便易行。对于电路的配置,可以将编写的程序存储在闪存器中,便于设计出容易测试、方便维护与升级的高可靠性的电路系统,延长产品的生命周期。同时,根据FALSH芯片及JTAG接口芯片的规范对使用JTAG接口进行编程的控制程序的优化,可以实现存储芯片的高速编程操作,减少产品的研发和生产周期。

3. 开发系统支持

XC9500 CPLD系列支持用于可编程逻辑器件编程的编程系统,以及由Xilinx和Xilinx Alliance公司提供的有效编程系统。

使用的编程语言有ABEL语言、电路图、逻辑方程和VHDL硬件描述语言。各种各样能够执行逻辑设计并将逻辑设计生成JEDEC标准熔丝图的开发系统都可以作为XC9500器件的编程环境。

不管使用那种系统进行开发,采用的系统还将包括能对器件的JTAG标准连接界面编程的JTAG下载软件及下载连接电缆。

10.5　现场可编程门阵列 FPGA

现场可编程门阵列器件FPGA(field programmable gate arrays)和复杂可编程逻辑器件CPLD(complex programmable logic device)都属于现场可编程器件,但有以下几点区别。

(1)生成逻辑函数的形式不一样。FPGA器件采用可配置逻辑块CLB(configurable logic block)中门阵列构成静态存储器SRAM(static random access memory),通过查表方法(与用函数"最小项"表示逻辑函数一样的方法)实现逻辑函数的功能;CPLD器件则采用逻辑块中宏单元中的可编程"与一或"门阵列实现逻辑函数功能。

(2)布线能力的区别。CPLD器件内部连线率较高,不需要人工编程来优化速度和连接线面积,更适合于EDA芯片设计的可编程验证;而FPGA则必须通过内部的可编程开关矩阵 PSM (programmable switch matrices)及可编程配置连接的连线资源 RCS(routing channels resources)配置连接,其速度和占用面积与编程的技巧有关。

(3) 布线延迟预测能力的区别。CPLD 器件采用连续方式的布线结构,决定时序延时是均匀的,延迟的时间可以预测;FPGA 器件采用分段方式布线连接,决定时序延时是不均匀的,延迟时间的不可预测性。

(4) 集成度的区别。CPLD 器件的集成度(几万门以下)一般低于 FPGA 器件(可高达上百万门)。

(5) 应用上的区别。CPLD 器件寄存器数量较少,而实现逻辑函数的功能以"与一或"式表示,更适合于控制密集型的应用场所;FPGA 器件的寄存器数量较多,使用查表方法实现逻辑函数的功能,更适合于数据密集型的应用场所,如军用无线电、监视照相机、医学成像等设计。

本节将以 Spartan 器件为例说明 FPGA 器件的内部结构和基本原理。

10.5.1 FPGA 器件的基本结构

现场可编程门阵列 FPGA 是基于通过可编程互联连接的可配置逻辑块 CLB 矩阵的可编程半导体器件。与为特殊设计而定制的专用集成电路 ASIC(application specific integrated circuits)相比,FPGA 可以针对所需的应用或功能要求进行编程以实现相应的逻辑功能。早期的 FPGA 器件有一次性可编程 OTP(one time programmable)器件,这些器件主要是只读存储器 ROM(read only memory),随着 CMOS 工艺制造的使用,现在的 FPGA 器件都可以重复编程。现场可编程逻辑门阵列的内部基本结构如图 10.5.1 所示。

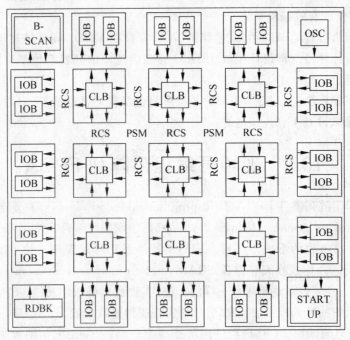

图 10.5.1 FPGA 器件的结构框图

现场可编程逻辑门阵列器件主要组成部分是可配置逻辑块 CLB(configurable logic blocks)、布线资源、可编程输入/输出模块 I/OB(input/output blocks)、内部时钟产生器 OSC(oscillator)、边界扫描电路 B—SCAN(boundary scan)、"回读"控制电路 RDBK(read back)、启动电路(START UP)等。可编程输入/输出模块 I/OB 在整体布置上是围绕着可配置逻辑块 CLB、可编程开关矩阵 PSM 和可编程配置的连线资源 RCR 进行的。这种安排有利于实现每一个 I/O 口与每一个可配置逻辑块 CLB 之间的连接,实现按编程要求的数据传送。但是否能够达到路径最短、占用面积最小就得取决于编程的技巧。

可配置逻辑块 CLB 的逻辑功能,是通过查表法函数生成器实现逻辑函数的,被可编程开关矩阵和连线资源所包围,使得可配置逻辑块 CLB 之间,可配置逻辑块 CLB 与输入/输出口之间实现编程要求的相互连接。

布线资源包括连接线、可编程开关矩阵 PSM(programmable switch matrices)和可编程配置连接的连线资源 RCR(routing channels resources)。布线资源分布在 CLB 模块的行列之间的间隙,以及 IOB 模块与 CLB 之间的间隙,其功能是实现按编程要求的各种复杂连接。FPGA 器件所要求实现的逻辑功能和内部之间的连接,是通过将配置的编程逻辑函数数据加载到内部的静态存储器(SRAM)制定的。存储在静态存储单元的数据决定逻辑功能和连接路径,这样器件的编程可以不受限制地重复多次。

FPGA 器件的外部时钟频率是 80MHz,内部时钟频率是 150MHz(通过内部时钟振荡器 OSC 产生),能够以串行方式有效地读取外部 PROM 配置逻辑数据(主串行工作模式),也能以串行方式将其内部的数据写入到外部 PROM(从串行工作模式),使得系统配置更加灵活方便,系统设计周期更短,更加有效。

边界扫描电路 B—SCAN 执行 IEEE 1149.1 的标准接口协议和边界扫描描述语言 BSDL(boundary scan description language)以实现与个人计算机的接口与数据传送。

启动电路 START UP 用于电源接通或重置时,CLB 模块和 IOB 模块的复位/置位操作、启动初始化处理、启动时钟脉冲处理、启动事件处理等操作。

"回读"电路 RDBK(read back)提供"回读"功能,以便于编程验证和内部节点的观测。

表 10.5.1 列出了 XCS 系列产品的结构配置情况,可供实际选用时参考。

表 10.5.1　主要型号的结构参数

器件型号	逻辑单元数	门数	门数范围	CLB(行×列)个数	CLB总数	触发器个数	用户I/O	RAM总位数
XCS05(XL)	238	5000	2000-5000	10×10	100	360	77	3200
XCS10(XL)	466	10000	3000-10000	14×14	196	616	112	6272
XCS20(XL)	950	20000	7000-20000	20×20	400	1120	160	12800
XCS30(XL)	1368	30000	10000-30000	24×24	576	1536	192	18432
XCS40(XL)	1862	40000	13000-40000	28×28	784	2016	224	25088

10.5.2
FPGA 器件的可配置逻辑块 CLB

FPGA 器件的逻辑块 CLB 结构如图 10.5.2 所示,主要由 3 个(F—LUB,G—LUB,H—LUB)查表法生成逻辑函数的函数发生器 LUB(look-up tables)、多路选择器($M_1 \sim M_6$)

和两个触发器模块构成。

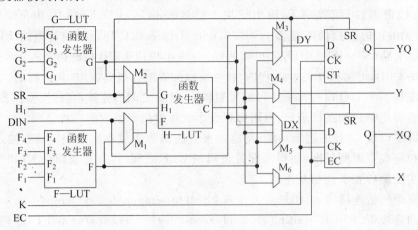

图 10.5.2　可配置逻辑模块的逻辑电路图

CLB 是执行用户逻辑的功能元件,用于执行 FPGA 器件的大多数逻辑功能。CLB 模块被布置在一个连接路径可编程选择的连接通道中(即开关矩阵和连线资源)。每一个可配置 CLB 电路模块的逻辑功能将通过内部可编程静态存储单元 SRAM(static random access memory)配置制定。

1. 函数发生器

执行四输入函数发生器(function generators) 的功能是两个(F—LUT 和 G—LUT)查表 $16×1$(字节)记忆存储器(实际上是一个 16 单元 1 位字长的 SRAM),每一个函数发生器的输入变量是逻辑函数方程的任何独立变量信号($F_1 \sim F_4$ 和 $G_1 \sim G_4$),查表存储器的传送延时取决于所执行的函数。逻辑函数发生器(H—LUT)执行三输入函数发生器,其中两个输入信号来自可编程控制的多路选择器的输出,即可以是来自 F—LUB、G—LUB 的输出,也可以来自 CLB 的输入(DIN 和 SR),另一个则直接来自于 CLB 的输入信号 H_1,因此 CLB 必然能够执行 9 个变量输入的函数($F_1 \sim F_4$、$G_1 \sim G_4$ 和 H_1),就像奇偶效验器。这 2 个 LUB 在 CLB 中也能够执行任何任意定义的 5 个输入变量的逻辑函数($F_1 \sim F_4$ 和 H_1 或 $G_1 \sim G_4$ 和 H_1),这些函数的输出将通过 $M_3 \sim M_6$ 等多路选择器输出,可以作为 CLB 的直接输出(X、Y 端)或寄存器的输入信号。这样,每一个 CLB 都能够实现以下函数运算:

- 两个四变量的逻辑函数相加,再加上一个三变量的函数
- 一个五变量函数
- 一个四变量函数和一个六变量函数
- 一个九变量函数

在单一模块内配置的函数增加,将可以减少所需模块的用量和信号传送的延时,相当于增加容量,同时提升电路系统的速度。CLB 模块内的这种通用性函数发生器,是改进系统的速度和使得所设计的逻辑函数能够分配到每一个独立的函数发生器。这一灵活性能够改进单元的利用率。

此外,每个 CLB 模块的函数发生器都允许配置成 RAM 使用。配置的工作模式有单口

模式和双口模式两种。这两种模式的写入操作是同步的，读出操作是异步的。在单口模式中，单个的CLB模块可以配置为16×1、$(16 \times 1) \times 2$或32×1的RAM阵列；在双口配置模式中，单个的CLB模块能够配置成16×1的RAM存储器阵列。这两种配置方式的对应信号端连接如表10.5.2(单口配置)和表10.5.3所示(双口配置)。设计的整个过程中，CLB模块存储器配置方式的取决于选择的库符号。

表 10.5.2　将 CLB 模块配置为单口存储器 RAM 的信号连接

RAM 信号	功　　能	CLB 信号
D_0 或 D_1	数据输入	DIN 或 H_1
$A_{3 \sim 0}$	单口地址码	$F_{4 \sim 1}$ 或 $G_{4 \sim 1}$
$A_4 (32 \times 1)$	单口地址码	H_1
WE	写入使能信号	SR
WCLK	时钟脉冲信号	K
SPO	单口输出信号	F—LUT 或 G—LUT 的输出

表 10.5.3　将 CLB 模块配置为双口存储器 RAM 的信号连接

RAM 信号	功　　能	CLB 信号
D	数据输入	DIN
$A_{3 \sim 0}$	写入地址码	$F_{4 \sim 1}$
$DPRA_{3 \sim 0}$	读出地址码	$G_{4 \sim 1}$
WE	写入使能信号	SR
WCLK	时钟脉冲信号	CLK
SPO	单口输出(地址码 $A_{3 \sim 0}$)	F—LUT 的输出
DPO	双口输出(地址码 $DSRP_{3 \sim 0}$)	G—LUT 的输出

时钟脉冲信号 WCLK 可以配置成"上升沿"有效或"下降沿"有效。WE 脉冲使能信号只能是输入高电平有效。

器件配置时，执行 RAM 操作前应进行初始化，初始化是定义接口一个 INIT 标志，或者对 RAM 定义一个附加符号。如果未加定义，则 RAM 的初始值为"0"。

正是由于查找表函数发生器的电路结构是基于 SRAM 结构，系统断电时，数据将会消失，因此构成系统电路时必须配置 EPROM 器件存储编写的用户程序，使得加电时能够对器件自动加载。

2. 触发器模块

1) 触发器模块的电路结构

每个 CLB 包含两个如图 10.5.3 所示触发器模块，触发器模块可以用作函数发生器输出的存储器。

触发器模块可以执行置位/复位操作、触发器操作、锁存器操作和锁定操作等操作方式。触发器模块的这 4 种操作功能如表 10.5.4 所示。

表中的 EC 端信号为"1"时，可以是高电平输入或不连接状态；为"0"时则为输入低电平。SR 信号为

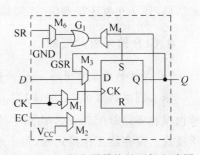

图 10.5.3　触发器模块的逻辑电路图

"1"时,输入高电平;为"0"时,可以是低电平输入,也可以是处于不连接状态。触发器可以用脉冲信号的上升沿触发,也可以用下降沿触发。

表 10.5.4　存储器件触发器模块的逻辑功能

操作模式	CK	EC	SR	D	Q
全局置位/复位(SR)模式	×	×	×	×	SR
触发器模式	×	×	1	×	SR
	$\int$	1	0	D	D
	0	×	0	×	Q
锁存模式	1	1	0	×	Q
	0	1	0	D	D
锁定模式	×	0	0	×	Q

2) 时钟脉冲输入 CK 输入信号

每个触发器能够用时钟脉冲的上升沿触发,也能用下降沿触发。虽然 CLB 的时钟脉冲连线是两个触发器公用的,然而对于每个触发器,时钟脉冲是独立的,可以独立地配置为时钟脉冲的上升沿触发,也可以配置为时钟脉冲的下降沿触发。这是由于位于时钟线上的反相器(图 10.5.3 中的 M_1),在进行设计时是独立地配给每一个 CLB 的。

3) 时钟脉冲使能

时钟使能线 EC(clock enable)是高电平有效。在 CLB 中,两个触发器共享同一个时钟使能输入信号。如果两个中的左边一个未连接,在使能信号的有效状态时,左边触发器的使能信号将缺省。EC 信号在 CLB 中是不可逆的。使能时钟信号和时钟信号是同步的,并且必须满足器件时序规定的时间要求。

4) 置位/复位信号

置位/复位信号 SR (set/reset)是高电平有效的异步对触发器进行置位/复位的信号。SR 信号可以配置成置位或复位信号。这一配置选择确定触发器在配置后开始工作的初始状态,也确定在正常工作时,GSR 脉冲的效应和 CLB 模块 SR 线上脉冲的效应。SR 线是两个触发器共享的。某一个触发器的 SR 未做定义,那么那个触发器处于非动态状态,在 CLB 内,SR 信号是不可逆的。

5) CLB 模块的连接界面

CLB 模块的外引连接端如图 10.5.4 所示。采用四周均匀分布连接界面的优点是便于通过布线资源实现相互之间的连接。与 IOB 模块之间的连接,为编程布线连接提供最大的灵活性,便于布置连接部位、连接线路通过的路径,而不易产生连接线路的拥塞。

3. CLB 信号流向控制

1) CLB 的输出信号

输入到函数发生器 H—LUT 的 DIN、SR 信号除了控制多路分配器 M_1、M_2 外,DIN 信号也控制多路分配器 M_3、M_4、M_5、M_6 的输出,以选择 CLB 的组合输出或寄存器输出的工作模式。寄存器工作模式时,每个触发器的驱动输入信号(D 端的输入)可以从多路选择器(4 选 1)的 4 个输入信号中选择 LUT(F、G、H)的输出或 DIN 作为数据源;组合工作模式时,每个组合逻辑的输出经一个二选一数据分配器中选择 LUT 的输出,X 输出可以从 F—LUT 或 H—LUT 的输出中选择一个,Y 的输出可以从 G—LUT 或 H—LUT 的输出中选择一个。

2) CLB 的输入控制信号(SR、DIN、EC、H_1)

CLB 有 4 个输入控制信号,即 SR、DIN、EC 和 H_1,这 4 个信号的产生由如图 10.5.5 所示逻辑电路中的 4 个多路选择器(4 选 1)产生。每个多路选择器都可以从 4 个外部的输入信号($C_1 \sim C_4$)中选择一个作为输出。图 10.5.5 中的多路选择器 M_1 产生 DIN 信号,该信号可直接作为存储器的输入,或者对 H—LUT 函数发生器输入"2";多路选择器 M_2 产生 SR 信号,该信号可直接作为异步置位/复位信号,或者对 H—LUT 函数发生器输入"0";多路选择器 M_3 产生 H_1 信号,该信号对 H—LUT 函数发生器输入"1";多路选择器 M_4 产生 EC 信号,该信号可直接作为时钟脉冲使能信号。

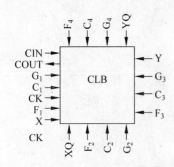

图 10.5.4　CLB 外接信号连接图

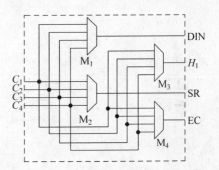

图 10.5.5　CLB 控制信号界面电路图

此外,为了提高 FPGA 算术运算的速度,每个 CLB 的 G 和 F 两个逻辑函数产生器中还设计了快速进位逻辑电路,其原理与加法器快速进位电路一致。G、F 作为具有快速进位的两位二进制加法器时,除了被加数和加数输入外,还有两个进位输入端和两个进位输出端。设计两组进位输入、输出主要是为了串接连接,使用时只选择其中的一组。将多个 CLB 串接起来,便可完成多位二进制数的快速加法运算。

10.5.3　FPGA 器件的输入/输出模块

1. 输入/输出模块 I/OB 的结构

可配置的输入/输出模块 IOB(input/output block)是 FPGA 器件内部逻辑块与外部封装引脚之间的连接界面,由输入/输出界面和边界扫描数据存储器界面两部分组成。每个输入/输出模块可以配置成输入模式、输出模式,或者是信号双向传送模式。FPGA 器件每一个输入/输出模块的输入、输出界面逻辑电路如图 10.5.6 所示,主要由触发器模块、输入缓冲器、输出驱动器、可编程"上拉/下拉"网络、多路选择器 $M_1 \sim M_6$ 等部分构成。两个触发器模块各自具有独立的时钟脉冲触发信号 K_0 和 K_1。图中的 I/O 信号表示来源于外引脚的输入信号;O 端是来源于 FPGA 器件的内部输出信号的连接端;T 端是输出三态全局控制信号 GST 的输入端;EC 端是触发器模块使能信号输入端;I_1、I_2 端是输入到器件内部连线通道的输入信号端。

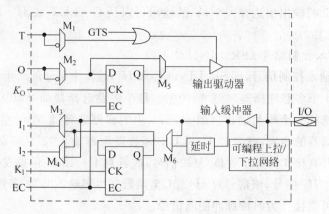

图 10.5.6　输入/输出模块的逻辑电路图

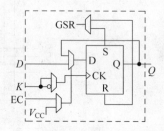

图 10.5.7　I/O 触发器模块的逻辑电路图

IOB 模块的触发器模块逻辑电路如图 10.5.7 所示。触发器模块的逻辑功能如表 10.5.5 所示。GSR 是全局复位置位信号输入端,输入高电平有效,采用异步工作方式;K 是时钟脉冲输入端。

表 10.5.5　存储器件触发器模块的逻辑功能

操作模式	CLK	EC	T	D	Q
全局置位/复位(SR)模式	$\times$	$\times$	$\times$	$\times$	SR
触发器模式	$\times$	0	0	$\times$	Q
	$\uparrow$	1	0	D	D
	$\times$	$\times$	1	$\times$	Z
	0	$\times$		$\times$	Q

2. 输入/输出信号路径

1) 输入信号路径

进入 I/OB 模块的输入信号可以只经过选择器 M_3,M_4 输入到连线通道(图 10.5.6 中的 I_1 和 I_2 端),或者输入到触发器后再经 M_3、M_4 输入到连线通道。输入触发器模块可以编程配置为边沿触发器或锁存器,配置方式是选择合适的库符号代替相应的触发器模块,例如用"IFD"符号表示为上升沿触发的边沿触发器,用"ILD"符号表示为输入锁存器。输入触发器模块作为边沿触发器使用时,可以独立配置为时钟脉冲的上升沿触发,也可以配置为时钟脉冲的下降沿触发。输入到触发器模块 D 端的信号有两个通道，一路是不经过延时元件输入，一路是经过延时元件输入，延时元件有两个输入抽头。这样输入信号就可以通过编程选择延时、局部延时和不经过延时元件的 3 种输入模式。这一功能，保证路经全局时钟脉冲缓冲器的时钟脉冲信号可以有零维持时间。

输入或输出缓冲器的电源电压为 5V(TTL 模式)或 3.3V(CMOS 模式)，可以配置成 TTL(1.2V)门限电压或 CMOS(V_{CC}/2)门限电压两种模式，这两种模式是通过软件的位流信息选择的。

2）电平钳位

每个 I/OB 模块的输入缓冲器都使用一个二极管与电源 V_{CC} 连接。使之能够在 CMOS 模式工作时，输入信号的上升瞬变值达到电源电压的电平。尤其在 3.3V 电源工作时，若输入信号的高电平高于 3.3V，就会出现输入高电平高出电源电压值的情况，此时这种"钳位"作用就显得很必要。同样的情况，也通过一个二极管接地连接，将输入信号的低电平"钳位"在接地电位。这种电平"钳位"作用对所有引脚都是有效的。

3）输出信号路径

输出信号来自 FPGA 器件的内部，即图 10.5.6 中的 O 端输入信号。经多路选择器 M_2 选择，可以以原变量的形式输出，也可以以反变量的形式输出。M_2 的输出可以用 M_5 选择直接输出到输出缓冲器，或者选择经触发器模块输出到输出缓冲器。

3. 输出缓冲器

输出缓冲器是一个三态缓冲器，使得输出引脚能够执行双向功能，其控制信号是图 10.5.6 中的 T 端输入信号。对于每一个 I/OB 模块，这些信号是独立配置的。输出缓冲器通过编程信息流，可以配置成 TTL 电平输出，输出电流是 24mA，也可以配置成 CMOS 电平输出，输出电流是 12mA。

4. 上拉和下拉网络

对于不使用引脚，为使得电源损耗为最小同时减小噪声，用可编程连接的上拉电阻与电源端连接，或者用可编程连接的下拉电阻与接地端连接。执行上拉电阻与电源连接的是 P 沟道晶体管，执行下拉电阻与接地端连接的是 N 沟道晶体管，连接电阻的阻值为 20～100kΩ。

5. 置位/复位、时钟、时钟使能信号

GSR 是置位/复位信号，可以执行触发器模块的置位/复位操作，执行置位或复位取决于 INIT 库符号的赋值。触发器的初始状态也于 GSR 端的编程配置相关。对于每个 I/OB 模块的置位复位信号也是独立配置的。

I/OB 模块时钟信号的输入和输出是各自独立的，输入时钟脉冲定义为 CLK_1，输出时钟脉冲定义为 CLK_0，两个时钟脉冲都是可以通过编程配置为脉冲"上升沿"有效或脉冲"下降沿"有效。

对于每个 I/OB 模块，都具有公共时钟使能输入信号。对于每一个输入触发器或输出触发器，使能信号是可以通过编程进行独立配置的。

6. 边界扫描信号

现场可编程逻辑门阵列器件执行 IEEE 1149.1 标准协议的接口功能,包括一个 16 位状态的机器、一个指令寄存器、一定数量的数据寄存器和一个仅有一位的旁路寄存器。

如图 10.5.8 所示电路图是 XC40(XL) 系列器件的边界扫描逻辑电路图。如图 10.5.8(a) 所示是符合 IEEE 1149.1 标准试验入口控制器、带解码的指令寄存器以及旁路寄存器的信号流向。边界扫描是逐字进行的,沿着每个 IOB 模块循环反复。如图 10.5.8(b) 所示是每个 IOB 模块包含的一个三位数据寄存器的逻辑电路图,每个数据寄存器包括一个初级数据寄存器 PDR(primary data register) 和一个次级数据寄存器 SDR(secondary data register)。器件的逻辑功能也可以通过边界扫描逻辑进行配置。

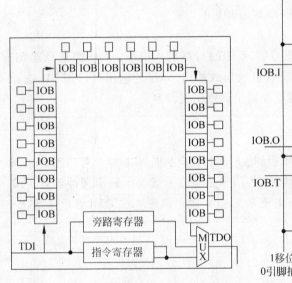

(a) 边界扫描的顺序图

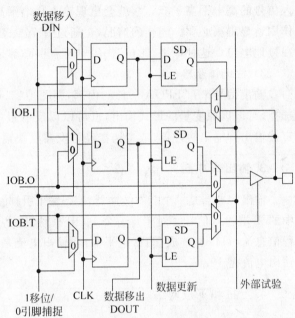

(b) 每个 IOB 模块的边界扫描数据寄存器逻辑电路图

图 10.5.8　边界扫描逻辑电路图

1) 数据寄存器

图 10.5.8(b) 中的初级数据寄存器是边界扫描数据寄存器。在 FPGA 器件的每一个 IOB 模块引脚中,都包含 3 个信号输入引脚,即输入 IOB. I、输出 IOB. O 和三态输出控制 IOB. T 信号,所以用三位寄存器寄存这 3 个边界扫描相关的数据信号。移位方式的扫描数据信号从 DIN 端移入,从 DOUT 端移出。例如,当移位/引脚捕获端输入为"0"时,初级寄存器分别选用输入引脚,IOB. O 端,IOB. O 端的信号作为 D 端的输入信号;当移位/引脚捕获端输入为"1"时,三位寄存器执行移位寄存功能。对于非 IOB 引脚也应具有合适的局部寄存器数目,以便寄存输入或输出数据,图 10.5.8(b) 中的次级寄存器,具有这样的作用。编程程序输入信号(PROGRAM)、时钟脉冲输入信号(CCLK) 和位操作输入信号(DONE) 不包含在边界扫描寄存器内。

编程时,使用库符号 EXTEST 和 CAPTURE—DR,即图 10.5.8(b) 中的外部试验和移位/引脚捕获端输入信号。边界扫描能够捕获的所有输入 IOB. I、输出 IOB. O、三态 IOB. T、输入引脚的输入信号输入到边界扫描数据寄存器，或输出到输出引脚外部。

数据寄存器也包含非引脚位：TDO. T 和 TDO. O 位，在图 10.5.8 中未画出，对应的数据寄存器总是为"0"和"1"，还包括非引脚位 BSCANT. UPD(updata)位，对应的数据寄存器总是落在最后一位，这三个寄存器寄存边界扫描的是专用试验信号。另外还有两个附加的寄存器，用作寄存专用边界扫描 BSCAN 宏代码，以及两个用户引脚（SEL1 和 SEL2）信号寄存，其输出信号，用作用户命令的解码器输入。为了使得这些指令能够执行，使用两个相对应引脚（TDO1 和 TDO2）作为用户逻辑的输入信号，并允许用户的扫描数据在 TDO 端移出。对用户期望在 CLB 模块执行的试验逻辑，数据寄存器的时钟脉冲信号（BSCAN，DRCK—data register clock）在时序上是有效准确的。边界扫描信号 IDLE 提供 TCK 的（NAND）信号源，试验运行输入数据更新 LE 端的信号源（RUN—TEST—IDLE）。其他标准的数据寄存器是单个触发器组成的一位旁路寄存器，使得 TDI 信号可以经其寄存，并同步输出到 TDO 端，供给下一个集成电路器件的边界扫描输入信号。

2）边界扫描指令集

边界扫描指令集（instruction set）包括器件配置的命令发送和配置器件的数据"回读"。指令集代码及其对应执行的功能如表 10.5.6 所示。

表 10.5.6　边界扫描命令码与试验选择功能

命令			试验选择	TDO 信号源	I/O 数据信号源
I_2	I_1	I_0			
0	0	0	外部试验	数据寄存器	数据寄存器
0	0	1	试样/预加载	数据寄存器	引脚/用户逻辑电路
0	1	0	用户 1	边界扫描 TDO1	用户逻辑电路
0	1	1	用户 2	边界扫描 TDO2	用户逻辑电路
1	0	0	回读	回读数据	引脚/用户逻辑电路
1	0	1	逻辑配置	DOUT 端	禁止
1	1	0	标志码	标志码寄存器	—
1	1	1	旁路寄存器	旁路寄存器	—

3）二进制码序列

每个 IOB 模块的二进制码序列 BS（bit sequence）包括输入序列、输出系列和三态输出控制序列码。边界扫描时，是将输入引脚输入二进制码序列分派到边界扫描 I/OB 模块的三位数据寄存器。同时，将仅作为输出 I/OB 模块三位数据寄存器所寄存的三位二进制码分派到相应的输出端。按照移位寄存的执行过程，在 IOB 边界扫描数据寄存器的前两位二进制码是 TDO. T 和 TDO. O，这两位数据也可以用作内部信号的捕获。最后一位是 BSCANT. UPD，能够用作内部网络的触发信号或次数据寄存器的触发信号。

初级寄存器和次级寄存器从原理上讲用于内部试验。器件用于输出的引脚也包含使用 IOB 模块的这些边界扫描存储单元。使用这些存储单元时，应使用边界扫描语言。不同电源等级的器件，边界扫描语言文件 BSDLBSDL（boundary scan description language）也不同。

4）在设计中包含边界扫描

在进行器件的逻辑功能配置设计时，应配置边界扫描的逻辑功能。在这种情况下，符合

IEEE 1149.1 标准接口的特定边界扫描引脚 TDI、TMS、TCK 和 TDO 能够使用。为表明配置后仍然能保留边界扫描功能的引脚,应在设计编程的电路图中放置库符号 BSCAN 或合适的符号标志。对于 TDI、TMS、TCK 和 TDO 这些输入端和输出端也应放置"引脚垫"库符号,如图 10.5.9 所示。

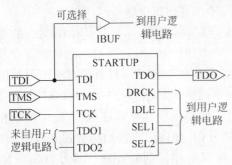

图 10.5.9 边界扫描电路图解

用在电路图中的 TMS、TCK 和 TDI 输入"引脚垫"的边界扫描符号,仍然能够被用作内部逻辑连接信号的输入。特别必须注意的是,不要使集成电路模块处于非理性的边界扫描状态,当疏忽对这些引脚使用边界扫描库符号时,最简单的防护方法是保持 TMS 端为高电平,然后再对 TDI 和 TCK 端加上输入信号。

10.5.4 FPGA 器件的布线资源和全局连接

1. 布线资源概述

可编程配置的布线资源分布在 CLB 阵列和 IOB 模块的行、列间隙上,组成包括可编程连接开关矩阵 PSM(programmable switch matrix)、可编程配置连接的连接线和连接交叉点上可编程控制的开关。可编程配置连接的连接线由水平连接线和垂直连接线组成,水平连接线和垂直连接线由相互绝缘的分层金属线段组成栅格状结构,根据逻辑结构配置和相互间连接的要求,水平线和垂直线的交叉处布置有可编程控制连接的开关,使得相互之间能够按编程要求实现连接。XCS40(XL)系列的可编程配置连接的连接线有 5 种类型的连线,包括单长线(single-length line)、双长线(double-length line)、长线(long line)、全局专用线和 IOB 模块可编程连接的边界环(versa ring)连接线。前 3 种连线资源的局部电路如图 10.5.10 所示。单长线、双长线、长线都是围绕可配置逻辑块 CLB 选择布线通路所派生出的连接线形式。

单长线的长度相当于两个 CLB 模块或两个 PSM 模块之间的距离,布置在相邻两个 CLB 模块之间的空隙,这种单长线的一端与 CLB 模块的外引连接端相连,另一端不连接,但中间与可编程连接开关相连(如图 10.5.10 所示的标有圆圈交叉点)。布置在相邻两个 PSM 开关矩阵之间空隙的单长线,两端与可编程开关矩阵的开关单元相连,中间也与可编程连接开关相连。垂直单长线与水平单长线的交叉点是一个可编程连接开关,通过编程可以实现两者之间的连接。单长线用于 CLB 模块的输入、输出信号引线,以及通过可编程开关矩阵 PSM 及可编程开关与其他单长线相连。信号通过单长线,由于通过开关单元和 PSM 时有一个延迟,因此对于长距离的信号连线配置是不合适的。通常只用于局部范围的信号传送和可编程开关矩阵的连接。

双长线是一对长度一样长的单线,其长度相当于两倍的单长线长度,每根双长线都从一个开关矩阵出发,绕过相邻的开关矩阵进入第 3 个开关矩阵,在进入一个开关矩阵 PSM 前,通过两个 CLB 模块。双长线一端与开关矩阵的开关单元连接,另一端与相隔一个的第 3 个

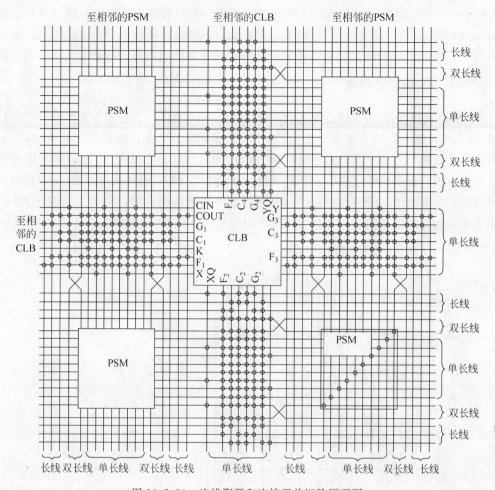

图 10.5.10 连线资源和连接开关矩阵原理图

开关矩阵中的开关单元连接,中间与单长线的交叉点上布置可编程开关相连。双长线是和 PSM 成对错开组合的,这样每一根单线每通过一个开关矩阵或 CLB 模块后就转入到另一个通路,与每一个 CLB 模块相关联的双长线有 4 根(上、下,左、右布置)。双长线主要用在中等距离两个连接点的可编程连接。

长线绕过可编程控制的开关矩阵 PSM,并布置在其两侧。它的长度可穿越整个芯片,每条长线的中点处有一可编程的分离开关,将长线分成两条独立的布线通道,每一个连接线通道联通宽或高各一半的门阵列。长线与单长线的交叉处布置有一定的可编程控制连接的开关(在图 10.5.10 中水平线和垂直线标有圆圈的交叉处)。长线主要用于超长距离之间的连接,或者用于延迟时间较长信号的连接线路连接,也用于某些三态缓冲器的连接电路。

器件有附加围绕 I/OB 模块的可编程连接线,称为边界环连接线。这些边界环连接线用于在不影响电路板电路设计配置的情况下,引脚的调动和重新设计,包括 8 根双长线和 4 根长线。

全局专用线包括全局时钟信号(K 端的输入信号)连接线和 CIN/COUT 信号连接线(这部分连接线在图 10.5.10 中未画出)。时钟脉冲输入信号的连接路线选用专用的垂直线及 4 根单长线(图 10.5.10 中 CLB 模块 K 端引出线中标有圆圈的 4 根垂直线),并且布置在 CLB 模块的右边。CIN/COUT 信号的连接线选定专用的内部连接线,与普通的布线连接互不干涉。CLB 模块的输出信号都能够有效的驱动垂直线路和水平线路。

2. 开关单元和开关矩阵

在 CLB 模块相连的水平单长线、垂直单长线交点上布置的开关连接单元如图 10.5.11(b) 所示,由一个可编程控制其导通或关断的 CMOS 管组成。当通过编程使其导通时,该交叉点上的水平线和垂直线连通;反之则断开。从图 10.5.11(a)可以看出,由于每一根水平单长线和每一根垂直单长线(包括与 CLB 模块连接的或与 PSM 的开关单元连接的)都有多个如图 10.5.11(b)所示的开关单元连接点,因此可以按照使用者编程的要求,实现器件内任何相关联连接点的连接。这种连接可以是串联连接也可以是并联连接。

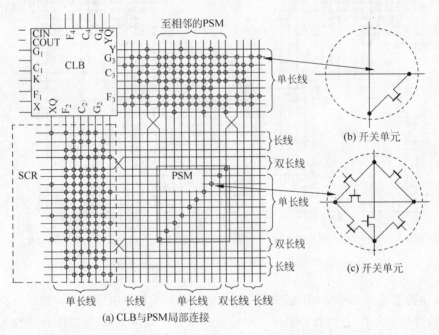

图 10.5.11　单个 CLB 与单个 PSM 之间的局部连接资源

开关矩阵 PSM 的开关单元如图 10.5.9(c)所示。该开关单元由 6 个可编程控制其导通的 CMOS 管组成。当其中某一个晶体管导通时,该管的"源极 s,漏极 d"相连接的两点连通。显然这样的开关单元可以实现垂直与水平交叉点向上、向下、向左、向右、直通等方向的连通。

结合图 10.5.10 和图 10.5.11 可以看出,对于每个 CLB 模块的输出信号,XQ、X、YQ、Y 可以通过长线连接到布线资源的任何连接点,也可以通过单长线、双长线以及开关矩阵的连接反馈到自身 CLB 模块的任何一个输入端。

3. 全局连接线

现场可编程逻辑器件除了长线、单长线、双长线等布线资源外,还设置有专用的全局连接网络。这些连接网络是独立的专用连接线,包括全局时钟脉冲信号(CLK)连接线、全局复位/置位信号连接线(GSR)和全局使能连接线 GTS。

1) 专用全局时钟信号连接线

共有 4 根垂直布置在 CLB 模块的左边的连接线用作专用的全局时钟连接线,用于分配每一个 CLB 时钟信号引脚和 I/OB 的时钟信号引脚的时钟脉冲信号和其他以最小上升斜率通过器件的高电平扇出信号,如图 10.5.12 所示。这 4 根垂直的长连接线使用标准的内部连接。使用 5V 电源的器件,这 4 根垂直长连线由两种形式的全局缓冲器驱动、初级缓冲器 BUFGP(库符号)(primary global buffer)或次级缓冲器 BUFGS(库符号)(secondary global buffer)驱动。使用 3.3V 电源的器件,这 4 根垂直长连接线由 8 个专用缓冲器驱动。此外,每一个 CLB 时钟信号引脚和 I/OB 的时钟信号引脚也能够从局部连接获得信号源。

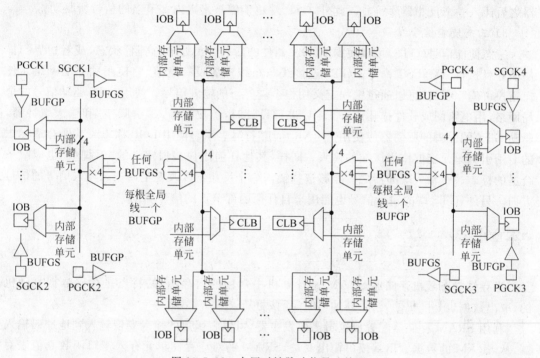

图 10.5.12 专用时钟脉冲信号连接图

初级全局缓冲器必须由半专用缓冲器驱动。次全局缓冲器则可以由半专用驱动器驱动,也可以由内部通信网连接作为驱动信号源。器件的每一个角有一个初级全局缓冲器和一个次级全局缓冲器。布置在器件的四个角上,每个角有两个。所有这些缓冲器都可以用半专用缓冲器驱动或由内部通信网连接作为驱动信号源。

软件中使用的"BUFG"(buffer global)库符号,其结果,可以将基于设计时序需求选择合适的时钟脉冲缓冲器。选中的其中一个全局缓冲器的输出信号将被配置为全局时序的参照时基。在软件编码,在 HDL 软件编码中或者元件设计电路图中使用一个全局缓冲器,这个缓冲器可以是初级全局缓冲器,次级缓冲器,上升斜率低的缓冲器或者任何其他缓冲器作为全局时序参照时基。

2) 全局置位/复位信号连接线

全局 GSR 信号是独立连接的置位、复位信号,用于在电源接通或触发器重置时,触发器的复位或置位。置位/复位线的配置使用专用的分布连接网络,该网络是独立的。每个触发器的置位和复位信号都使用全局的专用信号,以相同的形式进行置位/复位。因此,如果一

个触发器用 SR 信号置位,也一定用到 GSR 信号。复位操作情况也一样。使用这一全局

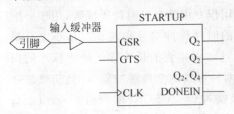

图 10.5.13 全局信号 GSR 输入电路

网,应在对电路图或 HDL 码进行设计时,放置一个"输入引脚垫"和一个输入缓冲器 IBUF(input buffer),驱动 GSR 引脚的驱动器用"STARTUP"的库符号表示,如图 10.5.13 所示。使用一个"LOC"标志或其他合适的标志,便能够使这一输入赋值到一个特定的引脚存储单元。配置器件逻辑功能时,若需要改变 GSR 信号的极性,可以选择在输入缓冲器之后插入一个反相器库符号。此外,GSR 端也能够被来自内部节点的信号所驱动。

3) 三态使能信号线

三态使能信号(GTS)可以使得 FPGA 器件的所有输出处于"高阻"状态,或者边界扫描使能并且执行 EXTEST 命令。GTS 连接线与布线资源没有竞争,它使用独立的网络。任何用户可编程引脚,可以通过编程定义用作全局三态的输入信号。使用 GTS 驱动信号的全局网络,用电路图或软件描述语言 HDL 进行设计时,应放置输入"引脚垫"和输入缓冲器,驱动 GTS 的引脚的驱动器应使用"STARTUP"符号表示。使用 LOB 标志或其他合适标志的专用引脚单元能够作为该端的输入。同样,其他任何用户编程定义的"引脚垫"也应赋予合适的标志。在输入缓冲器之后能够选择插入一个反相器以改变全局三态输入信号的信号方向。另外,GTS 端的输入信号也能来自任何内部节点的信号驱动。

本章小结

半导体静态随机存储器 SRAM 是计算机中常用的内存,它的特点是存储数据是随机的,取出数据也是随机的,当重新加电时,应该更新。

利用 SRAM 存储器配置成逻辑函数发生器,可以将函数的输入变量输入到地址码输入端,从 SRAM 的数据输出端读出输出变量,SRAM 的对应存储单元存入逻辑函数真值表对应输出变量的数值即可。

半导体动态随机存储器 DRAM 的使用方法与静态随机存储器 SRAM 器件的使用方法相同,存储数据是随机的,取出数据也是随机的,当重新加电时,应该更新。不同的地方就是每次读出数据都要进行一次数据更新。

ROM 器件是只读存储器。要对 ROM 器件写入数据,必须使用专用的编程器,一旦存入可以长期保存,不受器件是否加电的影响。所以 ROM 器件常用于保存需要长期保存的用户程序。

现在出产的 ROM 器件大部分是 CMOS 的 E^2PROM 工艺器件,可以反复擦写 100 次以上。每个电可擦除的 CMOS 管基本上构成一个存储单元。

可编程逻辑器件(PLD)有两种基本结构,一种是由一系列可编程"与/或门"电路构成的 SOP(small outline package)结构,另一种是在一小块存储器里保存布尔函数真值表的查表(LUB——look-up tables block)结构。前者的器件包括 E^2PROM 器件、PAL 器件、GAL 器件和 CPLD 器件,后者为 FPGA 器件。

可编程阵列逻辑 PAL 和 GAL 器件都基于 SOP 结构,具有一系列的与门,并都固定到

或门输出。过去通过保留熔丝矩阵相应节点的熔丝，确定 PLA 器件的输入到 PAL 矩阵的连接关系。在新型的 PLD 器件中，这种连接关系依靠对 E^2PROM 单元(CMOS 管)编程实现。PAL 和 GAL 的与门输入称为乘积线。与门的输出称为乘积项——"与项"。

PAL 和 GAL 器件的型号中包含器件引出脚的意义，如 PAL16L8，具有最多 16 个输入端和 8 个输出端。PAL16L8 芯片有 10 个专用输入端，2 个专用输出端，6 个可配置成输入/输出的引脚。所有的输出都是低电平有效；GAL22V10 有 12 个输入引脚，10 输出引脚，最多有 22 个可用作输入信号端。

所有早期的 PAL 器件使用计算机专用软件、编程器和 JEDEC 格式的文件对熔丝结构的 PAL 器件编程。JEDEC 格式的文件确定了"与—或阵列"中哪些熔丝需要熔断，哪些熔丝需要保留。

通用型的 PAL 器件(如 PAL16CEV8)和通用 GAL 器件使用计算机专用软件、编程器和 ABLE 语言编程。通过编程器和编程文件的格式确定了"与—或阵列"中哪些 MOS 管截止，哪些 MOS 管导通。

通用型的 PAL 器件和通用 GAL 器件的输出信号极性可以通过编程配置。这一功能是靠有一个输入端可编程控制单元的异或门实现。MOS 管的导通或截止将决定输出信号在同相和反相之间切换。

通用 PAL 器件和 GAL 器件的寄存器输出有一个和"与—或"阵列输出端相连的触发器(D/T 触发器)组成。通用 PAL 器件和 GAL 器件具有可配置的输出结构，可以作为组合逻辑输出、寄存器输出，以及各种输入和反馈的选项。早期熔丝结构的 PAL 器件只能编程一次，没有这种可配置的输出功能。

PLD 的可配置的输出电路称为输出逻辑宏单元(OLMC)，简称宏单元。宏单元由可编程的结构单元配置。全局配置的单元信号影响器件里的全部宏单元。局部配置的单元只影响一个宏单元。通用 PAL 和 GAL 器件有时钟、清零和输出等全局控制信号，可应用于器件内的全部宏单元。GAL22V10 有 10 宏单元，1 个全局时钟和 11 个专用输入端。全局时钟输入端在没有时钟的逻辑设计里，可以用作输入信号端。GAL22V10 的宏单元具有不同乘积项规格，输入项数分别为 8、10、12、14 和 16 五种，每种有两个宏单元。

PLD 器件安装在电路板时，仍然可以进行编程的称为在系统可编程(ISP)器件，ISP 器件通过联合测试行动小组制定的标准 4 线(TDI、TMS、TDO、TCK)接口标准(IEEE 1149.1 标准)编程。复杂可编程逻辑 CPLD 器件和现场可编程门阵列 FPGA 器件都属于 ISP 器件。这些器件的全局时钟 I/O/GCK1、I/O/GCK2、I/O/GCK3，全局三态输出控制 I/O/GTS1、I/O/GTS2，全局清零 I/O/GSR 等引脚，如果不作为控制信号输入引脚使用，则可以作为标准的 I/O 引脚使用。在系统可编程专用引脚 TDI、TMS、TDO、TCK 是执行 ISP 功能的专用引脚，一般不做他用。

复杂可编程逻辑 CPLD 器件的逻辑配置与 GAL 器件相同。现场可编程门阵列 FPGA 器件(如 XC40 系列产品)的每个宏单元有 5 个直接乘积项，若不够使用，可以从同一个逻辑块 LAB 内的宏单元借用或共享乘积项。共享逻辑扩展允许每个宏单元和在同一逻辑块(LAB)内的宏单元共享一个乘积项，每一个 LAB 模块共有 18 个宏单元可以共享乘积项。逻辑扩展同样可以通过宏单元输出编程反馈到 LAB 的与矩阵。仅从相邻宏单元借用乘积项，最多只能达到 15 项，若需要更多，必须扩展到相隔更远的宏单元。

　　E^2PROM、PAL、GAL、CPLD 器件能够使用合适的编程软件,如 MAX+PLUSII 软件,在编程中能够自动完成乘积项逻辑扩展。编写程序可以反复修改和擦除,也可长期保存。

　　对于 FPGA 器件,如 XC40 系列器件是采用基于查找表(LUB)方式的 SRAM 电路结构,写入器件的程序每次加电时,都必须更新重置。每个可配置逻辑块 CLB 有两种规格查找表的存储器,两个由 16 位存储单元组成四输入的查找表函数发生器,一个由 8 位存储单元组成的三输入查找表函数发生器。当这些函数发生器不做函数发生器使用时,可以组成两个 16×1 或一个 32×1 的单口 RAM,或者一个 16×1 的双口 RAM 使用。每个可配置逻辑块 CLB 可以组成四种类别的函数结构:两个四变量的逻辑函数相加,再加上一个三变量的函数;一个五变量函数;一个四变量函数和一个六变量函数;一个九变量函数的函数形式。通过内部可编程连接线资源,可以进行扩展。内部可编程布线资源能否做到连接路径简单,占用面积最小,取决编程的技巧。

本章习题

　　题 10.1　存储容量为 1024MB×16 位的 RAM 模块,最低位地址码是零,分析采用地址码分时输入和不采用分时输入两种形式时,最高位地址码是多少?

　　题 10.2　试用四片 256MB×16 位的 SRAM 芯片,并选用合适的译码器组成最大存储容量为 1024MB×16 位的 RAM 存储器。

　　题 10.3　有一块 RAM,存储容量为 1024MB×16 位,分析采用地址码分时输入和不采用分时输入两种形式时各需要使用几根地址线和数据线连接。

　　题 10.4　有一个 16×1 的 RAM,存储单元存储的数据从 $d_{15} \sim d_0$ 依次为 1001、0110、1110 和 0110,若地址输入为四变量逻辑函数的输入变量(A、B、C、D,A 从高位地址输入,依次至 D 为最低位),RAM 的数据输出为四变量函数的输出量 L。当该 RAM 进行正常读出时,试写出输出 L 与 $ABCD$ 的函数关系。

　　题 10.5　试用一片 16×4 的 RAM 设计一组组合逻辑电路,实现下述逻辑函数:

$$L_1 = \overline{A}B + A\overline{C} + \overline{B}D + \overline{A}CD \qquad L_2 = \overline{A} \cdot \overline{B}C + AB\overline{C} + \overline{B}CD$$

$$L_3 = BC + AD + \overline{B}\overline{C} + \overline{A}C \qquad L_4 = A\overline{B} + \overline{A}D + B\overline{C} + \overline{C}D$$

　　题 10.6　试用四片 256MB×16 位的 SRAM 芯片,并选用合适的译码器组成最大存储容量为 512MB×32 位的 RAM 存储器。

　　题 10.7　一台计算机的内存具有 32 根地址线,16 位并行数据输入线,试问该台计算机的内存器具有多大的存储容量?

　　题 10.8　说明 DRAM 与 SRAM 的区别? 什么叫做更新? 为什么 DRAM 需要更新,而 SRAM 不需要更新?

　　题 10.9　如果一个生产条件一样,允许在一块集成电路芯片上制作的晶体管个数一样,比较 DRAM 与 SRAM 芯片存储单元数的区别?

　　题 10.10　说明 RAM 器件中"字"和"字长"的意义,RAM 器件的存储容量与"字"和"字长"的关系。

　　题 10.11　说明 ROM 与 RAM 器件的区别,EPROM 和 E^2PROM 的区别。

　　题 10.12　使用一片 16×4 的 ROM 实现能将四位 8421 码转换为四位余 3 码的逻辑电

路。画出电路结构,写出 ROM 的存储数据内容。

题 10.13　使用一片 16×4 的 ROM 实现能将四位 5421 码转换为四位 8421 码的逻辑电路。画出电路结构,写出 ROM 的存储数据内容。

题 10.14　使用一片 16×8 的 ROM 实现四位 BCD 码译码为七段显示器显示的译码器。画出电路结构,写出 ROM 的存储数据内容。

题 10.15　用一片 74LS161 构成十进制加法计数器,计数器的输出与一片 16×8 的 E^2PROM 的地址线相连($Q_0 - d_0 \sim Q_3 - d_3$),选用 E^2PROM 的数据输出中七位输出驱动七段显示器。希望这一电路的组成能够实现计数—译码—显示功能。试画出电路图,并说明 E^2PROM 存储单元存储的数据内容。

题 10.16　可编程逻辑器件 PLD 器件分类方法有哪几种? 具体分类是什么?

题 10.17　E^2PROM、PAL、GAL、CPLD、FPGA 各有什么共同之处和不同之处?

题 10.18　使用 E^2PROM 器件实现逻辑函数,乘积项是如何产生的? 为什么这类器件的乘积项是固定的? "或运算"是可编程的吗?

题 10.19　在可编程逻辑器件中,多路开关和多路选择器中是不是都是可编程控制的? 哪些可以? 哪些不可以?

题 10.20　使用一片 PAL16V8 芯片,一片七段显示器,配置成能够实现将四位十进制码译码显示的逻辑功能电路,画出所设计电路的标准 JEDEC 图。

题 10.21　使用一片 PAL16V8 芯片,配置成能够实现将 8421 码转为"格雷码"的逻辑电路,画出所设计的标准 JEDEC 图。

题 10.22　使用一片 PAL16V8 芯片,配置成能够实现将 8421 码转换成 2421 码的逻辑电路,画出所设计的标准 JEDEC 图。

题 10.23　使用一片 PAL16V8 芯片,配置成能够实现将 2421 码转换成 8421 码的逻辑电路,画出所设计的标准 JEDEC 图。

题 10.24　使用一片 PAL16V8 芯片,配置成能够实现"格雷码"转换为 8421 码的逻辑电路,画出所设计的标准 JEDEC 图。

题 10.25　指出 PAL16R8、PAL22R10 型器件中的寄存器数量。

题 10.26　什么是寄存器输出? 什么是组合逻辑输出?

题 10.27　通用 GAL22C10 有多少个宏单元? 每个宏单元有多少个乘积项?

题 10.28　通用 GAL22C10 的宏单元有多少种可能的配置? 并描述每种配置的功能。

题 10.29　通用 GAL22C10 是否有全局输出功能?

题 10.30　通用 GAL22C10 是否可以用 GAL 乘积项的输出作为时钟驱动信号?

题 10.31　通用 GAL22C10 的异步复位和同步置位是全局的还是局部的? 并作简要说明。

题 10.32　通过本章的学习,你能了解哪些可编程逻辑器件,它们各属于哪种类型? 有哪几类可编程逻辑器件具有可配置工作方式输出宏单元?

题 10.33　早期的 PAL 器件与通用 GAL 器件有何区别? 有何相同之处。

题 10.34　构成一个宏单元的主要逻辑单元有哪些(门、单元、器件等),能够受哪些信号的控制?

题 10.35　PLD 器件中常用存储单元有哪些类型? 各自有何特点?

题 10.36 边界扫描技术有何特点？主要执行什么功能？

题 10.37 在系统可编程技术中，主要解决什么问题？对数字电子系统的设计带来什么效用？

题 10.38 说明复杂可编程 CPLD 器件（以 XC9500 系列为例）和 PAL、GAL 器件的区别。

题 10.39 XC9500 有多少个逻辑块 LAB？每个逻辑块 LAB 有多少个宏单元 OLMC？每个宏单元有多少个乘积项输入线。

题 10.40 在系统可编程是什么含义，执行什么接口标准？该标准采用什么接口端连接，每个接口端起什么作用？

题 10.41 在 XC9500 系列中的任意一个型号产品中，指出每个器件有多少个逻辑块 LAB？多少个 I/O 引脚？并由此说明每个逻辑块应有多少个引脚连接？

题 10.42 XC9500 中宏单元时钟脉冲信号的可能配置是什么？

题 10.43 XC9500 中宏单元复位信号的可能配置是什么？

题 10.44 XC9500 中宏单元置位信号的可能配置是什么？

题 10.45 XC9500 中宏单元有多少个专用（直接）乘积项？如何增加乘积项的数量？一个宏单元最大的可用乘积项是多少？

题 10.46 简要说明 CPLD 器件和 FPGA 器件的区别。

题 10.47 XC40 或 XC40XL 系列器件的逻辑函数发生器可以有几个输入信号？如何扩展？

题 10.48 XC40 或 XC40XL 系列器件的 CLB 可以配置成几种逻辑函数形式？各有几个输入逻辑变量？

题 10.49 对于 XC40 或 XC40XL 系列器件的函数发生器，当不用作函数发生器使用时，可以配置为哪几种 SRAM 形式？

题 10.50 若用 XC40 或 XC40XL 系列器件的某一个 CLB 中函数发生器生成函数 $F = F_2 \overline{F_3} + \overline{F_1} F_4 + \overline{F_2} F_3 + F_1 \overline{F_4}$，该函数发生器的 16×1 寄存器应存入一组什么数据？

题 10.51 为什么在使用 FPGA 器件时，ISP 电路板中要配备一个 EPROM 和 E^2PROM 器件？

题 10.52 以 XC40 或 XC40XL 系列器件为例，说明 FPGA 器件的主要结构由哪些部分组成，每一部分的功能和作用是什么？

题 10.53 以 XC40 或 XC40XL 系列器件为例，说明 FPGA 器件布线资源中有哪些连接线？各起什么功能的连接作用？

题 10.54 用 XC40 或 XC40XL 系列器中的一个 CLB 模块配置成一个具有 9 个输入变量的逻辑函数产生器电路，做出等效逻辑电路图。

题 10.55 以 XC40 或 XC40XL 系列器件为例，简述 FPGA 器件布线资源中的开关连接点与开关矩阵有何种区别？

题 10.56 结合 XC40 或 XC40XL 系列器件中的 CLB 模块逻辑电路，说明 CLB 模块能否组成两个四变量输入和一个三变量输入的函数。

第11章
复杂可编程逻辑器件设计

主要内容：由于可编程器件为半定制器件，要将其配置为符合使用要求的器件，必须对其内部逻辑电路的连接、逻辑功能、信号的传送等进行重新配置，这种配置的过程称为对半定制器件编程。将编写的程序写入到可编程逻辑器件内部，实现对器件的功能配置。

PLD(programmable logic device 可编程逻辑器件)器件的发展经历了 3 个发展阶段。第一个阶段是 20 世纪 70 年代初期，PLD 器件产品以可编程逻辑阵列(PLA)器件为主。PLA 器件的"与阵列"和"或阵列"均可编程，采用 TTL 工艺，只可编程一次。第二个阶段是 20 世纪 70 年代中期至 80 年代，以 NMI 公司率先推出的可编程阵列逻辑(PAL)为主。PAL 器件的"与阵列"固定，"或阵列"可编程，因此器件复杂性较 PLA 小，开发也更加简单。采用 TTL 工艺，只能一次性编程。第三个阶段是 20 世纪 90 年代至今，PLD 器件一般采用 CMOS 工艺，器件可反复编程。器件结构得到改善，出现了高密度(等效于几千个逻辑门以上)的 PLD 产品，主要产品有 Lattice 公司采用 EECMOS 工艺的通用逻辑阵列(GAL)器件和 ispPLD 器件、Altera 公司采用 UVCMOS 工艺的 EPLD 和 CPLD 器件和 Xilinx 公司采用 CMOS/SRAM 工艺的 FPGA 器件等。

在 PLD 器件的发展过程中，与之配合的开发软件也得到了很大的发展。Lattice 公司开发的软件从 ISP Synario System、ispEXPERT SYSTEM 发展到了 ispLEVEL。Altera 公司开发的软件从 MAX+PLUS Ⅱ 发展到了 Quartus Ⅱ 开发系统。Xilinx 公司开发的软件从 Xilinx Automatic CAE Tools 发展到了 ISE 开发系统。它们虽然有着各自的特点，但是它们的设计输入方式都支持原理图输入、硬件描述语言(HDL)输入(VHDL 和 Verilog 语言)，并且还包括功能模拟仿真工具。本章以支持 Altera 公司器件的开发软件 Quartus Ⅱ 6.0 开发系统介绍 CPLD 和 FPGA 的基本开发和应用方法。

11.1　Quartus Ⅱ 软件安装

11.1.1　软件简介

Altera 公司的 Quartus Ⅱ 6.0 软件有完整的集成设计工具，支持多种类型的设计输入，如原理图输入、AHDL 语言输入、VHDL 和 Verilog 语言输入。还具有逻辑综合功能，能够完成对所选器件的布局与布线，实现对设计功能的仿真、时序与功率分析。

11.1.2　软件的安装

该软件运行在 Windows 95/98/2000 操作系统下。软件的安装步骤如下：

（1）将光盘插入计算机光驱，假定您的光驱号为 E。

（2）运行 E：\quartusii_60_pc\disk1\install.exe 文件。

（3）安装启动界面如图 11.1.1 所示。

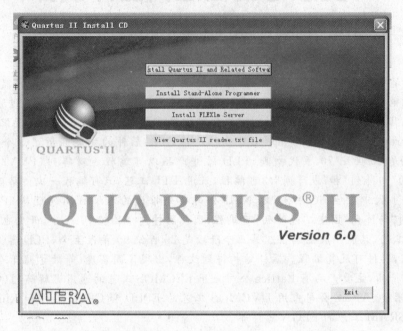

图 11.1.1　安装启动界面

（4）单击"Install Quartus Ⅱ and Related Software"按钮，弹出如图 11.1.2 所示的界面，单击"Next"按钮，进入如图 11.1.3 所示的选择安装的软件界面。

（5）单击"Next"按钮，弹出是否接受协议的选择界面，并选择接受协议。单击"Next"按钮。弹出安装路径选择界面，单击"Browse"按钮，选择安装路径（假设为 d：\），单击"Next"按钮，直到安装完成。

（6）将光盘里随机附送的 LICENSE.DAT 文件拷贝至安装后的 D：\altera 软件包根目录下即可。注意：license.dat 文件来自于 Altera 网站授权或代理商授权。

（7）单击 Windows 程序组下的 图标，启动本软件，如图 11.1.4 所示。注意：第一次启动软件会有几个对话框，提示没有安装 License 文件或软件狗，并附有其公司网址及如何申请 License 授权文件等详细说明。

（8）安装 ByteBlaster Ⅱ下载电缆驱动程序。添加新设备→手动安装→从磁盘安装→硬件类型（声音、视频和游戏控制器→ altera/quartus/drivers/win2000 → 确定→ 选择 altera ByteBlaster）。

（9）在 Quartus Ⅱ 中添加 Altera ByteBlaster Ⅱ下载线；Tool → Programmer → Hardware Setup →Add Hardware →Hardware type（ByteBlasterMV or ByteBlaster Ⅱ）→ Port（LPT1）→OK，如图 11.1.5 所示。

（10）单击"OK"按钮确认即可。至此成功地完成了整个软件的安装。

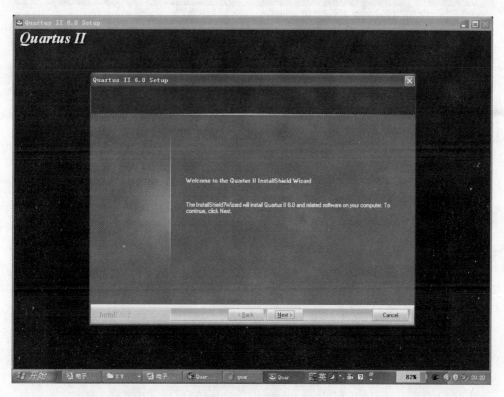

图 11.1.2　安装设计界面

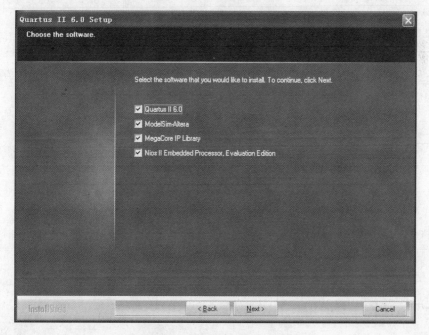

图 11.1.3　选择安装的软件界面

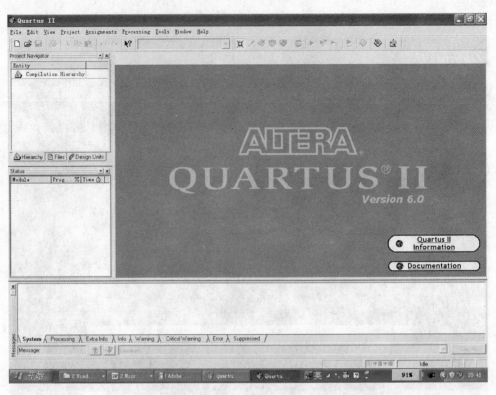

图 11.1.4 软件启动界面

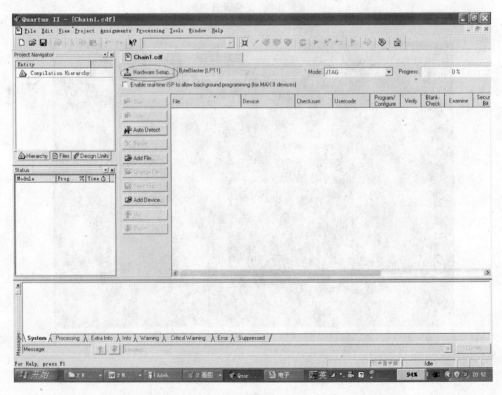

图 11.1.5 添加 Altera ByteBlaster II 下载线界面

11.2　CPLD 和 FPGA 器件设计流程

　　CPLD 和 FPGA 器件开发工作都是在计算机上进行软件编程和调试的,这大大减少了开发费用,同时可以大大缩短开发周期。当开发大型数字系统时,这个优点更为明显。采用传统方法需要几个月才能完成的系统开发,采用 CPLD 和 FPGA 器件设计后,有时在一天之内就可完成。软件设计流程如图 11.2.1 所示。

图 11.2.1　CPLD/FPGA 器件设计流程

　　首先设计输入,通过软件编译与仿真,产生硬件编程所需的下载文件,然后通过下载软件和下载电缆,将下载文件下载至实际的 CPLD 和 FPGA 器件中。最后对编程后的 CPLD 和 FPGA 器件测试,验证是否具有用户所定义的逻辑功能。验证正确,整个设计便告完成。

11.3　Quartus II 原理图输入设计

　　本例采用原理图输入方式,设计一个 3 线-8 线译码器,功能如表 11.3.1 所示。

表 11.3.1　3 线-8 线译码器功能表

A	B	C	LED0	LED1	LED2	LED3	LED4	LED5	LED6	LED7
0	0	0	亮	灭	灭	灭	灭	灭	灭	灭
1	0	0	灭	亮	灭	灭	灭	灭	灭	灭

续表

A	B	C	LED0	LED1	LED2	LED3	LED4	LED5	LED6	LED7
0	1	0	灭	灭	亮	灭	灭	灭	灭	灭
1	1	0	灭	灭	灭	亮	灭	灭	灭	灭
0	0	1	灭	灭	灭	灭	亮	灭	灭	灭
1	0	1	灭	灭	灭	灭	灭	亮	灭	灭
0	1	1	灭	灭	灭	灭	灭	灭	亮	灭
1	1	1	灭	灭	灭	灭	灭	灭	灭	亮

11.3.1 新建工程

新建工程包括软件启动、新建工程文件夹、新建工程、配置添加文件对话框、配置指定 EDA 工具对话框、选择芯片、配置新工程配置信息报告对话框等操作步骤。

（1）软件启动。进入 Altera 软件包，打开 Quartus Ⅱ 6.0 软件，如图 11.3.1 所示。

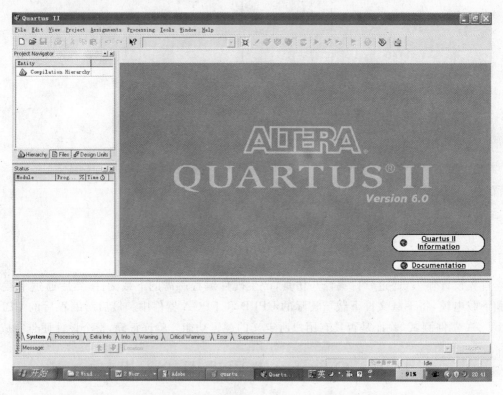

图 11.3.1　进入 Quartus Ⅱ 6.0 界面

（2）新建工程文件夹。任何一项设计都是一项工程（project），首先应为工程建立一个放置所有相关文件的文件夹。此文件夹将被 EDA 软件默认为工作库（work library）。不同的设计项目最好放在不同的文件夹中，而同一工程的所有文件必须放在同一文件夹中。

注意：不要将文件夹设在计算机已有的安装目录中，更不要将工程文件直接放在安装

目录中。文件夹所在路径名和文件夹名中不能有中文。

（3）新建工程。如图 11.3.2 所示，用"New Project Wizard"向导创建新工程。选择菜单"File"→"New Preject Wizard"，弹出工程设置对话框。第一行表示工程所在的工作库文件夹；单击此框右侧的按钮"…"，找到设定的文件夹"d：altera/win/quarwyy/led_test"。第二行表示此项工程的工程名（推荐使用顶层文件的实体名作为工程名）。第三行是顶层文件的实体名。

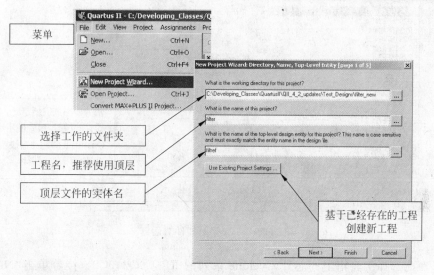

图 11.3.2 创建工程对话框

（4）接着单击"Next"按钮进入添加文件对话框，如图 11.3.3 所示。由于是新建工程，暂无输入文件，因此直接单击"Next"按钮进入指定目标器件对话框，如图 11.3.4 所示。

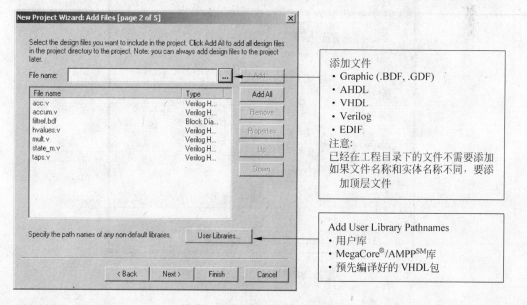

图 11.3.3 添加文件对话框

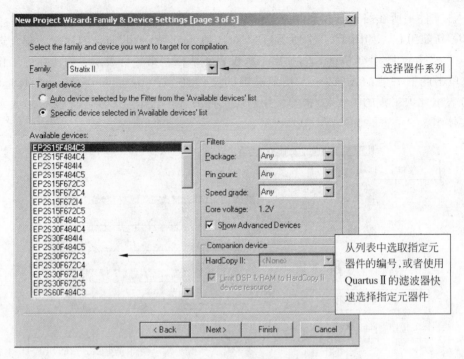

图 11.3.4　选择元器件对话框

（5）在此选择实验箱上的芯片 Cyclone 系列的 EP1C6Q240C8。接着单击"Next"按钮进入指定 EDA 工具对话框，如图 11.3.5 所示。本实验利用 Quartus Ⅱ的集成环境进行开发，不使用任何 EDA 工具，因此在这里不作任何改动。

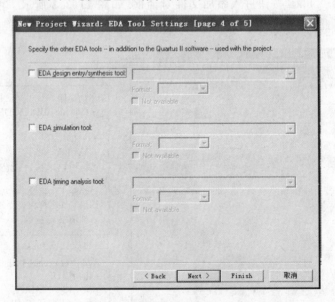

图 11.3.5　选择元器件对话框

（6）单击"Next"按钮进入新工程配置信息报告对话框，如图 11.3.6 所示。设计者可以看到工程文件配置信息报告。单击"Finish"按钮完成新建工程的建立。

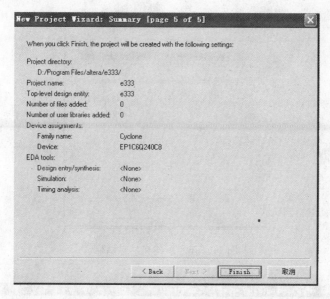

图 11.3.6 新工程配置信息报告对话框

11.3.2 原理图的设计输入

原理图的设计输入包括新建图形文件、选择图形编辑器输入方式、设计的输入、放置一个器件在原理图上、添加连线到器件的引脚上、标记输入/输出端口属性、保存原理图等操作过程。

(1) 新建图形设计文件。Quartus Ⅱ图形编辑器也称为块编辑器(block editor),用于以原理图(schematics)和结构图(block diagrams)的形式输入和编辑图形设计信息。Quartus Ⅱ的块编辑器可以读取并编辑结构图设计文件(block diagrams files)和 MAX＋plus Ⅱ图形设计文件(graphic design files)。可以在 Quartus Ⅱ软件中打开图形设计文件并将其另存为结构图设计文件。选择"File"/"New"或单击图 11.3.7 主菜单中的空白图标 ,进入新建文件对话框,如图 11.3.8 所示。

图 11.3.7 工具栏

(2) 选择图形编辑器输入方式"Block Diagrams /Schematics Files",单击"OK"按钮,打开原理图编辑器,进入原理图设计输入。原理图编辑状态如图 11.3.9 所示。

(3) 设计的输入包括放置元件、标记输入/输出端口、器件连线、保存原理图、设置此项目为当前文件等操作。以 3 线-8 线译码器为例进行说明:

图 11.3.8　新建文件对话框

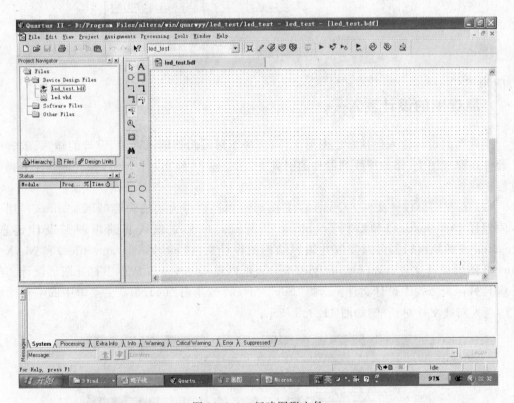

图 11.3.9　新建图形文件

$$D0 = \overline{A} * \overline{B} * \overline{C}$$
$$D1 = \overline{A} * \overline{B} * C$$
$$D2 = \overline{A} * B * \overline{C}$$
$$D3 = \overline{A} * B * C$$
$$D4 = A * \overline{B} * \overline{C}$$

$$D5 = A * \overline{B} * C$$
$$D6 = A * B * \overline{C}$$
$$D7 = A * B * C$$

从逻辑功能来看,将线译码器由输入端口 INPUT、反相器(3 个)、3 输入与门(8 个)和输出端口 OUTPUT 组成。

(4) 放置一个器件在原理图上。在原理图的空白处双击鼠标左键,弹出如图 11.3.10 所示对话框,进入器件选择输入窗口。

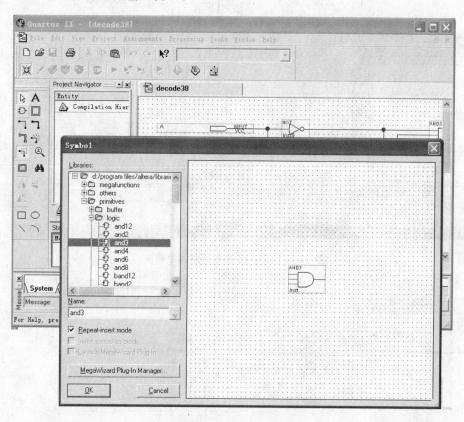

图 11.3.10 选择器件窗口

如果安放相同元件,只要按住"Ctrl"键,同时用鼠标拖动该元件复制即可。一个完整的电路包括输入端口 INPUT、电路元器件集合和输出端口 OUTPUT。

(5) 添加连线到器件的引脚上。把鼠标移到元件引脚附近,鼠标光标自动由箭头变为十字,按住鼠标右键拖动,即可画出连线。3 线-8 线译码器原理图如图 11.3.11 所示。

(6) 标记输入/输出端口属性。分别双击输入端口的"PIN-NAME",当变成黑色时,即可输入标记符并回车确认;输出端口标记方法类似。本译码器的 3 输入端分别标记为 A、B、C;输出端分别为 D0、D1、D2、D3、D4、D5、D6、D7,如图 11.3.12 所示。

(7) 保存原理图。单击保存按钮图标,对于新建文件,出现类似文件管理器的图框,选择保存路径、文件名称保存原理图,原理图的扩展名为.bdf(该路径下任何文件夹的命名不能是汉语的,否则出现非法的错误信息)。

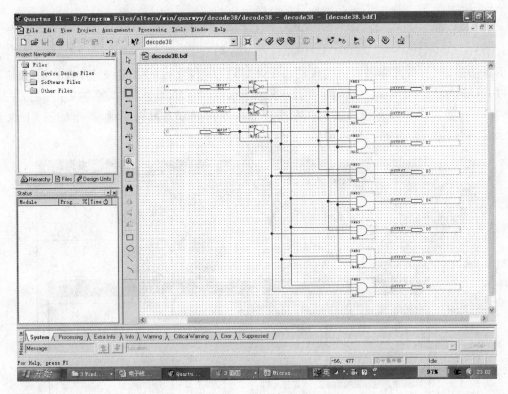

图 11.3.11　3 线-8 线译码器原理图

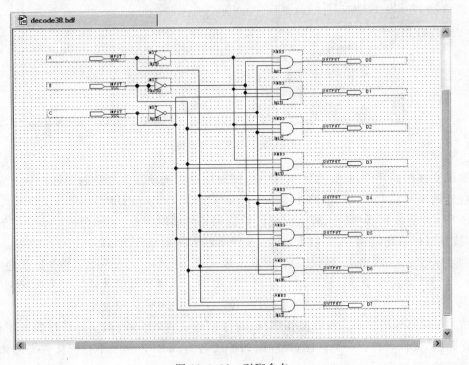

图 11.3.12　引脚命名

此时在软件窗口的顶层有路径指示,至此,已完成了一个电路的原理图设计输入的整个过程。

11.3.3
编译与适配

编译与适配是对所设计的电路进行编译,使之适合选用电路芯片相互适配的 JEDEC (joint electron device engineering council) 标准规定的熔丝图格式,之后就可以对芯片进行编程下载,实现设计硬件的配置。编译与适配包括选择芯片型号、编译适配等操作步骤。

(1) 选择芯片型号。选择当前项目文件要设计实现的实际芯片进行编译适配,单击 "Assignments"\"Device"菜单选择芯片,弹出对话框如图 11.3.13 所示。如果此时不选择适配芯片,该软件将自动选择适合本电路的芯片进行编译适配。本例可选用 7000S 系列的 EPM7128SLC84—15 芯片,同样也可以用 FPGA 芯片 EPF10K20 TC144—4 来实现,或者选用 Cyclone 系列的 EP1C6Q240C8。用户只需指出具体的芯片型号即可。在"Device & Pin Options"对话框中选择"Unused Pins"标签页进行设置,将未使用引脚设置为高阻输入,这样上电后 FPGA 或 CPLD 的未使用引脚将进入高阻状态。

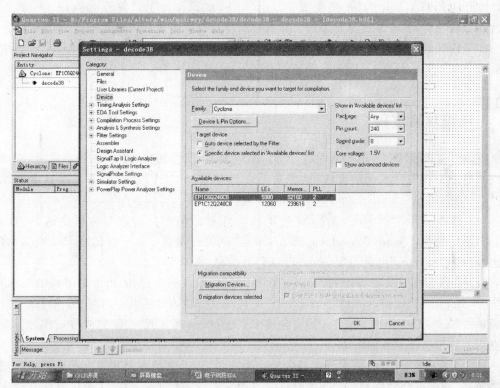

图 11.3.13 CPLD 器件选择窗口

(2) 编译适配。用鼠标右键单击"Project Navigator"窗口中的"Files"标签下的 decoder38 文件,在弹出菜单中选择"Set as Top-Level Entity"命令,设置此文件为顶层文件,如图 11.3.14 所示。注意,此操作在打开几个原有项目文件时尤为重要,否则容易出错。

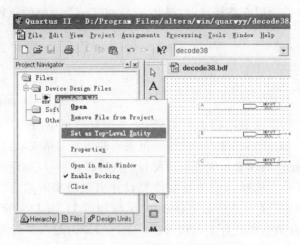

图 11.3.14 设置顶层文件

启动"Processing"→"Start Compilation"菜单,或者单击主菜单下的快捷键 ▶,开始编译,并显示编译结果,生成下载文件。如果编译时选择的芯片是 CPLD,则生成 *.pof 文件;如果是 FPGA 芯片的话,则生成 *.sof 文件,以备硬件下载编程时调用。同时生成 *.rpt 报告文件,供查看编译结果用。如有错误待修改后再进行编译适配。

如果设计的电路顺利地通过了编译,在电路不复杂的情况下,就可以对芯片进行编程下载。

11.3.4 电路功能仿真

Quartus Ⅱ软件支持电路的时序分析。由于 EDA 工具拥有的强大的仿真功能,它迅速得到了电子工程设计人员的青睐,这也是当今 EDA(CPLD/FPGA)技术非常火爆的原因之一。

(1) 选择"File"\"New"命令,打开新建文件对话框。在新建对话框中选择"Other Files",从中选择"Vector Waveform File",单击"OK"按钮建立一个空的波形编辑器窗口。单击"File"\"Save as"更名为"decode38.vwf"并保存,如图 11.3.15。

(2) 在波形仿真文件界面的"Name"标签区内双击鼠标左键,弹出添加节点的对话框,单击"NodeFinder"按钮,弹出如图 11.3.16 的对话框。在该对话框中,首先单击"list"按钮,然后单击"≫"、">"、"<"、"≪"等按钮完成节点选择,单击"OK"按钮完成节点添加。添加节点后的波形仿真界面如图 11.3.17 所示。

(3) 在本电路中,3线-8线译码器的输出为灰色,表示未仿真前其输出是未知的。调整引脚顺序,使其符合常规习惯。调整时只需选中某一引脚(如 ▷━A)并按住鼠标左键拖至相应位置即可。

(4) 选择仿真时间。视电路实际要求确定仿真时间长短。在当前主菜单"Edit"的下拉菜单中选中"End Time",弹出结束时间对话框,在提示窗"Time"中输入仿真结束时间,即可修改仿真时间。在本实验中,选择软件的默认时间 1us 就能观察到 3线-8线译码器的 8 个输出状态。

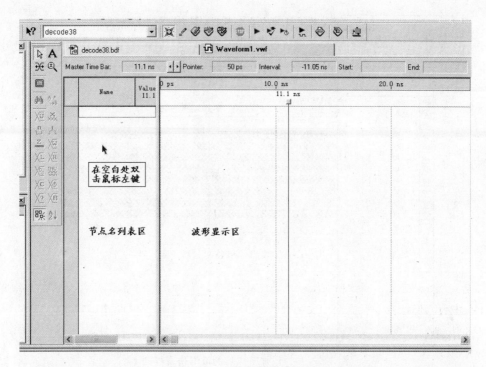

图 11.3.15 波形仿真文件界面

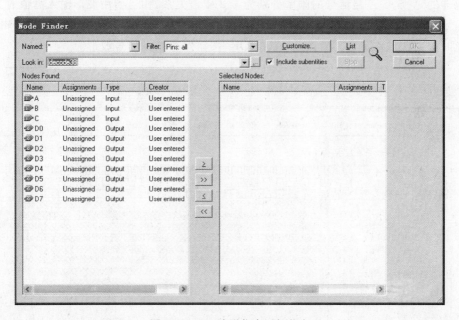

图 11.3.16 波形仿真添加节点

（5）准备为电路输入端口添加激励波形。选中欲添加信号的引脚，窗口左边的信号源即刻变成可操作状态。根据实际电路要求选择信号源种类，在本实验电路中，选择时钟信号就可以满足仿真要求。先选中 A 输入端"▣━A"，然后再单击窗口左侧的时钟信号源图标▧添加激励波形。根据电路要求编辑另外两路输入端口的激励信号波形，在本例 3 线-8

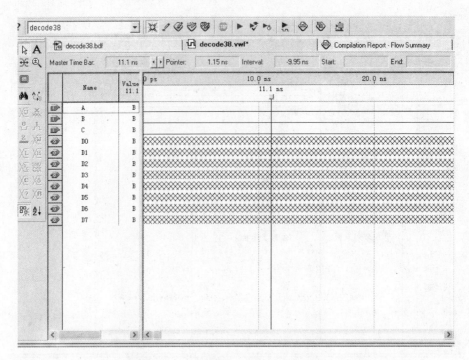

图 11.3.17　添加节点后的波形仿真界面

线译码器的 A、B、C 三路信号的频率分别为 1、2、4 倍关系,相当于用波形输入真值表。三路激励信号的编辑结果如图 11.3.18 所示。使用"File"\"Save"命令保存激励信号编辑结果,注意此时的文件名称不要随意改动,单击"OK"按钮保存激励信号波形。

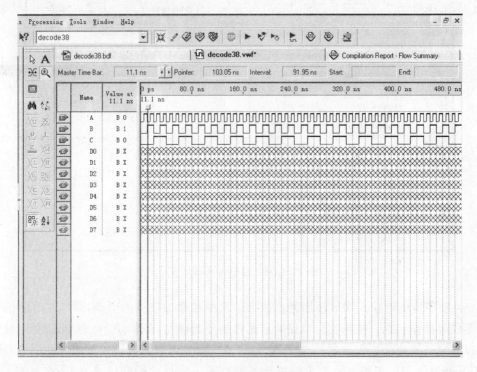

图 11.3.18　输入波形设置

（6）电路仿真。选择"Processingl"→"Simulator Tool"命令，弹出仿真对话窗口，如图11.3.19所示。

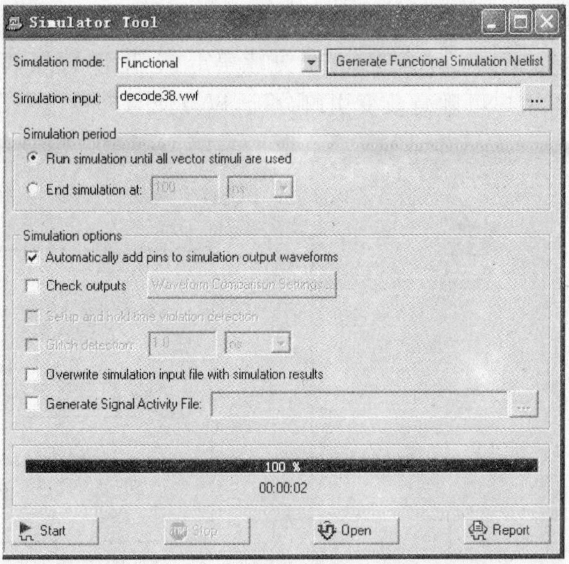

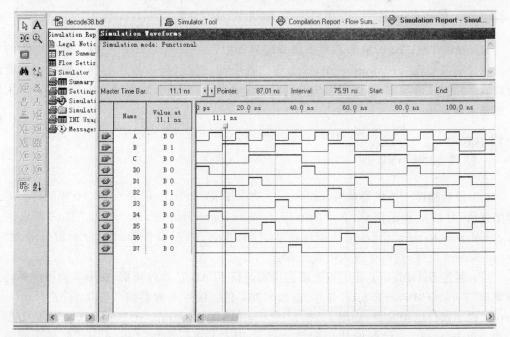

图11.3.19 电路仿真窗口

首先选择仿真文件 decode38，然后选择功能仿真模式"Functional"，单击"Generate Functional Simulation Netlist"按钮生成仿真网表。同时勾选"Overwrite simulation input file with simulation results"选项。单击"Start"按钮开始仿真，最后单击"Open"按钮打开仿真后的波形文件。如有出错报告，请查找原因，一般是激励信号添加有误。本实验电路的仿真结果报告中无错误、无警告，如图11.3.20所示。至此功能仿真结束。

图11.3.20 仿真结果窗口

11.3.5 引脚分配

(1) 选择菜单"Assignments"→"Pins"命令或单击 ✍ 按钮,弹出如图 11.3.21 所示的芯片引脚自动分配界面。用户可随意改变引脚分配,以方便与外设电路进行匹配。

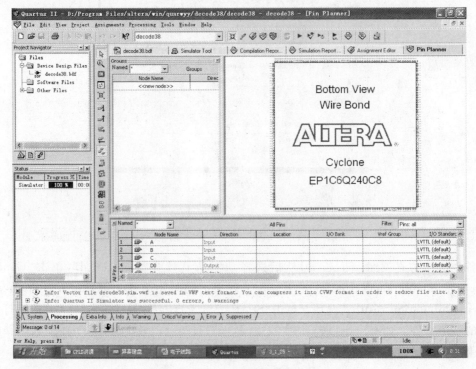

图 11.3.21　芯片引脚分配界面

(2) 在图 11.3.22 所示的芯片引脚分配界面中,在"Node Name"栏输入输出引脚的名称。设计者需要在"Location"栏中,双击空白处手动分配引脚。芯片上有一些特定功能的引脚,如时钟端、清零端等,进行引脚编辑时一定要注意,一般引脚都放置在 I/O 口;分配后一定要重新编译。

11.3.6 器件编程下载

(1) 最后编译。选择菜单"Processing"→"Start Compilation"命令进行全程编译。若编译结束后,对话框显示消息"Full compilation was successful",单击"OK"按钮可以进入"Compilation Report"窗口,包括编译报告、综合报告、适配报告和时序分析报告等,生成 decode38.sof 文件,这时可进入下载步骤。

(2) 通过 ByteBlaster II 下载电缆连接实验箱 JTAG 口和计算机,接通实验箱电源。选择菜单"Tool"→"Programmer"命令,添加配置文件。确保编程器窗口左上角的"Hardware Setup"栏中硬件已经安装,如图 11.3.23 所示,并确保"Program"→"Configure"下的方框被勾选。单击"Start"按钮开始使用配置文件对 FPGA 进行配置,"Progress"栏显示配置进

图 11.3.22　引脚编辑窗口

度。下载成功后,结合电路板的功能,观察设计实现的结果,并观察电路板发光二极管的状态是否与设计一致。

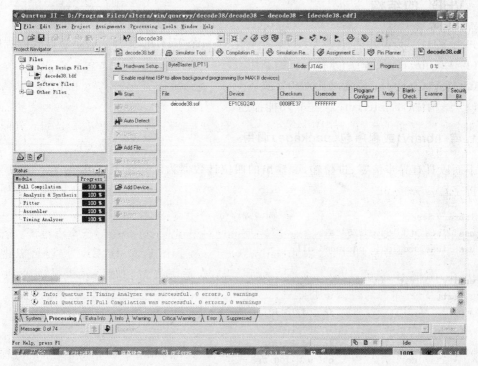

图 11.3.23　器件下载窗口

11.4 VHDL 硬件描述语言

硬件描述语言（HDL）发展到今天已经有 20 多年的历史了，通过实践，VHDL 和 Verilog 语言已处于领先的地位，它们适合于 ispLEVEL、Quartus Ⅱ 和 ISE 开发系统，是跨平台的硬件描述语言。HDL 的出现是为了适应电子系统设计的日益复杂性。

VHDL 是 VHSIC Hardware Description Language 的缩写。VHSIC 是 Very High Speed Integrated Circuit 的缩写。它是 1982 年由美国国防部（DOD）制定的，作为各合同商之间提交复杂电路设计文档的一种标准方案，1987 年被采纳为 IEEE1076 标准，1993 年被更新为 IEEE1164 标准。

VHDL 毕竟描述的是硬件，它包含许多硬件特有的结构。VHDL 及自顶向下方法在大型数字系统设计中被广泛采用，在设计中它采用较抽象的语言（行为/算法）来描述系统结构，然后细化成各模块，最后可借助编译器将 VHDL 描述综合为门级。

CPLD/FPGA 的设计过程如下：

(1) 代码编写。

(2) 由综合器（如 Synlify、Synopsys 等）综合成门级网表。

(3) 前仿真/功能编译和仿真。

(4) 布线（将编译形成的 *.JED 文件），通过下载电缆下载到某一个 CPLD/FPGA 中。

(5) 后仿真/时序仿真。

11.4.1 VHDL 的结构

一个 VHDL 设计由若干个 VHDL 文件组成，每个 VHDL 文件一般是三段式的程序。

(1) 库（library）或程序包（package）调用。

(2) 实体（entity）：输入输出端口定义。

(3) 结构体（architecture）：逻辑功能描述。

1. 库（library）或程序包（package）调用

下面以具有异步清零、进位输入/输出的四位计数器为例介绍 VHDL 的基本结构（黑体为关键字）。

```
library ieee;                    --库或程序包
use  ieee.std_logic_1164.all;
use  ieee.std_logic_unsigned.all;

entity  cntm16  is               --实体    实体的名称为 cntm16
  port(
            ci       :       in std_logic;
            nreset   :       in std_logic;
            clk      :       in std_logic;
            co       :       out std_logic;
            qcnt     :       buffer std_logic_vector(3 downto 0)
```

```
                );
end cntm16;

architecture cntm16_arch of cntm16 is    --结构体
    begin
    co< = '1' when(qcnt = "1111" and ci = '1') else '0';
       process(clk,nreset)
       begin
           if(nreset = '0') then
           qcnt< = "0000";
           elsif(clk'event and clk = '1') then
               if(ci = '1') then
                   qcnt< = qcnt + 1;
               end if;
           end if;                          --end if_nreset
       end process;
end cntm16_arch;
```

2. 实体(entity)

实体类似于原理图中的符号(symbol),它并不描述模块的具体功能。实体对模块端口(PORT)进行描述,它与模块的输入/输出引脚相关联。实体是设计中最基本的模块。设计的最顶层是顶级实体。如果设计分层次,那么在顶级实体中将包含较低级别的实体。

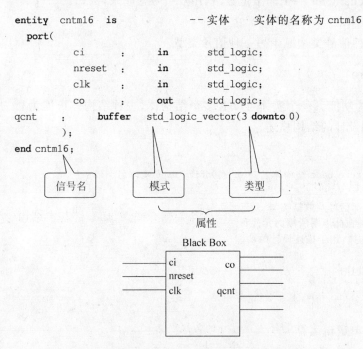

```
entity cntm16 is            --实体    实体的名称为 cntm16
   port(
           ci       :      in      std_logic;
           nreset   :      in      std_logic;
           clk      :      in      std_logic;
           co       :      out     std_logic;
qcnt       :      buffer  std_logic_vector(3 downto 0)
           );
end cntm16;
```

(1) 信号名:端口信号名在实体中必须是唯一的。

(2) 模式(MODE):决定信号的方向,有如下几种模式。

• in:信号进入实体但并不输出

• out:信号离开实体但并不输入

- inout：信号是双向的（既可以进入实体，也可以离开实体）
- buffer：信号输出到实体外部，但同时也在实体内部反馈
- buffer：是 INOUT（双向）的子集，但不是由外部驱动

（3）类型（TYPE）：端口所采用的数据类型，包括如下几种类型。

- integer：可用作循环的指针或常数，通常不用于 I/O 信号，例如：
- SIGNAL count：integer　range 0 to 255；

$$count \leq count + 1$$

- bit：位型，取值"0"、"1"代表二进制的值，例如：

$$Bit\_var := '1'$$

- bit_vector：位矢量 bit 的一个数组，例如：

$$X, Y：in\ bit\_vector(0\ to\ N-1)；$$

- std_logic：工业标准的逻辑类型，取值包括"0"、"1"、"X"和"Z"
- std_logic_vector：std_logic 的组合，工业标准的逻辑类型
- boolean：可取值 TRUE(真)或 FALSE（假）
- natural：自然数，是整数 integer 的子集
- positive：正数，是整数 integer 的子集
- character：字符 ASCII 字符集，用单引号括起来，例如：

$$character\_var := 'A'$$

- string 是数据类型 character 一个非限定数组，用双引号括起来，例如：

$$String\_var := "rose"$$

VHDL 决不允许将一种信号类型赋予另一种信号类型。

3. 结构体（architecture）

结构体描述实体的行为功能。一个实体可以有多个结构体，一种结构体可能为行为描述，而另一种结构体可能为设计的结构描述。

结构体的一般格式：

```
architecture <architecture_name 结构体名> of <entity_name 实体名>is
--结构体声明区域
--声明结构体所用的内部信号及数据类型
--如果使用元件例化,则在此声明所用的元件
begin  --以下开始结构体,用于描述设计的功能
--并行语句信号赋值
--进程(顺序语句描述设计)
--元件例化
end<architecture_name>;
```

【例 11.4.1】　实现简单逻辑运算

```
ENTITY logic is
    PORT (a,b :    IN std_logic;
        w,x,y :    OUT std_logic;
        z     :    OUT std_logic_vector (3 downto 0));
END logic;
```

```
ARCHITECTURE behavior of logic is
BEGIN
    y < = (a AND b);
    w < = (a OR b);
    x < = '1';
    z < = "0101";
END behavior;
```

【例 11.4.2】 实现模数为 16,同步计数,异步清零,进位输入/输出的四位计数器的结构体。

```
architecture  cntm16_arch  of  cntm16  is          --结构体
    begin
    co< = '1' when(qcnt = "1111" and ci = '1') else '0';   --并行赋值语句
        process(clk,nreset)                         --进程(敏感表)
        begin
            if(nreset = '0') then                   --顺序语句
            qcnt< = "0000";
            elsif(clk'event and clk = '1')   then   --时钟上沿描述
                if(ci = '1')   then
                    qcnt< = qcnt + 1;
                end if;
            end if;                                 --end  if_nreset
        end process;
    end cntm16_arch;
```

结构体包含并行语句(concurrent)和顺序语句(sequential)。并行语句总是处于进程语句(process)的外部。所有并行语句都是并发执行的,并且与它们出现的先后次序无关。顺序语句总是处于进程语句(process)的内部,并且从仿真的角度来看是顺序执行的。

11.4.2 组合逻辑电路设计举例

【例 11.4.3】 用 VHDL 设计一个四选一数据选择器。要求使用并行语句——布尔方程实现。

```
library ieee;
use ieee.std_logic_1164.all;

entity mux4_b is
port(s          : in std_logic_vector(1 downto 0);
    a0,a1,a2,a3 : in std_logic;
    y           : out std_logic);
end mux4_b;

architecture mux4_arch of mux4_b is
begin
y< = ((((a0 and not(s(0))) or (a1 and s(0)))) and not(s(1)) or (((a2 and not (s(0))) or (a3
and s(0))) and s(1));
end mux4_arch;
```

【例 11.4.4】 用 VHDL 设计一个四选一数据选择器。要求使用并行语句 with select when 结构体——真值表描述法。

```
library ieee;
use ieee.std_logic_1164.all;

entity mux4_wsw is
port(s              : in std_logic_vector(1 downto 0);
     a0,a1,a2,a3  : in std_logic;
     y              : out std_logic);
end mux4_wsw;

architecture mux4_arch of mux4_wsw is
begin
with s select
y< = a0 when "00",
     a1 when "01",
     a2 when "10",
a3 when others;
end mux4_arch;
```

with_select_when 语句必须指明所有互斥条件,在这里就是"s"的所有取值组合,因为"s"的类型为"std_logic_vector",取值组合除了 00、01、10、11 外还有 0x、0z、x1 等。虽然这些取值组合在实际电路中不出现,但也应列出。为避免此麻烦可以用"others"代替其他各种组合。

【例 11.4.5】 用 VHDL 设计一个四选一数据选择器。要求使用并行语句 when else 结构体——真值表描述法。

```
library ieee;
use ieee.std_logic_1164.all;

entity mux4_we is
port(s              : in std_logic_vector(1 downto 0);
     a0,a1,a2,a3  : in std_logic;
     y              : out std_logic);
end mux4_we;

architecture mux4_arch of mux4_we is
begin
y< = a0 whens = "00" else
     a1 whens = "01" else
     a2 whens = "10" else
     a3;
end mux4_arch;
```

【例 11.4.6】 用 VHDL 设计一个四选一数据选择器。要求使用顺序语句(只在进程中使用)if then else——真值表描述法。

```
library ieee;
use ieee.std_logic_1164.all;
```

```
entity mux4_we is
port(s               : in std_logic_vector(1 downto 0);
     a0,a1,a2,a3  : in std_logic;
     y               : out std_logic);
end mux4_we;

architecture mux4_arch of mux4_we is
begin
process(s,a0,a1,a2,a3)
begin
ifs = "00"   then
      y< = a0;
elsif s = "01" then
      y< = a1;
elsif s = "10" then
      y< = a2;
else
      y< = a3;
   end if;
   end process;
end mux4_arch;
```

elsif 可允许在一个语句中出现多重条件,每一个"if"语句都必须有一个对应的"end if"语句。"if"语句可嵌套使用,即在一个 if 语句中可再调用另一个"if"语句。

【例 11.4.7】 用 VHDL 设计一个四选一数据选择器。要求使用顺序语句(只在进程中使用)case when——真值表描述法。

```
library ieee;
use ieee.std_logic_1164.all;

entity mux4_we is
port(s               : in std_logic_vector(1 downto 0);
     a0,a1,a2,a3  : in std_logic;
     y               : out std_logic);
end mux4_we;

architecture mux4_arch of mux4_we is
begin
process(s,a0,a1,a2,a3)
begin
    case s is
        when "00" = >y< = a0;
        when "01" = >y< = a1;
        when "10" = >y< = a2;
        when others = >y< = a3;
        end case;
    end process;
end mux4_arch;
```

case when 语句常用于状态机的描述中。

11.4.3

时序逻辑电路设计举例

【例 11.4.8】 用 VHDL 设计一个计数器,要求具有 8 位、递增计数和同步清零功能。

```
library ieee;
use ieee.std_logic_1164.all;
use ieee.std_logic_arith.all;
use ieee.std_logic_unsigned.all;

entity count256 is
generic(datawidth: integer := 8);        -- 在调用此设计时,可重新指定此值,或默认此值为8;
    port (clk,reset: in std_logic;
                count:buffer std_logic_vector (datawidth-1 downto 0));
end count256;

architecture behave of count256 is
begin
    p1:process
    begin
        wait until clk'event and clk = '1';     -- 时钟上沿描述,若是同步清零则放在清零的前面
        if (reset = '1' or count = 255) then
            count <= "00000000";
        else
            count <= count + 1;
        end if;
    end process p1;
end behave;
```

【例 11.4.9】 用 VHDL 设计一个 60 进制计数器。要求使用使能高电平有效,具有同步置数、异步清零、递增计数功能的 8421BCD 计数器。

```
library ieee;
use ieee.std_logic_1164.all;
use ieee.std_logic_unsigned.all;

entity cntm60 is
port(ci    : in std_logic;
    nreset : in std_logic;
    load   : in std_logic;
    d      : in std_logic_vector (7 downto 0);
    clk    : in std_logic;
        co : out std_logic;
    qh     : buffer std_logic_vector (3 downto 0);
        ql : buffer std_logic_vector (3 downto 0));
end cntm60;

architecture behave of cntm60 is
begin
co <= '1' when (qh = "0101" and ql = "1001" and ci = '1') else '0';   -- 59 且使能 ci 为 1,产生进位
```

```
        process (clk,nreset)
        begin
            if nreset = '0' then
                qh < = (others = > '0');          -- qh < = "0000";
            ql < = "0000";
            elsif rising_edge(clk) then
                if (load = '1') then
                    qh < = d(7 downto 4);          -- 将长数组分为两个短数组
                    ql < = d(3 downto 0);
                elsif(ci = '1')then
                if(ql = 9) then
                    ql< = "0000";
                    if(qh = 5) then
                        qh< = "0000";
                    else
                        qh< = qh + 1;
                    end if;
                    else
                    ql< = ql + 1;
                end if;
            end if;    -- end if load
        end if;    -- end if reset
    end process;
end behave;
```

11.5　Quartus II 硬件描述语言输入设计

用硬件描述性语言 VHDL 完成 3 线-8 线译码器设计,步骤如下:

(1) 新建工程并新建文件。

(2) 在"Device Design File"中,选择"VHDL file",单击"OK"按钮。

(3) 在编辑器中,输入如下 3 线-8 线译码器的 VHDL 程序。

```
library ieee;
use ieee.std_logic_1164.all;
entity decoder38w is
port(inp :  in std_logic_vector(2 downto 0);
outp    :  out std_logic_vector(7 downto 0));
end decoder38w;
architecture behave of decoder38w is
   begin
outp(0) < = '1' when inp = "000" else '0';
outp(1) < = '1' when inp = "001" else '0';
outp(2) < = '1' when inp = "010" else '0';
outp(3) < = '1' when inp = "011" else '0';
outp(4) < = '1' when inp = "100" else '0';
outp(5) < = '1' when inp = "101" else '0';
outp(6) < = '1' when inp = "110" else '0';
outp(7) < = '1' when inp = "111" else '0';
end behave;
```

（4）保存为 decoder38w. vhd 文件，然后进行编译适配即可。其他操作都与原理图设计输入相同。

本章小结

可编程逻辑器件的正确使用，就是根据需要将器件配置成符合期望逻辑功能的器件。配置过程的关键是编程，编程使用的开发平台是支持器件进行编程的软件。Altera 公司器件使用的编程软件为 Quartus Ⅱ软件。

编程使用的语言通常是硬件描述语言 VHDL 和 Verilog，VHDL 是一种行业标准的可编程器件设计语言，其意义是超高速集成电路硬件描述语言。

使用开发工具 Quartus Ⅱ对 CPLD 和 FPGA 器件进行设计，通常分为 5 步，即新建工程、设计输入、编译调试、仿真分析和下载编程。

设计输入可采用原理图输入或硬件描述语言输入。硬件描述语言 VHDL 程序是三段式程序，它由库或程序包调用、实体和结构体构成。

本章习题

题 11.1　在 Quartus Ⅱ开发平台中，用原理图输入方式设计一个四选一数据选择器，要求用 Cyclone 系列的 EP1C6Q240C8 器件实现。

题 11.2　在 Quartus Ⅱ开发平台中，用 VHDL 硬件描述语言输入方式设计一个全加器，要求用 Cyclone 系列的 EP1C6Q240C8 器件实现。

题 11.3　在 Quartus Ⅱ开发平台中，用 VHDL 硬件描述语言输入方式设计一个 JK 触发器，CP 下沿触发，要求用 Cyclone 系列的 EP1C6Q240C8 器件实现。

题 11.4　在 Quartus Ⅱ开发平台中，用 VHDL 硬件描述语言输入方式设计一个 24 进制计数器，CP 上沿触发、同步清零、使能高有效，要求用 Cyclone 系列的 EP1C6Q240C8 器件实现。

第12章

数模和模数转换

主要内容：一个数字控制系统常常存在将模拟量转换成为数字量，也需要将数字量转换成为模拟量，以实现数字化控制。将数字量转换成为模拟量的过程称为数→模转换，简称 D/A 转换，将模拟量转换成为数字量的过程称为模→数转换，简称 A/D 转换。

能实现 D/A 转换功能的电路称为 D/A 转换器，D/A 转换器的电路形式有倒 T 形电阻网络型、"权"电流型、权电阻网络型、权电容型和开关树型等 5 种主要形式。根据 D/A 转换器的输出电压极性区分，有单极性输出和双极性输出两种主要形式。不论哪种形式的电路，都是将每一位数字量所代表的"权"转换成对应的模拟"单位量"，然后利用运算放大器的模拟量相加功能进行相加而得到转换的目的。本章主要介绍单极性倒 T 形电阻网络型、权电阻网络型、开关树型等形式 D/A 转换器，以及双极性偏移二进制码、二进制补码 D/A 转换器的工作原理和主要技术指标。

能够实现 A/D 转换功能的电路称为 A/D 转换器。A/D 转换器有直接转换型和间接转换型两种主要形式。直接转换型 A/D 转换器有并联比较型 A/D 转换器和逐次接近型 A/D 转换器。间接转换型主要有双积分型 A/D 转换器和电压→频率转换型 A/D 转换器。本章主要介绍直接转换型中的并联比较型和逐次渐进反馈比较型两种电路的工作原理，以及双积分型间接转换型的工作原理和主要技术指标。

集成转换器是目前实际使用的模/数和数/模转换器，本章简要介绍 8 位集成 D/A 转换器 C0832 及 8 位集成 A/D 转换器 C0809 的使用方法。

12.1 概　　述

当今，数字计算机飞速发展，其应用范围也越来越广泛。它已由单纯的计算工具发展成为复杂控制系统的核心组成部分。借助于计算机，人类能对生产过程、科学实验及各种控制系统等实现更加有效的自动控制。

在自动控制和测量系统中，被控制或被测量的对象，如温度、压力、时间间隔、流量、速度、电压等都是连续变化的物理量。这里的"连续"包含着两方面的含义：一方面，从时间上来说，它是随时间连续变化的；另一方面，从数值上来说，它的数值也是连续可变的。这种连续变化的物理量通常称为"模拟量"，这种模拟量的数值和极性可以由变换器或传感器进行测量，并通常以模拟电压或电流的形式输出。执行部件所要求的控制信号一般也都是模拟电压或电流。

当数字计算机参与控制时，计算机要求的输入信号为"数字量"。显然，不能把温度、压力、时间、电压等这样的模拟量直接送给数字计算机进行运算处理。必须先把它们变换成数字量，才能被数字计算机接受。能够将模拟量转换为数字量的器件称为模拟/数字转换器

(analog to digital converter,ADC)或简称 A/D 转换器。数字计算机的计算结果是数字量，不能用它去直接控制执行部件，需要先把它转换为模拟量，才能用于控制。这种能将数字量转换为模拟量的器件称为数字模拟转换器(digital to analog converter,DAC)或简称 D/A 转换器。

传感器输出的模拟信号，经 A/D 转换得到数字信号后，送给数字计算机进行计算处理；数字计算机输出的数字控制信号，经 D/A 转换得到模拟信号后，用以去控制执行部件。由此可见，A/D 和 D/A 转换是数字计算机参与自动控制所必不可少的。例如在利用数字量对模拟量进行控制时，常用数字输入量给定控制量的大小，必须将输入给定量用 A/D 转换器转换成模拟信号才可以实现对控制对象进行控制。

为了保证数据处理结果的准确性，A/D 转换器和 D/A 转换器必须有足够高的转换精度。同时，为了适应快速过程的控制和检测的需要，A/D 转换器和 D/A 转换器还必须有足够快的转换速度。因此，转换精度和转换速度是衡量 A/D 转换器和 D/A 转换器性能优劣的主要标志。

目前常见的 D/A 转换器中，有权电阻网络 D/A 转换器、倒 T 形电阻网络 D/A 转换器、权电流型 D/A 转换器及开关树型 D/A 转换器等。

A/D 转换器的类型也有多种，可以分为直接 A/D 转换器和间接 A/D 转换器两大类。在直接 A/D 转换器中，输入的模拟电压信号直接被转换成相应的数字信号；而在间接 A/D 转换器中，输入的模拟信号首先被转换成某种中间变量（如时间、频率等），然后再将这个中间变量转换为输出的数字信号。

此外，根据 D/A 转换器数字量的输入方式划分，又分为并行输入 D/A 转换器和串行输入 D/A 转换器两种类型。相应地，在 A/D 转换器数字量的输出方式上，也有并行输出 A/D 转换器和串行输出 A/D 转换器两种类型。

考虑到 D/A 转换器的工作原理比 A/D 转换器的工作原理简单，而且在有些 A/D 转换器中需要用 D/A 转换器作为内部的反馈电路，所以首先讨论 D/A 转换器。

12.2　D/A 转换器

12.2.1
D/A 转换器的基本工作原理

D/A 转换器将输入的数字量转换为模拟量，以电压或电流的形式输出。通常数字量以二进制代码表示，所以下面主要讨论二进制数到模拟量的转换。

D/A 转换器的种类繁多，分类方法也各不相同。按转换方法分，可分为直接 D/A 转换器和间接 D/A 转换器；按转换方式分，可分为并行 D/A 转换器和串行 D/A 转换器；按转换成的模拟量划分，可分为数字/电压 D/A 转换器和数字/电流 D/A 转换器等。下面主要讨论最常用的直接、并行、数字/电压转换器。

D/A 转换器实质上是一种解码器。设输入的数字量是一个 n 位二进制数 $D_n(d_{n-1}d_{n-2}\cdots d_2d_1d_0)$ 和参考电压 V_{REF}，它的输出是模拟量 V_o，则输入输出时间的关系可表示为

$$V_o = KD_nV_{REF}$$

式中，K 称为解码电路的解码系数，二进制数 D_n 从最高位(most significant bit，MSB)d_{n-1} 到最低位(least significant bit，LSB)d_0 的权依次为 $2^{n-1},2^{n-2},\cdots,2^2,2^1,2^0$，则 D_n 可表示为

$$D_n = d_{n-1}2^{n-1} + d_{n-2}2^{n-2} + \cdots + d_2 2^2 + d_1 2^1 + d_0 2^0 = \sum_{i=0}^{n-1} d_i 2^i$$

这样，D/A 转换器的输出为

$$V_o = KD_n V_{REF}$$
$$= K(d_{n-1}2^{n-1}V_{REF} + d_{n-2}2^{n-2}V_{REF} + \cdots + d_2 2^2 V_{REF} + d_1 2^1 V_{REF} + d_0 2^0 V_{REF})$$

即

$$V_o = K \sum_{i=0}^{n-1} d_i 2^i V_{REF}$$

由上式可知，D/A 转换器的输出电压 V_o 数值上等于二进制数为"1"的每一位所对应的各分模拟电压之"和"。

D/A 转换器一般由数码缓冲寄存器、模拟电子开关、参考电压、解码网络和求和电路等部件构成，方框图如图 12.2.1 所示。

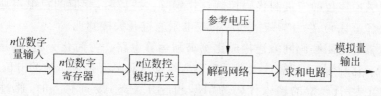

图 12.2.1 n 位 D/A 转换器方框图

数字量以串行或并行方式输入，并存储在数码缓冲寄存器中。寄存器输出的每位数码驱动对应数位上的电子开关，将在解码网络中获得相应数位的模拟量值送入求和电路。求和电路将各位对应的模拟量值(权值)相加，便得到与数字量对应的模拟量。

12.2.2 D/A 转换器的主要电路形式

根据采用的解码网络的不同，D/A 转换器可分为多种形式，主要有权电阻网络 D/A 转换器、权电流 D/A 转换器、倒 T 形电阻网络 D/A 转换器、开关树型 D/A 转换器、双极型输出 D/A 转换器等。下面将主要介绍几种典型的 D/A 转换器的逻辑电路结构和电路的基本工作原理。

1. 权电阻网络 D/A 转换器

n 位权电阻解码网络 D/A 转换器电路如图 12.2.2 所示。从电路结构上讲，这是最简单的一种转换器，它由"权电阻"解码网络和运算放大器组成。权电阻解码网络是实现 D/A 转换器的关键部件。从图中可以看出，解码网络的每一位由一个权电阻和一个双向模拟电子开关组成，数字量位数增加，开关和电阻的数量也相应地增加。为符合习惯，在图中，d_{n-1} 在最左边，d_0 在最右边，各位的权依次为 $2^{n-1},2^{n-2},\cdots,2^2,2^0$。图中每个开关的下方标出该位的权电阻阻值，每位的权电阻阻值和该位的权是一一对应的，也是按二进制规律排列的，因此称为权电阻。权电阻的电阻值取值次序和权的排列顺序相反，即随着权以二进制规律

递减变化,权电阻的电阻值,以二进制规律递增,以保证流经各位权电阻的电流符合二进制规律的要求。

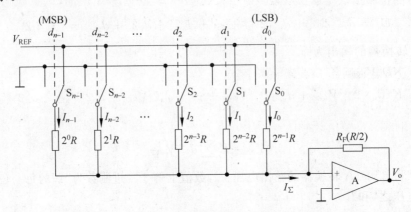

图 12.2.2 权电阻网络 D/A 转换器原理图

各位的开关由该位的二进制代码控制。代码 d_i 为"1"时,相应的权电阻通过开关接到参考电压 V_{REF} 上;代码 d_i 为"0"时,相应的权电阻通过开关接到地。

运算放大器和电阻解码网络连接成比例求和运算电路。为简化分析,将运算放大器看成理想放大器。这样,位于运算放大器反向输入端的求和具有接近于地的电位,此端称为虚地点。因此,当某一位 d_k 的输入代码为"1",相应开关 S_k 接向 V_{REF} 时,通过该位权电阻 $(2^{n-1-k}R)$ 流向求和点的电流为 $I_k = \dfrac{V_{REF}}{2^{n-1-k}R}$;当 $d_k = 0$ 时,相应开关接向地,没有电流流向求和点。推广到一般情况,对于任何一位输入代码 d_i 可为"1 或 0",则 I_i 可表示为

$$I_i = d_i \frac{V_{REF}}{2^{n-1-i}R}$$

权电阻网络的每个支路电流流向运算放大器的输入节点,实现各个支路电流求和运算,I_{Σ} 为各位"权电阻"所对应的分支路电流相加之和数,可得

$$I_{\Sigma} = I_{n-1} + I_{n-2} + \cdots + I_2 + I_1 + I_0 = \sum_{i=0}^{n-1} I_i = \sum_{i=0}^{n-1} d_i \frac{V_{REF}}{2^{n-1-i}R} = \frac{V_{REF}}{2^{n-1}R} \sum_{i=0}^{n-1} d_i 2^i$$

由于运算放大器输入电流可以忽略,可以近似为"0",因此

$$V_o = -R_F I_{\Sigma} = -R_F \frac{V_{REF}}{2^{n-1}R} \sum_{i=0}^{n-1} d_i 2^i$$

令 $R_F = \dfrac{R}{2}$,可得

$$V_o = -\frac{V_{REF}}{2^n} D_n$$

上式表明,输出的模拟电压 V_o 正比于输入的数字量 D_n,从而实现了从数字量到模拟量的转换。

当 $D_n = 0$ 时,$V_o = 0$;当 $D_n = 11\cdots111$ 时,$V_o = -\dfrac{2^n-1}{2^n}V_{REF}$。故 V_o 的最大变化范围是 $0 \sim -\dfrac{2^n-1}{2^n}V_{REF}$。

权电阻网络 D/A 转换器电路的优点是结构比较简单,所用的电阻元件数较少。缺点是各个电阻的阻值相差较大,尤其是在输入信号的位数较多时,这个问题就更加突出。例如,12 位时,最高位和最低位的权电阻阻值相关近 $2^{11} = 2048$ 倍。由于阻值分散和悬殊,给制造工艺带来很大困难,很难保证精度,特别是在集成 D/A 转换器中尤为突出。因此,在集成 D/A 转换器中,一般都采用下面介绍的倒 T 形电阻解码网络。

2. 倒 T 形电阻网络 D/A 转换器

实现 n 位二进制数转换的倒 T 形电阻网络 D/A 转换器如图 12.2.3 所示。从图中可以看出,在电阻解码网络中,电阻只有 R 和 $2R$ 两种,并构成 T 形电阻网络。双向模拟电子开关 $S_{n-1} \sim S_0$ 是由各位代码 $d_{n-1} \sim d_0$ 分别控制的,以控制支路电流的求和是在运算放大器的输入节点处(虚地)实现还是在接地节点处实现。当某位代码 d_i 为"1"时,相应的开关 S_i 接到(虚地)节点;当代码 d_i 为"0"时,相应的开关 S_i 接到地节点。因此,无论开关如何转向,电阻 $2R$ 总是与"地"相接,因而流过 $2R$ 电阻上的电流不随开关转换方向变化而变化,是恒定电流。从 T 形电阻网络各节点向上看的电阻和向右看的等效电阻都是 R,经节点向上和向右流的电流一样,向右每经过一个节点就进行一次对等分流。因此,倒 T 形电阻网络实际上是一个按二进制规律分流的分流器。

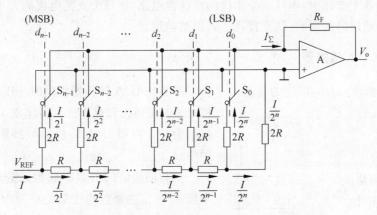

图 12.2.3　倒 T 形电阻网络 D/A 转换器原理图

整个网络的等效输入电阻为 R,参考电压 V_{REF} 提供的总电流为

$$I = \frac{V_{REF}}{R}$$

这样,流入放大器求和点的电流为

$$I_{\Sigma} = d_{n-1}\frac{I}{2^1} + d_{n-2}\frac{I}{2^2} + \cdots + d_2\frac{I}{2^{n-2}} + d_1\frac{I}{2^{n-1}} + d_0\frac{I}{2^n}$$

$$= \frac{I}{2^n}(d_{n-1}2^{n-1} + d_{n-2}2^{n-2} + \cdots + d_2 2^2 + d_1 2^1 + d_0 2^0) = \frac{I}{2^n}\sum_{i=0}^{n-1} d_i 2^i$$

因此

$$I_{\Sigma} = \frac{V_{REF}}{2^n R}\sum_{i=0}^{n-1} d_i 2^i$$

运算放大器的输出电压为

$$V_o = -R_F I_\Sigma = -R_F \frac{V_{REF}}{2^n R} \sum_{i=0}^{n-1} d_i 2^i$$

令 $R_F = R$，可得

$$V_o = -\frac{V_{REF}}{2^n} D_n$$

由上式可见，输出的模拟电压正比于输入的数字量 D_n，从而实现了从数字量到模拟量的转换。

倒 T 形电阻网络的特点是电阻种类少，只有 R 和 $2R$ 两种，因此可以提高制造精度。并且，由于在倒 T 形电阻网络 D/A 转换器中，各支路电流直接流入运算放大器的输入端，它们之间不存在传输上的时间差。这样不仅提高了转换速度，而且也减少了动态过程中输出信号可能出现的尖脉冲。它是目前集成 D/A 转换器中转换速度较高且使用较多的一种，后面介绍的集成 8 位 D/A 转换器 DAC0832，就是采用倒 T 形电阻网络。

在分析权电阻网络 D/A 转换器和倒 T 形电阻网络 D/A 转换器的过程中，都把模拟开关看作理想开关处理，没有考虑它们的导通电阻和导通压降。而实际上这些开关总有一定的导通电阻和导通压降，并且每个开关的情况又不完全相同。它们的存在无疑将引起转换误差，影响转换精度。解决这个问题可采用"权电流型"D/A 转换器。它的基本原理是在电阻解码网络的各个支路中，串联一个相应的恒流源电路，使每个支路电流的大小不再受开关导通电阻和导通压降的影响，从而提高了转换的精度。

3. 开关树 D/A 转换器

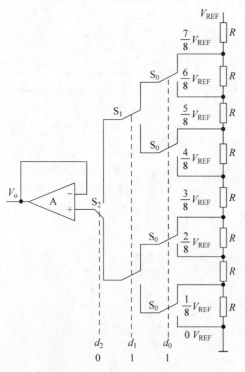

图 12.2.4　开关树型 D/A 转换器原理图

开关树 D/A 转换器由电阻分压器、树状的模拟电子开关网络和运算放大器组成。如图 12.2.4 所示为开关树型 D/A 转换器原理图，为了简化，图中以 3 位 D/A 为例。

由相同阻值的电阻串联构成分压器，电阻的个数 M 和二进制数的位数关系为 $M = 2^n$（n 为数字量位数，图中 $n = 3$），把参考电压 V_{REF} 等分为 2^n 份。双向模拟电子开关共有 n 级，形成树状结构，n 级电子开关分别由数字量的各位控制。数字量某位代码 d_i 为"1"时，相对应级的开关 S_i 均向上闭合；d_i 为"0"时，相对应级的双向开关 S_i 均向下闭合。这样 n 级电子开关结合起来就把与数字量对应的电压引向开关树输出端。开关树接到运算放大器，运算放大器接成电压跟随器，这样既能保持树状开关输出电压的大小和极性，又可减小负载对转换特性的影响。

这种转换电路的输出与输入的关系为

$$V_o = -\frac{V_{REF}}{2^n} D_n$$

在图 12.2.4 中,电子开关的级 $n=3$,参考电压 V_{REF} 被等分为 8 份。若数字量为"011"时,则 S_2 向下闭合,S_1 向上闭合,S_0 向上闭合。对于输入为 n 位二进制数的开关树型 D/A 转换器,输出电压的大小与图中的电阻阻值大小无关。这样,就造成这种电路的所用电阻阻值单一。由于集成运算放大器的输入电流可以忽略,因此对二进制数控制的电子开关的导通电阻要求不高。这些特点对于制作集成电路都是十分有利的。另外,由于开关树型 D/A 转换器使用电阻分压器,因此能够确保 D/A 转换器的单调(数字量增大,模拟量输出也增大)特性。图中的电阻只是起着分压作用,阻值的大小可以尽可能的大些,以降低电路的能耗。

4. 双极性 D/A 转换器

在前面介绍的 D/A 转换器中,输入的数字均视为正数,即二进制数的所有数位都为有效的数值位。根据电路形式或参考电压的极性不同,输出电压可能为 0V 到正的满度值,也可能为 0V 到负的满度值,D/A 转换器处于单极性输出方式。采用单极性输出方式时,数字输入量采用自然二进制码。8 位 D/A 转换器单极性输出时,输入数字量与输出模拟量之间的关系如表 12.2.1 所示。

表 12.2.1 8 位 D/A 转换器单极性输出时的输入/输出关系

十进制数	数 字 量								模拟量
	d_7	d_6	d_5	d_4	d_3	d_2	d_1	d_0	V_o/V_{LSB}
255	1	1	1	1	1	1	1	1	255
$\vdots$				$\cdots$					$\vdots$
129	1	0	0	0	0	0	0	1	129
128	1	0	0	0	0	0	0	0	128
127	0	1	1	1	1	1	1	1	127
$\vdots$				$\cdots$					$\vdots$
1	0	0	0	0	0	0	0	1	1
0	0	0	0	0	0	0	0	0	0

注:表中 $V_{LSB}=V_{REF}/256$,称为最小转换电压单位。

在实际应用中,D/A 转换器输入的数字量有正极性也有负极性。这就要求 D/A 转换器能将不同极性的数字量对应转换为正、负极性的模拟电压,工作于双极性方式。双极性 D/A 转换器常用的编码有二进制补码、偏移二进制码、符号—数值码(符号位加数值码)等。表 12.2.2 列出了 8 位二进制补码、偏移二进制码转换为模拟量之间的对应关系。

表 12.2.2 8 位 D/A 转换器双极性输出时的输入/输出关系

十进制数	二进制补码								偏移二进制码								模拟量
	d_7	d_6	d_5	d_4	d_3	d_2	d_1	d_0	d_7	d_6	d_5	d_4	d_3	d_2	d_1	d_0	V_o/V_{LSB}
127	0	1	1	1	1	1	1	1	1	1	1	1	1	1	1	1	127
126	0	1	1	1	1	1	1	0	1	1	1	1	1	1	1	0	126
$\vdots$				$\cdots$								$\cdots$					$\vdots$
1	0	0	0	0	0	0	0	1	1	0	0	0	0	0	0	1	1
0	0	0	0	0	0	0	0	0	1	0	0	0	0	0	0	0	0

续表

十进制数	二进制补码								偏移二进制码								模拟量
	d_7	d_6	d_5	d_4	d_3	d_2	d_1	d_0	d_7	d_6	d_5	d_4	d_3	d_2	d_1	d_0	V_o/V_{LSB}
-1	1	1	1	1	1	1	1	1	0	1	1	1	1	1	1	1	-1
⋮			...									...					⋮
-127	1	0	0	0	0	0	0	1	0	0	0	0	0	0	0	1	-127
-128	1	0	0	0	0	0	0	0	0	0	0	0	0	0	0	0	-128

注：表中 $V_{LSB} = V_{REF}/256$，最小转换电位单位。

由表 12.2.2 可见，形式上，偏移二进制码和无符号二进制码相同。对于偏移二进制码，实际上是将二进制码的零数值，偏移至 80_H，使得在偏移后的数中，只有大于 128 的才是正数，而小于 128 的则为负数。所以，8 位带符号偏移二进制码的 D/A 转换器，应引入对应 80_H 数值的模拟量偏移电压值。

这样，若将单极性 8 位 D/A 转换器的输出电压减去 $\dfrac{V_{REF}}{2}$（80_H 所对应的模拟量），就可得到极性正确的偏移二进制码输出电压。如图 12.2.5 所示为 n 位偏移二进制码 D/A 转换器的电路原理图，输入数字量为偏移二进制码。该电路是在图 12.2.3 的单极性倒 T 形电阻解码网络 D/A 转换器的基础上，在求和节点增加一路偏移电路形成的，它的电源电压与网络的参考电压数值相等，极性相反，偏移电阻 R_B 阻值等于符号位 d_{n-1} 电阻 $2R$，以保证当偏移二进制码符号位为"1"而各数值位均为"0"时，输出模拟电压为"0"。

参考倒 T 形电阻网络的求和点电流公式和输出电压公式，同样可得

$$V_o = -R_F \left(I_{\Sigma} + \frac{-V_{REF}}{R_B} \right)$$

$$= -R_F \left(\frac{V_{REF}}{2^n R} \right) \sum_{i=0}^{n-1} d_i 2^i - \frac{-V_{REF}}{2R} R_F$$

$$= -V_{REF} \left(\frac{1}{2^n} \right) \sum_{i=0}^{n-1} d_i 2^i - \frac{-V_{REF}}{2}$$

$$= -V_{REF} \left(\frac{1}{2^n} D_n - \frac{1}{2} \right)$$

若 D/A 转换器输入数字量是二进制补码，从表 12.2.2 中可以看出，需要先把它转换为偏移二进制码，然后输入到偏移二进制码的 D/A 转换器电路中的数据，就可实现将二进制补码转换成双极性的模拟量输出。比较表 12.2.2 中二进制补码和偏移二进制码的区别可以发现，二进制补码与偏移二进制码的唯一差别是符号位相反。因此，只需将二进制补码的符号位求反，即可得到偏移二进制码。采用二进制补码输入的 n 位二进制数双极性输出 D/A 转换器如图 12.2.6 所示。若偏移电阻 R_B 阻值等于符号位 d_{n-1} 电阻 $2R$，图 12.2.6 所示的二进制补码 D/A 转换器的转换结果与偏移二进制码的 D/A 转换器的转换结果相同，即

$$V_o = -V_{REF} \left(\frac{1}{2^n} \sum_{i=0}^{i=n-2} d_i * z^i + \frac{\overline{d_{n-1}}}{2} - \frac{1}{2} \right)$$

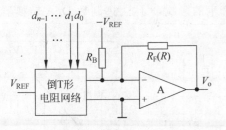

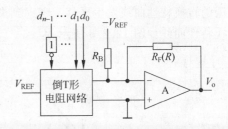

图 12.2.5　偏移二进制码 D/A 转换器原理图　　　　图 12.2.6　二进制补码 D/A 转换器原理图

12.2.3 D/A 转换器的主要技术指标

D/A 转换器的主要技术指标有分辨率、转换精度和转换速度等。

1. 分辨率

分辨率用于表征 D/A 转换器对输入微小量变化的敏感程度。其定义为 D/A 转换器模拟输出电压可能被分隔的等级数。输入数字量位数越多，输出电压可分隔的等级越多，即分辨率越高。所以在实际应用中，往往用输入数字量的位数 n 表示 D/A 转换器的分辨率。

此外，D/A 转换器也可以用能分辨的最小输出电压与最大输出电压之比表示。n 位 D/A 转换器的分辨率可表示为 $\dfrac{1}{2^n-1}$。位数越多，分辨率越高，转换时对输入量的微小变化的反应越灵敏。它从一方面体现了 D/A 转换器的理论精度，也可以用百分比表示，例如四位 D/A 转换器的百分比理论精度等于 $1/15=6.67\%$。

2. 转换误差

转换误差取决于构成转换器的各个部件的参数精度和稳定性。

由于 D/A 转换器中各元件参数存在误差、基准电压不稳定和运算放大器的零点漂移等各种因素的影响，使得 D/A 转换器的转换精度与一些转换误差有关，如运算放大器的比例系数误差、失调误差和非线性误差等。

1）比例系数误差

比例系数误差是指构成比例运算放大器的实际转换特性曲线斜率与理想特性曲线斜率的偏差。如在 n 位二进制数的倒 T 形电阻网络 D/A 转换器中，当 V_{REF} 偏离标准值时，ΔV_{REF} 就会产生输出误差电压 ΔV_{o1}。这一输出误差电压 ΔV_{o1} 可以由下式得出

$$\Delta V_{o1} = \frac{\Delta V_{\text{REF}}}{2^n} \cdot \frac{R_F}{R} \cdot \sum_{i=0}^{n-1} d_i 2^i$$

由于基准电源电压的波动 ΔV_{REF} 引起的误差属于比例系数误差。考虑到比例误差产生的影响，3 位二进制数 D/A 转换器的转换特性如图 12.2.7 所示。

2）失调误差

失调误差是由运算放大器的零点漂移引起的，其大小与输入数字量无关，该误差使输出

电压的转换特性曲线发生平移。考虑到失调误差产生的影响,3 位二进制数 D/A 转换器的转换特性曲线如图 12.2.8 所示。

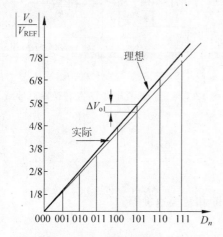

图 12.2.7　D/A 转换器的比例系数误差

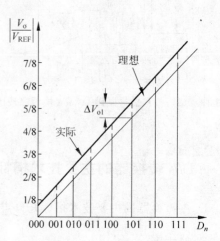

图 12.2.8　D/A 转换器的失调误差

3) 非线性误差

非线性误差是一种没有一定变化规律的误差,一般用在满刻度范围内偏离理想的转换特性的最大值来表示。引起非线性误差的原因较多,如电路中的各模拟开关不仅存在不同的导通电压和导通电阻,而且每个开关处于不同位置(接地或接 V_{REF})时,其开关压降和电阻也不一定相等。又如在电阻网络中,每个支路上电阻误差不相同,不同位置上的电阻的误差对输出电压的影响也不相同等,这些都会导致非线性误差。3 位 D/A 转换器的非线性误差如图 12.2.9 所示。

综上所述,为获得高精度的 D/A 转换器,不仅应选择位数较多的高分辨率的 D/A 转换器,而且还需要选用高稳定度的 V_{REF}、低零点漂移的运算放大器等器件与之配合。

3. 转换速度

当 D/A 转换器输入的数字量发生变化时,输出的模拟量并不能立即达到所对应的量值,它需要一段时间。通常用建立时间 t_{set} 来定量描述 D/A 转换器的转换速度。

从输入的数字量发生突变开始,直到输出电压进入与稳态值相差 ±0.5LSB 范围以内的这段时间,称为建立时间 t_{set},如图 12.2.10 所示。因为输入数字量的变化越大,建立时间越长,所以一般产品说明中给出的都是输入从全"0"跳变为全"1"(即满度值 V_{FS})时的建立时间。目前,在不包含运算放大器的单片集成 D/A 转换器中,建立时间最短的可达到 $0.1\mu s$ 以内。在包含运算放大器的集成 D/A 转换器中,建立时间最短的也可达到 $1.5\mu s$ 以内。

在外加运算放大器组成完整的 D/A 转换器时,如果采用普通的运算放大器,则运算放大器的建立时间将成为 D/A 转换器建立时间 t_{set} 的主要成分。因此,为了获得较快的转换速度,应选用转换速率(即输出电压的变化速度)较快的运算放大器,以缩短运算放大器的建立时间。

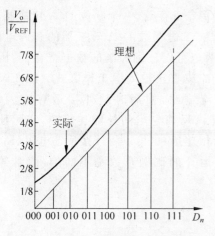

图 12.2.9 D/A 转换器的非线性误差

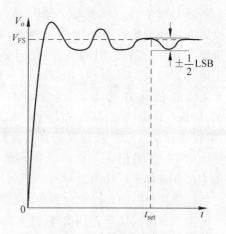

图 12.2.10 D/A 转换器的建立时间

12.2.4
8 位集成 D/A 转换器 DAC0832

集成 D/A 转换器 DAC0832 是用 CMOS/Si—Cr 工艺制成的 8 位 D/A 转换芯片,它具有双重数字输入寄存器缓冲功能。如图 12.2.11 所示为 DAC0832 的结构框图与引脚图。可根据需要接成不同的工作方式,特别适用于要求多片 DAC0832 的多个模拟量同时输出的场合。它与微处理器接口很方便。DAC0832 的主要指标如下:

- 分辨率:8 位
- 建立时间:$1\mu s$
- 增益温度系数:20ppm/℃
- 输入电平:TTL
- 功耗:20mW

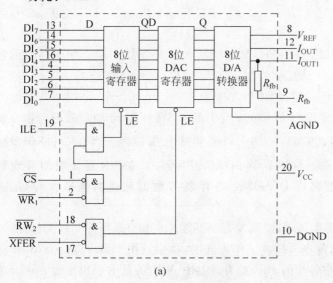

图 12.2.11 DAC0832 结构框图与引脚图

DAC0832 由一个 8 位输入寄存器、一个 8 位 DAC 寄存器、一个 8 位 D/A 转换器、逻辑控制电路和输出电路的辅助元件 R_{fb} 等部分组成。二进制数 D/A 转换器的解码电路，采用倒 T 形 R—2R 电阻网络。由于 DAC0832 有两个可以分别控制的数据寄存器，因此在使用时有较大的灵活性，可以接成双缓冲、单缓冲或直接输入等工作方式。DAC0832 中无内置加法运算放大器，为了能够使节点电流输出，使用时须外接运算放大器。DAC0832 芯片中已设置了反馈电阻 R_{fb}，引脚 9 是该反馈电阻的外部连接端，实际使用时，可以将引脚 9 与外接集成运算放大器的输出端相连接，也可以将外接反馈电阻（R_f）与芯片的第 11 引脚相连。这两者外接方式的比例运算的比例系数是不同的，前者等于 $-R_{fb}/R$，后者等于 $-R_f/R$。

芯片的其他各引脚的名称和功能如下：

- ILE。输入锁存允许信号，输入高电平有效。
- $\overline{CS}$。片选信号，输入低电平有效。它与 ILE 结合起来用以控制 DAC0832 是否起作用。
- $\overline{WR_1}$。输入数据选通信号，输入低电平有效。在 $\overline{CS}$ 和 ILE 有效下，用它将数据输入并锁于 DAC0832 输入寄存器中。
- $\overline{WR_2}$。数据传送选通信号，输入低电平有效。在 $\overline{XFER}$ 有效下，用它将输入寄存器中的数据传送到 8 位 DAC0832 寄存器中。
- $\overline{XFER}$。数据传送选通信号，输入低电平有效。用它来控制 $\overline{WR_2}$ 是否起作用。在控制多个 DAC0832 同时输出时特别有用。
- $ID_7 \sim ID_0$。8 位输入数据信号。
- V_{REF}。参考电压输入。一般此端外接一个精确、稳定的电压基准源。V_{REF} 可在 $-10V \sim +10V$ 范围内选择。
- R_{fb}。反馈电阻（内已含一个反馈电阻）接线端。
- I_{OUT1}。DAC 电流输出"1"。当 D/A 锁存器中的数据全为"1"时，I_{OUT1} 最大（满量程输出）；当 D/A 锁存器中的数据全为"0"时，$I_{OUT1}=0$。
- I_{OUT2}。DAC 电流输出"2"。I_{OUT2} 为一常数（满量程输出电流）与 I_{OUT1} 之差，即 $I_{OUT1}+I_{OUT2}=$ 满量程输出电流。
- V_{CC}。电源输入端（一般取 $+5 \sim +15V$）。
- DGND。数字量公共端——数字"地"。
- AGND。模拟量公共端——模拟"地"。

从 DAC0832 的内部控制逻辑分析可知，当 ILE、$\overline{CS}$ 和 $\overline{WR_1}$ 同时有效时，输入数据 $ID_7 \sim ID_0$ 才能写入输入寄存器，并在 $\overline{WR_1}$ 的上升沿实现数据锁存。当 $\overline{WR_2}$ 和 $\overline{XFER}$ 同时有效时，输入寄存器的 8 位数字量才能写入到 DAC 寄存器，并在 $\overline{WR_2}$ 的上升沿实现数据锁存。8 位 D/A 转换器电路随时将 DAC0832 寄存器的数据转换为模拟信号（$I_{OUT1}+I_{OUT2}$）输出。

DAC0832 芯片，可以有双寄存器缓冲型、单寄存器缓冲型和直通型等 3 种工作方式。

DAC0832 芯片使用为双重寄存器缓冲工作方式时，特别适用于要求多片 DAC0832 的多个模拟量同时输出的场合。在各片的 ILE 置为高电平、$\overline{WR_1}$ 为低电平和片选信号 $\overline{CS}$ 为低电平的控制下，有关数据分别被输入给相对应 DAC0832 芯片的 8 位输入寄存器。当需要进行同时模拟输出时,在$\overline{\text{XFER}}$和$\overline{\text{WR}_2}$均为低电平的作用下,把各输入寄存器中的数据同时传送给各自的 DAC 寄存器。各个 D/A 转换器同时转换,同时输出模拟量。这种使用方式出现在输入的二进制数据的位数大于 8 位以上的场合,如 16 位、32 位等多位数据的 D/A 转换。

在不要求多片 DAC0832 同时输出时,可以采用单缓冲方式(使两个寄存器之一始终处于直通状态)。这时只需一次写操作,因而可以提高 D/A 的数据转换量。

如果两级寄存器都处于常通状态,这时 D/A 转换器的输出电压值将跟随数字输入随时变化,这就是直通方式。这种情况是将 DAC0832 直接应用于使用数字量控制的自动控制系统中,作数字增量给定控制器使用。

如图 12.2.12 所示为 DAC0832 与 80X86 单片计算机系统连接的典型电路,属于单缓冲方式,图中的电位器用于满量程调整。

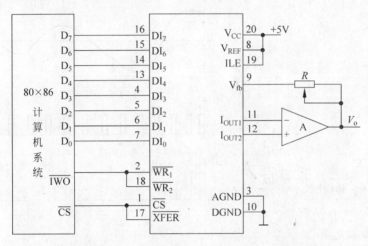

图 12.2.12 DAC0832 与 80X86 计算机系统连接的典型电路

为了保证 DAC0832 可靠工作,一般情况下$\overline{\text{WR}_1}$、$\overline{\text{WR}_2}$脉冲的宽度应不小于 500ns。若$V_{\text{CC}}=+15\text{V}$,则可小至 100ns。输入数据保持时间不应小于 90ns,否则可能锁存错误数据。不使用的数字信号输入端,应根据要求接地或接V_{CC},不能悬空,否则 D/A 器将认为该数据输入端的输入数据为"1"。

DAC0832 在输入数字量为单极性数字时,输出电路可接成单极性工作方式,在输入数字量为双极性数字时,输出电路可接成双极性工作方式。

12.3 A/D 转换器

12.3.1
A/D 转换器的基本工作原理

A/D 转换器的功能是将模拟信号转换为数字信号。因为输入的模拟信号在时间上是连续的,而输出的数字信号是离散的,因此转换只能在一系列选定的瞬间对输入的模拟信号取样,然后再把这些取样值转换成输出的数字量。

因此,A/D 转换的过程是首先对输入的模拟电压信号取样,取样结束后进入保持时间,在这段时间内将取样的电压量化为数字量,并按一定的编码形式给出转换结果。然后,再开始下一次取样。A/D 转换过程通过取样、保持、量化和编码 4 个步骤完成。

1. 取样和保持

(1) 取样(也称采样)是将时间上连续变化的信号转换为时间上离散的信号,即把时间上连续的模拟量转换为一系列等间隔的脉冲,脉冲的幅度取决于输入模拟量。其过程及信号波形如图 12.3.1 所示。图中,$V_i(t)$ 为输入模拟信号;$S(t)$ 为采样脉冲;$V_S(t)$ 为取样后的输出信号。

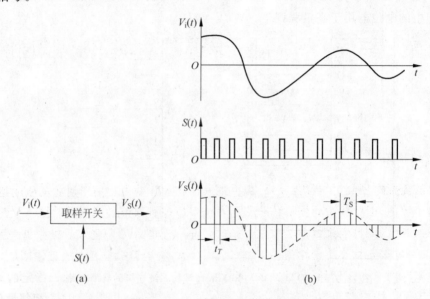

图 12.3.1 取样过程及信号波形图

在取样脉冲作用期 τ 内,取样开关接通,使 $V_S(t) = V_i(t)$;在其他时间($T_S - \tau$)内,输出为"0"。因此,每经过一个取样周期,对输入信号取样一次,在取样电路的输出端,便得到了对应输入信号的一个取样值。为了不失真地恢复原来的输入信号,根据取样定理,一个频率有限的模拟信号,其取样频率 f_S 必须大于等于输入模拟信号包含的最高频率 f_{max} 的两倍,即取样频率必须满足

$$f_S \geqslant 2f_{max}$$

模拟信号经取样电路采样后,变成一系列脉冲信号,脉冲信号的幅值等于取样时刻对应的模拟量值。采样脉冲宽度 τ 一般是很短暂的,在下一个采样脉冲到来之前,应暂时保留前一个采样脉冲结束时刻对应的模拟量瞬时值(简称为取样值),以便实现对该模拟量值进行转换,保留时间等于 A/D 转换器转换时间。因此,在取样电路之后须加信号保持电路。

(2) 保持就是将取样最终时刻的信号电压保持下来,直到下一个取样信号出现。图 12.3.2(a)所示是一种常见的取样保持电路,场效应管 T 为采样开关;电容 C_H 为保持电容;运算放大器作为电压跟随器使用,起缓冲隔离作用。在取样脉冲 $S(t)$ 到来的时间 τ 内,场效应管 T 导通,输入模拟量 $V_i(t)$ 向电容充电,假定充电时间常数远小于 τ,那么 C_H 上

的充电电压能及时跟上 $V_i(t)$ 的瞬时值变化。采样结束,T 迅速截止,电容 C_H 上的充电电压就保持了前一取样时间 τ 的最终时刻输入 $V_i(t)$ 的瞬时值,一直保持到下一个取样脉冲到来。当下一个取样脉冲到来,电容 C_H 上的电压 $V_S(t)$ 再按 $V_i(t)$ 输入变化。在输入取样脉冲序列后,缓冲放大器输出电压的脉冲序列如图 12.3.2(b)所示。

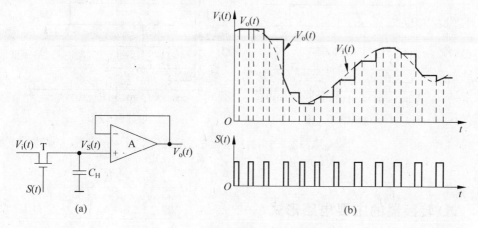

图 12.3.2　取样保持电路及工作波形

2. 量化和编码

输入的模拟电压经过取样保持后,得到的是阶梯波形信号。由于阶梯的幅度是任意的,将有无限个数值,因此该阶梯波形信号仍是一个可以连续取值的模拟量。另一方面,由于数字量的位数有限,而且表示数值个数只能是有限的(n 位数字量只能表示的数值个数为 2^n)。因此,用数字量来表示连续变化的模拟量时就有一个类似于四舍五入的近似问题。必须将取样后的取样值电平归化到与其接近的离散电平上,这个过程称为量化。指定的离散电平称为量化电平。用二进制数码来表示各个量化电平的过程称为编码。两个相邻量化电平之间的差值称为量化单位 Δ,位数越多,量化等级越细,Δ 就越小。取样保持后未量化的 V_o 值与量化电平 V_q 值通常是不相等的,其差值称为量化误差 ε,即 $\varepsilon = V_o - V_q$。量化的方法一般有两种,即只舍不入法和四舍五入法。

1) 只舍不入法

只舍不入法是将取样保持信号 V_o 不足一个的尾数舍去,取其原整数。如图 12.3.3(a)所示波形采用了只舍不入法。区域(3)中,$V_o = 3.7V$ 时,将它归并到 $V_q = 3V$ 的量化电平。因此,编码后的输出为"011"。这种方法 ε 总为正值,$\varepsilon_{max} = \Delta$。

2) 四舍五入法

当 V_o 的尾数小于 $\Delta/2$(小于 0.5 个量化单位)时,用舍掉尾数取整数部分得到量化值;当 V_o 的尾数大于或等于 $\Delta/2$(大于 0.5 个量化单位)时,用尾数取整数 1,即整数部分加上 1 得到量化值,这种方法就是四舍五入法,如图 12.3.3(b)所示。区域(3)中,$V_o = 3.7V$,尾数 0.7V$>\Delta/2 = 0.5V$。因此,归化到 $V_q = 4V$,编码后为"100"。区域(5)中,$V_o = 4.1V$,尾数小于 0.5V,归化到 $V_q = 4V$,编码后为"100"。这种方法 ε 可为正,也可为负,但是 $|\varepsilon_{max}| = \Delta/2$。可见,该方法误差较小。

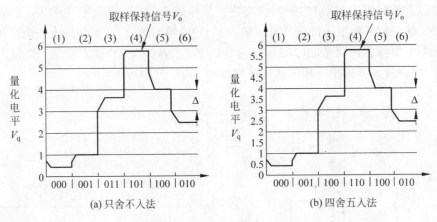

图 12.3.3　两种量化方法示例

12.3.2 A/D 转换器的主要电路形式

A/D 转换器的转换方法有直接法和间接法两大类。

直接法是通过将基准电压与取样保持电压进行比较，直接将模拟量转换成数字量。特点是工作速度高，能保证转换精度，调准也比较容易。直接 A/D 转换器有计数型、逐次逼近比较型和并行比较型等多种方式，并行比较型的转换速度较快，但电路结构复杂。

间接法是将取样电压值转换成对应的中间量值，如时间变量 t 或频率变量 f，然后再将时间量值 t 或频率量值 f 转换成数字量（二进制数）。特点是工作速度较低但转换精度较高，且抗干扰性强，一般在测试仪表中用得较多。间接 A/D 转换器有单次积分型和双积分型两种方式，双积分型 A/D 转换器精度较高。

1. 并行比较型 A/D 转换器

并行比较型 A/D 转换器的电路原理如图 12.3.4 所示，它由电压比较器、寄存器和编码器 3 部分组成。为了简化电路，图中以 3 位 A/D 转换器为例，并且略去了取样保持电路。V_{REF} 是参考电压。输入的模拟电压 V_i 已经是取样保持电路的输出电压了，取值范围为 $0\sim V_{REF}$，输出为 3 位二进制代码 $d_2 d_1 d_0$。

电压比较器由电阻分压器和 7 个比较器构成。在电阻分压器中，量化电平依据有舍有入法进行划分，电阻网络将参考电压 V_{REF} 分压，得到 $\frac{1}{15} V_{REF}\sim\frac{13}{15} V_{REF}$ 的 7 个量化电平，量化单位为 $\Delta=\frac{2}{15} V_{REF}$，量化误差为 $|\varepsilon_{max}|=\frac{1}{15} V_{REF}$。然后，把这 7 个量化电平分别接到 7 个电压比较器 $A_6\sim A_0$ 的负输入端，作为比较基准。同时，将模拟输入 V_i 接到 7 个电压比较器的正输入端，与这 7 个量化电平进行比较。若 V_i 不低于比较器的比较电平，则比较器的输出 $A_i=1$，否则 $A_i=0$。

寄存器由 7 个 D 触发器 $FF_6\sim FF_0$ 构成。在时钟脉冲 CP 的作用下，将比较结果暂寄存，以供编码用。

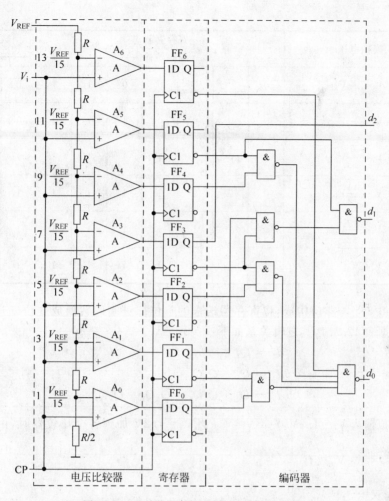

图 12.3.4　并行比较型 A/D 转换器原理图

若 $V_i < \dfrac{1}{15} V_{REF}$，则所有比较器的输出全是低电平，CP 上升沿到来后，由 D 触发器组成的寄存器中所有的触发器 $FF_6 \sim FF_0$ 都被置为"0"状态。

若 $\dfrac{1}{15} V_{REF} \leqslant V_i < \dfrac{3}{15} V_{REF}$，则只有 C_0 输出高电平，CP 上升沿到来后，触发器 FF_0 被置为"1"，其余触发器 $FF_6 \sim FF_1$ 都被置为"0"状态。

依此类推，即可得到不同输入电压值时对应的寄存器的输出状态，如表 12.3.1 所示。

表 12.3.1　3 位并行比较型 A/D 转换器

输入模拟电压	寄存器状态 （编码器输入）							数字量输出 （编码器输出）		
V_i	Q_6	Q_5	Q_4	Q_3	Q_2	Q_1	Q_0	d_2	d_1	d_0
$0 \leqslant V_i < \dfrac{1}{15} V_{REF}$	0	0	0	0	0	0	0	0	0	0
$\dfrac{1}{15} V_{REF} \leqslant V_i < \dfrac{3}{15} V_{REF}$	0	0	0	0	0	0	1	0	0	1

输入模拟电压	寄存器状态 （编码器输入）							数字量输出 （编码器输出）		
$\frac{3}{15}V_{REF} \leqslant V_i < \frac{5}{15}V_{REF}$	0	0	0	0	0	1	1	0	1	0
$\frac{5}{15}V_{REF} \leqslant V_i < \frac{7}{15}V_{REF}$	0	0	0	0	1	1	1	0	1	1
$\frac{7}{15}V_{REF} \leqslant V_i < \frac{9}{15}V_{REF}$	0	0	0	1	1	1	1	1	0	0
$\frac{9}{15}V_{REF} \leqslant V_i < \frac{11}{15}V_{REF}$	0	0	1	1	1	1	1	1	0	1
$\frac{11}{15}V_{REF} \leqslant V_i < \frac{13}{15}V_{REF}$	0	1	1	1	1	1	1	1	1	0
$\frac{13}{15}V_{REF} \leqslant V_i < V_{REF}$	1	1	1	1	1	1	1	1	1	1

编码器由 6 个与非门构成，将寄存器送来的 7 位二进制码转换成 3 位二进制代码 d_2、d_1 和 d_0，根据表 12.3.1，其逻辑关系如下：

$$\begin{cases} d_2 = Q_3 \\ d_1 = Q_5 + \bar{Q}_3 Q_1 \\ d_0 = Q_6 + \bar{Q}_5 Q_4 + \bar{Q}_3 Q_2 + \bar{Q}_1 Q_0 \end{cases}$$

假设模拟输入 $V_i = 4.2\text{V}$，$V_{REF} = 6\text{V}$。当 $V_i = 4.2\text{V}$ 加到各个比较器时，由于 $\frac{9}{15}V_{REF} = 3.6\text{V}$，$\frac{11}{15}V_{REF} = 4.4\text{V}$，故有

$$\frac{9}{15}V_{REF} \leqslant V_i < \frac{11}{15}V_{REF}$$

于是，比较器的输出 $A_6 \sim A_0$ 为"0011111"。在时钟脉冲作用下，比较器的输出存入寄存器，即有 $Q_6 \sim Q_0$。经编码电路编码，得到 $d_2 d_1 d_0 = 101$。从而完成了 A/D 转换。这就是并行比较型 A/D 转换器的工作过程。

并行比较型 A/D 转换器的转换精度主要取决于量化电平的划分，分得越细（Δ 取得越小），精度越高。不过量化电平分得越细，所使用的比较器和触发器的数目也就越大，电路也就更复杂。此外，转换精度还受 V_{REF} 的稳定度、分压电阻相对精度及电压比较器灵敏度的影响。

并行比较型 A/D 转换器的最大优点是转换速度快，故又称高速 A/D 转换器。其转换速度实际上取决于器件的速度和时钟脉冲的宽度。目前，输出为 8 位的并行比较型 A/D 转换器转换时间可以达到 50ns 以下，这是其他 A/D 转换器无法做到的。

另外，使用图 12.3.4 所示这种含有寄存器的 A/D 转换器时，可以不用附加取样保持电路。因为比较器和寄存器也兼有取样保持功能，这也是这种电路的又一个优点。

并行比较型 A/D 转换器的缺点是，需要使用较多的电压比较器和触发器。从图 12.3.4 所示电路可以看出，对于一个 n 位二进制输出的并行比较型 A/D 转换器，需 2^n-1 个电压比较器和 2^n-1 个触发器，编码电路也随 n 的增大变得更为复杂。

2. 逐次逼近比较型 A/D 转换器

在直接 A/D 转换器中,逐次逼近比较型 A/D 转换器是目前采用最多的一种。逐次逼近转换过程与用天平称物体质量非常相似。天平称重过程是,从最重的砝码开始试放,与被称物体进行比较,若物体质量大于砝码质量,则该砝码保留,否则移去。再加上第二个次重砝码,由物体的质量是否大于砝码的质量决定第二个砝码是留下还是移去。依照此法,一直加到最小一个砝码为止。将所有留下的砝码质量相加,就得物体质量。仿照这一思路,逐次逼近比较型 A/D 转换器就是将输入模拟信号电压量值与不同的参考电压量值做多次大小比较,使转换所得的数字量在数值上逐次逼近输入模拟量的对应值。

n 位逐次逼近比较型 A/D 转换器原理框图如图 12.3.5 所示。它由控制逻辑电路、逐次逼近寄存器(SAR)、D/A 转换器、电压比较器、取样—保持电路和输出寄存器等组成。

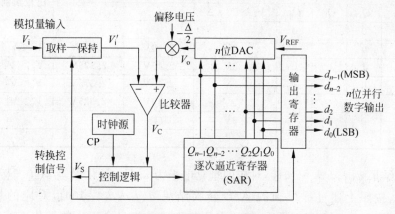

图 12.3.5 n 位逐次逼近比较型 A/D 转换器原理框图

在时钟脉冲 CP 的作用下,逻辑控制电路产生转换控制信号 V_S,其作用是当 $V_S=1$ 时,取样—保持电路采样,采样值 V_i' 跟随输入模拟电压 V_i 变化,A/D 转换电路停止转换,将上一次转换的结果经输出寄存器输出;当 $V_S=0$ 时,取样—保持电路停止采样,禁止输出寄存器输出,A/D 转换电路开始工作,将由比较器的反相端输入的模拟电压取样值转换成数字信号。

逐次逼近比较型 ADC 电路 A/D 转换的基本思想是"逐次逼近"(或称"逐位逼近"),也就是由转换结果的最高位开始,从高位到低位依次确定每一位的数码是"0"还是"1"。

在转换开始之前,先将 n 位逐次逼近寄存器 SAR 清零。

在第 1 个 CP 作用下,将 SAR 的最高位置"1",寄存器输出为"10…000"。这个数字量被 D/A 转换器转换成相应的模拟电压 V_o,经偏移 $\frac{\Delta}{2}$ 后得到 $V_o'=V_o-\frac{\Delta}{2}$,然后将它送至比较器的正相输入端,与 ADC 输入模拟电压的采样值进行比较。如果 $V_o'>V_i'$,则比较器的输出 $V_C=1$,说明这个数字量过大了,逻辑控制电路将 SAR 的最高位置为"0";如果 $V_o'\leqslant V_i'$,则比较器的输出 $V_C=0$,说明这个数字量不大,SAR 的最高位置将保持"1"不变。这样就确定了转换结果的最高位是"0"还是"1"。

在第 2 个 CP 作用下,逻辑控制电路在前一次比较结果的基础上先将 SAR 的次高位置为"1",然后根据 V_o' 和 V_i' 的比较结果,来确定 SAR 次高位的"1"是保留还是清除。

在 CP 的作用下,按照同样的方法依次比较下去,直到确定了最低位是"0"还是"1"为止。这时 SAR 中的内容就是这次 A/D 转换的最终结果。

【例 12.3.1】 在图 12.3.5 所示电路中,若 $V_{REF} = -4V$,$n = 4$。当采样—保持电路输出电压 $V_i' = 2.49V$ 时,试列表说明逐次逼近型 ADC 电路的 A/D 转换过程。

解:由 $V_{REF} = -4V$,$n = 4$,可求得量化单位为

$$\Delta = \frac{|V_{REF}|}{2^n} = \frac{4}{16} = 0.25V$$

所以,偏移电压为 $\Delta/2 = 0.125V$。

当 $V_i' = 2.49V$ 时,逐次逼近型 ADC 电路的 A/D 转换过程如表 12.3.2 所示。

表 12.3.2　4 位逐次逼近型 A/D 转换器转换过程

CP 节拍	SAR 的数码值				DAC 输出 $V_o = D_n \cdot \Delta$	比较器输入		比较判别	逻辑操作
	Q_3	Q_2	Q_1	Q_0					
0	0	0	0	0					清 0
1	1	0	0	0	2V	2.49V	1.875V	$V_o' \leqslant V_i'$	保留
2	1	1	0	0	3V	2.49V	2.875V	$V_o' > V_i'$	去除
3	1	0	1	0	2.5V	2.49V	2.375V	$V_o' \leqslant V_i'$	保留
4	1	0	1	1	2.75V	2.49V	2.625V	$V_o' > V_i'$	去除
5	1	0	1	0	2.5V	取样			输出/取样
6	0	0	0	0					清 0

转化的结果 $d_3d_2d_1d_0 = 1010$,对应的量化电平为 2.5V,量化误差 $\varepsilon = 0.1V$。如果不引入偏移电压,按照上述过程得到的 A/D 转换结果 $d_3d_2d_1d_0 = 1001$,对应的量化电平为 2.25V,量化误差 $\varepsilon = 0.24V$。可见,偏移电压的引入是将只舍不入的量化方式变成了四舍五入的量化方式。

由以上分析可知,逐次逼近比较型 A/D 转换器的数码位数越多,转换结果越精确,但转换时间越长。这种电路对完成一个取样值的转换所需时间为 $(n+2)T_{CP}$,$2T_{CP}$ 是给寄存器置初值及读出二进制数所需的时间。

3. 双积分型 A/D 转换器

双积分型 A/D 转换器的转换原理是,先将模拟电压 V_i 转换成与其大小成正比的时间间隔 T,再利用基准时钟脉冲通过计数器将 T 变换成数字量。如图 12.3.6 所示是 n 位二进制数双积分型 A/D 转换器的电路原理图,它由积分器、过零比较器、时钟控制门 G 和 n 位计数器(计数定时电路)等部分构成。

1) 双积分型 A/D 转换器的构成

(1) 积分器

积分器由运算放大器和 RC 积分电路组成,是转换器的核心。输入端所接的开关 S_1 受触发器 FF_n 的输出状态控制。当 $Q_n = 0$ 时,S_1 接输入电压 V_i,积分器对输入信号电压 V_i(正极性)积分(正向积分);当 $Q_n = 1$ 时,S_1 接参考电压 $-V_{REF}$(负极性),积分器对基准电压 $-V_{REF}$ 积分(负向积分)。因此,积分器在一次转换过程中进行两次方向相反的积分。积分器输出 V_o 接过零比较器。开关 S_0 受启动信号 V_S 的控制,启动转换前,$V_S = 0$,开关 S_0 闭

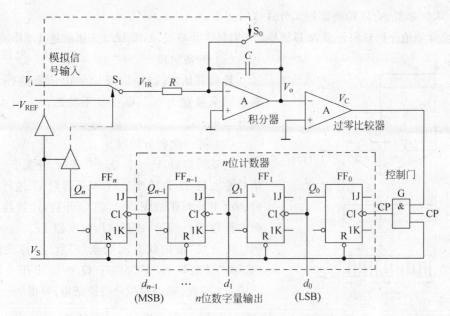

图 12.3.6 双积分型 A/D 转换器原理图

合,积分电容 C 充分放电;启动转换后,$V_S = 1$,开关 S_0 断开,积分电容 C 正常工作。

（2）过零比较器

过零比较器是一个开环使用的运算放大器。当积分器输出 $V_o \leqslant 0$ 时,过零比较器输出 $V_C = 1$;当 $V_o > 0$ 时,$V_C = 0$。V_C 作为控制门 G 的一个输入端输入信号,控制着计数脉冲输入时间,通过记录控制时间内的脉冲个数（加法计数器实现）,实现将时间量转换为二进制数的目的。

（3）时钟控制门 G

与门 G 有 3 个输入端,一个接启动信号 V_S,一个接计数时钟脉冲源 CP,另一个接过零比较器输出 V_C。启动转换前,$V_S = 0$,G 门关闭,标准时钟脉冲不能通过 G 门加到计数器,计数器不计数。启动转换后,$V_S = 1$,积分器正常工作,当 $V_C = 1$ 时,G 门开启,标准时钟脉冲通过 G 门加到 n 位计数器;当 $V_C = 0$ 时,G 门关闭,计数器则停止计数。

（4）计数器

n 位二进制计数器是由图 12.3.6 中的触发器 $FF_{n-1}, \cdots, FF_1, FF_0$ 组成的,触发器的个数为 n,作用是通过计算脉冲信号的个数来实现定时。图 12.3.6 中的另外一个触发器 FF_n 是 n 位二进制计数器的进位数存储器;Q_n 端的输出经过受 V_S 信号的控制的三态输出缓冲器,对开关 S_1 的闭合位置进行控制。启动转换前,$V_S = 0$,计数器计的所有触发器均被置为 "0",触发器 FF_n 也被置为 "0"。启动转换后,$V_S = 1$,$Q_n = 0$ 使 S_1 接 V_i,同时计数器开始计数（设电容 C 上初始值为 0,并开始正向积分,则 $V_o \leqslant 0$,$V_C = 1$,G 门开启）。当计数器计入脉冲个数为 2^n 后,触发器 $FF_{n-1}, \cdots, FF_1, FF_0$ 状态由 "11$\cdots$111" 回到 "00$\cdots$000",FF_{n-1} 的输出 Q_{n-1} 触发 FF_n,使 $Q_n = 1$,发出定时控制信号,使开关转接至 $-V_{REF}$ 输入端,触发器 $FF_{n-1}, \cdots, FF_1, FF_0$ 再从 "00$\cdots$000" 开始计数,并开始负向积分,V_o 逐步上升。当积分器输出 $V_o > 0$ 时,过零比较器输出 $V_C = 0$,G 门关闭,计数器停止计数,完成一个转换周期。这样,就将与 V_i 平均值成正比的时间间隔转换为数字量 $d_{n-1} d_{n-2} \cdots d_2 d_1 d_0$。

2) 双积分型 A/D 转换器的工作过程

下面详细地介绍双积分型 A/D 转换器的具体工作情况,如图 12.3.7 所示是其工作波形图。

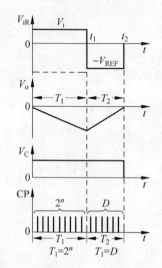

图 12.3.7 双积分型 A/D 转换器波形图

（1）准备阶段

转换开始前,启动信号 $V_S = 0$,所有的 $(n+1)$ 个触发器全被置为"0",$Q_n = 0$ 不能送出。S_0 闭合,C 充分放电。

（2）第一次积分阶段

启动转换后,$V_S = 1$,$Q_n = 0$ 送出,开关 S_1 接转换信号输入端,A/D 转换开始,积分器对 V_i 进行正向积分。由于 $V_o \leqslant 0$,故 $V_C = 1$,门 G 开启,计数器开始计数。计数到 $t = T_1 = 2^n T_{CP}$ 时,触发器 FF_{n-1},…,FF_1,FF_0 从全"1"输出状态回到全"0"状态,并使触发器 FF_n 由"0"翻转为"1"。由于 $Q_n = 1$,使开关转接至 $-V_{REF}$。至此,第一次积分阶段结束,可得到

$$V_o = -\frac{1}{\tau}\int_0^t V_i \, dt$$

其中,$\tau = RC$,为积分时间常数。当 V_i 为正极性不变常量时,$V_o(T_1)$ 的值为

$$V_o(T_1) = -\frac{T_1}{\tau}V_i = -\frac{2^n T_{CP}}{\tau}V_i$$

（3）第二次积分阶段

开关转至 $-V_{REF}$ 后,积分器对基准电压进行负向积分,因此

$$V_o(T) = V_o(T_1) - \frac{1}{\tau}\int_{T_1}^t (-V_{REF}) \, dt$$

$$= -\frac{2^n T_{CP}}{\tau}V_i + \frac{1}{\tau}V_{REF}(t - T_1)$$

当 $V_o > 0$ 时,$V_C = 0$,门 G 关闭,计数器停止计数,完成下一个转换周期。假设此时计数器已记录的脉冲数目为 D,则

$$T_2 = t_2 - T_1 = D \cdot T_{CP}$$

因此

$$V_o(T_1 + T_2) = -\frac{2^n T_{CP}}{\tau}V_i + \frac{1}{\tau}V_{REF}(t_2 - T_1)$$

$$= -\frac{2^n T_{CP}}{\tau}V_i + \frac{1}{\tau}V_{REF} T_2$$

$$= -\frac{2^n T_{CP}}{\tau}V_i + \frac{D T_{CP}}{\tau}V_{REF} = 0$$

从而

$$D = 2^n \frac{V_i}{V_{REF}}$$

由上式可知,计数器记录的脉冲数 D 与输入电压 V_i 成正比,计数器记录 D 个脉冲后的状态就表示了 V_i 对应的数字量的二进制代码,从而完成了 A/D 转换。

双积分型 A/D 转换器具有很多优点。第一：转换结果与时间常数 RC 无关,从而消除了积分过程中。由于电压非线性带来的误差,允许积分电容在一个较宽范围内变化,而不影响转换结果;第二：由于输入信号积分的时间较长,并且是一个固定数值 T_1,而 T_2 正比于输入信号在 T_1 内的平均值,这对于叠加在输入信号上的干扰信号有很强的抑制能力;第三：这种 A/D 转换器不必采用高稳定度的时钟源,它只要求时钟源在一个转换周期(T_1 + T_2)内保持稳定即可。因此,双积分型 A/D 转换器适用于需要高精度但对转换速度要求不高的场合。

12.3.3 A/D 转换器的主要技术指标

A/D 转换器的主要技术指标包括分辨率、转换误差和转换时间等。选择 A/D 转换器时,除考虑这 3 项技术指标外,还应注意满足输入电压的范围、输出数字的编码、工作温度范围和电压稳定度等方面的要求。

1. 分辨率

分辨率用输出二进制数或十进制数的位数表示,它表明 A/D 转换器对输入信号的分辨能力。从理论上讲,n 位二进制数字输出的 A/D 转换器应能区分输入模拟电压的 2^n 个不同等级大小,能区分输入电压的最小差异为 $\frac{1}{2^n}$FSR($满量程输入的\frac{1}{2^n}$)。在最大输入电压一定时,输出位数越多,量化单位 Δ 越小,分辨率越高。可以说,量化单位与分辨率在数值上是一样的,只是从不同的角度定义而已。量化单位是定义数值"1"对应的具体模拟量大小,分辨率则是在已经确定 A/D 转换器的二进制数位数的情况下,相邻两个数所对应模拟量的差值。例如,A/D 转换器的输出为 10 位二进制数,最大输入信号为 5V,则该转换器的输出应能区分出输入信号的最小差异为 $\frac{5}{2^{10}}$V,即 4.88mV。

2. 转换误差

转换误差通常以输出误差最大值的形式定义,表示实际输出的数字量与理论上应有的输出数字量之间的差别,一般多以最低"有效位"的倍数给出。例如转换误差 $< \pm\frac{1}{2}$LSB,表明实际输出的数字量与理论上输出的数字量之间的误差小于最低"有效位"的一半。有时也用满量程输出的百分数给出转换误差。例如,A/D 转换器的输出为十进制的 $3\frac{1}{2}$ 位(即所谓 3 位半),转换误差为 $\pm 0.005\%$FSR,则满量程输出为 1999,最大输出误差小于最低位的 1。

通常单片集成 A/D 转换器的转换误差已经综合地反映了电路内部各个元器件及单元电路偏差对转换精度的影响,所以无须再分别讨论这些因素各自对转换精度的影响了。

通常厂家手册上给出的转换精度,都是在一定的电源电压和环境温度下得到的数据。如果这些条件改变了,将引起附加的转换误差。因此,为获得较高的转换精度,必须保证供电电源有很好的稳定度,并限制环境温度的变化。对于需要外加参考电压的 A/D 转换器,尤其需要保证参考电压应有的稳定度。

3. 转换时间

转换时间是指 A/D 转换器从转换控制信号到来开始,到输出端得到稳定的数字信号所经过的时间。A/D 转换器的转换时间与转换电路的类型有关,不同类型的转换器转换速度相差很大。

并行比较型 A/D 转换器的转换速度最快。例如,8 位二进制输出的单片集成 A/D 转换器的转换时间可以缩短至 50ns 以内。

逐次逼近型 A/D 转换器的转换速度次之。多数产品的转换时间都在 $10\sim100\mu s$ 之间。个别速度较快的 8 位 A/D 转换器,转换时间可以不超过 $1\mu s$。

相比之下,间接 A/D 转换器的转换速度要低得多了。目前使用的双积分型 A/D 转换器转换时间多在几十毫秒到几百毫秒之间。

此外,在组成高速 A/D 转换器时,还应将采样—保持电路的获取时间(即采样信号稳定地建立起来所需要的时间)计入转换时间之内。一般单片集成采样—保持电路的获取时间在几微秒的数量级,与所选定的保持电容的电容量大小有关。

【例 12.3.2】 某信号采集系统要求用一片 A/D 转换集成芯片在 1s 内对 16 个热电偶的输出电压进行分时 A/D 转换。已知热电偶输出电压范围为 $0\sim25\text{mV}$(对应于 $0\sim450℃$ 温度范围),需分辨的温度为 $0.1℃$,试问所选择的 A/D 转换器应为多少位? 转换时间为多少?

解:对于 $0\sim450℃$ 的温度范围,信号电压为 $0\sim25\text{mV}$,分辨温度为 $0.1℃$,这相当于 $\dfrac{0.1}{450}=\dfrac{1}{4500}$ 的分辨率。12 位 A/D 转换器的分辨率为 $\dfrac{1}{2^{12}}=\dfrac{1}{4096}$,故必须选用 13 位的 A/D 转换器。

系统的取样速率为每秒 16 次,取样时间为 62.5ms。如此慢速地取样,任何一个 A/D 转换器都可以做到。所以,可选用带有取样—保持(S/H)的逐次逼近型 A/D 转换器或不带 S/H 的双积分式 A/D 转换器。

12.3.4　8 位集成 ADC0809

ADC0809 的引脚排列如图 12.3.8 所示,结构框图如图 12.3.9 所示。

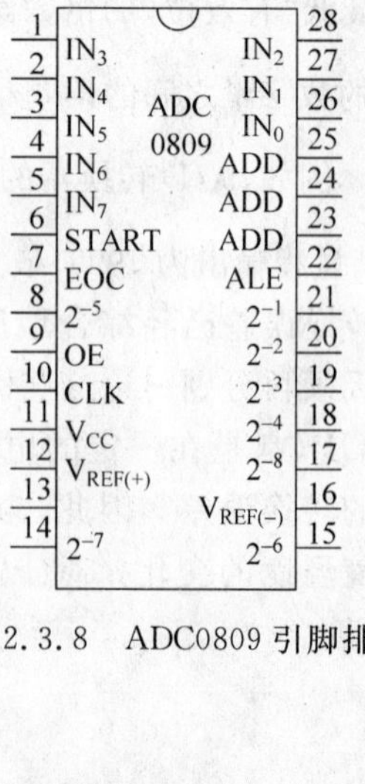

图 12.3.8　ADC0809 引脚排列

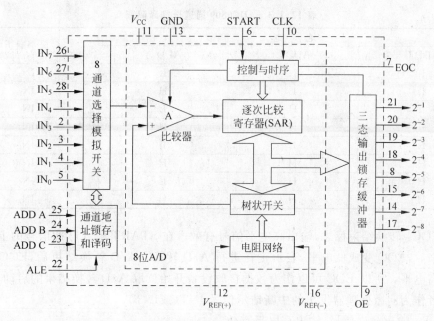

图 12.3.9 ADC0809 结构框图

ADC0809 是采用 CMOS 工艺制成的 8 位八通道逐次逼近型 A/D 转换器。该器件具有与微处理器兼容的控制逻辑,可以直接与 80X86 系列、51 系列等微处理器接口相连。ADC0809 的主要指标如下:

- 分辨率:8 位
- 精度:8 位
- 转换时间:$100\mu s$
- 增益温度系数:20ppm/℃
- 输入电平:TTL
- 功耗:15mW

ADC0809 由 8 位逐次逼近型 A/D 转换器和通道选择电路两大部分组成。8 位逐次逼近型 A/D 转换器中采用开关树型 A/D 转换器,输出带 8 位锁存器,具有三态输出能力。

器件上各引脚的名称和功能如下:

- $IN_0 \sim IN_7$:8 路模拟电压输入,最大范围为 $0 \sim 5V$ 可由 8 路模拟开关选择其中任何一路送至 8 位 A/D 转换电路进行转换
- $2^{-1} \sim 2^{-8}$:A/D 转换器输出的 8 位二进制数。其中,2^{-1} 为最高位,2^{-8} 为最低位
- ADD C、ADD B、ADD A:3 位地址信号。3 位地址经锁存和译码后,决定选择哪一路模拟电压进行 A/D 转换,对应关系如表 12.3.3 所示
- ALE:通道选择地址码和锁存译码允许信号输入端,该端施加正脉冲信号时,在脉冲的前边沿,将 3 位地址码 ADD C、ADD B 和 ADD A 存入锁存器
- CLK:时钟脉冲输入端。输入信号的频率范围是 10kHz~1MHz
- START:A/D 转换器启动信号输入端,该端输入正脉冲信号时,在脉冲信号的上升沿,将逐次比较寄存器清"0",在脉冲信号的下降沿,A/D 转换器开始转换

表 12.3.3　ADC0809 通道选择译码表

地　址			选中通道
ADD C	ADD B	ADD A	
L	L	L	IN_0
L	L	H	IN_1
L	H	L	IN_2
L	H	H	IN_3
H	L	L	IN_4
H	H	H	IN_5
H	H	L	IN_6
H	H	H	IN_7

- EOC：转换结束标志,输出高电平信号有效。在 START 输入脉冲信号的上升沿到来后,EOC 变成低电平,表示正在进行 A/D 转换。A/D 转换结束后,EOC 跳变为高电平。所以 EOC 可以作为数据接收设备开始读取 A/D 转换结果的启动信号,或者作为向微处理器发出的中断请示信号 INT(或 $\overline{\text{INT}}$)
- OE：输出允许信号,输出高电平有效
- V_{CC}：工作电压为 +5V
- $V_{REF}(+)$、$V_{REF}(-)$：参考电压源的正极性输入端和负极性输入端
- GND：接地端

接下来介绍 ADC0809 的基本工作过程。输入 3 位地址信号,地址信号稳定后,在 ALE 端输入脉冲信号,在上升沿时刻,将其锁存,通过译码器,选择进行 A/D 转换的模拟信号。发出 A/D 转换的启动信号 START,在 START 的上升沿,将逐次比较寄存器清"0",转换结束标志 EOC 变成低电平,在 START 的输入脉冲信号的下降沿时刻,开始进行 A/D 转换。转换过程在时钟脉冲信号 CLK 的控制下进行。转换结束后,转换结束标志输出端 EOC 跳变为高电平,这一高电平的输出经单片微处理器的处理,使得 OE 端输入高电平,转换结果经三态缓冲器输出。在转换的过程中接收到新的转换启动信号(START),则逐次逼近寄存器被清"0",正在进行的转换停止,然后重新开始新的转换。若将 START 和 EOC 短接,可实现连续转换,但第一次转换要用外部启动脉冲。

在 ADC0809 典型应用中,它与微处理器的连接如图 12.3.10 所示。

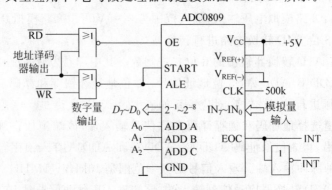

图 12.3.10　ADC0809 与微处理器的连接

本章小结

数/模转换器和模/数转换器是模拟电路系统与数字电路系统之间的接口电路。当需要将模拟信号量输入到数字电路系统进行处理时,需要将模拟信号转换成为数字信号,这种转换尤其在数字控制系统中是十分必要的。一般情况下,各种传感器件检测到的非电量物理信号都是以模拟信号输出的,只有将这些信号放大后转换为数字信号才能输入到数字电路系统进行处理;反之,使用数字电路系统的输出信号控制模拟电路系统,就必须将数字信号转换为模拟信号。

D/A 转换器的种类很多,目前常用的有倒 T 形电阻网络型、"权"电流型、权电阻网络型、权电容型和开关树型等形式。不管采用哪种形式,转换后的模拟量输出电压值等于 $V_o = KD_n V_{REF}$。其中,$D_n = 2^{n-1} d_{n-1} + 2^0 d_0$;$KV_{REF}$ 是数字量为"1"时对应的模拟量输出电压值,即只有 $d_0 = 1$,而其他各位都为"0"时对应的模拟量输出电压值。这样如果转换电路的结构和参数已知,就可以很容易从理论上计算出数字量对应的模拟量数值。

A/D 转换器也存在多种形式,在直接转换中有并行比较型 A/D 转换器和逐次逼近型 A/D 转换器,在间接转换中有双积分型 A/D 转换器和电压—频率转换型 A/D 转换器。转换后的数字量与量化单位的大小直接相关。量化单位是指对应转换后的数字量为"1"(只有 $d_0 = 1$,而其他各位都为"0")时,输入模拟量的对应大小定义为一个量化单位。已知转换器的数字量输出位数 n 和量化单位 Δ,就可以计算出所能转换的最大模拟量值,$V_{imax} = (2^n - 1)\Delta$;反之,已知输入模拟量的大小和量化单位,就可以计算出转换后的数字量大小,$D_n = \dfrac{V_i}{\Delta}$。这些计算结果,可以作为实际使用中,检验转换结果是否产生溢出的依据。

A/D 转换器的输出电压波形是以量化单位为增量的阶梯形状波形,在对输出电压波形形状要求平滑的应用场所,要求增设滤波器,以滤除谐波分量。

本章习题

题 12.1 在图 12.2.2 所示的权电阻 DAC 电路中,如果 $V_{REF} = -10\text{V}, R_F = \dfrac{1}{2}R, n = 6$,试求:

(1) 当 LSB 由"0"变为"1"时,输出电压的变化值。

(2) 当 $D_n = 110101$ 时,输出电压的值。

(3) 最大输入数字量的输出电压 V_m。

题 12.2 已知某 DAC 电路最小分辨电压 $V_{LSB} = 5\text{mV}$,最大满刻度电压 $V_{FS} = 10\text{V}$,试求该电路输入数字量的位数和基准电压 V_{REF}。

题 12.3 四位数据输入的倒 T 形电阻网络 D/A 转换器如图 P12.3 所示,已知输入数据 $d_3 d_2 d_1 d_0 = 1010$,$R = 10\text{k}$,$R_f = 20\text{k}$,$V_{REF} = 10\text{V}$,求电路的输出电压值。

题 12.4 五位倒 T 形电阻网络 D/A 转换器如图 P12.4 所示中,已知 $R = 10\text{k}\Omega$,$R_F = 10\text{k}\Omega$,$V_{REF} = 5\text{V}$,输入数据 $d_4 d_3 d_2 d_1 d_0 = 11101$ 的五位二进制数,理想运算放大器 $V_{om} = \pm 12\text{V}$。

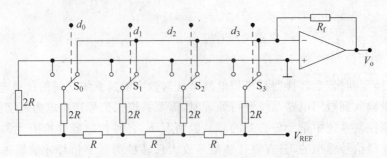

图 P12.3　四位倒 T 形电阻网络 D/A 转换器电路图

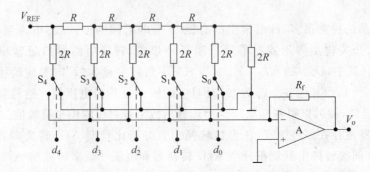

图 P12.4　五位倒 T 形电阻网络 D/A 转换器电路图

（1）试求此时 D/A 转换器的输出电压值。

（2）若图中 d_3、d_2、d_1、d_0（$d_4=0$）与 74LS161 计数器输出的 Q_3、Q_2、Q_1、Q_0 对应下标编号端相连,试画出在 10 个 CP 计数脉冲的作用下,电路正常工作状态下的输出电压波形。

　　题 12.5　在图 P12.4 所示五位二进制数的倒 T 形电阻网络 D/A 转换器中,已知 $V_{REF}=6\sin\omega t\,V$,$R=20\mathrm{k}\Omega$,当输入数码分别为 $d_4d_3d_2d_1d_0=11010$ 和 10011 时,$R_f=30\mathrm{k}\Omega$,试画出 V_o 的波形（要求能够清楚地表明输出电压的幅值）,并以此简要指出电路的作用。

　　题 12.6　在图 P12.4 所示的倒 T 形电阻网络 D/A 转换器中,已知 $V_{REF}=1\mathrm{V}$,$R=2\mathrm{k}\Omega$,当输入数码 $d_4d_3d_2d_1d_0=11010$ 时,$V_o=1.8\mathrm{V}$,试求 R_f 的值。并求出当输入数据在 00001～11111 范围内变动时,输出电压的变动范围。

　　题 12.7　如图 P12.7 电路中,已知 $R=1\mathrm{k}\Omega$,$R_f=0.5\mathrm{k}\Omega$,$V_{REF}=1\mathrm{V}$,输入数据 $d_5d_4d_3d_2d_1d_0=110101$ 的六位二进制数,理想运算放大器 $V_{om}=\pm14\mathrm{V}$。试求此时 D/A 转换器的输出电压值、分辨率和比例系数误差。

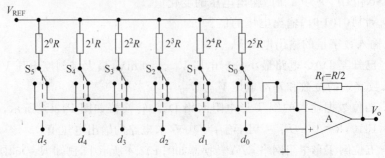

图 P12.7　六位权电流 D/A 转换器电路图

题 12.8 对于如图 P12.7 所示 D/A 转换器电路,试求:

(1) $V_{REF}=1V$ 时,V_o 的变化范围;若输出电压的最大值超过运算放大器的最大输出电压值 12V,应如何改变电路的参数。

(2) 欲使输入数字量为"101001"时,相应的模拟输出电压 V_o 为 $-5.0V$,此时 V_{REF} 应为多大。

题 12.9 已知八位单极性 D/A 转换器的数字输入量 FF_H 时,其输出电压为 $+10V$,计算当数字输入量分别为 92H、62H 和 F3H 时,输出电压的值。

题 12.10 对于一个 8 位 D/A 转换器:

(1) 若最小输出电压增量为 0.02V,试问输入代码为"01001101"时,输出电压 V_o 为多少?

(2) 若分辨率用百分数表示,则应该是多少?

(3) 若某一系统中要求 D/A 转换器的理论精度小于 0.25%,试问这一 D/A 转换器能否使用?

题 12.11 在图 12.2.5 所示的八位偏移二进制码 D/A 转换器中,已知 $V_{REF}=0.2V$,试求当输入数据 $d_7d_6d_5d_4d_3d_2d_1d_0$ 分别为 10001101、00000001 和 01101010 时,输出电压的值。

题 12.12 在八位单极性输出的 D/A 转换器中,已知 $V_{REF}=5V$,输入 8 位二进制数,$R=R_F$。当要求输出比例误差电压 $\Delta V_o \leqslant \frac{1}{2}$LSB 时,允许 V_{REF} 的最大变化量 ΔV_{REF} 是多少?V_{REF} 的相对稳定度$\left(定义为 \dfrac{\Delta V_{REF}}{V_{REF}}\right)$为多少?

题 12.13 逻辑电路如图 P12.13 所示,已知计数脉冲 CP 的频率为 10MHz,分析电路的工作过程,画出当 $V_{REF}=3V$ 时电路输出电压的波形;若 $V_{REF}=3\sin\omega t$V,且为 50Hz 的交流电压时,输出电压的最大幅值为多少?

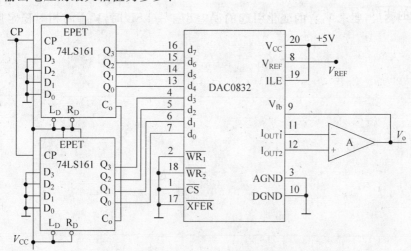

图 P12.13 题 12.13 逻辑电路图

题 12.14 某 8 位 ADC 电路输入模拟电压满量程为 10V,当输入下列电压值时,转换为多大的数字量(采用只舍不入法和有舍有入法编码的二进制码输出结果)?

(1) 59.7mV；(2) 3.46mV；(3) 7.08mV。

题 12.15 有一个 12 位 ADC 电路，它的输入满量程是 $V_{FS}=10V$，试计算其分辨率。

题 12.16 对于满量程为 10V 的 A/D 转换器，要达到 1mV 的分辨率，A/D 转换器的位数应是多少？当输入模拟电压为 6.5V 时，输出数字量是多少？

题 12.17 对于一个 10 位逐次逼近型 ADC 电路，当时钟频率为 1MHz 时，其转换时间是多少？如果要求完成一次转换的时间小于 $10\mu s$，试问时钟频率应选多大？

题 12.18 逐次逼近型 A/D 转换器的输入 V_i 和 D/A 转换器的输出波形 V_o 如图 P12.18 所示。根据 V_o 的波形，说明 A/D 转换结束后，电路输出的二进制码是多少？如果 A/D 转换器的分辨率是 1mV，则 V_i 又是多少？

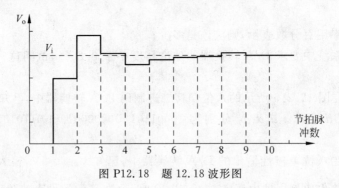

图 P12.18 题 12.18 波形图

题 12.19 在图 12.3.6 所示的双积分型 A/D 转换器中，若计数器为 10 位二进制，时钟信号频率为 1MHz，试计算转换器的最大转换时间。

题 12.20 试用优先编码器及适当的门电路组合完成并行 A/D 转换器 8 位输出的编码电路。

题 12.21 12 位并行比较型的 A/D 转换器，采用四舍五入法进行量化，试问最大的量化误差是多大？当要求 V_{REF} 的变化引起的误差小于 $\frac{1}{2}$LSB 时，V_{REF} 的相对稳定度$\left(\text{定义为}\right.$ $\left.\frac{\Delta V_{REF}}{V_{REF}}\right)$ 是多大？

附录

数字电子技术基础英语词汇

B

八进制数	octal number
半	half
半加法器	half-adder
保持时间	hold time
比较器	comparator
比特率	bit rate
编码	coding
编码器	encoder
边沿触发器	edge-triggered flip-flop
表达式	expression
布尔代数	Boolean algebra
补码	complement code

C

采样—保持	sample-hold
参考电压	reference voltage
常数	constant
超前进位加法器	look-ahead carry adder
超大规模集成电路	very large scale integration (VLSI)
乘法器	multiplier
传输特性	transfer characteristics
传输门	transmission gate
传输延迟时间	propagation delay time
串行进位加法器	serial carry adder
触发	trigger
触发器	flip-flop
次态	next state
存储器	memory
存储单元	memory cell
存储时间	storage time

D

大规模集成电路	large scale integration (LSI)

大规模或超大规模集成电路	large scale integrated circuit(LSI/VLSI)
单稳态触发器	monostable multivibrator
电擦除	(electrically erasable programmable read only memory, E^2 PROM)
电平	level
电子设计自动化	electronic design automation(EDA)
低电平有效	active low
地址	address
定时器	timer
动态	dynamic
动态 DRAM	dynamic random access memory
读写控制	read write control
多谐振荡器	astable multivibrator

E

二进制	binary
二进制数	binary number
二—十进制编码	binary-coded-decimals
二进制译码器	binary decoder
二—十进制译码器	binary-code decimal decoder
二极管	diode
二值数字逻辑	Binary digital logic

F

反相器	inverter
反向恢复时间	reverse recovery time
反演规则	complementary operation theorem
反码	one's complementary
非	NOT
非门	NOT gate
分辨率	resolution
分频	frequency division
符号	symbol
复位	reset
负逻辑	negative logic
复杂的可编程逻辑器件	complex programmable logic device (CPLD)

G

高电平有效	active high
高阻态	high impedance state
功能表	function table
灌电流	pour in current

H

函数	function

函数发生器	function generator
行选择线	row-select line
互补对称式 MOS	complementary symmetry metal-oxide-semiconductor(CMOS)
环形计数器	ring counter
环形振荡器	ring multivibrator
或	OR
或门	OR gate
或非	NOR
或非门	NOR gate
恢复时间	recovery time
回差	backlash
回差电压	backlash voltage

J

加法器	adder
加/减计数器	up/down counter
计数器	counter
奇偶校验	odd even check
奇偶发生器	odd even generator
寄存器	register
集电极开路	open collector
集成电路	integrated circuits (IC)
集成注入逻辑	integrated injection logic (I^2L)
基极	base
建立时间	setup time
减法器	subtractor
借位	borrow
静态	static
静态	static random access memory(SRAM)
竞争—冒险	race-hazard

K

卡诺图	Karnaugh map
开关特性	switching characteristic
可编程逻辑器件	programmable logic device
可擦除可编程逻辑器件	erasable programmable logic device (EPLD)
可逆计数器	reversible counter

L

拉电流	draw off current
量化	quantification
量化误差	quantification error
列选择线	column-select line

漏极	drain
漏极开路	open drain
漏极开路门电路	open drain gate
逻辑	logic
逻辑表达式	logic expression
逻辑代数	logic algebra
逻辑电平	logic level
逻辑函数	logic function
逻辑图	logic diagram
逻辑运算	logic operation

M

脉冲	pulse
门	gate
门限电压	threshold voltage
米利型时序电路	Mealy type sequential logic circuit
模拟开关	analog switch
模数转换	analog to digital conversion
模数转换器	analog to digital converter(ADC)
摩根定理	De Morgan's theorem
莫尔型时序电路	Moore type sequential logic circuit

P

片上系统	system on chip（SOC）

Q

七段显示器	seven-segment display
全	full
全加器	full-adder
权	weight
驱动方程	driving equation
取样-保持	sample-hold

S

三极管	bipolar junction transistor
三极管-三极管逻辑电路	transistor-transistor logic
三态	three state
三态门	three state gate
闪烁存储器	flash memory
扇入	fan in
扇出	fan out
栅极	gate
上拉	pull up

上拉电阻	pull up resistor
上电	power up
上升沿	rise edge
上升时间	rise time
甚高速集成电路硬件描述性语言	VHSIC hardware description language（VHDL）
甚高速集成电路	very high speed integrated circuit（VHSIC）
时序图	timing diagram
时序逻辑电路	sequential logic circuit
时钟	clock
时钟脉冲	clock pulse
十进制	decimal
十进制数	decimal number
十六进制	hexadecimal
十六进制数	hexadecimal number
施密特触发器	Schmitt trigger
数	number
数字显示	digital display
数据选择器	multiplexer
数据分配器	demultiplexer
数字电路	digital circuit
数模转换	digital to analog conversion
数模转换器	digital to analog converter(DAC)
数字电路	digital circuit
输出逻辑宏单元	output logic macrocell(OLMC)
刷新	refresh
双积分	dual slope
双积分模数转换器	dual slope analog to digital converter(DAC)
双向	bidirectional
双稳态	bistable
双列直插式封装	dual-in-line package（DIP）
锁存器	latch
下降时间	fall time
算术电路	arithmetic circuit
算术逻辑单元	arithmetic logic unit(ALU)
算法状态机	algorithmic state machine(ASM)
随机访问	random access
随机存储器	random access memory(RAM)

T

同步	synchronous
同步计数器	synchronous counter
同或	exclusive NOR
通用阵列逻辑	general array logic(GAL)

图	diagram
图腾柱	Totem pole
推拉式输出	push-pull output

W

位	bit
纹波计数器	ripple counter
无关项	don't care terms
555 定时器	555 timer

X

下降沿	fall edge
下降时间	fall time
线	line
线与	wire AND
现态	present state
现场可编程门阵列	field programmable gate array (FPGA)
显示器	display
相邻项	adjacencies
肖特基势垒二极管	Schottky-barrier-diode(SBD)
小规模集成电路	small scale integration (MSI)

Y

译码器	decoder
移位寄存器	shift register
异步	asynchronous
异步计数器	asynchronous counter
异或	exclusive OR
异或门	exclusive OR gate
有源上拉电路	active pull-up circuit
优先编码器	priority encoder
余 3 码	excess three code
与门	AND
与非门	NAND
与或非门	And-or-Invert
阈值电压/门限电压	threshold voltage
约束条件	constraint condition
约束项	constraint term

Z

在系统编程	in-system-programmable(ISP)
噪声容限	noise margin
占空比	pulse duration ratio

真值表	truth table
正逻辑	positive logic
阵列	array
只读	read only
只读存储器件	read only memory(ROM)
置位	set
状态	state
状态表	state table
状态图	state diagram
中规模集成电路	medium scale integration（MSI）
主从触发器	master-slave flip-flop
专用集成电路	application specific integrated circuit（ASIC）
字	word
字符显示器	character mode display
紫外光擦除	ultra-violet erasable programmable read only memory(EPROM)
总线	bus
组合逻辑电路	combinational logic circuit
最小项	minterm
最大项	maxterm

参 考 文 献

1. 参考书

[1] 李朝青. 单片机 & DSP 外围数字 IC 技术手册. 北京：北京航空航天大学出版社,2003

[2] 《中国集成电路大全》编写委员会. 中国集成电路大全：TTL 集成电路. 北京：国防工业出版社,1985

[3] 《中国集成电路大全》编写委员会. 中国集成电路大全：COMS 集成电路. 北京：国防工业出版社,1985

[4] 李志坚,周德润. VLSI 器件电路与系统. 北京：科学出版社,2000

[5] 王志功. 集成电路设计基础. 北京：电子工业出版社,2004

[6] 杨晖,张凤言. 大规模可编程逻辑器件与数字系统设计. 北京：北京航空航天大学出版社,1998

[7] [日]谷荻隆嗣. 数字滤波器与信号处理. 王志功译. 北京：科学出版社,2003

[8] 陈光梦. 可编程逻辑器件的原理与应用. 上海：复旦大学出版社,1998

[9] 廖裕评,陆瑞强. 数字电路设计——使用 MAX+PLUSII. 北京：清华大学出版社,2001

[10] 岳怡. 数字电路与数字电子技术. 西安：西北工业大学出版社,2004

[11] 张亮. 数字电路与 Verilog HDL. 北京：人民邮电出版社,2000

[12] 陈书开. 十值数字电路与十值数字模糊计算机. 北京：国防工业出版社,2002

[13] Nelson V P. Digital Logic Circuit Analysis & Design. 北京：清华大学出版社,1997

[14] (美)John P Uyemura. 超大规集成电路设计方法学导论. 北京：电子工业出版社,2004

[15] 罗中华,曾清生. 数字电路与逻辑设计. 北京：清华大学出版社,2004

[16] 鲍可进. 数字电路逻辑设计. 北京：清华大学出版社,2004

[17] (加)杜克. 数字系统设计——CPLD 应用与 VHDL 编程. 北京：清华大学出版社,2005

[18] 阎石. 数字电子技术基础. 第四版. 北京：高等教育出版社,1998

[19] 康华光,邹寿彬. 电子技术基础：数字部分. 第四版. 北京：高等教育出版社,2000

[20] 王道宪. CPLD/FPGA 可编程逻辑器件应用与开发. 北京：国防工业出版社,2004

[21] 蔡懿慈,周强. 超大规模集成电路设计导论. 北京：清华大学出版社,2005

2. 参考资料

[1] Xilinx 公司. Sheet Data：XC9500 In-system Programmable CPLD Family. 1999-09-15

[2] Xilinx 公司. Sheet Data：XC95108 In-system Programmable CPLD . 1998-12-04

[3] Xilinx 公司. Sheet Data：Spartan and Spartan-XL Families Field Programmable Gate Arrays. 2002-06-27

[4] Xilinx 公司. Sheet Data：ispclock 5600A Family Data Sheet. 2007-03

[5] Lattice 公司. Sheet Data：GAL16V8 High Performance E^2 CMOS PLD Generic Array Logic. 2003-04

[6] Lattice 公司. Sheet Data：GAL 22V10 High Performance E^2 CMOS PLD Generic Array Logic™. 2006-02

[7] Lattice 公司. Sheet Data：isPLSI ® 5512VE In-system Programmable 3. 3V superWIDE™ High Density PLD. 2007-11

教师反馈表

感谢您购买本书！清华大学出版社计算机与信息分社专心致力于为广大院校电子信息类及相关专业师生提供优质的教学用书及辅助教学资源。

我们十分重视对广大教师的服务，如果您确认将本书作为指定教材，请您务必填好以下表格并经系主任签字盖章后寄回我们的联系地址，我们将免费向您提供有关本书的其他教学资源。

您需要教辅的教材	数字电子技术基础
您的姓名	
院系	
院/校	
您所教的课程名称	
学生人数/所在年级	_____人/　1　2　3　4　硕士　博士
学时/学期	_____学时/_____学期
您目前采用的教材	作者：_____ 书名：_____ 出版社：_____
您准备何时用此书授课	
联系地址	
邮政编码	
联系电话	
E-mail	
您对本书的意见/建议	系主任签字 盖章

我们的联系地址：

清华大学出版社　学研大厦 A602，A604 室

邮编：100084

Tel：010-62770175-4409，3208

Fax：010-62770278

E-mail：liuli@tup.tsinghua.edu.cn；hanbh@tup.tsinghua.edu.cn